21世纪普通高等院校“十三五”规划教材·精品系列

AutoCAD 2014 机械绘图实例教程

主 编 徐方龙 邱银春

中国建材工业出版社

图书在版编目(CIP)数据

AutoCAD 2014 机械绘图实例教程/徐方龙，邱银春
主编．--北京：中国建材工业出版社，2016.8 (2017.9重印)
21 世纪普通高等院校“十三五”规划教材．精品系列
ISBN 978-7-5160-1564-3

Ⅰ.①A… Ⅱ.①徐… ②邱… Ⅲ.①机械制图—
AutoCAD 软件—高等学校—教材 Ⅳ.①TH126

中国版本图书馆 CIP 数据核字（2016）第 153430 号

内容简介

这是一本针对 AutoCAD 机械绘图案例而编写的图书，本书以经典 2014 版为操作平台，系统全面地对 AutoCAD 2014 机械绘图方法进行介绍，为了兼顾初级用户的学习，本书还通过“提示”等板块对相关知识在操作中的注意事项进行了补充，每章末还增加了习题板块，帮助读者巩固练习。本书分别从 AutoCAD 2014 绘图基础、绘制和编辑机械图形、标注机械图形、添加说明文字、绘制零件图、轴测图和装配图以及三维绘图等方面对机械绘图的各种知识进行详细的讲解。通过本书的学习，力求让读者快速掌握使用 AutoCAD 进行机械绘图设计的操作技能。

本书适合作为大中专院校、职业院校和各类培训机构的 AutoCAD 机械绘图教材，也适合希望快速掌握 AutoCAD 机械绘图设计技能的所有读者群，特别适用于机械行业中不同年龄段的设计人员和工程人员。

本书有配套课件，读者可登录中国建材工业出版社官网（www. jccbs. com. cn）免费下载。

AutoCAD 2014 机械绘图实例教程
主　编　徐方龙　邱银春

出版发行：中国建材工业出版社
地　　址：北京市海淀区三里河路 1 号
邮　　编：100044
经　　销：全国各地新华书店
印　　刷：北京鑫正大印刷有限公司
开　　本：787mm×1092mm　1/16
印　　张：14
字　　数：350 千字
版　　次：2016 年 8 月第 1 版
印　　次：2017 年 9 月第 2 次
定　　价：42.00 元

本社网址：www. jccbs. com. cn　微信公众号：zgjcgycbs
本书如出现印装质量问题，由我社市场营销部负责调换。联系电话：（010）88386906

前言

✍编写目的

目前，计算机已成为人们生活和工作中必不可少的辅助工具，经过调查，发现众多读者在学习计算机和相关软件的过程中，无法将理论操作与实际工作很好地结合。以AutoCAD为例，教程类图书缺乏实例，不但枯燥，而且学习起来没有成就感。另外，实例类图书没有完整的知识体系，实例涉及的范围过于狭窄。在学习AutoCAD的过程中，读者需要的不仅是系统地掌握软件的基本功能，更渴望能切实学会如何操作，从而不断掌握绘图方面的技巧，提高绘图的效率，并最终为实际的工作服务。为此我们编写了这本《AutoCAD 2014机械绘图实例教程》。

✍编写内容

本书以实例的方式，通过下面三大方面对AutoCAD机械绘图的各种知识进行了系统的讲解，每个部分具体包含的知识如下。

第一篇：机械绘图之基础篇
本篇包含第 1 章，主要介绍 AutoCAD 2014 的基本知识，包括 AutoCAD 2014 的启动与退出、操作界面的介绍、命令的调用、图形的选择、视窗操作和图形文件的管理等操作。掌握和理解 AutoCAD 的基础知识，为后面的绘图操作做好准备工作。

第二篇：机械绘图之绘图篇
本篇包含第 2 章～5 章，主要讲解 AutoCAD 2014 的基本绘图操作，如基本绘图命令的使用和编辑以及利用文本标注、尺寸标注和图块绘制图形等操作。通过学习这些知识，读者可以掌握基本图形的绘制方法。

第三篇：机械绘图之案例篇
本篇包含第 6 章～9 章，主要讲解机械图形在 AutoCAD 2014 中的绘制过程，如机械图形中的零件图、装配图、轴测图及三维图形的绘制，系统讲解了机械图形的综合案例。通过学习本部分内容，读者可以掌握 AutoCAD 在机械设计方面的具体应用和操作方法。

✍编写特色

本书由德州科技职业学院徐方龙、成都市启典文化邱银春担任主编，主要以AutoCAD 2014为操作平台，全面讲解了使用AutoCAD 2014绘制机械图形的各种应用方法。与以往的图书不同，本书以案例为主，主要结构是先进行知识点的介绍，然后使用案例的方式将知识点融于其中，并且使用的案例均来源于实际工作，丰富而实用。每个案例都保留了素材文件及对应的效果文件，用户可以直接登录中国建材工业出版社官网（www.jccbs.com.cn）下载素材和效果文件进行操作和学习，达到融会贯通的效果。

✍读者对象

本书适合作为大中专院校、职业院校和各类培训机构的AutoCAD机械绘图教材，也适合希望快速掌握AutoCAD机械绘图设计技能的所有读者群，特别适用于机械行业中不同年龄段的设计人员和工程人员。

由于编者的经验有限，加之时间仓促，书中难免会有疏漏和不足之处，恳请专家和读者不吝赐教。

编　者

2016年7月

目 录

第1章 绘图前的准备 1

1.1 认识AutoCAD 2014 2

1.1.1 启动和退出AutoCAD 2014 2

1.1.2 AutoCAD 2014的工作界面 2

1.2 设置自己的工作界面 6

1.2.1 设置绘图区的颜色 6

1.2.2 设置鼠标光标样式 7

1.2.3 设置命令行的行数与字体 8

1.3 管理图形文件 9

1.3.1 新建和保存图形文件 9

1.3.2 打开和关闭图形文件 11

1.3.3 输出图形文件 12

1.4 设置绘图环境 12

1.4.1 设置绘图单位 12

1.4.2 设置绘图界限 13

1.5 设置AutoCAD的辅助功能 14

1.5.1 捕捉与栅格 14

1.5.2 正交与极轴 15

1.5.3 对象捕捉与对象追踪 16

1.6 AutoCAD的命令执行方式 17

1.6.1 通过功能区按钮绘图 17

1.6.2 通过在命令行输入命令绘图 17

1.6.3 退出正在执行的命令 18

1.6.4 重复上一次的操作 18

1.6.5 取消与恢复已执行的命令 19

1.7 AutoCAD的坐标系及坐标点 19

1.7.1 AutoCAD的坐标系 19

1.7.2 输入坐标点 19

1.8 图形对象的选择 21

1.8.1 点选图形对象 21

1.8.2 矩形框选图形对象 22

1.8.3 交叉选择图形对象 22

1.8.4 栏选图形对象 22

1.8.5 快速选择图形对象 23

1.8.6 在选择集中添加或删除图形对象 23

1.9 视窗操作 24

1.9.1 指定显示比例 24

1.9.2 显示全部对象 25

1.9.3 以窗口方式显示对象 26

1.9.4 缩放到某个对象 26

1.9.5 平移视图 27

1.10 习题 28

第2章 绘制简单机械图形 29

2.1 绘制直线 30

2.1.1 使用直线命令 30

2.1.2 绘制活动钳身 30

2.1.3 绘制盘盖主视图 32

2.1.4 绘制螺栓 33

2.2 绘制构造线 34

2.3 绘制正多边形 35

2.3.1 使用“正多边形”命令 35

2.3.2 绘制传动机构 36

2.4 绘制矩形 37

2.4.1 使用“矩形”命令 37

2.4.2 绘制底板 37

2.5 绘制圆和圆弧 38

2.5.1 使用“圆”命令 39

2.5.2 使用“圆弧”命令 39

2.5.3 绘制连接件 40

2.5.4 绘制螺母俯视图 40

2.6 绘制椭圆 41

2.6.1 使用“椭圆”命令......42
2.6.2 绘制轴套系零件图......42
2.7 绘制样条曲线......43
2.7.1 使用样条曲线命令......43
2.7.2 绘制盘盖局部剖视图......43
2.8 习题......45
第3章 编辑机械图形......46
3.1 删除和恢复对象......47
3.1.1 删除对象......47
3.1.2 恢复被删除的对象......47
3.2 复制和偏移图形......47
3.2.1 绘制压板俯视图......48
3.2.2 绘制端盖......49
3.2.3 绘制盘盖俯视图......50
3.3 镜像图形......52
3.3.1 使用镜像命令......52
3.3.2 镜像轴套图形......52
3.4 阵列图形......53
3.4.1 使用阵列命令......53
3.4.2 阵列底板图形......53
3.4.3 阵列法兰盘俯视图......55
3.5 移动和旋转图形......56
3.5.1 移动图形......56
3.5.2 旋转图形......57
3.5.3 绘制键槽......57
3.5.4 旋转螺栓图形......58
3.6 修改图形线条......59
3.6.1 圆角和倒角......59
3.6.2 延伸、修剪和打断线条......59
3.6.3 圆角端盖图形......60
3.6.4 倒角和延伸轴套图形......61
3.6.5 修剪和打断螺母俯视图......63
3.7 修改图形大小......65
3.7.1 比例缩放图形对象......65
3.7.2 拉伸图形对象......65
3.7.3 缩放压板俯视图......65
3.7.4 拉伸轴套......66
3.8 合并图形......67
3.9 填充图形......68
3.9.1 创建和编辑图案填充......68
3.9.2 填充盘盖图形......69
3.10 使用图块......70
3.10.1 创建图块......70
3.10.2 插入图块......73
3.10.3 分解图块......76
3.11 习题......76
第4章 创建文本和表格......77
4.1 创建文本样式......78
4.2 输入文本......79
4.2.1 输入阀杆技术要求......79
4.2.2 输入齿轮技术要求......81
4.2.3 输入特殊字符......82
4.3 编辑文本......83
4.3.1 编辑文本内容......83
4.3.2 设置文本背景遮罩......84
4.3.3 查找与替换文本......85
4.4 创建图形表格......86
4.4.1 设置表格样式......86
4.4.2 插入表格......88
4.4.3 编辑表格文字......89
4.5 习题......90
第5章 机械图形尺寸标注......91
5.1 尺寸标注样式......92
5.1.1 尺寸标注的组成......92
5.1.2 新建机械标注样式......92
5.1.3 编辑尺寸线和尺寸界线......94
5.1.4 编辑尺寸箭头及圆心标记......94
5.1.5 编辑尺寸标注字体......95

5.1.6 设置标注单位及精度 96
5.2 创建长度型尺寸标注......97
5.2.1 线性和对齐标注 97
5.2.2 基线和连续标注 98
5.2.3 对螺栓座体进行尺寸标注 98
5.3 创建角度尺寸标注......101
5.3.1 使用角度标注 102
5.3.2 标注座体角度 102
5.4 创建圆弧型尺寸标注......103
5.4.1 直径和半径标注 103
5.4.2 折弯半径标注 103
5.4.3 标注连杆尺寸 104
5.5 创建引线标注 106
5.5.1 控制引线及箭头外观特征 107
5.5.2 利用引线标注命令 107
5.5.3 引线标注螺栓 107
5.6 创建尺寸公差及形位公差标注 108
5.6.1 尺寸和形位公差 108
5.6.2 标注阀杆 109
5.6.3 标注端盖 110
5.7 编辑尺寸标注 112
5.7.1 编辑标注文字 112
5.7.2 编辑标注 112
5.7.3 标注更新 113
5.7.4 编辑盘盖标注 113
5.8 习题 114

第6章 绘制机械零件图 116

6.1 机械零件图基础......117
6.2 绘制轴类零件图......117
6.2.1 绘制低速轴主视图 117
6.2.2 绘制低速轴剖面图 122
6.2.3 标注低速轴 124
6.3 绘制盘盖类零件图 127
6.3.1 绘制端盖左视图 127
6.3.2 绘制端盖主视图 129
6.4 绘制叉架类零件图 131
6.4.1 绘制叉架主视图 132
6.4.2 绘制叉架左视图 136
6.4.3 绘制A向视图 140
6.5 习题 143

第7章 绘制装配图及轴测图 144

7.1 绘制装配图 145
7.1.1 绘制装配图的基础知识 145
7.1.2 绘制装配图 145
7.2 绘制轴测图 153
7.2.1 绘制轴测图 153
7.2.2 标注轴测图 156
7.3 习题 161

第8章 绘制和编辑三维模型 162

8.1 三维绘图基础 163
8.1.1 视图操作 163
8.1.2 用户坐标系 164
8.1.3 布尔运算 166
8.2 绘制常用三维模型 167
8.2.1 绘制长方体 167
8.2.2 绘制圆柱体 168
8.2.3 绘制楔体 168
8.2.4 绘制球体 168
8.2.5 绘制圆锥体 169
8.2.6 绘制螺旋体 169
8.3 将二维对象生成三维实体 169
8.3.1 绘制阀盖 170
8.3.2 绘制轴套 173
8.3.3 绘制弹簧 175
8.3.4 放样 176

8.4 实体编辑命令 177
8.4.1 三维阵列、镜像、旋转 177
8.4.2 阵列端盖 178
8.4.3 镜像主轴套 180
8.4.4 绘制组合体 181
8.5 三维边角编辑 184
8.5.1 对模型进行倒角处理 184
8.5.2 对模型进行圆角处理 186
8.6 打印图形 187
8.6.1 选择打印设备 187
8.6.2 选择图纸纸型并设置打印区域 187
8.6.3 设置打印比例 188
8.6.4 设置打印方向并指定打印的位置 188
8.7 习题 189
第9章 三维实体综合实例 190
9.1 案例目标 191
9.2 绘制泵体左视图 191
9.2.1 绘制作图基准线 191
9.2.2 绘制左视图轮廓 192
9.2.3 绘制轴孔及螺孔 195
9.3 绘制泵体主视图 199
9.3.1 绘制主视图轮廓 199
9.3.2 绘制轴孔及螺孔 202
9.4 绘制泵体剖视图 207
9.5 绘制泵体模型 209
9.5.1 绘制模型轮廓 209
9.5.2 绘制轴孔及螺孔 212
9.6 习题 215

第 1 章 绘图前的准备

本章内容

AutoCAD 是一款计算机辅助设计绘图软件，它广泛应用于各个设计行业。本章将首先学习 AutoCAD 2014 的基础知识，如启动与退出、创建并管理 AutoCAD 文件、设置适合的绘图环境、辅助功能、命令执行方式、坐标点的使用、图形对象的选择以及视窗等操作，让用户快速掌握并使用这些操作，为绘制图形做好准备。

要点导读

- 认识 AutoCAD：了解 AutoCAD 的启动和退出、工作界面以及工作界面、绘图环境的设置方法。
- 管理图形文件：了解文件的新建和保存、打开、关闭以及输出等内容。
- 辅助功能和命令执行：了解 AutoCAD 的各种辅助功能，如捕捉、正交及命令的各种执行方式。
- 坐标系：了解 AutoCAD 中坐标系的概念。
- 图形对象的选择：了解 AutoCAD 中图形对象的各种选择方法。
- 视窗操作：了解 AutoCAD 中各种视窗操作的方法。

1.1 认识 AutoCAD 2014

AutoCAD 是一个常用的绘图设计软件，在使用之前我们应对它的应用范围、启动及退出方法和其工作界面有一个完整认识，下面分别进行讲解。

1.1.1 启动和退出 AutoCAD 2014

使用一个软件应先启动该软件，使用完之后应退出该软件。这是软件操作的一般规律，AutoCAD 2014 也不例外。所以在学习使用 AutoCAD 2014 前，应先学习它的启动与退出方法。

1. 启动 AutoCAD 2014

安装 AutoCAD 2014 后，就可以启动该软件并进行绘图操作了。启动 AutoCAD 的方法很多，主要有如下几种。

- **“开始”菜单方式**：与其他多数应用软件类似，安装 AutoCAD 后，系统会自动在“开始”菜单的“所有程序”选项中创建一个名为“AutoCAD 2014”的程序组，选择该程序组里的“AutoCAD 2014”命令即可启动 AutoCAD 2014。
- **桌面快捷方式**：安装 AutoCAD 2014 后，系统还会在 Windows 桌面上添加如图 1-1 所示的快捷方式图标。双击该快捷方式图标即可启动 AutoCAD 2014。
- **打开 AutoCAD 文件方式**：如用户电脑中有 AutoCAD 图形文件，则双击扩展名为.dwg 的文件也可启动 AutoCAD 2014 并打开该图形文件，如图 1-2 所示。

图1-1　通过桌面快捷方式启动

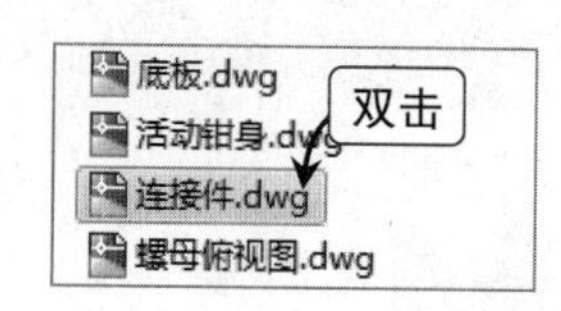

图1-2　通过打开Auto CAD文件启动

2. 退出 AutoCAD 2014

在 AutoCAD 2014 中绘制完图形后，主要有如下几种退出方法：

- 单击 AutoCAD 窗口右上角的按钮。
- 选择“文件/退出”命令。
- 双击标题栏左端的图标或者单击该图标，在弹出的菜单中选择“退出 Autodesk AutoCAD 2014”选项。
- 按【Alt+F4】键。
- 在 AutoCAD 2014 的命令行中执行 QUIT 或 EXIT 命令。

1.1.2 AutoCAD 2014 的工作界面

启动 AutoCAD 2014，关闭“欢迎”窗口后，将显示“草图与注释”的工作界面，该工作界面主要由应用程序按钮、快速访问工具栏、标题栏、功能区选项卡、功能区、文件选项卡、绘图区、坐标系图标、命令行和状态栏等组成，如图 1-3 所示。

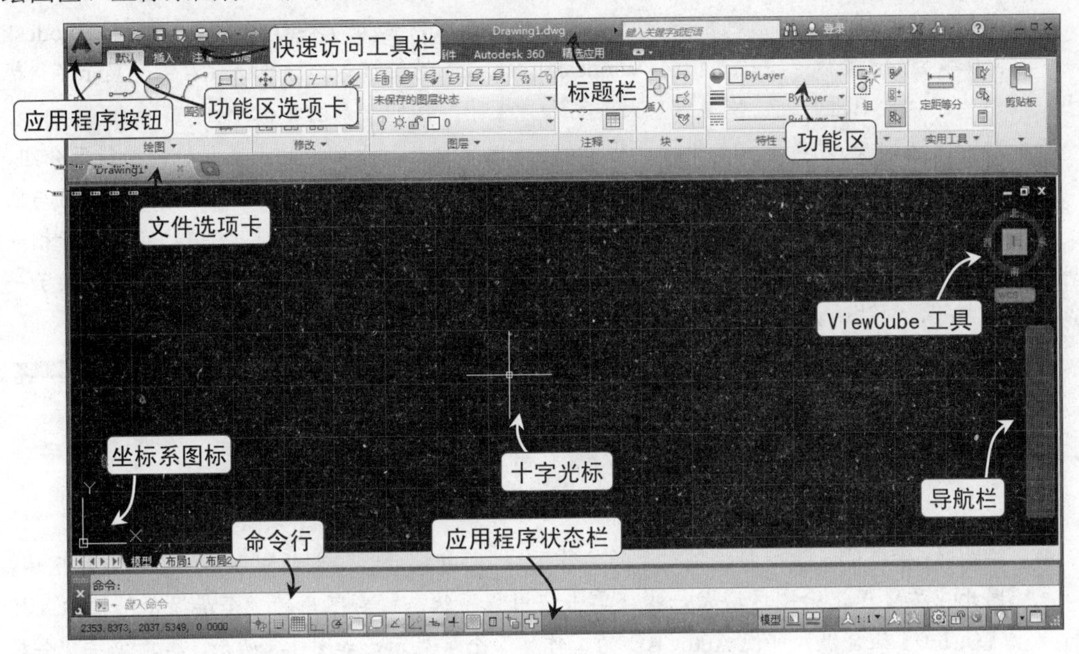

图1-3　AutoCAD 2014工作界面

工作界面中各个区域的功能介绍如下：

- **应用程序按钮**：单击应用程序按钮将显示基于 Windows 的菜单，即应用程序菜单。应用程序菜单包含了新建、保存和发布文件等常用命令，如图 1-4 所示。
- **快速访问工具栏**：快速访问工具栏提供了对定义的命令集的直接访问。用户可添加、删除和重新定位命令和控件。默认状态下，快速访问工具栏包括新建、打开、保存、另存为、打印、放弃、重做命令和工作空间控件，如图 1-5 所示。

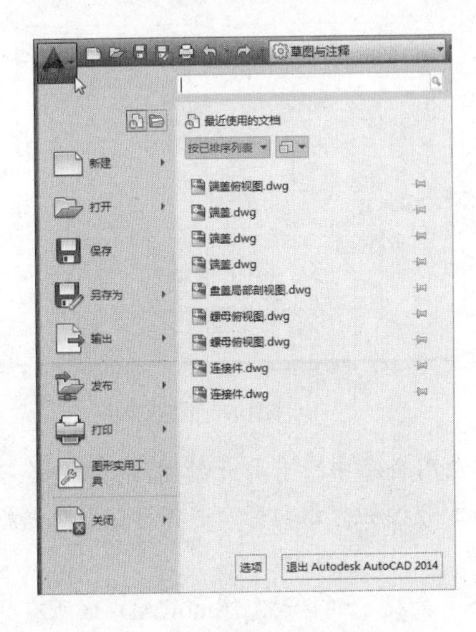

图1-4　应用程序菜单

提示：工作空间的作用

工作空间是指菜单、工具栏、选项板和功能区面板的集合，将它们进行编组和组织来创建一个基于任务的绘图环境。单击工作空间控件，选择工作空间名称可切换到相应的工作空间。不同的工作空间显示图形页面也有所不同。

图1-5　快速访问工具栏

◆ **标题栏与信息中心**：标题栏位于工作界面顶端的中间位置，显示软件的名称和当前打开的文件名称。信息中心是一种用在多个 Autodesk 产品中的功能，它由标题栏右侧的一组工具组成，使用它可以访问许多与产品相关的信息源，如工作界面中显示了用于 Autodesk 360 服务的“登录”按钮或指向 Autodesk Exchange 的链接等。标题栏最右侧还显示了“帮助”、“最小化”、“恢复窗口大小”和“关闭”按钮，如图 1-6 所示。

◆ **功能区选项卡、功能区和功能区面板**：功能区选项卡是基于动作的最高层级的功能区分组，切换功能区选项卡上不同的标签，AutoCAD 将显示不同的面板。功能区面板将一组与任务相关的按钮和控件在功能区中组合在一起，用户只要单击面板上的按钮就可以执行相应命令。因此功能区中包含了多个功能区面板组，它为与当前工作空间相关的命令提供了一个单一、简洁的放置区域，如图 1-7 所示。

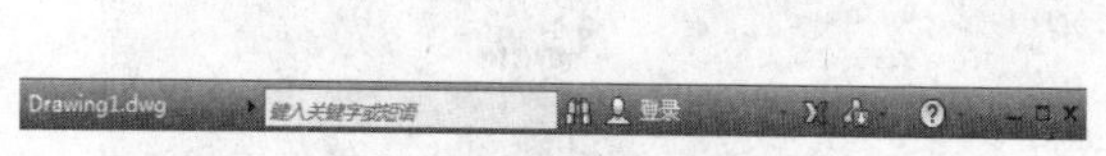

图1-6 标题栏

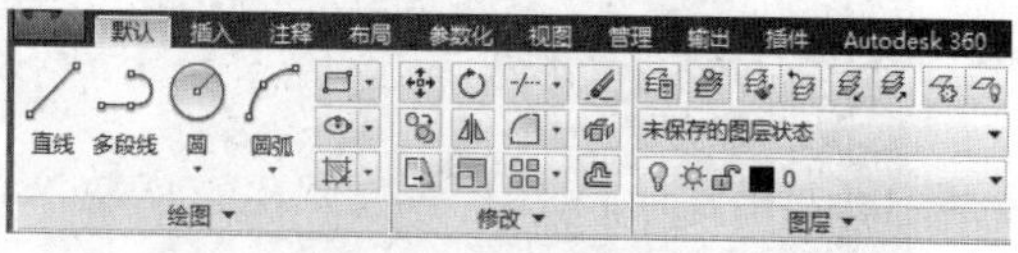

图1-7 功能区

◆ **绘图区**：绘图区是绘图和编辑对象的工作区域，所有设计和绘制的图形都将显示在该区域，因此应尽量保证绘图区域大一些。单击应用程序状态栏右下角的“全屏显示”按钮或按【Ctrl+0】组合键，可使 AutoCAD 的工作界面全屏显示，如图 1-8 所示。再次单击“全屏显示”按钮或按【Ctrl+0】组合键，将恢复默认的绘图区大小。

◆ **十字光标与坐标系图标**：在绘图区移动鼠标将看到一个十字光标在移动，即图形光标，绘制图形时图形光标显示为“+”形。绘图区左下角是 AutoCAD 的直角坐标系显示标志，用于指示图形设计的平面。绘图区底部有一个模型标签和两个布局标签，在 AutoCAD 中有两个工作空间，模型代表模型空间，布局代表图纸空间，单击相应的标签可切换工作空间，如图 1-9 所示为图纸空间。

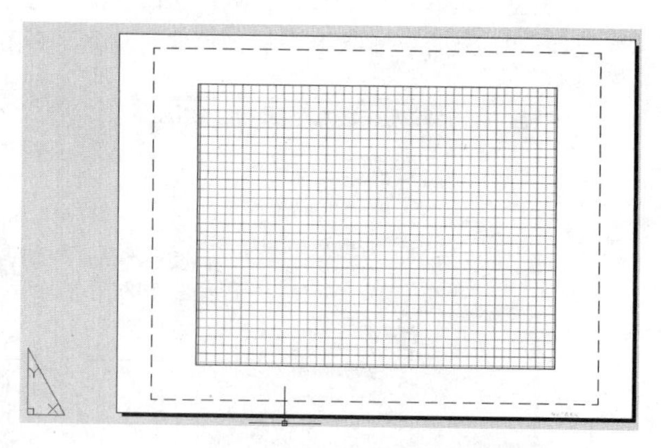

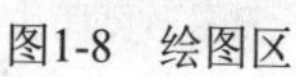

图1-8 绘图区

图1-9 图纸空间

◆ **文件选项卡**：文件选项卡可以帮助用户访问应用程序中所有打开的图形。文件选项卡通常显示完整的文件名。单击文件选项卡右侧的加号按钮可以打开“选择样板”对话框创建新图形，如图 1-10 所示。

◆ **命令行**：命令行是一个输入命令和反馈命令参数提示的区域，AutoCAD 里所有的命令都可在命令行实现。如画直线时，除了在“默认”选项卡的“绘图”面板中单击“直线”按钮，还可在命令行输入“line”直线命令或直线命令的简化命令，都可激活直线命令，如图 1-11 所示。

图1-10 文件选项卡

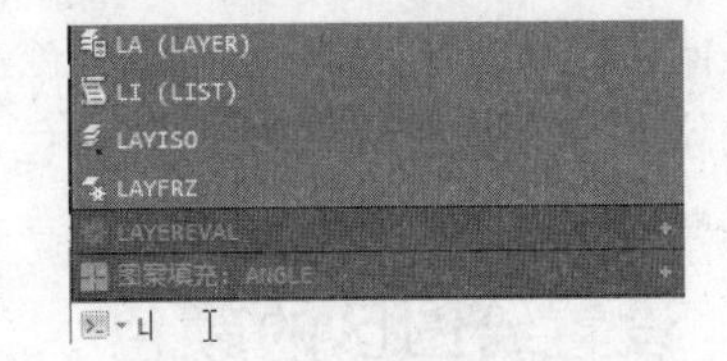

图1-11 命令行

- **ViewCube 工具**：ViewCube 工具用来显示模型的当前方向，单击 ViewCube 工具可旋转窗口并使用整个模型或在视图中选定的对象填充窗口。单击 ViewCube 工具左上角的“主视图”按钮，可在执行布满视图时将模型旋转至 3/4 视图或用户定义的视图。单击 ViewCube 工具右下角的倒三角按钮将弹出 ViewCube 菜单，在其中可恢复和更改主视图、切换视图投影模式或访问 ViewCube 设置，如图 1-12 所示。
- **导航栏**：导航栏是一组导航工具，使用它可以方便地访问多种产品特定的导航工具，如控制盘、平移和缩放等，如图 1-13 所示。通过单击导航栏上的按钮之一，或选择在单击分割按钮的较小部分，可在列表中显示某个工具，随即启动导航工具。

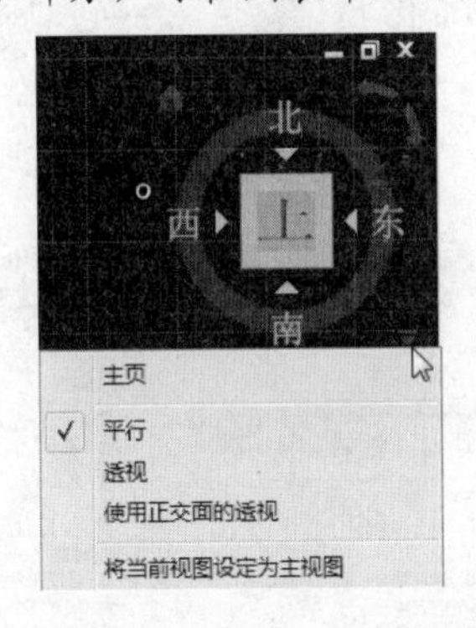

图1-12 ViewCube工具

图1-13 导航栏

- **应用程序状态栏**：应用程序状态栏左侧的数字显示为当前光标的 XYZ 坐标值；绘图辅助工具用来帮助用户快速、精确地作图；模型与布局用来控制当前图形设计是在模型空间还是布局空间；注释工具可以显示注释比例及可见性；工作空间菜单可方便用户切换不同的工作空间；锁定的作用是可以锁定或解锁浮动工具栏、固定工具栏、浮动窗口或固定窗口在图形中的位置。隔离对象是控制对象在当前图形上显示与否；最右侧是“全屏显示”按钮，如图 1-14 所示。

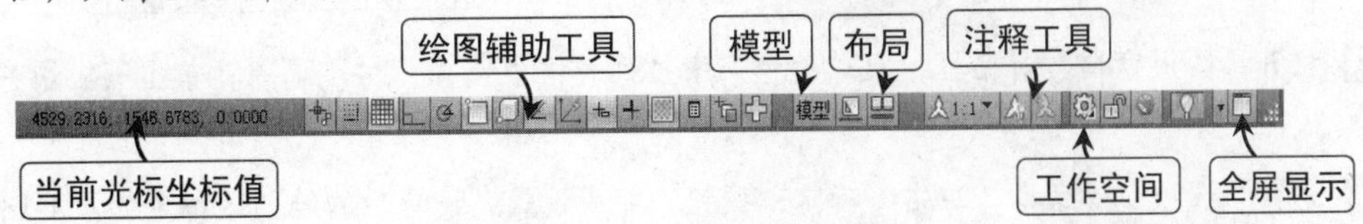

图1-14 应用程序状态栏

1.2 设置自己的工作界面

根据不同的需要，用户可更改 AutoCAD 2014 的工作界面，使设计、绘图更加得心应手。用户界面的设置主要包括设置绘图区颜色、鼠标光标样式及命令行的行数与字体等。

1.2.1 设置绘图区的颜色

AutoCAD 默认的模型绘图区颜色为黑色，根据不同用户的要求，可对其进行更改。下面演示将绘图区的颜色更改为白色的步骤。

实例演示：设置绘图区颜色

Step 01 在绘图区中单击鼠标右键，在弹出的快捷菜单中选择“选项”命令或选择“工具/选项”命令，打开“选项”对话框，如图 1-15 所示。

Step 02 单击“显示”选项卡，单击“颜色”按钮，如 1-16 所示。

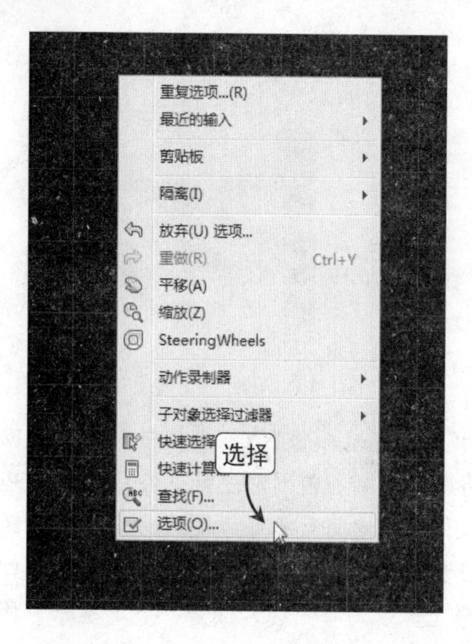

图1-15 选择“选项”命令

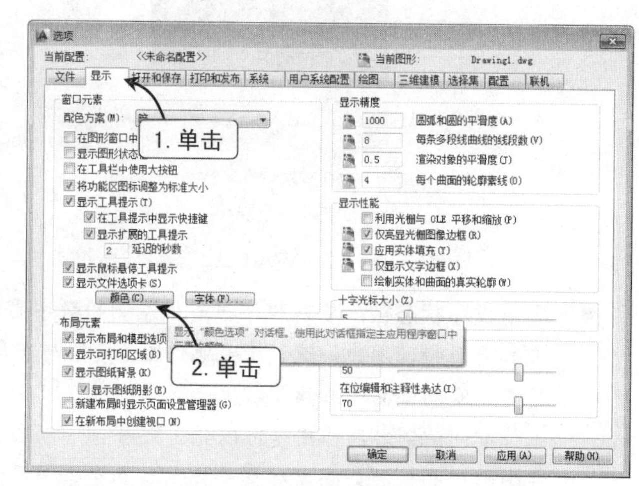

图1-16 单击“颜色”按钮

Step 03 打开“图形窗口”对话框，在“颜色”下拉列表框中选择“白”选项，单击“应用并关闭”按钮，如图 1-17 所示。

Step 04 返回“选项”对话框，单击“确定”按钮，完成设置，设置后的绘图区颜色如图 1-18 所示。

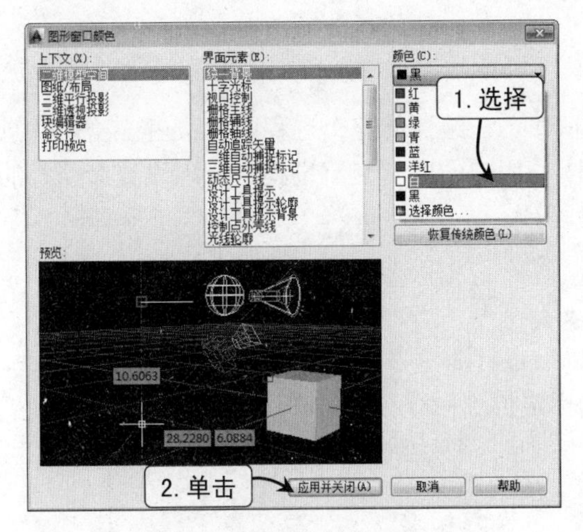

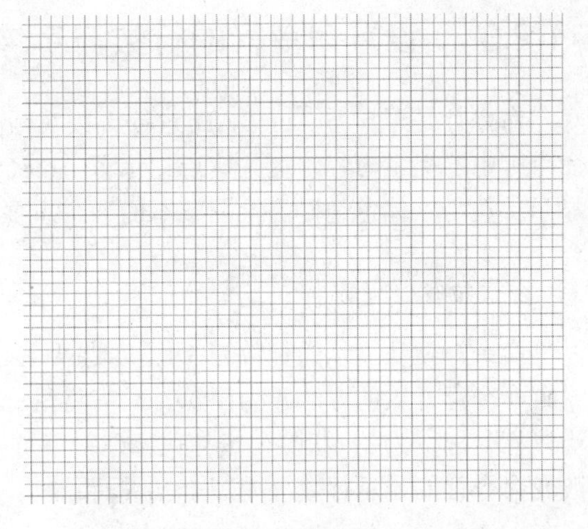

图1-17 选择“白”选项

图1-18 白色背景

1.2.2 设置鼠标光标样式

改变绘图区的背景色之后，十字光标的颜色可能会不太醒目，用户可以改变十字光标的颜色，其方法与设置绘图区背景色的方法类似，只需在“图形窗口颜色”对话框的“界面元素”下拉列表框中选择“十字光标”选项，再进行设置即可。

根据需要，用户还可以更改十字光标的大小，这样更方便绘图过程中的定位操作。其设置方法比较简单，只需在如图 1-19 所示的“显示”选项卡下面的“十字光标大小”栏中，拖动滑块调整即可，用户也可在前面的数值框中直接输入所需的大小值。

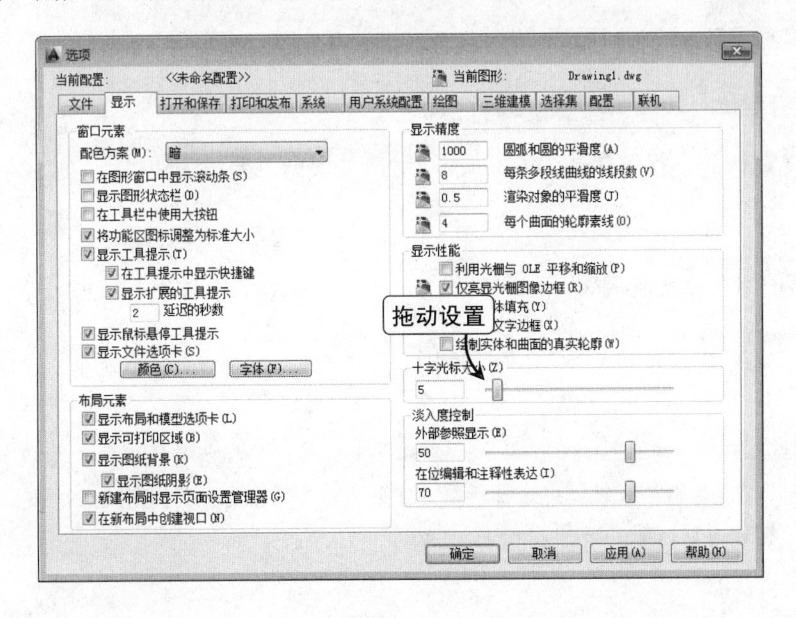

图1-19 设置十字光标的大小

1.2.3 设置命令行的行数与字体

命令行是用户与 AutoCAD 进行直接对话的窗口。在绘图的整个过程中，读者应密切注意命令行中的提示内容，这些信息记录了 AutoCAD 与用户的所有交流过程。所以设置命令行的显示行数与字体也是提高绘图效率的一个重要手段。

1. 设置命令行行数

命令行默认显示的行数为 3 行，如果要显示以前进行的更多操作，可以增加命令行的行数。设置命令行行数的方法较为简单，只需将鼠标光标定位到命令行与绘图区之间的边界位置处，当鼠标光标变为≑形状时，按住鼠标左键不放向上或向下移动到适当位置，然后松开鼠标即可改变命令行的显示行数，如图 1-20 所示。

如用户想快速查看当前图形的所有命令，可打开如图 1-21 所示的“文本”窗口进行浏览。具体方法为按【F2】键或在“视图”选项卡的“用户界面”组中单击“用户界面”按钮，在弹出的下拉菜单中选择“文本窗口”选项即可。

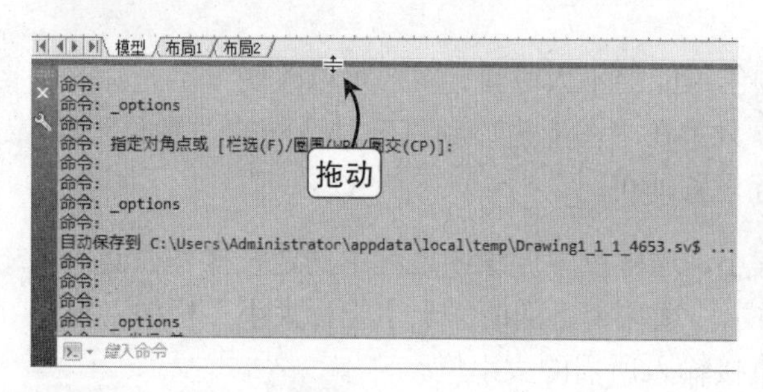

图1-20 拖动设置命令行的显示区域

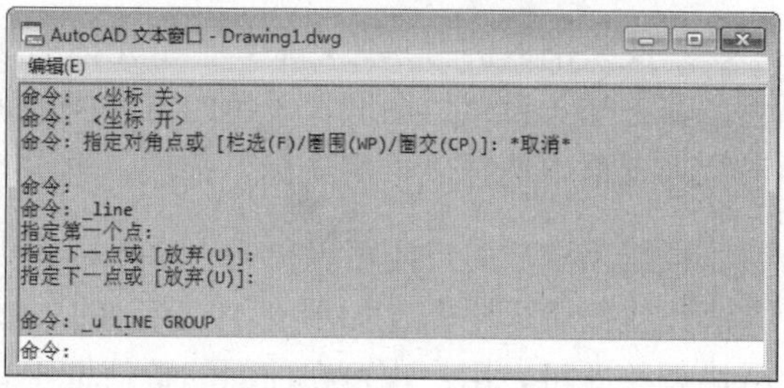

图1-21 “文本”窗口

2. 设置命令行字体

AutoCAD 默认命令行的字体为 Courier，用户可根据需要进行更改。

实例演示：设置命令行字体

Step 01 打开“选项”对话框，单击“显示”选项卡，然后单击“窗口元素”栏中的“字体”按钮，如图 1-22 所示。

Step 02 打开“命令行窗口字体”对话框，在“字体”列表框中选择所需的字体；在“字形”列表框中选择所需的字形；在“字号”列表框中选择所需的字号。单击“应用并关闭”按钮返回“选项”对话框，再单击“确定”按钮即可，如 1-23 所示。

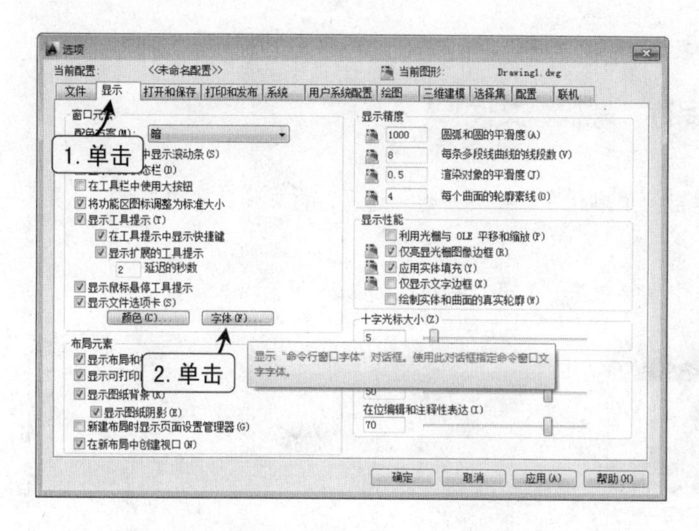

图1-22 单击“字体”按钮

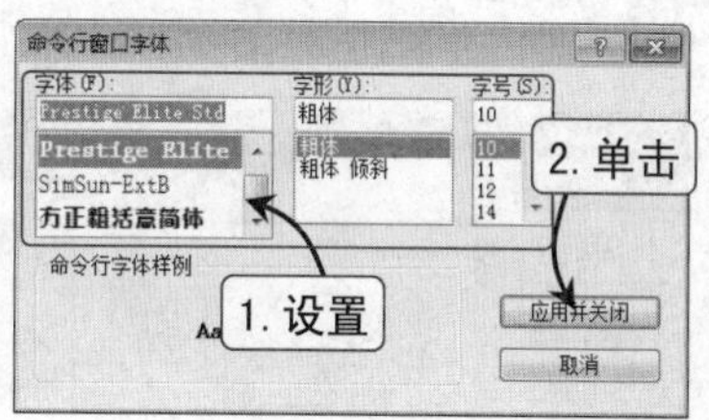

图1-23 设置字体

1.3 管理图形文件

在使用 AutoCAD 2014 绘图之前，首先应掌握管理图形文件的基本方法，如新建、保存、打开、输出及关闭图形文件等操作。

1.3.1 新建和保存图形文件

启动 AutoCAD 之后，系统将自动新建一个名为“Drawing1”的图形文件。根据需要用户也可以新建图形文件，以完成更多的绘图操作。新建图形文件的命令主要有如下几种调用方法。

- 单击“应用程序”按钮，在弹出的菜单中选择“新建”选项。
- 单击“标准”工具栏中的按钮。
- 在命令行中执行 NEW 命令。

为避免图形文件在绘制及编辑过程中因电脑意外死机或停电造成不可挽回的损失，一般新建文档后应在文档编辑中及时保存文件。保存图形文件的命令主要有如下几种调用方法。

- 单击“应用程序”按钮，在弹出的菜单中选择“保存”选项。
- 单击“标准”工具栏中的按钮。
- 在命令行中执行 SAVE 命令。

在 AutoCAD 2014 中用户可以将图形文件保存为如下几种类型。

- DWG：AutoCAD 默认的图形文件类型。
- DXF：包含图形信息的文本文件或二进制文件，可供其他 CAD 程序读取该图形文件信息。
- DWS：二维矢量文件，使用这种格式可以在网络上发布相应的 AutoCAD 图形。
- DWT：AutoCAD 样板文件，新建图形文件时，可以基于样板文件创建图形文件。

实例演示：新建和保存“螺栓”文件

Step 01 单击“应用程序”按钮，在弹出的菜单栏中选择“新建”选项，在其子菜单中选择“图形”选项，如图 1-24 所示。

Step 02 在打开的“选择样板”对话框中直接单击“打开”按钮，如 1-25 所示。

图1-24　选择“新建”选项

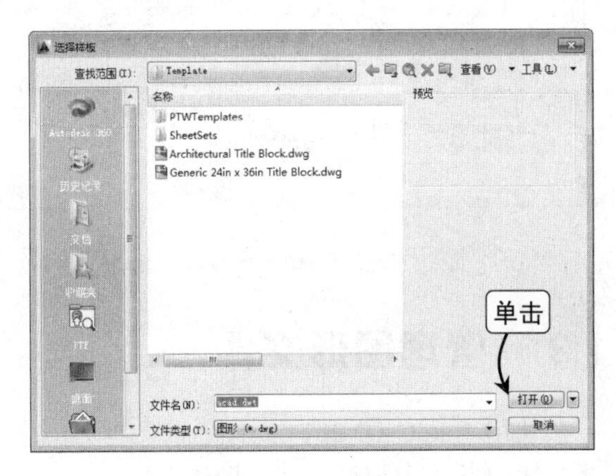

图1-25　选择样板

Step 03 在 AutoCAD 中新建一个名为“Drawing1”的图形文件，在快速访问工具栏中单击“保存”按钮，如图 1-26 所示。

Step 04 在打开的“图形另存为”对话框的“保存于”下拉列表框中选择保存位置，在“文件名”文本框中输入保存文件名称为“螺栓”，单击“保存”按钮将文件保存，如图 1-27 所示。

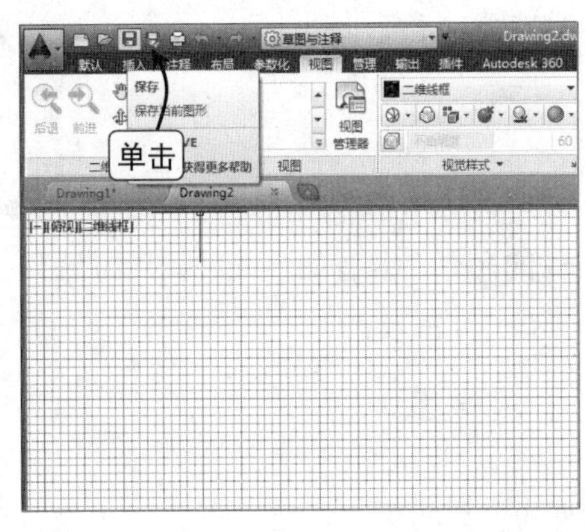

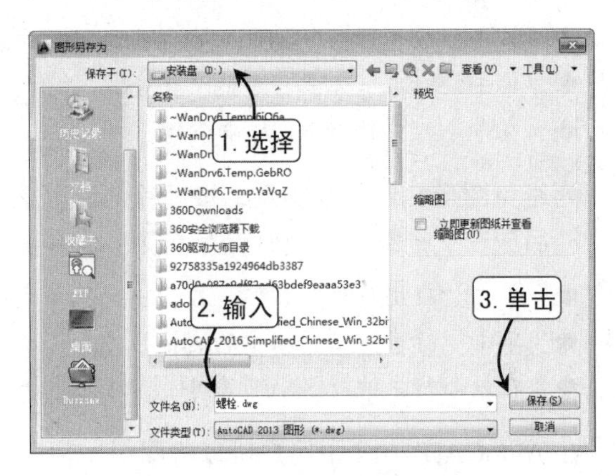

图1-26　单击“保存”按钮　　　　图1-27　保存文件

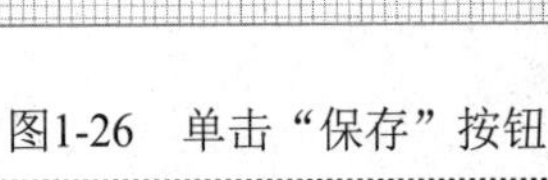

提示：*保存已存在的文件和自动保存*

对于已经保存在电脑磁盘中的图形文件，在编辑过程中也应及时保存，其方法很简单，只需单击“保存”按钮，系统将自动保存修改后的文件到原文件位置。在绘图区单击鼠标右键，选择“命令”命令，打开“选项”对话框，选择“打开和保存”选项卡，在“文件安全措施”栏中选中“自动保存”复选框，再在下面的文本框中输入所需的间隔时间，单击“确定”按钮即可设置自动保存。

1.3.2 打开和关闭图形文件

对于已经保存在电脑中的 AutoCAD 文件，用户可以打开后再进行编辑操作。这可避免重复绘制相同图形，打开图形文件的命令主要有如下几种调用方法。

- 单击“应用程序”按钮，在弹出的菜单中选择“打开”选项。
- 在“快速访问工具栏”中单击按钮。
- 在命令行中执行 OPEN 命令。

编辑完当前图形文件后，应将其关闭，关闭图形文件的命令主要有如下几种调用方法。

- 单击“应用程序”按钮，在弹出的菜单中选择“关闭”选项。
- 单击相应文件选项卡右侧的按钮。
- 在命令行中执行 CLOSE 命令。

实例演示：打开和关闭“底板”文件

Step 01 单击“应用程序”按钮，在弹出的菜单中选择“打开”选项，在其子菜单中选择“图形”选项，如图 1-28 所示。

Step 02 在打开的“选择文件”对话框中的“查找范围”下拉列表框中选择文件保存位置，然后在中间列表中选择打开的文件，单击“打开”按钮，如 1-29 所示。

图1-28 选择“打开”选项

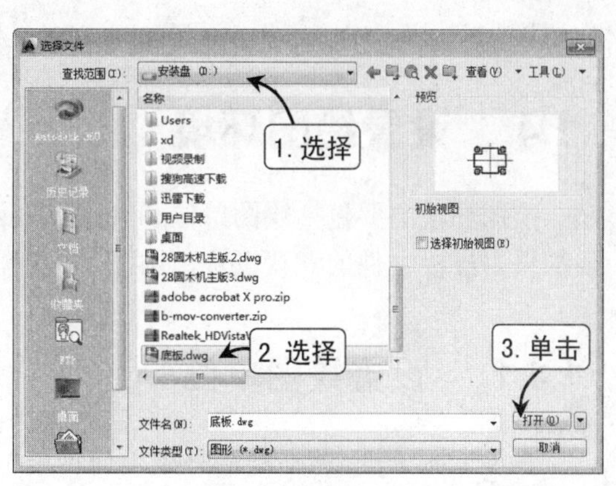

图1-29 选择需要打开文件

Step 03 在 AutoCAD 中打开名为“底板”的图形文件。如果要关闭该文件，在文件选项卡右侧单击按钮，如图 1-30 所示。

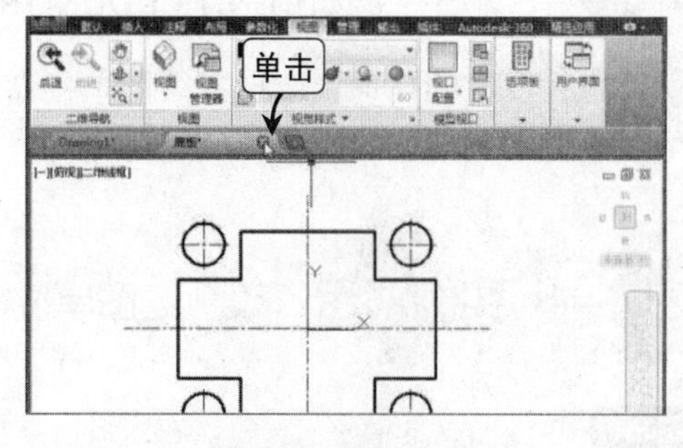

图1-30 关闭文件

1.3.3 输出图形文件

在 AutoCAD 2014 中还可以将绘制的图形文件输出为其他格式的文件，以便在其他软件中调用，输出文件的命令主要有如下两种调用方法。

◆ 单击“应用程序”按钮，在弹出的菜单中选择“输出”选项，在其子菜单中选择输出文件的格式。

◆ 在命令行中执行 EXPORT 命令。

执行以上的任意一个输出文件命令后，都将打开如图 1-31 所示的“另存为”对话框。在“保存于”下拉列表框中指定图形文件的保存路径；在“文件名”下拉列表框中输入图形文件的名称；在“文件类型”下拉列表框中选择要输出的文件格式；单击“保存”按钮即可。

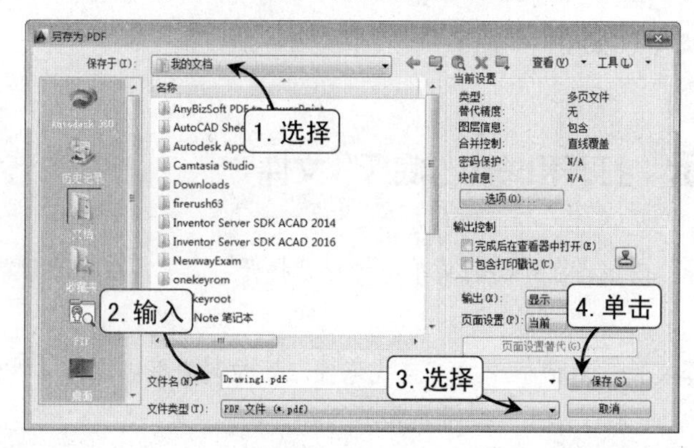

图1-31 输出图形文件

1.4 设置绘图环境

绘图环境主要包括绘图单位和绘图界限两方面，一般新建图形文件后，绘图单位和绘图界限都采用样板文件的默认设置，用户可根据需要进行自定义设置。

1.4.1 设置绘图单位

设置绘图单位，即在绘图时采用何种单位，设置绘图单位的命令主要有如下几种调用方法。

◆ 单击“应用程序”按钮，在弹出的菜单中选择“图形实用工具/单位”命令。

◆ 在命令行中执行 UNITS/DDUNITS/UN 命令。

执行以上的任意一个设置绘图单位命令后，都将打开“图形单位”对话框。通过该对话框可以设置绘图单位的长度和类型与精度。

实例演示：设置绘图单位

Step 01 单击“应用程序”按钮，在弹出的菜单中选择“图形实用工具/单位”命令，打开“图形单位”

对话框，如图 1-32 所示。在“长度”栏的“类型”下拉列表框中选择长度单位的类型，AutoCAD 2014 提供了分数、工程、建筑、科学和小数等 5 种类型，然后在“精度”下拉列表框中选择长度单位的精度。

Step 02 在“角度”栏的“类型”下拉列表框中可选择角度单位的类型，有百分度、度/分/秒、弧度、勘测单位和十进制度数等 5 种类型，然后在“精度”下拉列表框中选择角度单位的精度。

Step 03 确认角度的旋转方向，系统默认以逆时针方向旋转的角度为正方向，选中“角度”栏中的“顺时针”复选框，则以顺时针方向为正方向。

Step 04 在“插入时的缩放比例”栏的“用于缩放插入内容的单位”下拉列表框中可选择以拖放方式插入图块时的单位。如果创建图块时为该选项指定的单位与此处设置的单位为准不同，则以现在设置的单位缩小或放大图块。

Step 05 单击“方向”按钮，将打开如图 1-33 所示的“方向控制”对话框，在该对话框中可设置基准角度的方向，默认是以东方为 0°。设置完毕，单击“确定”按钮关闭对话框即可。

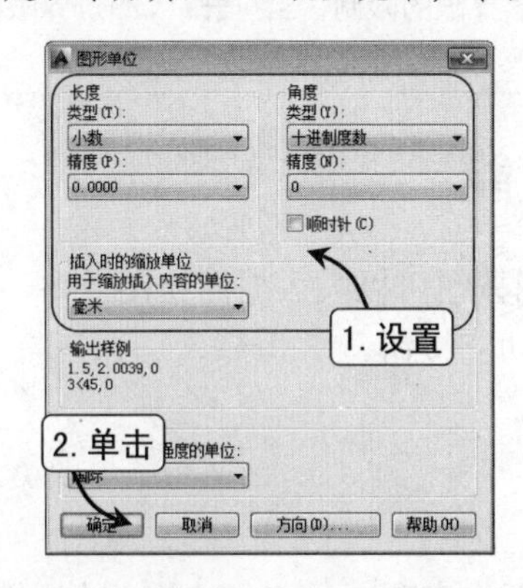

图1-32　设置绘图单位的长度和角度

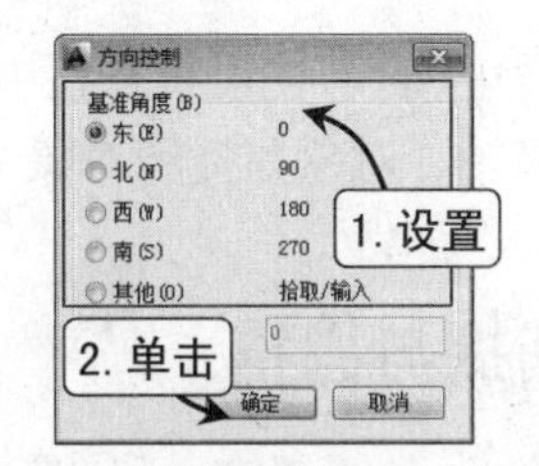

图1-33　设置基准角度

1.4.2　设置绘图界限

AutoCAD 辅助绘图的最终目的是将电脑中绘制的图形打印在图纸上，而在现实生活中，图纸都具有一定尺寸规格，如 B5、A4 和 A3 等，所以在绘制图形前应根据图纸的规格设置绘图范围，即绘图界限。绘图界限一般应大于或等于选择的图纸尺寸。

绘图界限是世界坐标系中的二维点，表示左下至右上的图形边界。设置绘图界限的命令主要是在命令行中执行 LIMITS 命令。

使用默认样板创建的图形文件的绘图界限为 420mm×297mm，用户也可以根据所绘图形的大小自行定义。

实例演示：设置绘图界限

Step 01 在命令行中输入 LIMITS 命令，按【Enter】键，如图 1-34 所示。

Step 02 在命令行提示“指定左下角点”时，按【Enter】键保持默认设置，如图 1-35 所示。

图1-34 输入命令

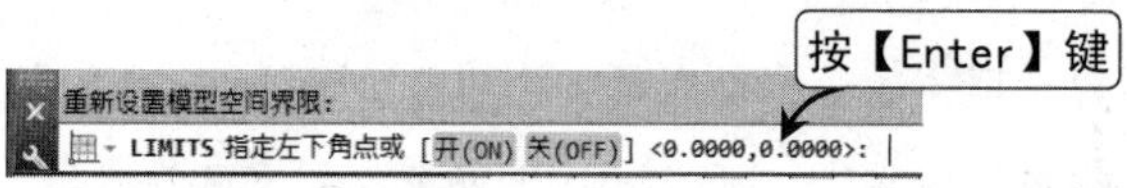

图1-35 默认设置

Step 03 在命令行提示“指定右上角点”时，输入“420,297”，然后按【Enter】键设置绘图区域右上角的坐标，如图 1-36 所示。

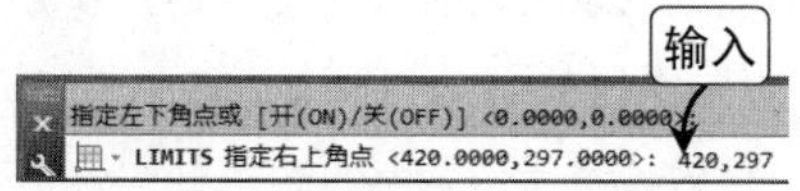

图1-36 输入绘图边界坐标

> **提示**：命令行选项的作用
>
> 执行命令过程中的“开（ON）”和“关（OFF）”选项用于控制打开或关闭绘图界限检查功能。当关闭（OFF）绘图界限检查功能时，绘制的图形将不受图形界限的限制；当打开（ON）界限检查功能时，则只能在设置的范围内进行绘图。

1.5 设置 AutoCAD 的辅助功能

在绘图过程中，合理使用状态栏中的辅助绘图按钮可以大大提高绘图效率，主要包括栅格、捕捉、正交、极轴、对象捕捉和对象追踪等辅助功能按钮。

1.5.1 捕捉与栅格

捕捉功能常与栅格功能联合使用。一般情况下先启动 AutoCAD 2014 的栅格功能，然后再启动捕捉功能捕捉栅格点。单击状态栏中的“栅格”按钮，使该按钮呈凹下状态，这时在绘图区将显示一些小方格，这些就是栅格，如图 1-37 所示。

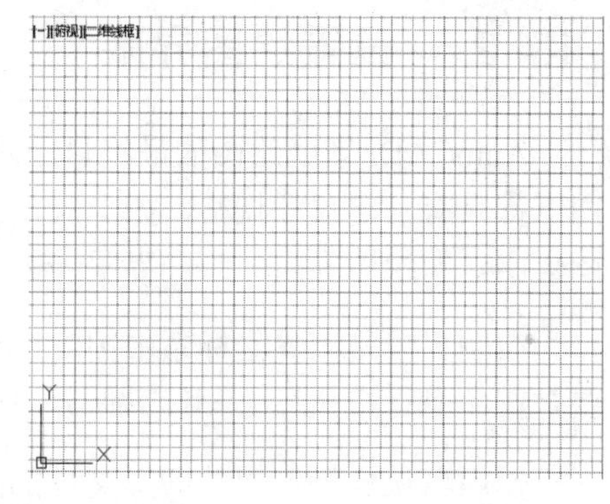

图1-37 启动栅格功能

栅格起辅助图形定位的作用，如用户要将鼠标光标快速定位到某个栅格点，就必须启动捕捉功能，单击状态栏中的“捕捉”按钮，该按钮呈凹下状态时，即启用了捕捉功能。此时在绘图区中移动十字光标，会发现光标将按一定间距移动。

为方便用户更好地捕捉图形中的栅格点，下面将光标的移动间距与栅格的间距设置为相同，这样光标就会自动捕捉到相应的栅格点。

实例演示：设置栅格的间距

Step 01 在状态栏的“捕捉”或“栅格”按钮上单击鼠标右键，在弹出的快捷菜单中选择“设置”命令，如图 1-38 所示。

Step 02 在打开的对话框中单击“捕捉和栅格”选项卡，选中“启用捕捉”复选框，启用捕捉功能。设置十字光标水平移动的间距值，这里设置“栅格 X 轴间距”为“10”，然后在“栅格 Y 轴间距”文本框中设置光标垂直移动的间距值，这里同样设置为“10”，单击“确定”按钮，如图 1-39 所示。

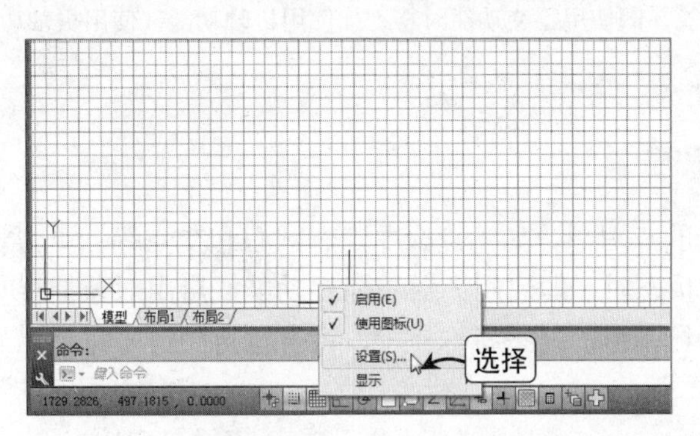

图1-38　选择“设置”选项

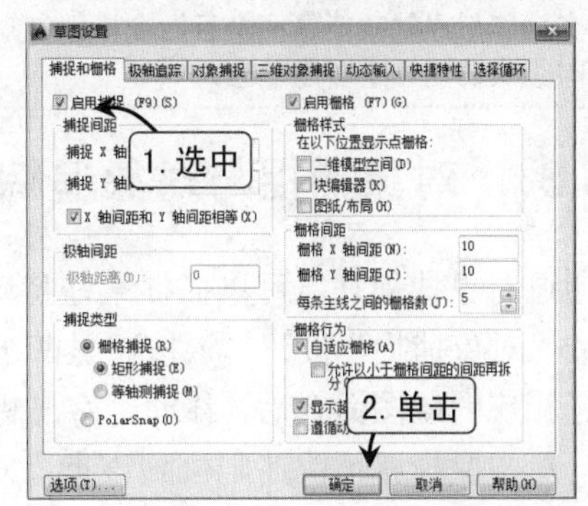

图1-39　设置栅格间距

1.5.2　正交与极轴

单击状态栏中的“正交”按钮，该按钮呈凹下状态时，即启用了正交功能。当用户启用正交功能后，可以方便地捕捉水平或垂直方向上的点，因此该功能常用来绘制水平线或垂直线。

与正交功能相对的是极轴功能，使用极轴功能不仅可以绘制水平线和垂直线，还可以快速绘制任意角度或设定角度的线段。单击状态栏中的“极轴”按钮或按【F10】键，都可启用极轴功能。启用极轴功能后，用户在进行绘图操作时，将在屏幕上显示由极轴角度定义的临时对齐路径，系统默认的极轴角度为 90°。

下面通过“草图设置”对话框设置极轴追踪的角度和其他参数。

实例演示：设置极轴角度

Step 01 在“极轴”按钮上单击鼠标右键，在弹出的快捷菜单中选择“设置”命令，打开如图 1-40 所示的“草图设置”对话框，单击“极轴追踪”选项卡，选中“启用极轴追踪”复选框，启用极轴追踪功能。

Step 02 在“增量角”下拉列表框中选择极轴追踪的角度。如设置增量角为 30°。光标移动到相对于前一点的 0°、30°、60°、90°、120° 和 150° 等角度上时，会自动显示一条虚线，该虚线即为极轴追踪线，如图 1-41 所示。

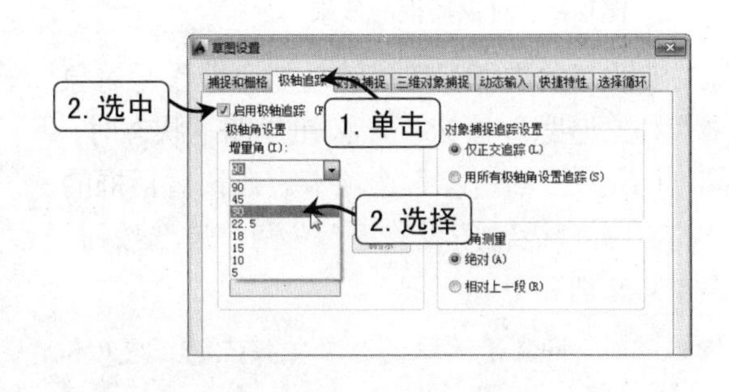

图1-40　“草图设置”对话框

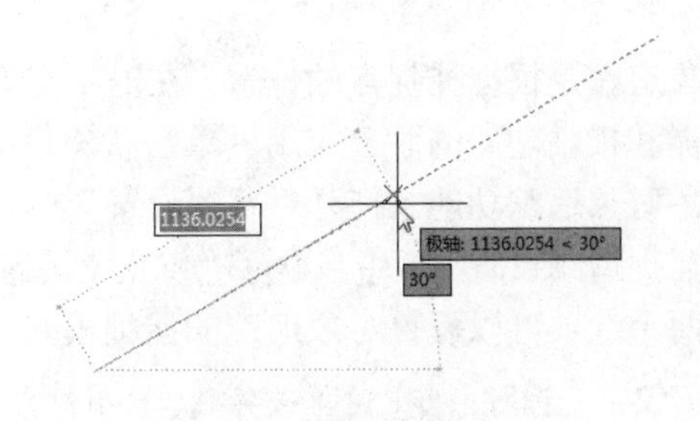

图1-41　捕捉极轴角度

***提示**：正交与极轴不能同时使用*

正交功能与极轴功能是两个互为个排他性功能，即使用正交功能时将不能使用极轴功能，使用极轴功能时正交功能为不可用状态。

1.5.3　对象捕捉与对象追踪

通过对象捕捉功能可以捕捉某些特殊的点对象，如端点、中点、圆心和交点等。单击状态栏中的“对象捕捉”按钮，该按钮呈凹下状态时，即启用了对象捕捉功能。启用对象捕捉功能并执行相应的绘图命令后，移动十字光标到图形的某些特殊点上，将有特定的符号将该点显示出来，单击鼠标就可快速定位到该点。

根据不同需要，用户也可自行设置系统捕捉的点对象。下面进行具体操作。

实例演示：设置对象捕捉与追踪的参数

Step 01 打开“草图设置”对话框，单击“对象捕捉”选项卡，打开如图1-42所示的对话框。选中“启用对象捕捉”复选框，启用对象捕捉功能。

Step 02 在“对象捕捉模式”栏中选择系统自动捕捉的特殊点类型，这里选中“端点”、“中点”、“圆心”和“交点”复选框。完成设置后，单击“确定”按钮，使设置生效。如图1-43所示为十字光标移到端点、中点和交点上的效果。

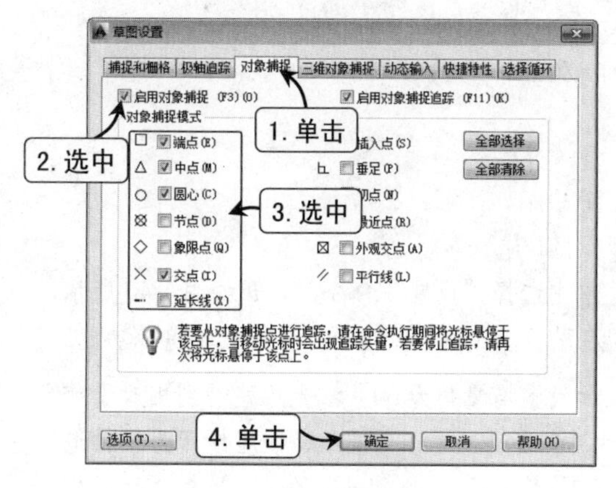

图1-42　设置对象捕捉

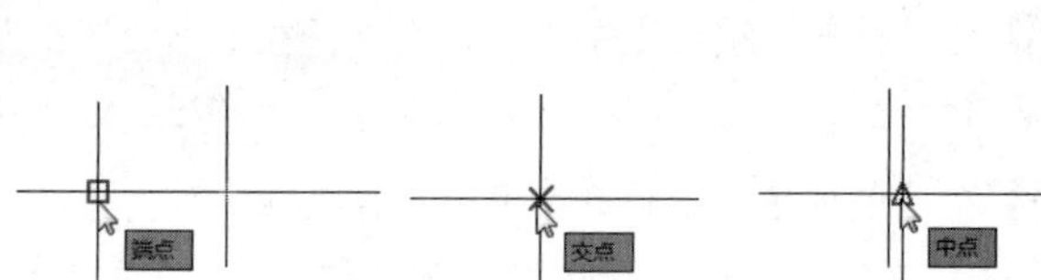

图1-43　对象捕捉的效果

对象追踪是根据捕捉点的位置，在沿正交方向或极轴方向进行追踪。该功能可看作是对象捕捉功能和极轴功能的联合应用。单击状态栏中的“对象追踪”按钮，该按钮呈凹下状态时，即启用了对象追踪功能。打开“草图设置”对话框，单击“极轴追踪”选项卡。在该对话框的“对象捕捉追踪设置”栏中包含了“仅正交追踪”和“用所有极轴角设置追踪”两个单选按钮，通过这两个选项可以设置对象追踪的捕捉模式。其含义分别如下。

- **仅正交追踪**：选中该单选按钮，启用对象捕捉追踪时，将显示获取的对象捕捉点的正交（水平/垂直）对象捕捉追踪路径，如图1-44所示。

◆ **用所有极轴角设置追踪**：选中该单选按钮，将极轴追踪设置应用到对象捕捉追踪。使用该方式捕捉特殊点的时候，十字光标将从对象捕捉点起沿极轴对齐角度进行追踪，如图 1-45 所示。

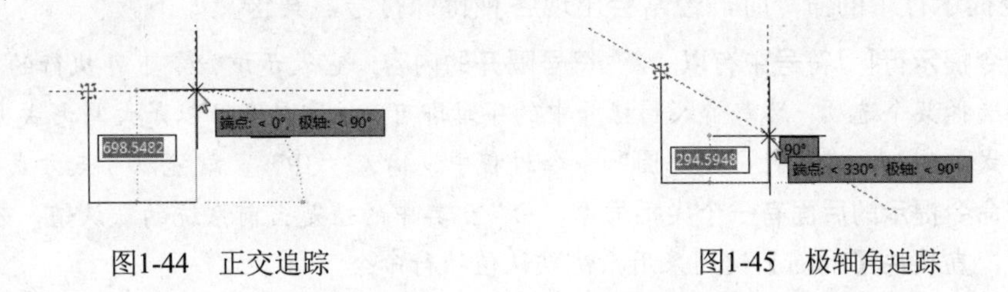

图1-44　正交追踪　　　　图1-45　极轴角追踪

> ***技巧***：*对象追踪和对象捕捉的使用*
>
> 对象追踪应与对象捕捉配合使用，在使用对象追踪时必须同时启动一个或多个对象捕捉，同时应用对象追踪功能。

1.6　AutoCAD 的命令执行方式

AutoCAD 为交互式工作方式，所以它的命令执行方式有多种，主要有选择菜单命令方式、单击工具栏按钮方式和在命令行中输入命令等 3 种方式，这几种方式可单独使用，也可同时并行使用。但是不管采用哪种方式执行命令，命令提示行中都将显示相应的提示信息。

1.6.1　通过功能区按钮绘图

功能区中的每个选项卡中都对应许多工具按钮，以按钮的方式执行命令，即单击与所要执行命令相应的按钮，然后按照命令行提示完成绘图操作。

例如要绘制“圆”图形，可通过如图 1-46 所示的“绘图”工具栏完成，单击“绘图”工具栏中的按钮，然后根据命令行提示进行操作即可完成圆的绘制。

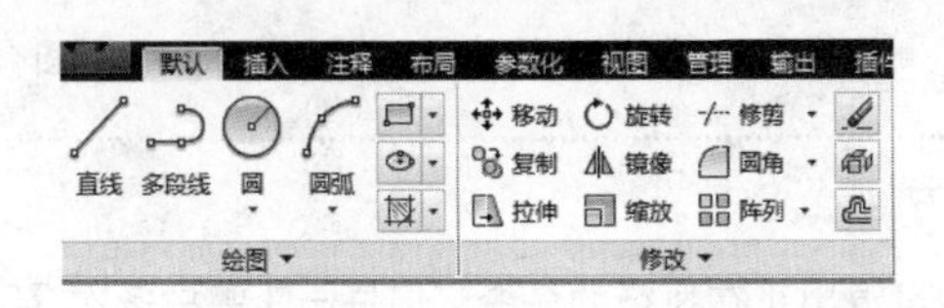

图1-46　通过按钮绘图

1.6.2　通过在命令行输入命令绘图

通过在命令行输入命令方式绘图是一种最快捷的绘图方式，一般能熟练操作 AutoCAD 的用户都是用左手输入命令，右手操作鼠标，左右手灵活配合，从而达到较高的绘图效率。

通过命令形式执行命令也是最常用的一种绘图方法。当用户要使用某个工具进行绘图时，只需在命令行中输入该工具的命令形式，然后根据系统提示完成绘图即可。

如要使用“线性标注”命令进行绘图，可在命令行提示为“命令:”状态下输入 DIMLINEAR 命令，按【Enter】键确认输入命令，然后按提示操作即可为图形标注尺寸，如图 1-47 所示。

执行命令提示行中的命令时，经常会出现各种特殊符号，其含义如下。

- **在命令提示行[ ]符号中有以“/”符号隔开的内容**：它表示该命令下可执行的各个选项，若要选择某个选项，只需输入圆括号中的字母即可，该字母既可以是大写形式也可以是小写形式。例如，在执行“创建圆”命令过程中，输入“3P”，就能以 3 点方式绘制圆。
- **某些命令提示的后面有一个尖括号“< >”**：其中的值是当前系统的默认值，若在这类提示下，直接按【Enter】键则采用系统默认值执行命令。

```
命令: 指定对角点或 [栏选(F)/圈围(WP)/圈交(CP)]: *取消*
命令:
自动保存到 C:\Users\Administrator\appdata\local\temp\Drawing1_1_1_0127.sv$ ...
命令:
命令:
命令:
命令: _dimlinear
指定第一个尺寸界线原点或 <选择对象>:
指定第二条尺寸界线原点:
指定尺寸线位置或
[多行文字(M)/文字(T)/角度(A)/水平(H)/垂直(V)/旋转(R)]:
标注文字 = 769.04
键入命令
```

图1-47　通过命令方式绘图

1.6.3　退出正在执行的命令

在绘图过程中若执行某一命令后，才发现无需执行此命令，可退出正在执行的命令。在 AutoCAD 中按【Esc】键就可完成该操作。

下面将以取消绘制圆命令为例讲解怎样退出正在执行的命令。

命令: _circle 指定圆的圆心或 [三点(3P)/两点(2P)/相切、相切、半径(T)]: 2p	//激活“绘制圆”命令，并输入“2P”表示以两点方式绘制圆
指定圆直径的第一个端点:	//单击鼠标左键，指定圆直径的第一个端点
指定圆直径的第二个端点: *取消*	//按【Esc】键退出绘制圆命令

技巧：【Enter】键的使用

在某些操作中按【Enter】键也可退出正在执行的命令，但是一般需按多次【Enter】键才能退出命令。

1.6.4　重复上一次的操作

若要重复执行前一次操作的命令，可不必单击该命令的工具按钮形式，或者在命令行中输入该命令的命令形式，只需在命令行为“命令:”提示状态时直接按【Enter】键或空格键，这时系统将自动执行前一次操作的命令。

如果用户需执行以前执行过的相同命令，可按【↑】键，这时将在“命令:”提示状态中依次显示前面输入的命令或参数，当出现需要执行的命令后，按【Enter】键或空格键即可执行。

1.6.5 取消与恢复已执行的命令

执行完一个操作后，若用户发现效果不好，可取消前一次或前几次命令的执行结果。其方法主要有如下几种。

- 单击“快速访问”工具栏中的按钮，可取消前一次执行的操作，单击按钮后的按钮，可在弹出的下拉列表框中选择需取消的最后一步操作，并且该操作后的所有操作将同时被取消。
- 在命令行中执行 U 或 UNDO 命令可取消前一次命令的执行结果，多次执行该命令可取消前几次命令的执行结果。
- 在某些命令的执行过程中，命令行中提供了“放弃”选项，在该提示下选择“放弃”选项可取消上一步执行的操作，连续选择“放弃”选项可以连续取消前几步执行的操作。

与取消操作相反的是恢复操作，通过恢复操作，可以恢复前一次或前几次已撤销执行的操作。其方法主要有如下两种。

- 在使用了 U（或 UNDO）命令后，紧接着使用 REDO 命令。
- 单击“标准”工具栏中的按钮。

1.7 AutoCAD 的坐标系及坐标点

为方便描述图形的位置，AutoCAD 2014 引入了坐标系的概念，任何物体在空间中的位置都是通过坐标系来表达的。要想正确、高效地绘图，必须先理解各种坐标系的概念，然后掌握图形坐标点的输入方法。

1.7.1 AutoCAD 的坐标系

根据定制对象的不同，AutoCAD 2014 中的坐标系可分为世界坐标系和用户坐标系两种。

- **世界坐标系（WCS）**：AutoCAD 2014 默认的坐标系是世界坐标系（WCS），是固定不变的坐标系，它规定沿 X 轴正方向向右为水平距离的增加方向，沿 Y 轴正方向向上为竖直距离的增加方向，Z 轴垂直于 XY 平面，沿 Z 轴垂直屏幕向外为距离的增加方向。世界坐标系总是存在于一个设计图形之中，并且不可更改。
- **用户坐标系（UCS）**：与世界坐标系统相对的坐标系，它是一种可改变的坐标系，用户不仅可以更改该坐标系的位置，还可以改变其方向，在绘制三维对象时非常有用。

单击功能区中的按钮或在命令行中执行 UCS 命令，然后在命令行的提示下选择相应的选项即可进行新建、移动、保存、恢复、删除和应用用户坐标系等操作。

1.7.2 输入坐标点

在 AutoCAD 2014 中，坐标系除了可以按定制对象的不同分为世界坐标系（WCS）和用户坐标系（UCS）外，还可以按照坐标值参考点的不同分为绝对坐标系和相对坐标系；按照坐标轴的不同，分为直角坐标系、极坐标系、球坐标系和柱坐标系等。使用不同的坐标系就可使用不同的方法输入绘图对象的坐标点，下面分别具体介绍。

1. 使用绝对坐标系

绝对坐标是一个固定的坐标位置，使用它输入的点坐标不会因参照物的不同而不同，它又分为绝对直角坐标和绝对极坐标。

- **绝对直角坐标**：绝对直角坐标是通过在二维平面中根据距两个相交的垂直坐标轴的距离来确定点的位置。每一个点的距离是沿着 X 轴、Y 轴和 Z 轴来测量的。轴之间的交点称为原点，其坐标值（X,Y,Z）=（0,0,0）。绝对直角坐标的输入方法是以坐标系原点（0,0,0）为基点来定位对象的所有点，当用户输入（X,Y,Z）坐标时，就可确定绘制对象的某一点位置。在（X,Y,Z）坐标中，X 值表示该点在 X 方向到原点的距离；Y 值表示该点在 Y 方向到原点的距离；Z 值表示该点在 Z 方向到原点的距离。坐标系中有箭头指向的一端为正值方向，反之为负值方向，如图 1-48 所示为 X 轴和 Y 轴方向到原点间的距离均为 10 的坐标点情况。
- **绝对极坐标**：绝对极坐标是指输入点距原点之间的距离和角度，其中距离与角度之间用小于符号“<”分隔。如输入相对于原点距离为 10，角度为 45° 的点，这时输入“10<45”即可，效果如图 1-49 所示。

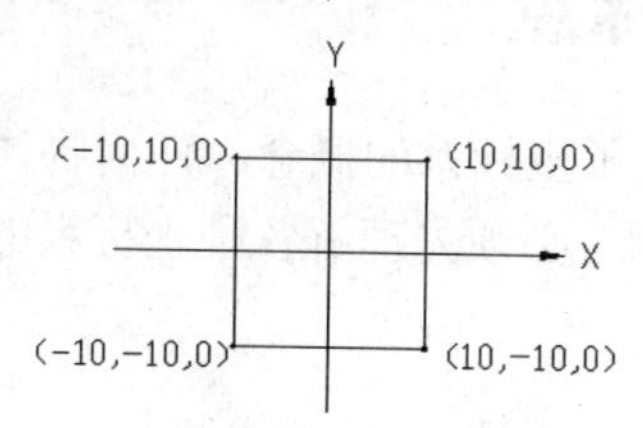

图1-48　输入绝对直角坐标

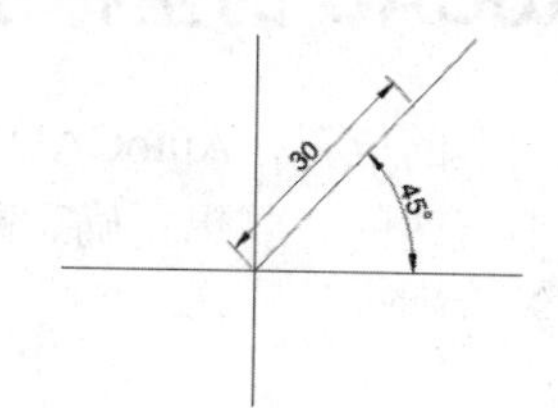

图1-49　输入绝对极坐标后的效果

> ***提示**：输入坐标点的方法*
>
> 在绘制二维平面图时，可不输入 Z 坐标值，如输入坐标点（10,10,0）与输入（10,10）的效果完全相同。同时，应在英文状态下输入逗号“,”，每输入完一点的坐标值后必须按【Enter】键确认输入完毕。

2. 使用相对坐标系

相对坐标是一个随参考对象不同，坐标值不同的坐标位置。它表示当前输入点相对于前一点的数值位置，同时它又分为相对直角坐标和相对极坐标两种。

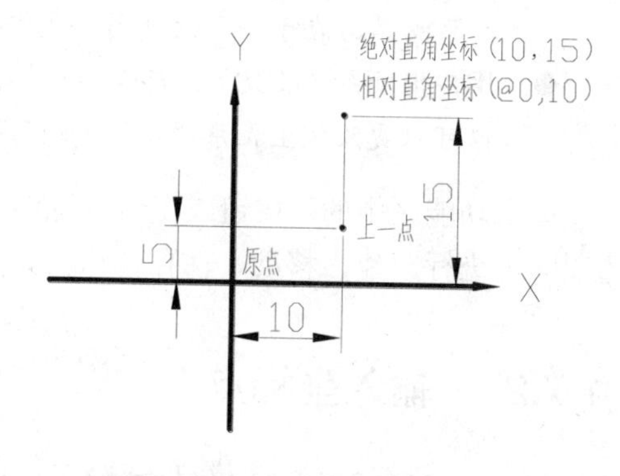

图1-50　输入相对直角坐标

- **相对直角坐标**：相对直角坐标的输入方法是以上一点为参考点，然后输入相对的位移坐标值来确定输入的点坐标，它与坐标系的原点位置无关，如图 1-50 所示。它的输入方法与输入绝对直角坐标的方法类似，只需在绝对直角坐标值前加一个“@”符号即可。如“@10,20”表示输入的坐标点相对于前一点在 X 轴上移动 10 个绘图单位，在 Y 轴上移动 20 个绘图单位。从图 1-50 中可分辨绝对直角坐标和相对直角坐标的不同。由于上一点的绝对直角坐标值为（10,5），而需输入的下一点绝对直角坐标值为（10,15），分别将下一点的 X 坐标值和 Y 坐标值减去上一点的 X 坐标值 Y 坐标值（均为绝对直角坐标值），就可得到下一点的相对直角坐标值（@0,10）。

◆ **相对极坐标**：相对极坐标与绝对极坐标较为类似，不同的是，相对极坐标是输入点与前一点的相对距离和角度，并需在极坐标值前要加上“@”符号。例如要指定相对于前一点距离为 20，角度为 60° 的点，只需输入“@20<60”即可。

> ***提示***：*输入相对坐标值*
>
> 输入相对坐标值时，都需在坐标值前加上“@”符号，由于相对坐标与原点无关，所以在绘制图形时经常使用。

3．显示/隐藏坐标

状态栏的左侧显示了当前光标所在位置的坐标值，单击该坐标值可显示或隐藏坐标值，如图 1-51 所示分别为坐标的显示与隐藏效果。

系统默认在状态栏中显示当前光标所在位置的绝对坐标值，根据需要，用户也可将其更改为相对坐标或关闭坐标的显示。具体操作方法为单击鼠标右键，弹出如图 1-52 所示的快捷菜单，从中可选择坐标值的显示状态。

图1-51　控制坐标的显示与隐藏

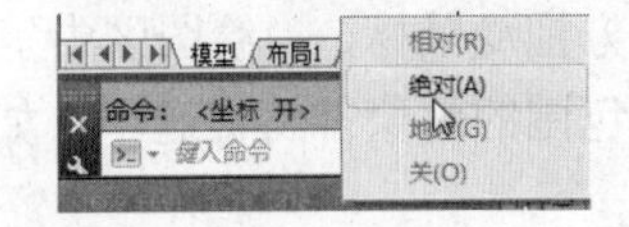

图1-52　调整坐标值的显示状态

1.8　图形对象的选择

选择需编辑的目标对象后才能对该对象进行编辑操作，执行 SELECT 命令便可使用除快速选择之外的其他选择方法；在没有执行任何命令时，可以使用的选择方法有点选、矩形框选、交叉框选、栏选和全部选择等。

1.8.1　点选图形对象

点选对象是最常用、最简单的一种选择方法，直接用十字光标在绘图区中单击需要选择的对象即可，连续单击不同的对象则可同时选中多个对象。在未执行任何命令的情况下，被单击选中的对象将以虚线形式显示，同时显示对象的夹点，如图 1-53 所示。

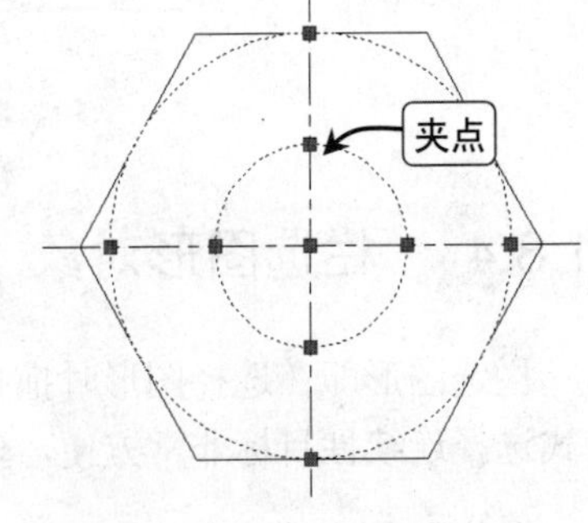

图1-53　点选图形对象

1.8.2 矩形框选图形对象

矩形框选是指当命令行提示“选择对象:”时，在提示信息后输入 WINDOW(W)并按【Enter】键，然后将鼠标移至目标对象的左侧，按住鼠标左键向右上方或右下方拖动鼠标，这时绘图区中将呈现一个矩形方框，释放鼠标后，被方框完全包围的对象将被选中，如图 1-54 所示。

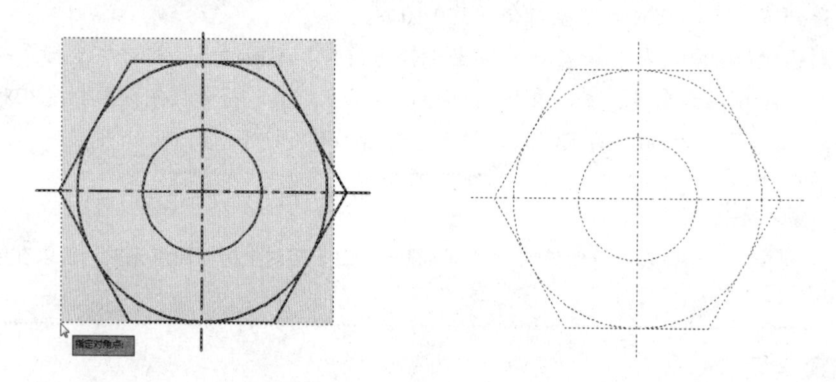

图1-54 矩形框选目标对象

1.8.3 交叉选择图形对象

交叉框选方法与矩形框选的方向恰好相反。其操作方法是当命令行提示“选择对象:”时，执行 CROSSING(C)命令，将鼠标光标移至目标对象的右侧，按住鼠标左键不放向左上方或左下方拖动鼠标，当绘图区中呈现一个虚线显示的方框时释放鼠标，这时与方框相交和被方框完全包围的对象都将被选中，如图 1-55 所示。

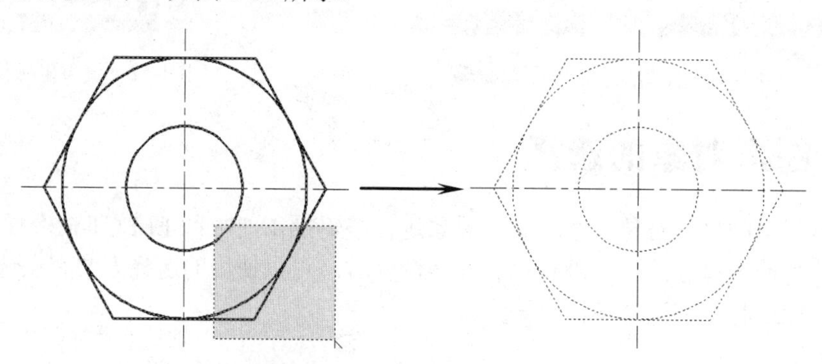

图1-55 交叉框选目标对象

1.8.4 栏选图形对象

栏选图形即在选择图形时拖拽出任意折线，凡是与折线相交的图形对象均被选中，利用该方式选择连续性目标非常方便，但栏选线不能封闭或相交。

在执行命令时，当命令行中显示“选择对象:”提示时，输入“f”（即 Fence）并按【Enter】键即可开始栏选对象。如图 1-56 所示为栏选图形的效果。

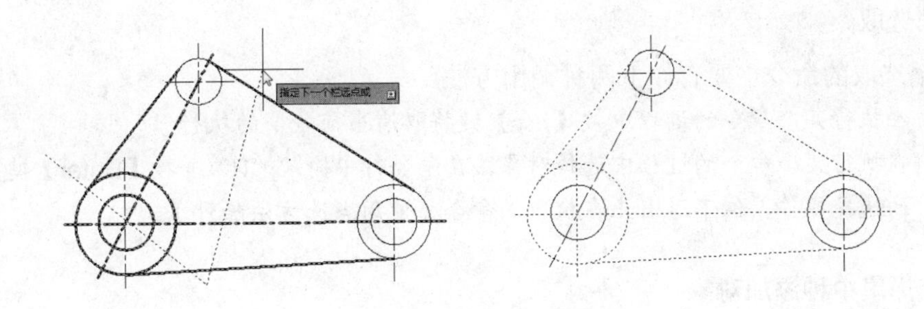

图1-56 栏选图形对象效果

1.8.5 快速选择图形对象

快速选择功能可以快速选择具有特定属性值的对象，并能选择集中添加或删除对象，以创建一个符合用户指定对象类型和对象特性的选择集。

下面以使用快速选择图形中半径小于 4 的圆为例，讲解具体步骤。

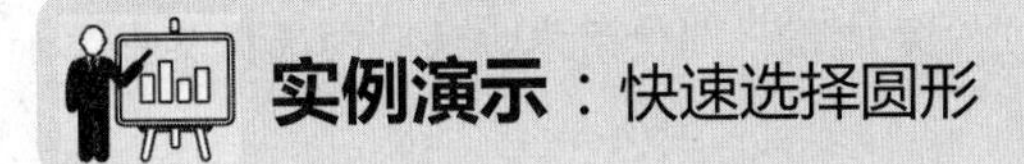

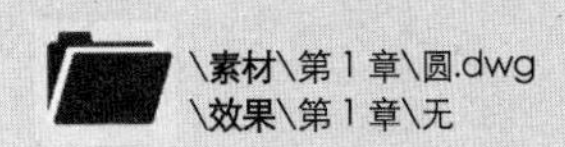

Step 01 打开“园”素材文件，在命令行中输入 QSELECT 命令，打开“快速选择”对话框。

Step 02 在“应用到”下拉列表框中选择“整个图形”选项，在“对象类型”下拉列表中选择“圆”选项。在“特性”列表框中选择“半径”选项，在“值”文本框中输入“4”。在“如何应用”栏中选中“包括在新选择集中”单选按钮，单击“确定”按钮，如图 1-57 所示。

Step 03 在图形中即可看到所有半径小于 4 的圆被选中，如图 1-58 所示。

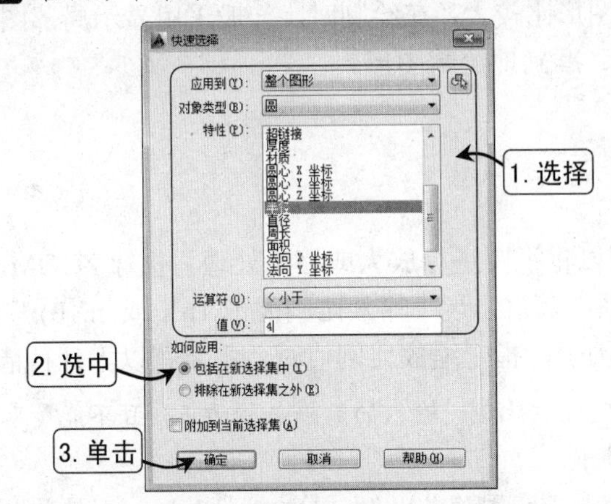

图1-57 打开“快速选择”对话框

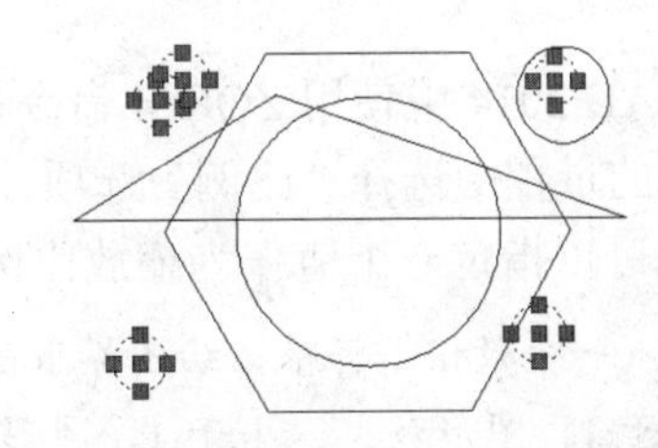

图1-58 快速选择半径小于4的圆

1.8.6 在选择集中添加或删除图形对象

选择对象后发现所选对象不正确、漏选或多选时，可根据需要取消选取、添加或删除对象。

1. 取消选取

取消选取的命令主要有如下两种调用方法。

- ◆ 在执行某个命令的过程中按【Esc】键将取消当前命令的执行。
- ◆ 在执行某个命令的过程中选择对象，在命令行中输入“U”并按【Enter】键可以取消本次的选择操作，但不退出正在执行的命令（使用点选方法除外）。

2. 向选择集中种添加对象

在选择编辑对象后，若还需向选择集中添加对象，可以在“选择对象:”提示信息（使用点选方法除外）后面输入 Add(a)命令并按【Enter】键，然后使用前面讲的任意一种选择对象的方法进行添加即可。

3. 从选择集中删除对象

如果选择了不需要的对象，可以将其从选择集中删除，而不必取消选择后再重新进行选择。从选择集中删除对象的方法有如下两种。

- ◆ 按住【Shift】键不放，单击要从选择集中删除的对象。如果在“选项”对话框的“选择”选项卡中选中“用 Shift 键添加到选择集（S）”复选框，则使用本方法将向选择集中添加对象。
- ◆ 在“选择对象:”提示信息（使用点选方法除外）后面输入 REMOVE（R）命令并按【Enter】键，然后使用任意选择方法选择要删除的对象，即可将其从选择集中删除。

1.9 视窗操作

在 AutoCAD 2014 中绘图时，文档窗口能够显示图形的全部或者其中一部分。为了观察图形的整体效果，一般要全部显示图形，如果图形比较大，在绘制时，一般采用显示局部图形的方法。因此，掌握窗口操作，能够更加方便、准确地绘制图形。

1.9.1 指定显示比例

在 AutoCAD 2014 中使用 ZOOM 命令可以将视图进行放大或缩小处理。执行 ZOOM 命令后，或在执行的过程中选择“比例”选项，系统都将出现“输入比例因子 (nX 或 nXP):”提示信息。这时，可以指定一个值作为缩放比例因子，指定缩放比例值时，主要有以下几种情况。

- ◆ 仅输入一个数值，将根据绘图界限确定缩放比例。输入的数据必须为正，且不能是零。数据大于 1，图形放大；小于 1，图形缩小。
- ◆ 若输入的值后面跟“x”，系统将根据当前视图确定比例。如输入“3x”，则屏幕上的图形将显示为原大小的 3 倍。
- ◆ 若输入的值后面跟“xp”，系统将根据图纸空间单位确定比例。如输入“3xp”后，系统将以图纸空间单位的 3 倍显示模型空间。

下面执行视图缩放命令，利用视图操作的放大功能，将当前视图放大为原大小的 3 倍为例，讲解具体操作。

实例演示：窗口操作缩放图形

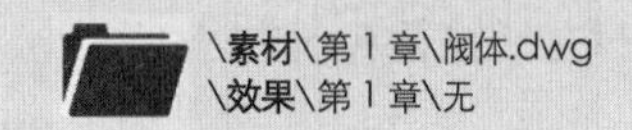

\素材\第 1 章\阀体.dwg
\效果\第 1 章\无

Step 01 打开“阀体”素材文件，在命令行中输入 ZOOM 命令，在命令行提示“输入比例因子”时，输入“3X”，然后按【Enter】键，如图 1-59 所示。

Step 02 在绘图区中图形将按照 3 倍的比例进行放大，如图 1-60 所示。

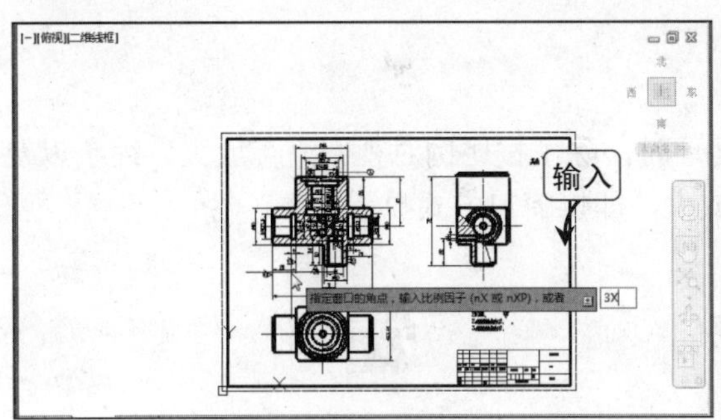

图1-59　输入比例因子

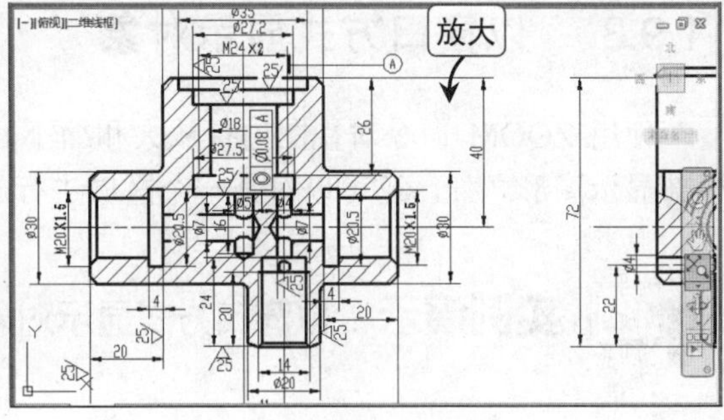

图1-60　放大效果

1.9.2　显示全部对象

在绘制图形的过程中或完成绘制后，有时需要浏览所绘制图形的全貌，这时可以使用 ZOOM 命令的“范围”或“全部”选项进行显示。

选择“范围”选项显示图形范围并使所有对象最大显示；选择“全部”选项则在当前窗口中缩放显示整个图形，在平面视图中，所有图形将被缩放到栅格界限和当前范围两者中较大的区域中。

下面以选择视图缩放命令的“范围”选项，将图形全部显示出来为例，讲解相关操作。

实例演示：快速选择圆形

\素材\第 1 章\阀体.dwg
\效果\第 1 章\无

Step 01 打开“阀体”素材文件，在命令行中输入 ZOOM 命令，在命令行提示“输入比例因子”时，输入“E”，然后按【Enter】键，如图 1-61 所示。

Step 02 在绘图区中将显示出全部图形对象，如图 1-62 所示。

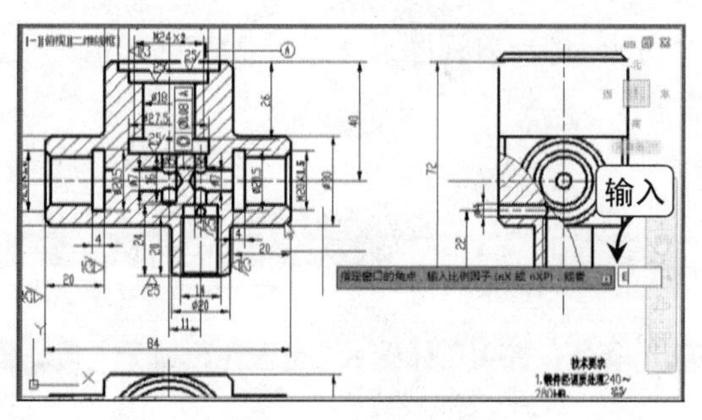

图1-61 输入比例因子

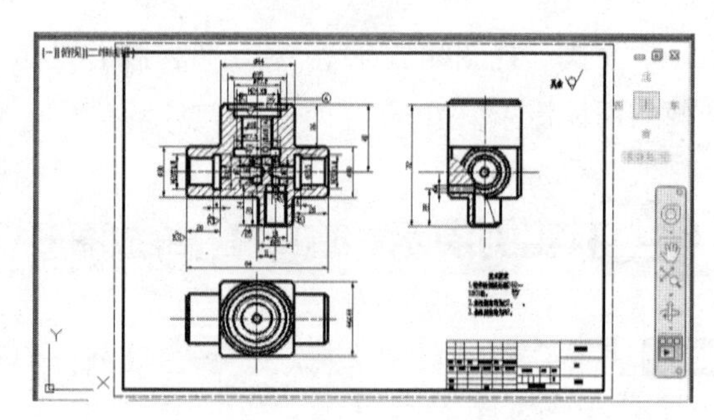

图1-62 缩放效果

1.9.3 以窗口方式显示对象

使用 ZOOM 命令对视图进行放大和缩小处理时，除了按比例对视图进行放大、缩小以及全部显示图形之外，还可以对某一个区域进行放大，即以窗口方式显示对象。

实例演示：以窗口方式显示对象

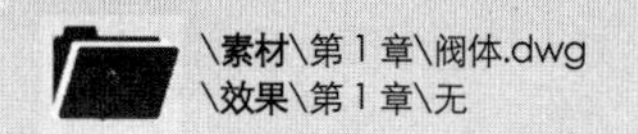

Step 01 打开“阀体”素材文件，在命令行中输入 ZOOM 命令，在命令行提示“输入比例因子”时，输入“W”，然后按【Enter】键，在命令行提示“指定第一个角点”时，框选需要显示的图形对象，如图 1-63 所示。

Step 02 单击鼠标左键，在绘图区中将以选定的区域进行显示，如图 1-64 所示。

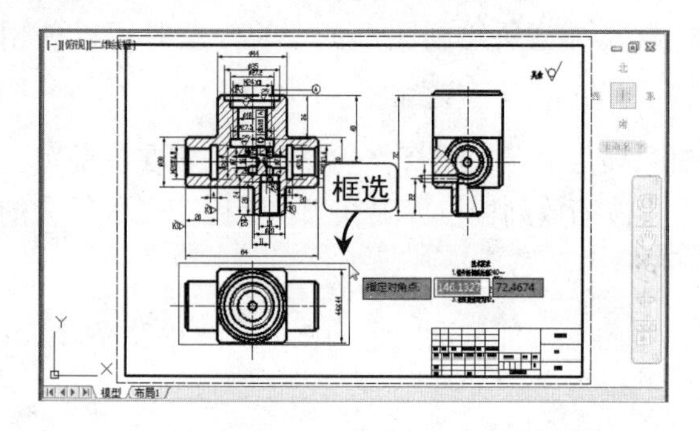

图1-63 选择显示区域

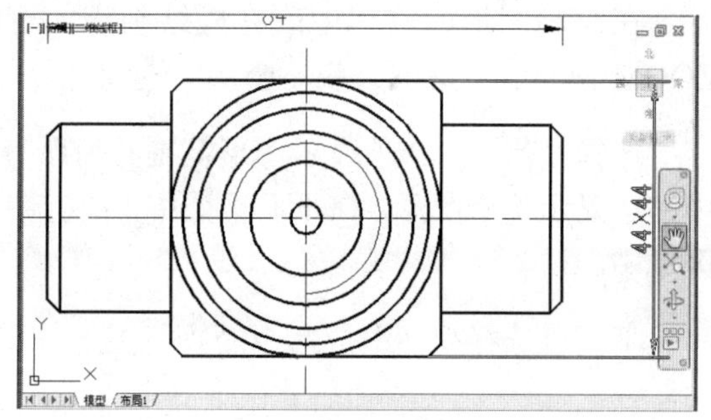

图1-64 窗口方式显示对象的效果

1.9.4 缩放到某个对象

在视图操作中，AutoCAD 2014 还为用户提供了一个更快捷、方便的缩放图形的方法，即对选择的对象进行缩放，从而尽可能大地显示一个或多个选定的对象，并使选定的图形对象位于绘图区域的中心。

下面以执行视图缩放命令，选择“对象”选项，将图形以“对象”方式显示出来为例，讲解相关操作。

实例演示：缩放图形对象

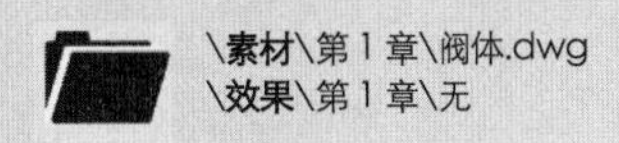

\素材\第 1 章\阀体.dwg
\效果\第 1 章\无

Step 01 打开“阀体”素材文件，选择“阀体”图形螺孔两端的竖直直线，如图 1-65 所示。

Step 02 执行视图缩放命令 (200m)，在命令提示后选择“对象”选项，将图形以“对象”方式进行显示，如图 1-66 所示。

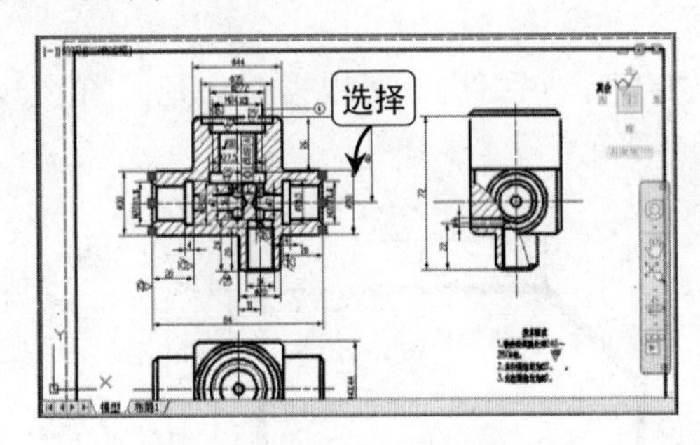

图1-65 选择显示对象

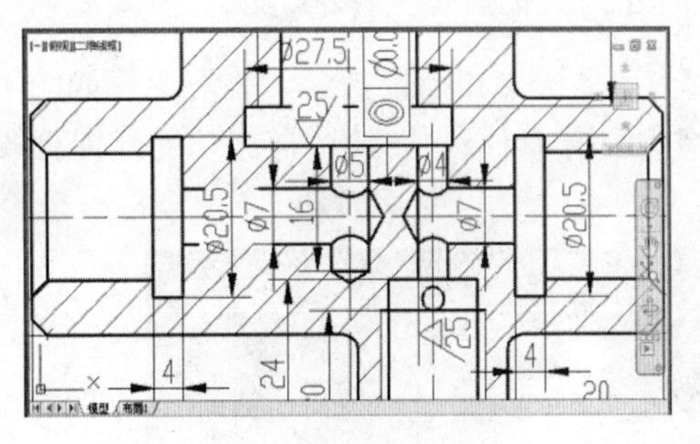

图1-66 缩放效果

1.9.5 平移视图

PAN 命令允许用户在不改变屏幕缩放比例及绘图界限的条件下，移动当前屏幕窗口中显示的图形。执行 PAN 命令后，系统命令行提示“按【Esc】键或【Enter】键退出，或单击右键显示快捷菜单”，用户可按住鼠标左键不放，拖动图形移动到所需位置，释放鼠标左键后，图形将被放置在该处，实现对图形的平移操作。

下面以执行平移视图命令，将图形向左平移为例，讲解相关操作。

实例演示：平移视图

\素材\第 1 章\阀体.dwg
\效果\第 1 章\无

Step 01 打开“阀体”素材文件，执行平移视图 PAN 命令，然后按住鼠标左键不放，向左移动鼠标，如图 1-67 所示。

Step 02 图形向左移动，将需要的图形放置在窗口的正中央，如图 1-68 所示。

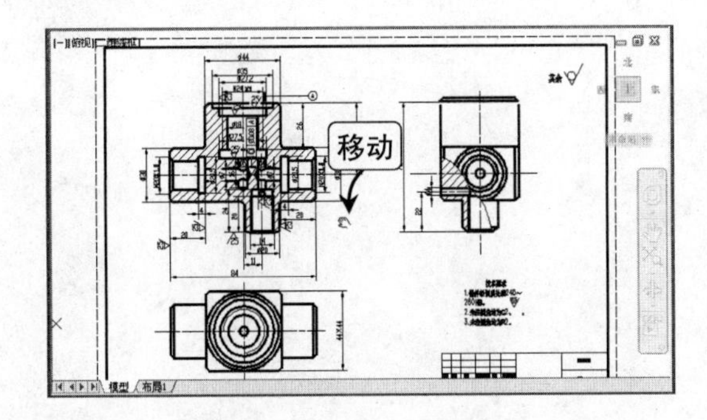

图1-67 执行PAN命令

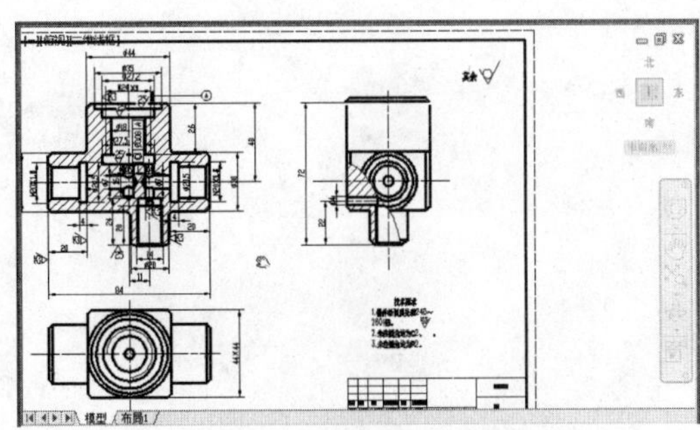

图1-68 平移图形的效果

1.10 习题

（1）熟悉 AutoCAD 2014 的工作界面，练习启动与退出方法。

（2）练习将绘图界限设置为 A4 纸型的绘图界限，其中 A4 纸型的长为 297，宽为 210。

（3）打开如图 1-69 所示的三维零件图（课件：\效果\第 1 章\三维零件.dwg），并练习打开、保存、输出及关闭图形文件的方法。

（4）启动栅格和捕捉功能，练习选择如图 1-70 所示（课件：\效果\第 1 章\几何图形.dwg）的几何图形中的直线，并使用捕捉功能捕捉直线的各个点。

图1-69　三维零件

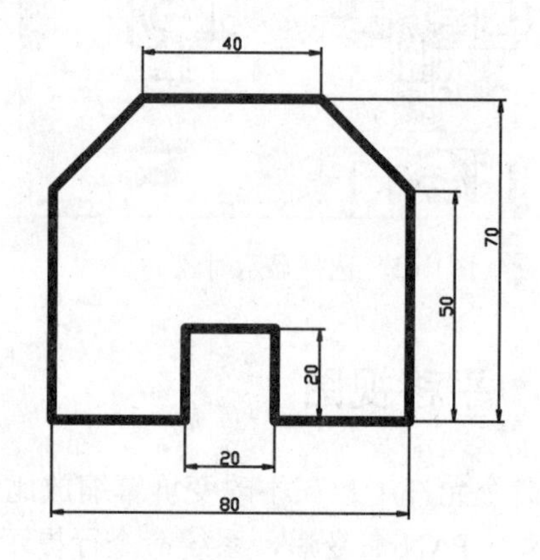

图1-70　几何图形

第 2 章
绘制简单机械图形

本章内容

平面图形是用投影的方式来表达实体的形状和大小。任何一个平面图形都是由点、线、面组合而成，在 AutoCAD 2014 中绘制平面图形也不例外。本章将学习在 AutoCAD 2014 中绘制线、面等图形元素，其中包括直线、构造线、曲线、矩形、多边形、圆和椭圆等对象。在学习过程中要逐渐理解并熟练运用相关绘图命令，然后综合使用这些命令完成较复杂图形的绘制。

要点导读

- ❖ **绘制直线**：直线是图形组成的基本元素，根据需要可以通过不同的方式来绘制直线。
- ❖ **绘制多边形和矩形**：多边形和矩形是机械绘图中常使用的封闭图形，使用命令时可以通过选择不同的选项来进行绘制。
- ❖ **绘制圆和圆弧**：绘制圆形可以通过圆心和半径等几种元素进行绘制；绘制圆弧可以通过设置圆心、半径和角度等方式来进行绘制。
- ❖ **绘制椭圆和样条曲线**：绘制椭圆可以根据设置长轴和短轴的数值等方式来进行绘制，样条曲线可以根据绘制的需要选择不同的方式进行绘制。

2.1　绘制直线

在使用 AutoCAD 2014 绘制机械图形时，最常见、最基本的任务就是绘制直线，绘制时可利用坐标方式、“对象捕捉”、“极轴和对象追踪”以及“正交”功能等方法进行绘制。

2.1.1　使用直线命令

LINE 命令是所有绘图中最常用、最简单的绘图命令，用于绘制直线段。在 AutoCAD 2014 中只要指定起点和终点就可以绘制一条直线段。当绘制一条线段后，可继续以该线段的终点作为起点，指定另一终点……从而绘制首尾相连的封闭图形。

绘制直线命令主要有以下几种调用方法。

◆ 在“默认”选项卡的“绘图”组中单击“直线”按钮。

◆ 在命令行中执行 LINE（L）命令。

执行 LINE 命令过程中出现的“闭合”和“放弃”选项含义如下。

◆ **闭合**：如果绘制了多条线段，最后要形成一个封闭的图形时，选择该选项（按【C】键）并按【Enter】键可将最后确定的端点与第 1 个起点重合，形成一个封闭的图形。

◆ **放弃**：选择该选项（按【U】键）将撤销刚才绘制的直线而不退出 LINE 命令。

2.1.2　绘制活动钳身

利用坐标方式绘制图形，可以让图形的定位更准确，长度及大小更精确。下面以执行直线命令，并结合坐标输入方式中的绝对直角坐标为例，完成“活动钳身”主视图轮廓绘制的步骤。

实例演示：绘制活动钳身

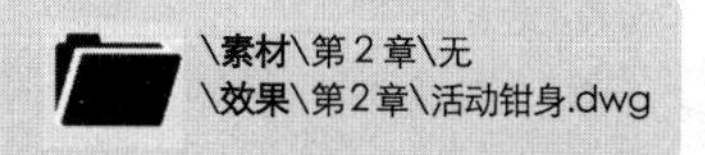

\素材\第 2 章\无
\效果\第 2 章\活动钳身.dwg

Step 01 执行直线命令，在命令行提示：“指定第一点:”后面输入“0,0”，按【Enter】键，如图 2-1 所示。

Step 02 在命令行提示：“指定下一点或 [放弃(U)]:”后输入直线的下一点坐标“65,0”，如图 2-2 所示。

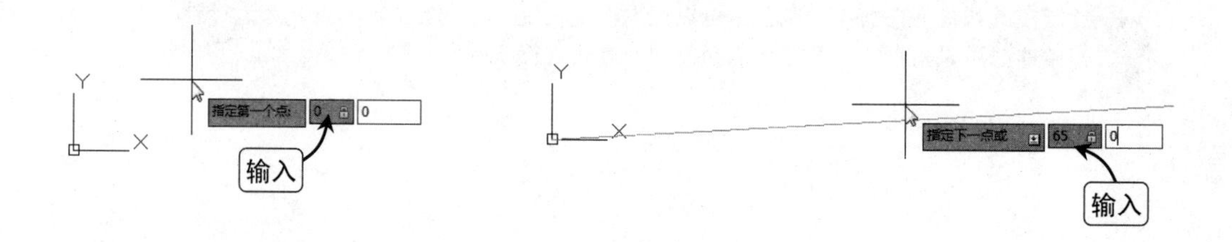

图2-1　输入第一个起点坐标值　　　　图2-2　输入下一点坐标轴

Step 03 在命令行提示：“指定下一点或 [放弃(U)]:”后分别输入直线的下一点坐标“65,0”、“65,10”、

“58,10”、“56,8”、“54,10”、“56,12”、“56,28”、“18,28”、“15,25”、“15,18”、“3,18”、“0,15”，具体效果如图 2-3 所示。

Step 04 在命令行提示：“指定下一点或 [闭合(C)/放弃(U)]:”后输入“C”，选择“闭合”选项闭合图形，如图 2-4 所示。

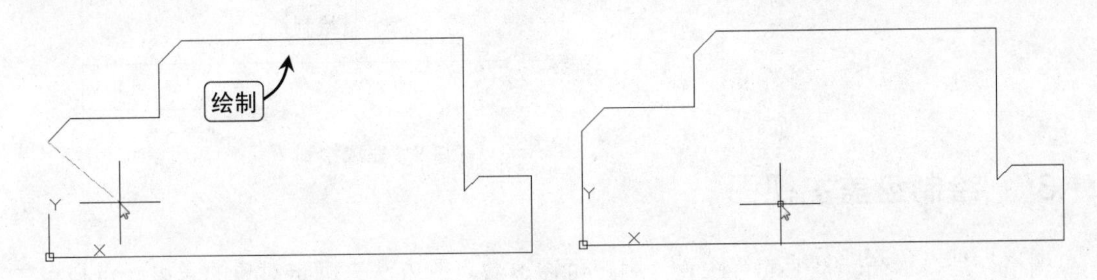

图2-3　绘制其他直线　　图2-4　闭合图形

Step 05 再次执行直线命令，并且在命令行提示：“指定第一点:”后输入“65,0”，如图 2-5 所示。

Step 06 在命令行提示：“指定下一点或 [放弃(U)]:”后输入直线的下一点坐标“65,-6”、“40,-6”、“40,0”，并按【Enter】键结束命令，如图 2-6 所示。

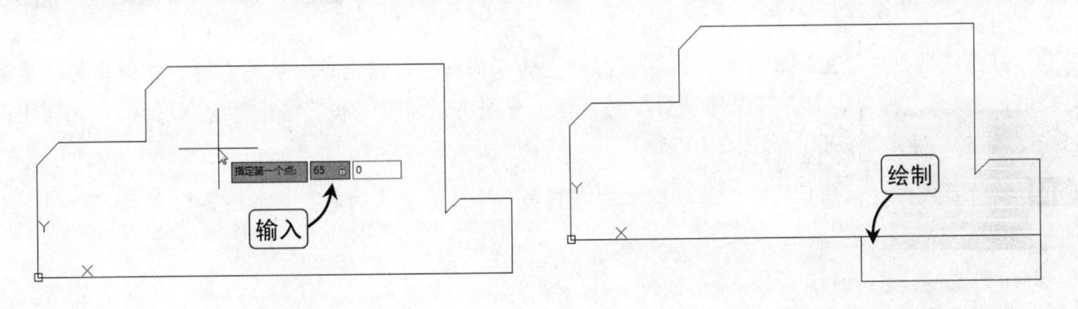

图2-5　输入起点　　图2-6　绘制直线

Step 07 执行直线命令，在命令行提示：“指定第一点:”后输入直线的起点坐标“25,28”，在命令行提示：“指定下一点或 [放弃(U)]:”后输入“25,22”、“54,22”、“54,28”，并按【Enter】键结束命令，如图 2-7 所示。

Step 08 执行直线命令，在命令行提示：“指定第一点:”后输入直线的起点坐标“28,0”。在命令行提示：“指定下一点或 [闭合(C)/放弃(U)]:”后输入“28,22”，并按【Enter】键结束命令，如图 2-8 所示。

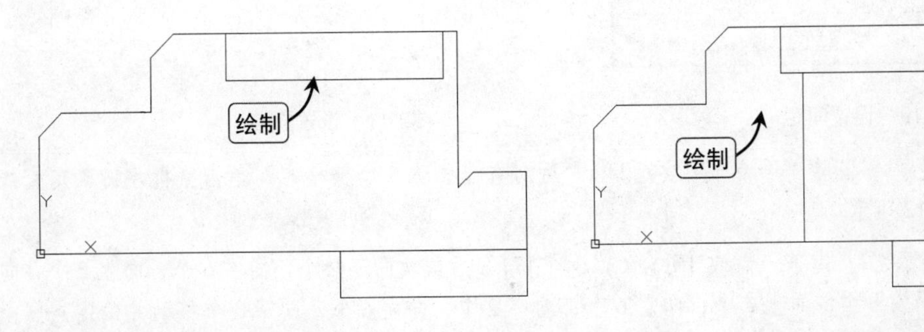

图 2-7　绘制直线　　图 2-8　绘制直线

Step 09 执行直线命令，在命令行提示：“指定第一点:”后输入直线的起点坐标“52,0”。在命令行提示：“指定下一点或 [闭合(C)/放弃(U)]:”后输入“52,22”，并按【Enter】键结束命令。完成图形绘制，如图 2-9 所示。

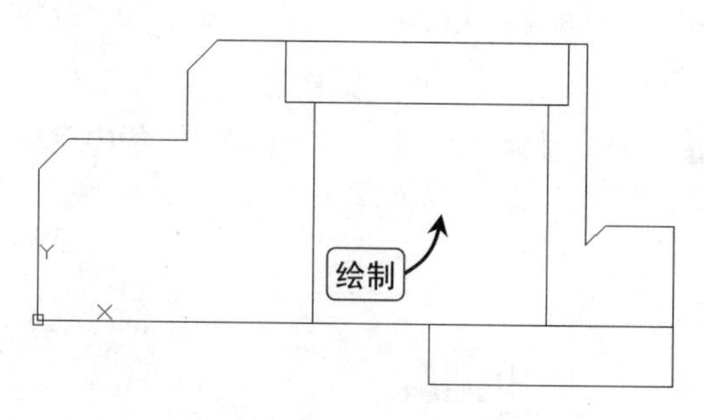

图2-9　完成绘制

2.1.3　绘制盘盖主视图

“栅格”是显示在屏幕上的等距点，用户可通过数点的方法来确定对象的长度。点与点之间的距离称为栅格间距；启动“捕捉”功能后，十字光标只能在屏幕上作等距移动，一次移动的间距称为捕捉分辨率。下面设置栅格和捕捉间距后，使用直线命令绘制“盘盖主视图”图形。

实例演示：绘制盘盖主视图

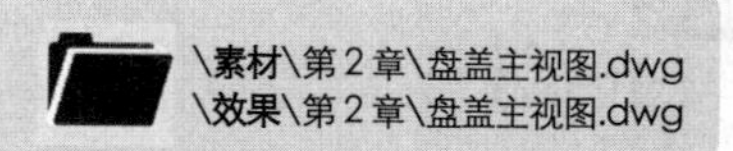

Step 01 打开“盘盖主视图”素材文件，在状态栏上的“栅格”按钮上单击鼠标右键，在弹出的快捷菜单中选择“设置”命令，打开“草图设置”对话框，分别将“捕捉”和“栅格”的 X 轴、Y 轴间距设置为 5，单击“确定”按钮，如图 2-10 所示。

Step 02 执行直线命令，然后选择左边辅助线的左侧第 3 个点为直线的起点，如图 2-11 所示。

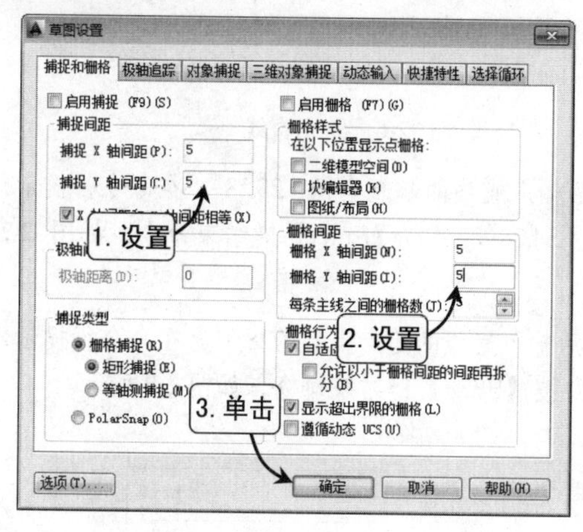

图2-10　设置间距

选择

图2-11　设置起点

Step 03 在命令行提示：“指定下一点或 [放弃(U)]:”后向右边移动 6 个栅格点，单击鼠标左键确定直线的下一点，如图 2-12 所示。

Step 04 在命令行提示：“指定下一点或 [闭合(C)/放弃(U)]:”后依次向下 2 个、向右 6 个，向上 2 个，向右 6，向上 3 个，向左 6 个，向上 2 个，向左 6 个，向下 2 个，向左 6 个，向下 3 个移动并确定点位，完成图形的绘制，如图 2-13 所示。

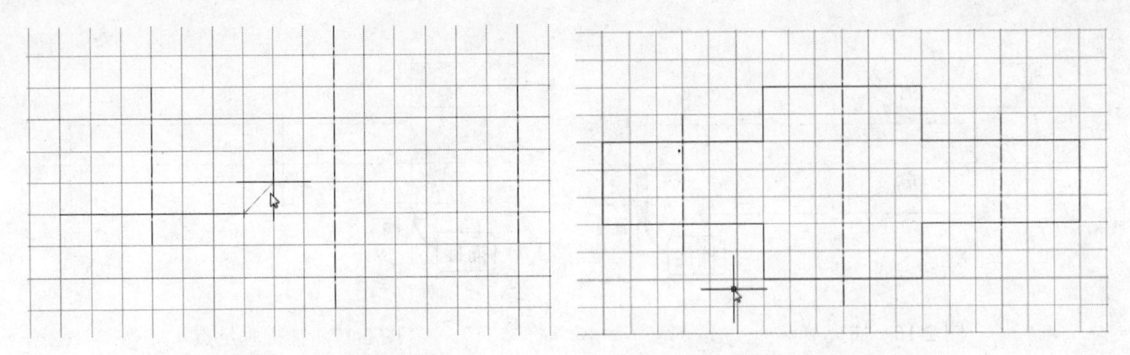

图 2-12 绘制直线　　图 2-13 绘制其他直线

2.1.4 绘制螺栓

为保证绘图的精确性，AutoCAD 2014 提供了在命令行中直接输入坐标值来精确定位，以及对象捕捉两种方法。下面以执行直线命令，并利用 AutoCAD 2014 中的“对象捕捉”功能，完成螺栓螺纹图形的绘制为例，讲解具体步骤。

Step 01 打开素材文件，执行直线命令，启动“对象捕捉”功能，并捕捉直线的端点，如图 2-14 所示。

Step 02 在命令行提示：“指定下一点或 [放弃(U)]:”后，向左移动鼠标捕捉直线的垂足点，按【Enter】键结束直线命令，如图 2-15 所示。

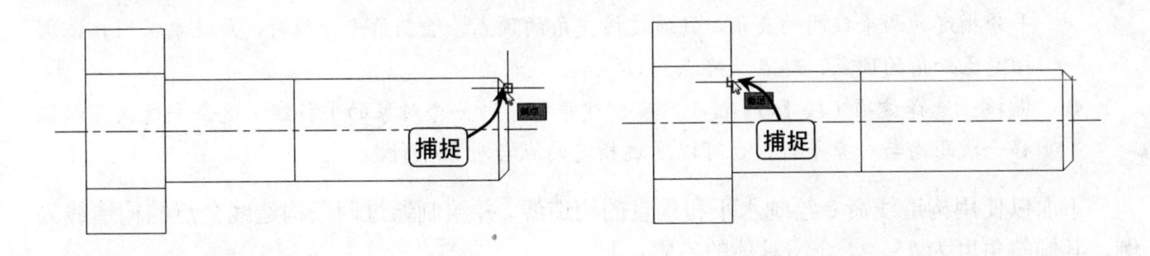

图2-14 捕捉端点　　图2-15 捕捉垂足点

Step 03 再次执行直线命令，启动“对象捕捉”功能并捕捉直线的端点，捕捉下方直线的端点，如图 2-16 所示。

Step 04 在命令行提示：“指定下一点或 [闭合(C)/放弃(U)]:”后向左移动鼠标捕捉直线的垂足点，按【Enter】键结束直线命令，如图 2-17 所示。

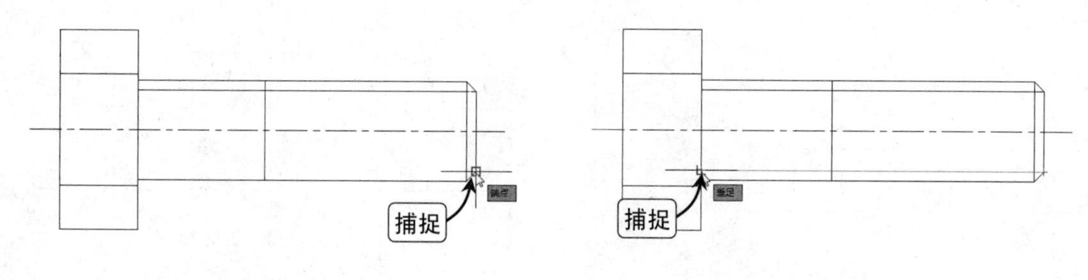

图 2-16　捕捉端点　　　　图 2-17　捕捉垂足点

2.2　绘制构造线

辅助线一般都是两端无限延伸的直线，在 AutoCAD 2014 中，常使用构造线来作为辅助线使用，如在机械制图中常用该命令绘制长对正、宽相等和高平齐的三视图辅助绘图线。

绘制构造线的命令主要有以下两种调用方法。

- 在“默认”选项卡的“绘图”组中单击“构造线”按钮。
- 在命令行中执行 XLINE（XL）命令。

在“指定点或[水平(H)/垂直(V)/角度(A)/二等分(B)/偏移(O)]:”提示中，各选项的具体含义如下：

- **水平**：选择该项（按【H】键），即绘制水平构造线。
- **垂直**：选择该项（按【V】键），可绘制垂直构造线。
- **角度**：选择该项（按【A】键），可按指定的角度创建一条构造线。
- **二等分**：选择该项（按【B】键），可创建已知角的角平分线。使用该选项创建的构造线平分指定的两条线间的夹角，且通过该夹角的顶点。绘制角平分线时，系统要求用户依次指定已知角的顶点、起点及终点。
- **偏移**：选择该项（按【O】键），可创建平行于另一个对象的平行线。这条平行线可以偏移一段距离与对象平行，也可以通过指定的点与对象平行。

下面以使用构造线命令绘制水平和垂直的构造线，并绘制通过两条构造线交点的构造线为例，其倾斜角度为 45°，介绍具体的步骤。

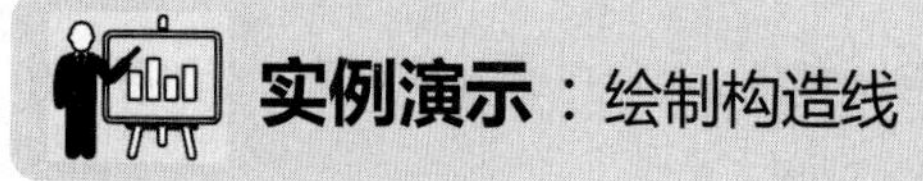

Step 01 执行构造线命令，启动“正交”功能，绘制一条水平的构造线，如图 2-18 所示。

Step 02 用同样的方法绘制一个与水平构造线垂直的构造线，如图 2-19 所示。

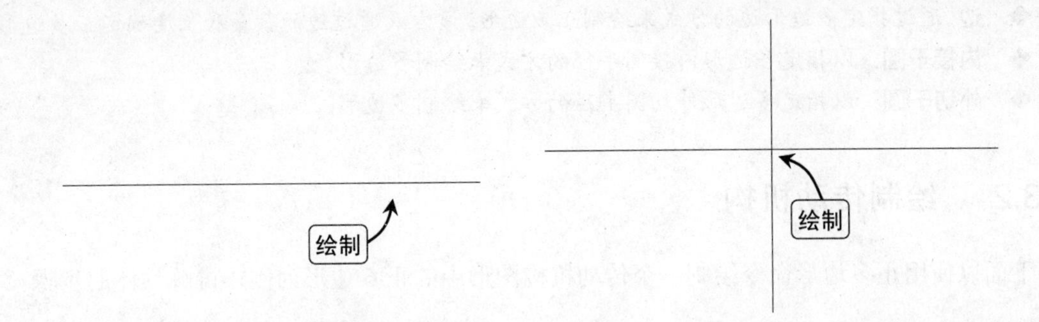

图 2-18 绘制水平构造线　　　　图 2-19 绘制垂直构造线

Step 03 再次执行构造线命令，在命令提示行中输入“A”，选择角度，这里输入构造线的角度“45”，如图 2-20 所示。

Step 04 在命令行提示：“指定通过点”时，捕捉水平和垂直构造线的中点并单击鼠标左键，按【Enter】键结束命令，如图 2-21 所示。

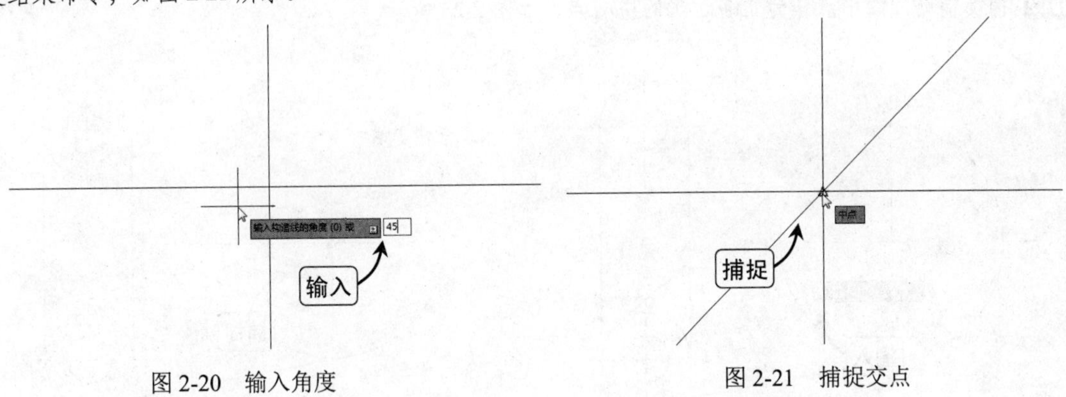

图 2-20 输入角度　　　　图 2-21 捕捉交点

2.3 绘制正多边形

在 AutoCAD 2014 中可以绘制 3~1024 条边的正多边形，在机械设计中常用该命令来绘制螺母等机械部件。

2.3.1 使用“正多边形”命令

要绘制正多边形，主要有以下几种方式。

- ◆ 在“默认”选项卡的“绘图”组中单击“矩形”下拉按钮，在弹出的下拉菜单中选择“多边形”选项。
- ◆ 在命令行中执行 Polygon（POL）命令，执行正多边形命令。

在绘制正多边形的过程中，可以通过指定多边形边长值或指定多边形中心点及其与圆的相切/接这两种方式来进行绘制。在实际绘图过程中，应根据实际情况选择相应的方式。在执行 POLYGON 命令过程中的各选项含义如下。

- **边**：通过指定多边形边的方式来绘制正多边形。该方式通过边的数量和长度确定正多边形。
- **内接于圆**：以指定多边形内接圆半径的方式来绘制多边形。
- **外切于圆**：以指定多边形外切圆半径的方式来绘制多边形。

2.3.2 绘制传动机构

下面以使用正多边形命令绘制一个传动机构图形中的正 6 边形为例，讲解具体的步骤。

实例演示：绘制传动机构

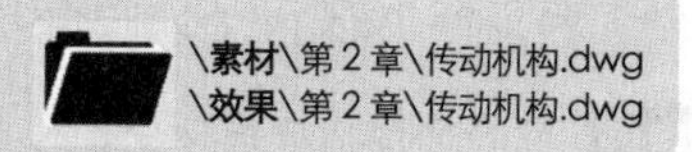

Step 01 打开“传动机构”素材文件，执行正多边形命令，在命令行提示后指定正多边形边数为“6”，如图 2-22 所示。

Step 02 捕捉辅助线的中点作为正多边形的中心点，如图 2-23 所示。

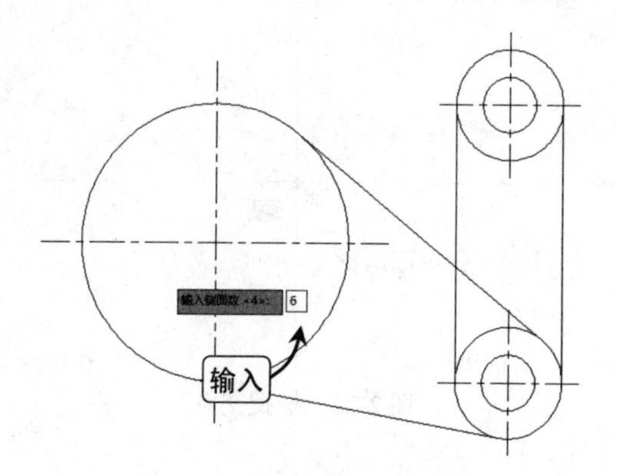

图 2-22 输入多边形边数

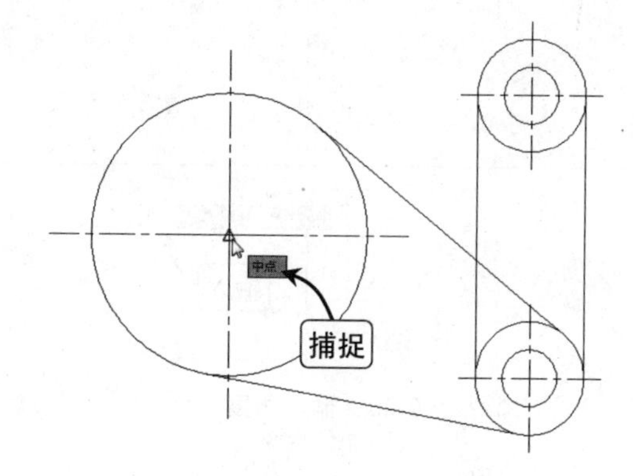

图 2-23 指定正多边形的中心点

Step 03 在命令行提示：“输入选项 [内切于圆(I)/外接于圆(C)] <I>:”后输入“I”，选择“内切于圆”选项，指定正多边形的绘制方法，如图 2-24 所示。

Step 04 在命令行提示：“指定圆的半径:”后输入“20”，确定正多边形的半径，完成正 6 边形的绘制，如图 2-25 所示。

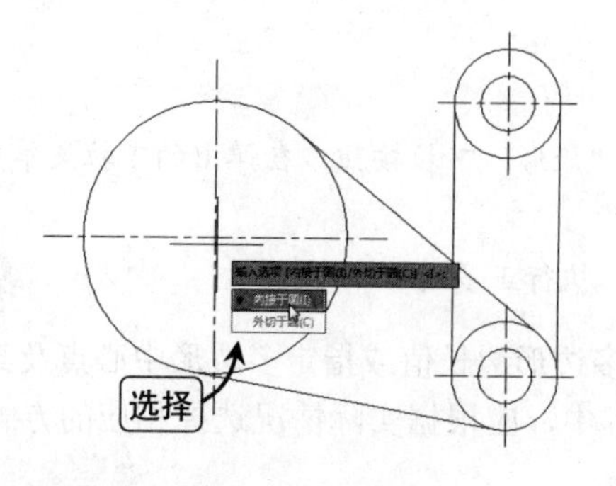

图 2-24 选择内接于圆选项

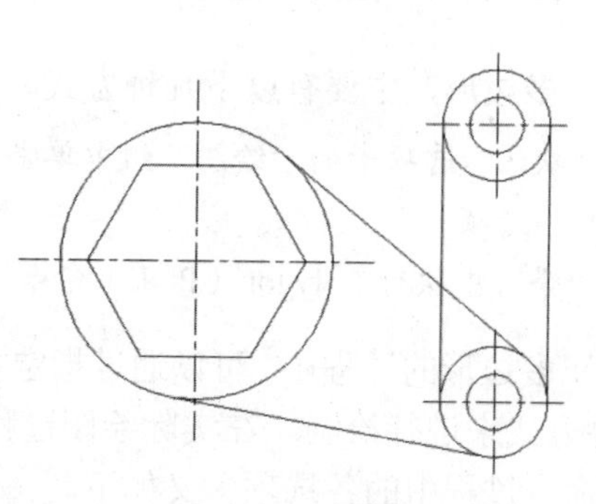

图 2-25 完成绘制

2.4 绘制矩形

矩形在机械绘图中是常用到的图形，矩形的绘制方法有几种，下面分别介绍矩形命令的使用方法和具体操作。

2.4.1 使用“矩形”命令

通过绘制矩形命令可一次性绘制出所需的矩形，而不必使用直线命令逐一绘制各条直线。且在绘制矩形的过程中，还可以设置矩形的倒角和圆角等效果，并可以为其设定宽度与厚度值。

绘制矩形的命令主要有以下几种调用方法。

- 在“默认”选项卡的“绘图”组中单击“矩形”按钮。
- 在命令行中执行 RECTANG（REC）命令。

执行矩形命令过程中的各选项含义如下。

- **倒角**：设置矩形的倒角距离，以对矩形的各边进行倒角。
- **标高**：设置矩形在三维空间中的基面高度，用于三维对象的绘制。
- **圆角**：设置矩形的圆角半径，以对矩形进行倒圆角。一般在设计机械零件时不可能让其棱角分明，以避免给用户带来伤害，所以在绘制矩形时，一般都会对每边进行倒圆角，该倒圆角为工艺倒角，大小依据实际情况而定。
- **厚度**：设置矩形的厚度，即三维空间 Z 轴方向的高度。该选项用于绘制三维图形对象。
- **宽度**：设置矩形的线条宽度。
- **面积**：指定将要绘制的矩形的面积，在绘制时系统要求指定面积和一个维度（长度或宽度），AutoCAD 2014 将自动计算另一个维度并完成矩形。
- **尺寸**：通过指定矩形的长度、宽度和矩形另一角点的方向来绘制矩形。
- **旋转**：指定将要绘制的矩形旋转的角度。

2.4.2 绘制底板

下面以执行矩形命令，并使用矩形命令的“圆角”选项，设置圆角半径为 5，绘制“底板”的轮廓线为例，讲解具体操作步骤。

实例演示：绘制底板

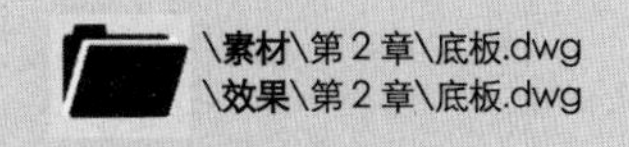

\素材\第 2 章\底板.dwg
\效果\第 2 章\底板.dwg

Step 01 打开“底板”素材文件，执行矩形命令，选择“圆角”选项，然后输入圆角的半径为 5，再单击“对象捕捉”工具栏的“捕捉自”按钮，如图 2-26 所示。

Step 02 在命令行提示“指定第一个角点”时，捕捉辅助线的交点，如图 2-27 所示。

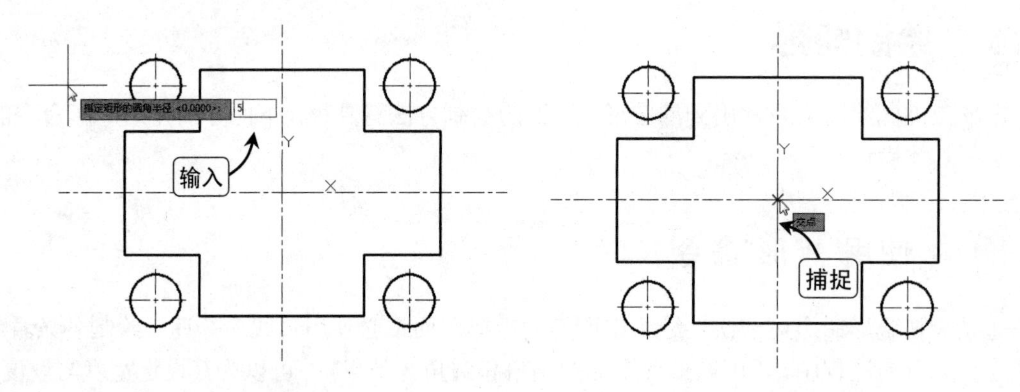

图 2-26　输入圆角半径　　　　　图 2-27　捕捉交点

Step 03 在命令行提示后输入“-35，-25”，指定圆角矩形的第一个角点，如图 2-28 所示。

Step 04 在命令行提示：“指定另一个角点:”时输入“@70，50”，如图 2-29 所示。

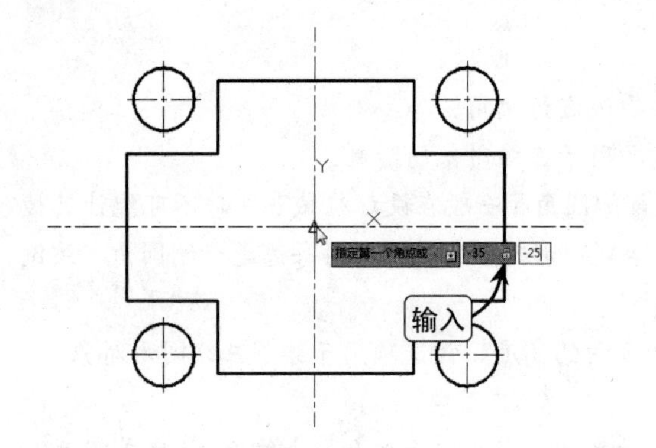

图 2-28　指定圆角矩形第一个角点

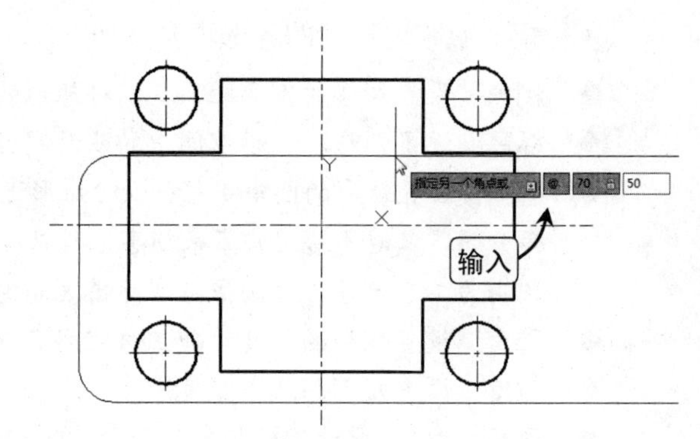

图 2-29　输入另一个点

Step 05 按【Enter】键结束命令，完成矩形绘制，如图 2-30 所示。

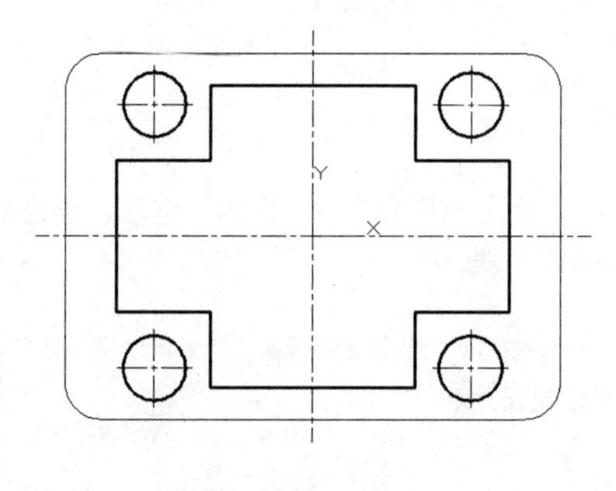

图 2-30　完成绘制

2.5　绘制圆和圆弧

圆和圆弧在 AutoCAD 2014 机械绘图中使用十分广泛，绘制圆和圆弧的频率都比较频繁，因此绘制圆和圆弧是使用 AutoCAD 2014 绘图时应熟练掌握的操作。

2.5.1 使用“圆”命令

绘制圆的命令主要有以下几种调用方法。

- 在“默认”选项卡的“绘图”组中单击“圆”下拉按钮，在弹出的下拉菜单中选择绘制圆方式的选项。
- 在命令行中执行 CIRCLE（C）命令。

绘制圆有 6 种不同的方式，如图 2-31 所示为各种绘制圆形方法的示意图。绘制最多的方法是使用“圆心、半径”的方式。

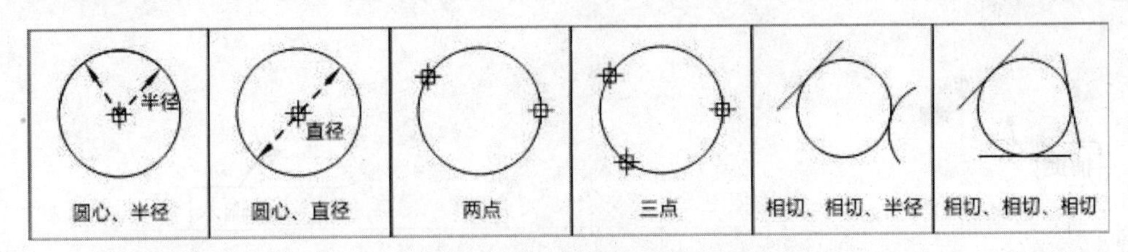

图 2-31 几种绘制圆形的方式

2.5.2 使用“圆弧”命令

绘制圆弧的命令主要有以下几种调用方法。

- 在“默认”选项卡的“绘图”组中单击“圆弧”按钮，在弹出的下拉菜单中选择绘制圆弧方式的选项。
- 在命令行中执行 ARC 命令。

在使用 ARC 命令绘制标准弧线的过程中，AutoCAD 2014 提供了多种绘制方式，比如以指定圆弧上的 3 个点方式绘制圆弧和指定圆弧的起点、端点及角度方式绘制圆弧等。绘制圆弧的几种方法示意图，如图 2-32 所示。

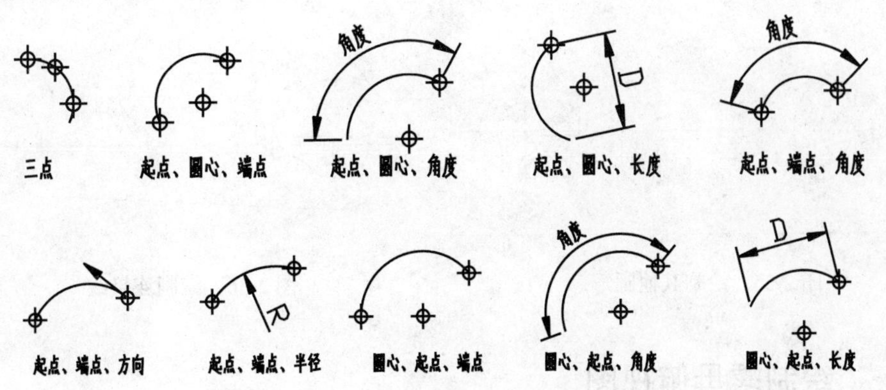

图 2-32 几种绘制圆弧的方式

2.5.3 绘制连接件

下面执行圆以及直线命令，并结合“对象捕捉”功能，完成“连接件”图形的绘制为例，讲解具体步骤。

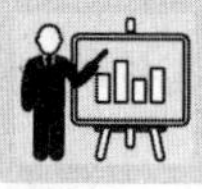

实例演示：绘制连接件

\素材\第 2 章\连接件.dwg
\效果\第 2 章\连接件.dwg

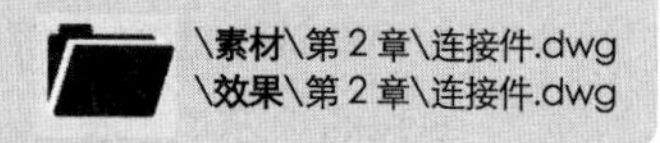

Step 01 打开素材文件，在命令行输入“C”，执行圆命令，在命令行提示：“指定圆的圆心”时捕捉上面辅助线的交点，如图 2-33 所示。

Step 02 在命令行提示“指定圆的半径”后输入“5”，指定圆的半径，如图 2-34 所示。

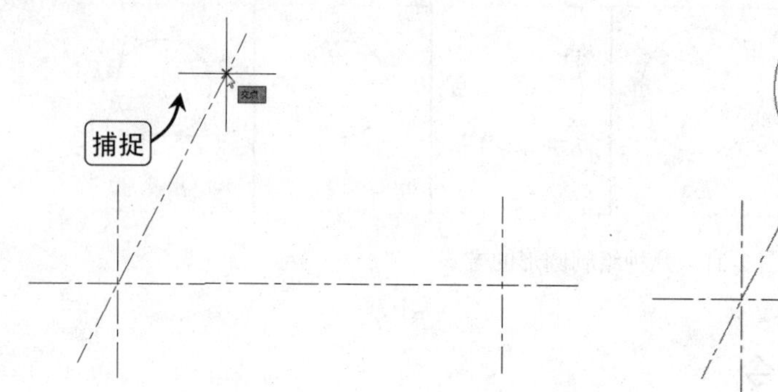

图 2-33　捕捉圆心

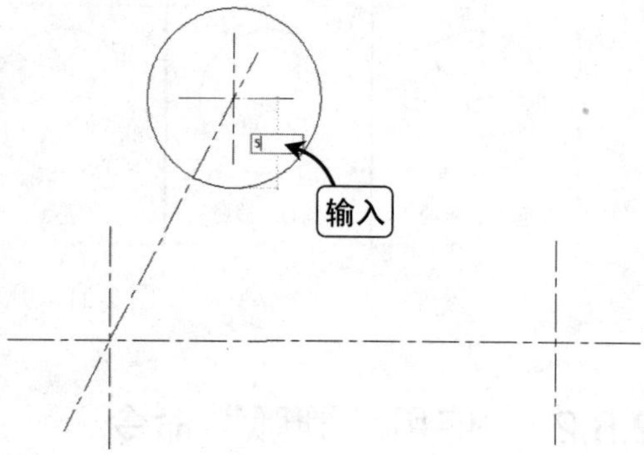

图 2-34　输入半径值

Step 03 用同样的方法以左下侧辅助线的交点为圆心，绘制两个半径为 6 和 11 的圆形，以右下侧辅助线的交点为圆心，绘制两个半径为 5 和 8 的圆形，如图 2-35 所示。

Step 04 执行直线命令，捕捉圆形的切点，为绘制的圆形添加连接线，完成绘制，如图 2-36 所示。

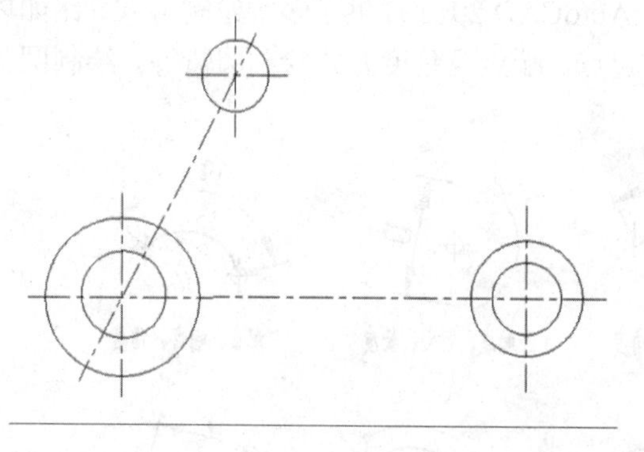

图 2-35　绘制其他圆形

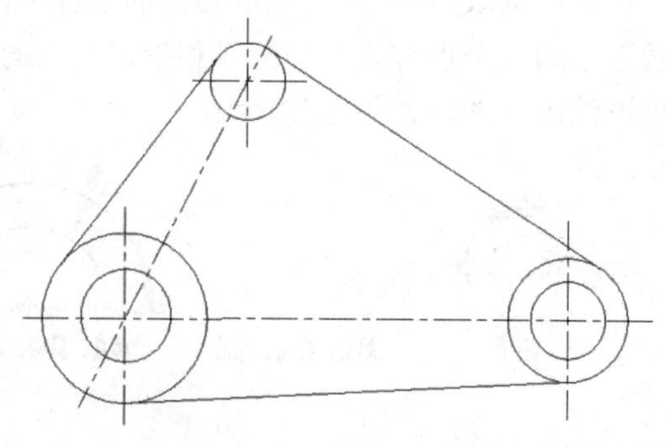

图 2-36　绘制连接线

2.5.4 绘制螺母俯视图

下面以执行圆弧命令，绘制螺母俯视图螺纹中的一个圆弧为例，讲解具体操作步骤。

实例演示：绘制螺母俯视图

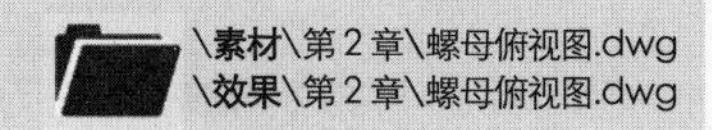

Step 01 打开“螺母俯视图”素材文件，执行圆弧命令，在命令行提示：“指定圆弧的起点或 [圆心(C)]:”后输入“C”，选择“圆心”选项，并捕捉辅助线的交点，如图 2-37 所示。

Step 02 在命令行提示：“指定圆弧的起点:”后，再捕捉辅助线的交点，并输入“@14,0”，指定圆弧的起点，如图 2-38 所示。

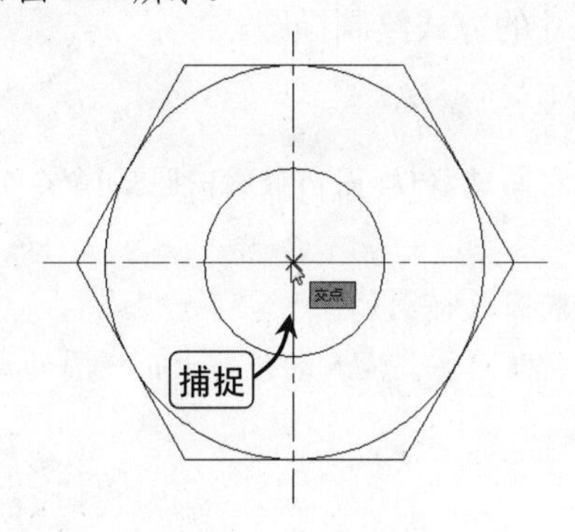

图 2-37　捕捉圆弧圆心

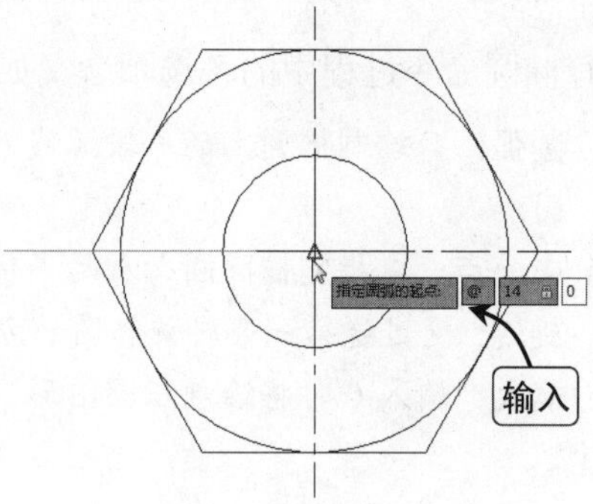

图 2-38　输入偏移距离

Step 03 在命令行提示：“指定圆弧的端点或 [角度(A)/弦长(L)]:”后输入“A”，选择“角度”选项，并在命令行提示：“指定包含角:”后输入“270”，指定圆弧的角度，如图 2-39 所示。

Step 04 按【Enter】键结束命令，完成圆弧绘制，如图 2-40 所示。

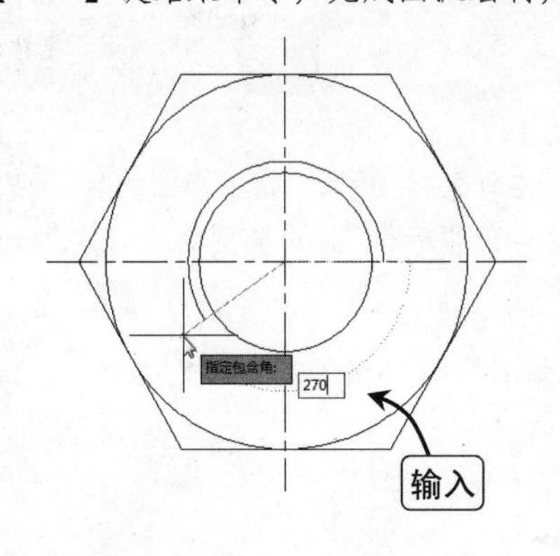

图 2-39　输入圆弧角度

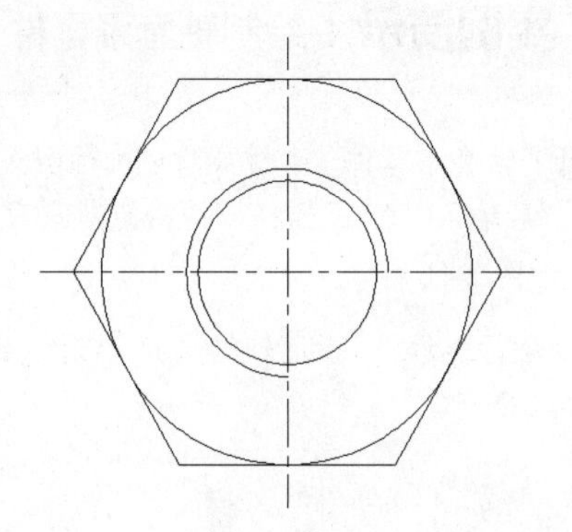

图 2-40　完成绘制

2.6　绘制椭圆

椭圆属于不规则的圆形，在机械图绘制中也常常使用。绘制椭圆要比绘制圆心复杂一点，下面介绍其相关的操作。

2.6.1 使用“椭圆”命令

绘制椭圆与绘制椭圆弧的方法类似，其命令主要有以下几种调用方法。

◆ 在“默认”选项卡的“绘图”组中单击“椭圆”下拉按钮，在弹出的下拉菜单中选择绘制椭圆方式的选项。

◆ 在命令行中执行 ELLIPSE（EL）命令。

在“绘图”菜单下“椭圆”命令的下级菜单中显示了 AutoCAD 2014 为用户提供的两种绘制椭圆的方式，系统默认以指定椭圆长轴与短轴的尺寸的方式绘制椭圆。

执行椭圆命令过程中的各选项含义如下。

◆ **圆弧**：只绘制椭圆上的一段弧线，即椭圆弧，它与选择[绘图]/[椭圆]/[圆弧]命令的作用相同。

◆ **中心点**：以指定椭圆圆心和两半轴的方式绘制椭圆或椭圆弧。

◆ **旋转**：通过绕第一条轴旋转圆的方式绘制椭圆或椭圆弧。输入的值越大，椭圆的离心率就越大，输入 0 时将绘制正圆图形。

2.6.2 绘制轴套系零件图

下面以使用椭圆命令在轴套系零件图中通过设置长轴和短轴的数值来绘制一个椭圆图形为例，讲解具体步骤。

实例演示：绘制轴套系零件

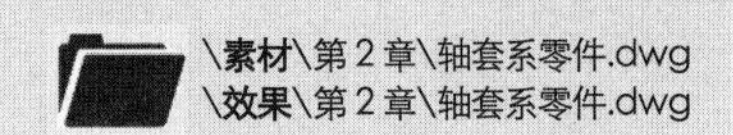

Step 01 打开“轴套系零件”素材文件，执行圆弧命令，在命令行提示：“指定椭圆的轴端点或 [圆弧(A)/中心点(C)]:”后输入“C”，选择“中心点”选项，在命令行提示：“指定椭圆的中心点:”时捕捉辅助线的垂足点，如图 2-41 所示。

Step 02 在命令行提示：“指定轴的端点:”时，再捕捉辅助线的交点，并输入“@20,0”，指定椭圆的长轴，如图 2-42 所示。

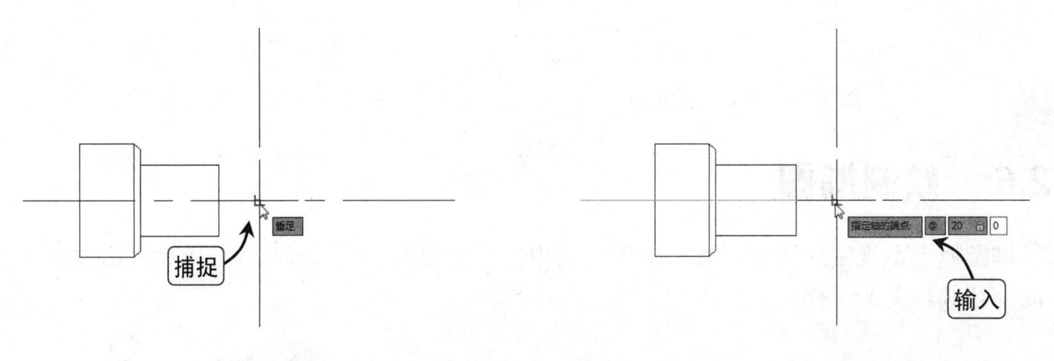

图2-41 捕捉交点　　图2-42 输入长轴距离

Step 03 在命令行提示："指定另一条半轴长度或 [旋转(R)]："时输入"15"，指定椭圆的短轴，如图 2-43 所示。

Step 04 按【Enter】键结束命令，完成椭圆的绘制，如图 2-44 所示。

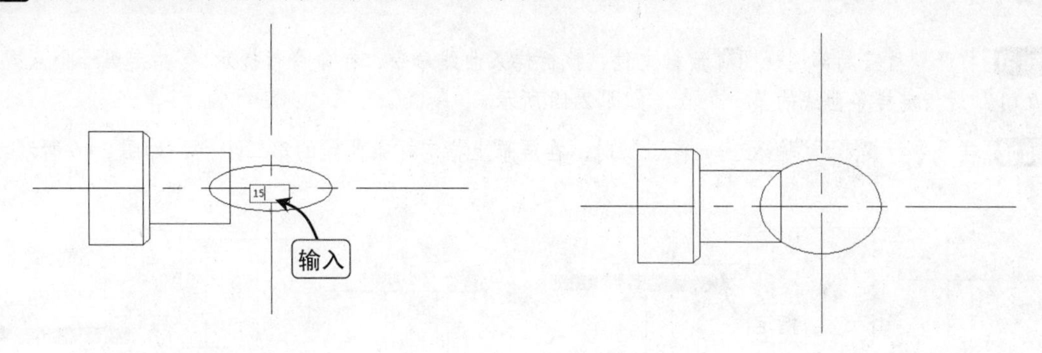

图 2-43 输入短轴距离　　图 2-44 完成绘制

2.7 绘制样条曲线

样条曲线是一种通过或接近指定点的拟合曲线，它通过起点、控制点、终点及偏差变量来控制曲线，一般用于表达具有不规则变化曲率半径的曲线。

2.7.1 使用样条曲线命令

在机械产品设计领域，常使用样条曲线来表达某些工艺品的轮廓线或剖切线；在建筑制图中，常使用样条曲线表达剖断符号（S）等图形；在服装和电子产品设计时，应用更是广泛。

绘制样条曲线的命令主要有以下几种调用方法。

- 单击"绘图"工具栏中的 按钮。
- 在命令行中执行 SPLINE 命令。

在绘制样条曲线的过程中，部分选项含义如下。

- **对象**：选择该选项，可将所选直线形对象转换为样条曲线。
- **拟合公差**：选择该选项可以指定样条曲线的拟合公差值。输入的值越大，绘制的曲线偏离指定的点越远；值越小，绘制的曲线离指定的点越近。
- **起点切向**：指定样条曲线起始点处的切线方向。
- **端点切向**：指定样条曲线端点处的切线方向。

2.7.2 绘制盘盖局部剖视图

下面执行样条曲线命令，绘制盘盖局部剖视图的剖断线。

实例演示：绘制盘盖局部剖视图

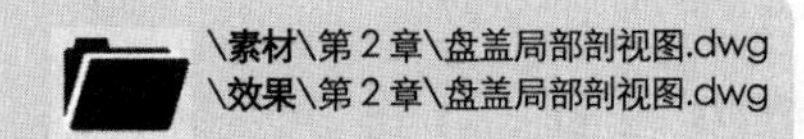

Step 01 打开“盘盖局部剖视图”素材文件，执行样条曲线命令，在命令行提示：“指定第一个点或 [对象(O)]:”后指定样条曲线的第一个点，如图 2-45 所示。

Step 02 在命令行提示：“输入下一个点:”时，在屏幕上指定样条曲线的第二个点，如图 2-46 所示。

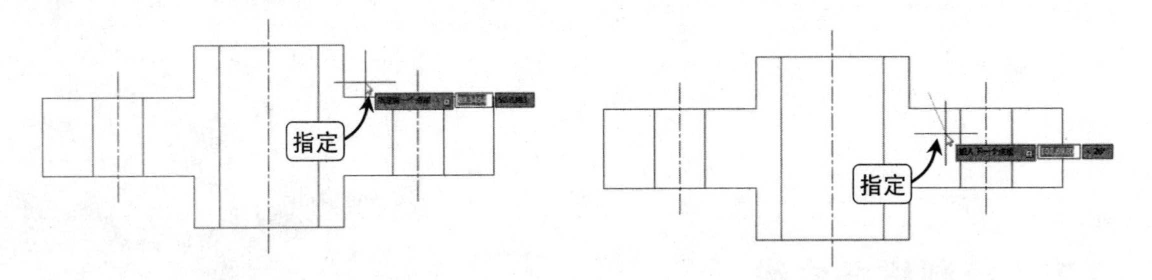

图2-45　指定样条曲线第一个点　　　　图2-46　指定第二个点

Step 03 在命令行提示：“输入下一个点:”时，在屏幕上指定样条曲线的第 3 个点，如图 2-47 所示。

Step 04 在命令行提示：“输入下一个点:”时，在屏幕上指定样条曲线的第 4 个点，如图 2-48 所示。

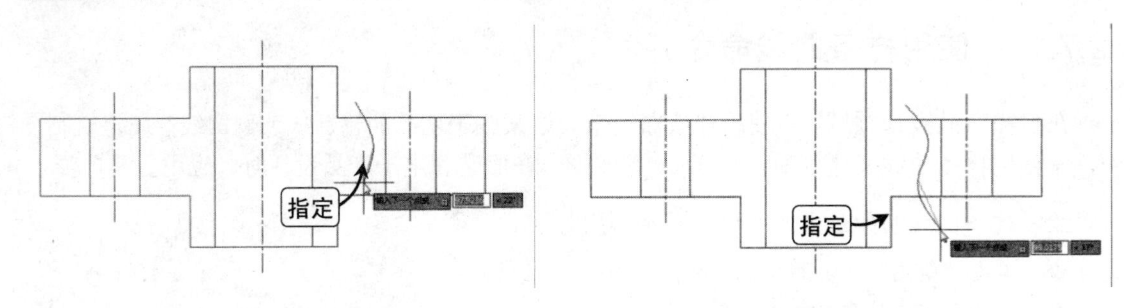

图 2-47　指定第三个点　　　　图 2-48　指定第四个点

Step 05 按【Enter】键，分别确定样条曲线的起点和端点切向，如图 2-49 所示。

Step 06 执行修剪命令，将绘制的样条曲线进行修剪处理（修剪命令将在本书的相关章节进行介绍），如图 2-50 所示。

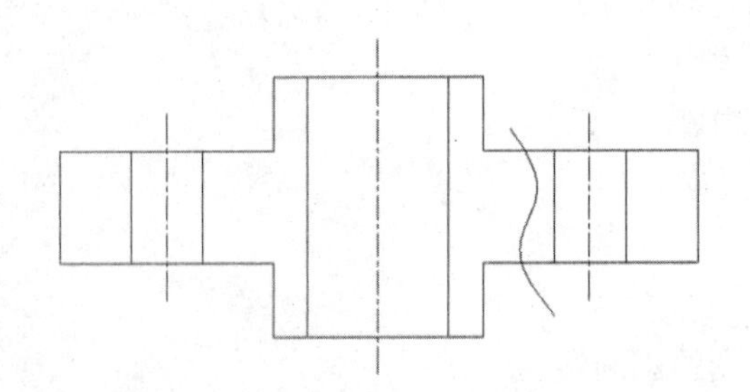

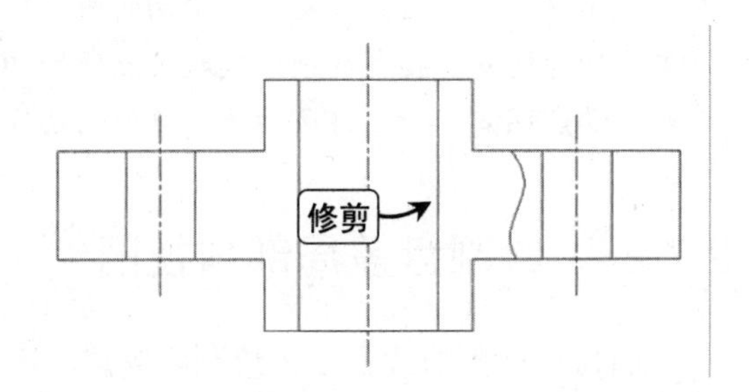

图 2-49　确定起点和端点切向　　　　图 2-50　修剪线条

2.8 习题

（1）绘制钣金零件图（课件：\效果\第 2 章\钣金零件图.dwg），其效果如图 2-51 所示。

（2）绘制垫片平面图（课件：\效果\第 2 章\垫片零件图.dwg），其效果如图 2-52 所示。

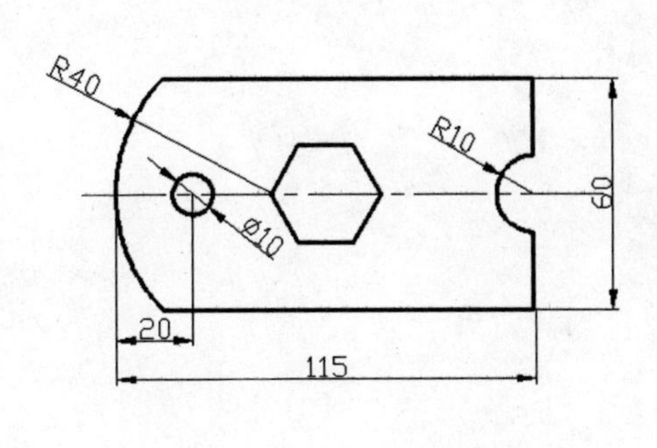

图 2-51 钣金零件图

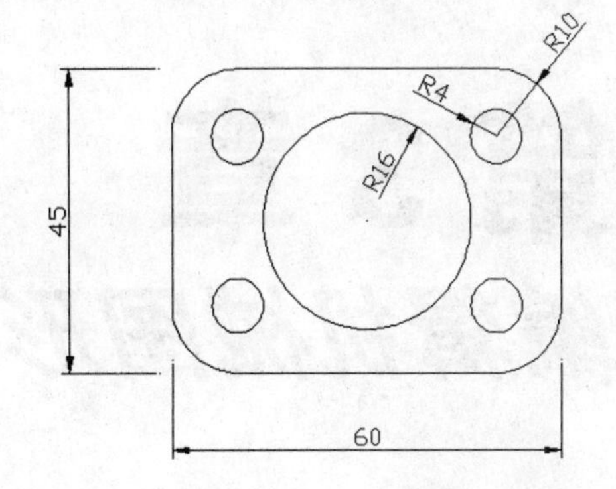

图 2-52 垫片零件图

第 3 章
编辑机械图形

本章内容

绘制图形后，根据需要可以对其进行编辑操作。本章将学习平面图形的基本编辑，其中包括选择图形的删除和恢复、复制和偏移、镜像和阵列、移动和旋转、修改图形线条和大小、合并和填充图形以及使用图块等平面图形的基本编辑操作。

要点导读

- 删除和恢复：对绘制的图形进行删除操作，删除后根据需要还可进行恢复操作。
- 复制图形：包括了图形的复制、偏移、镜像以及阵列等操作。
- 移动和旋转图形：按照需要对绘制的图形对象进行移动和旋转操作。
- 修改图形：包括对图形的圆角、倒角、延伸、修剪、打断、缩放以及拉伸等操作。
- 合并和填充图形：对绘制的图形对象进行合并及对图形中的某些区域进行图案填充。
- 使用图块：将绘制的图形对象创建为图块，方便以后使用。

3.1 删除和恢复对象

在绘图过程中，可根据实际需要删除绘图区中不需要的对象，也可将已删除的对象恢复到绘图区中。

3.1.1 删除对象

删除对象的命令主要有如下几种调用方法。

- 在“默认”选项卡的“修改”组中单击“删除”按钮。
- 在命令行中执行 ERASE（E）命令。

***提示**：通过按键删除图形对象*

选择图形对象后，按【Delete】键也可以直接删除该图形对象。

3.1.2 恢复被删除的对象

使用 ERASE 命令删除的对象只是临时性被删除，只要不退出当前图形的编辑，可使用 OOPS 或 UNDO 命令将其恢复。

恢复被删除对象的命令主要有如下几种调用方法。

- 紧接删除对象操作，单击“快速访问”工具栏中的按钮。
- 在命令行中执行 OOPS 或 UNDO 命令。

OOPS 命令与 UNDO 命令都可恢复被删除的对象，主要区别如下。

- 在命令行中执行 OOPS 命令，可撤销前一次删除的对象。使用 OOPS 命令只能恢复前一次被删除的对象而不会影响前面进行的其他操作。
- 在命令行中执行 UNDO（U）命令可取消前一次或前几次执行的命令（其中保存、打开、新建和打印文件等操作不能被撤销）。

3.2 复制和偏移图形

使用 Copy 命令可将一个或多个对象复制到指定位置，也可以将一个对象进行多次复制，该命令常用于机械制图中绘制多个相同的部件。执行复制命令，主要有以下几种方式。

- 在“默认”选项卡的“修改”组中单击“复制”按钮。
- 在命令行中执行输入（CO/CP）命令，执行复制命令。

使用复制命令复制图形，其方法为执行复制命令，在命令行提示下选择要复制的图形对象，再根据情况选择复制时的基点，指定复制的第二点。

使用偏移命令时可以通过输入偏移距离和拾取通过点两种方式确定偏移后对象的位置。执行偏移命令，主要有以下几种方式：

◆ 在“默认”选项卡的“修改”组中单击“偏移”按钮。

◆ 在命令行中执行输入（O）命令，执行偏移命令。

3.2.1 绘制压板俯视图

下面以执行复制命令，将压板俯视图中的螺孔圆进行复制为例，讲解具体步骤。

实例演示：绘制压板俯视图

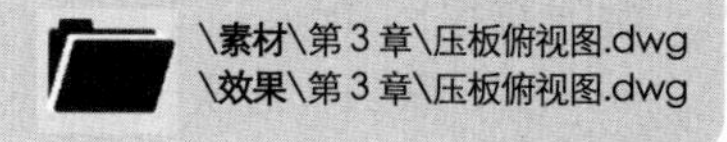

Step 01 打开“压板俯视图”素材文件，执行复制命令，在命令提示行提示选择对象时，选择螺孔，如图 3-1 所示。

Step 02 在命令行提示：“指定基点:”时捕捉螺孔辅助直线的中点为复制对象的基点，如图 3-2 所示。

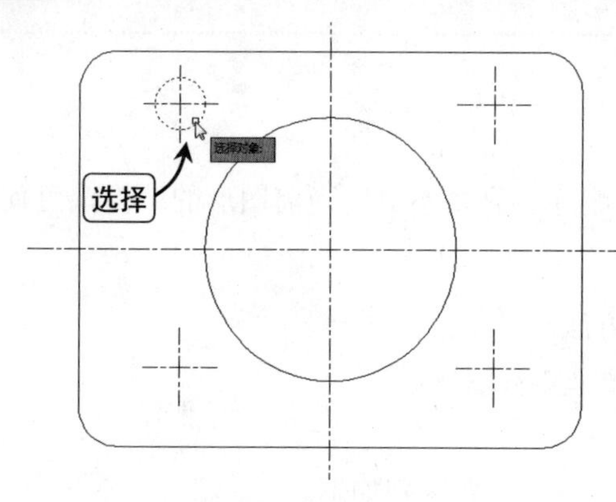

图3-1　选择复制对象

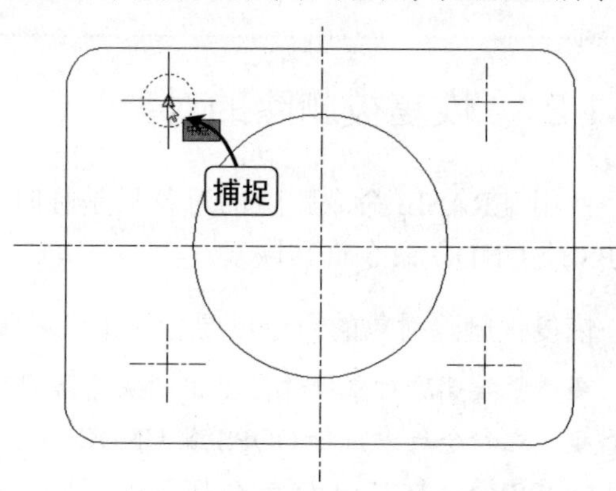

图3-2　捕捉基点

Step 03 在命令行提示：“指定第二个点:”时捕捉右上角螺孔辅助直线的中点，复制第一个螺孔圆，如图 3-3 所示。

Step 04 在命令行提示：“指定第二个点:”时捕捉左下角螺孔辅助直线的中点，复制另一个螺孔圆，如图 3-4 所示。

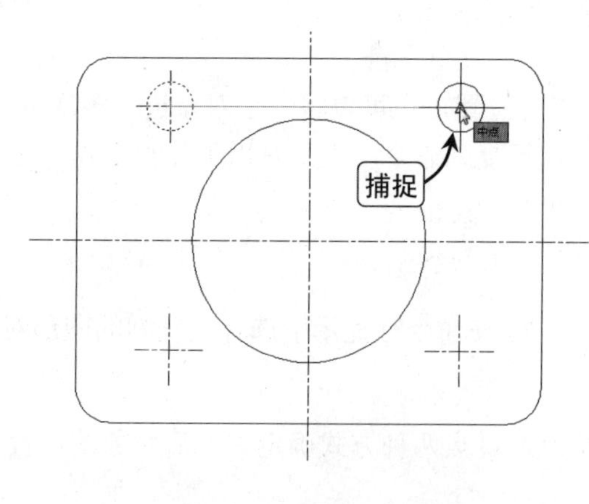

图3-3　复制第一个螺孔圆

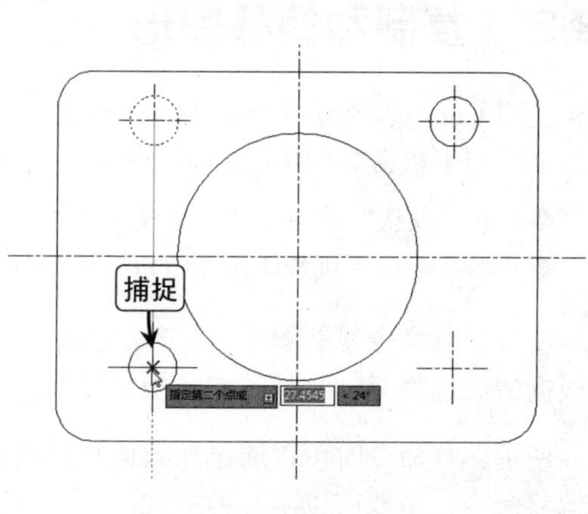

图3-4　复制另一个螺孔圆

Step 05 在命令行提示:“指定第二个点:”时捕捉右下角螺孔辅助直线的中点，复制第三个螺孔圆，如图 3-5 所示。

Step 06 在命令行提示:“指定第二个点:”时，按【Enter】键，结束复制命令，查看复制螺孔圆后的压板俯视图，如图 3-6 所示。

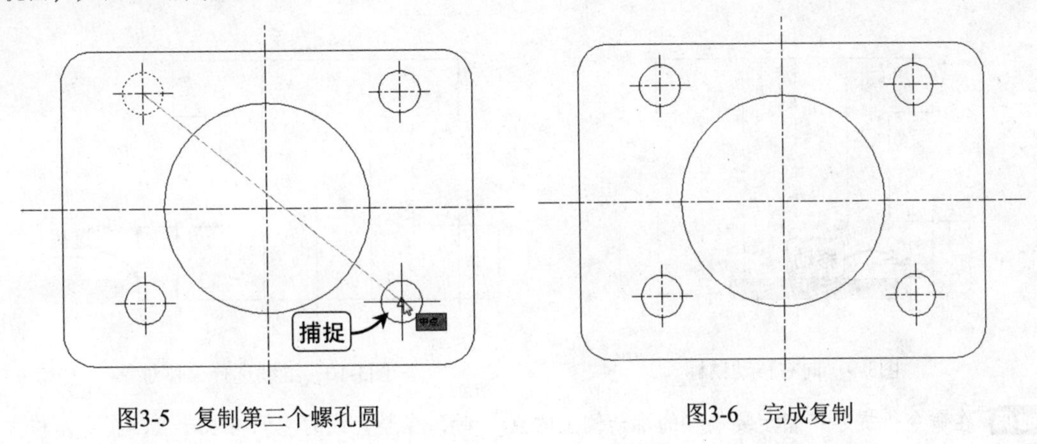

图3-5 复制第三个螺孔圆　　图3-6 完成复制

3.2.2 绘制端盖

执行偏移命令后，若选择的对象为直线，则新对象将在源对象的基础上进行平行复制，其偏移的距离由指定距离以及拾取点的方式确定。

下面以执行偏移命令，将端盖竖直线进行偏移，完成螺孔图形的绘制为例，讲解具体操作步骤。

Step 01 打开“端盖”素材文件，执行偏移命令，在命令行提示“指定偏移距离”后输入“3”，如图 3-7 所示。

Step 02 在命令行提示:“选择要偏移的对象:”时选择左端竖直线，如图 3-8 所示。

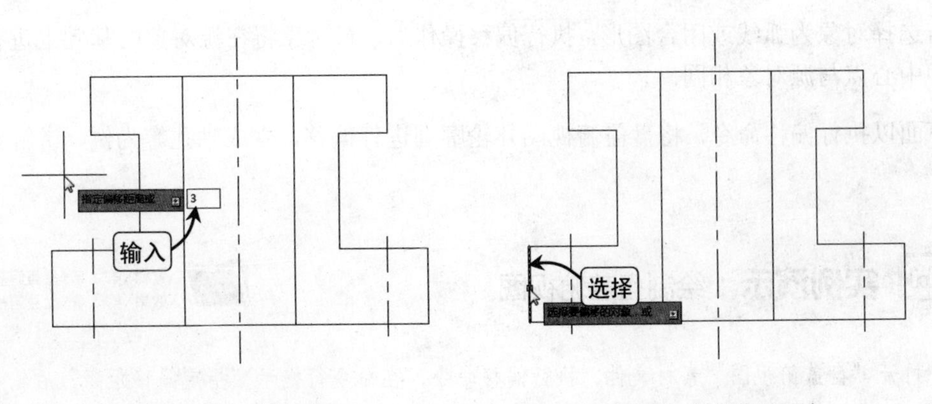

图3-7 输入偏移距离　　图3-8 选择偏移对象

Step 03 在命令行提示："指定要偏移的那一侧上的点:"时，在该线条的右侧拾取一点，指定偏移的方向，如图 3-9 所示。

Step 04 在命令行提示"选择要偏移的对象:"时，继续选择右侧竖直线，指定要偏移的图形对象，如图 3-10 所示。

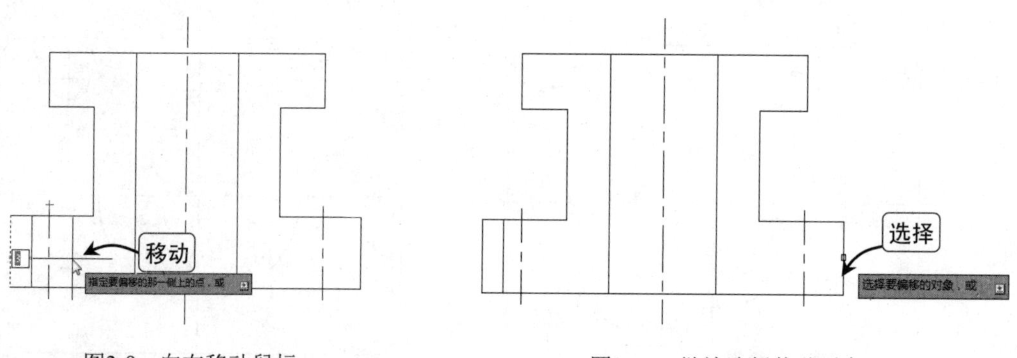

图3-9　向右移动鼠标　　　　图3-10　继续选择偏移对象

Step 05 在命令行提示"指定要偏移的那一侧上的点:"时，在竖直线的左侧拾取一点，指定偏移方向，如图 3-11 所示。

Step 06 按【Enter】键，结束偏移命令，查看直线偏移后的图形效果，如图 3-12 所示。

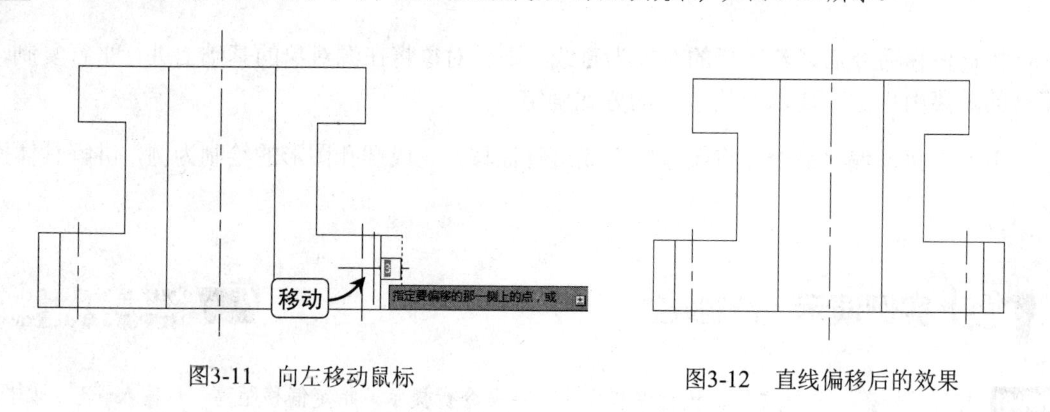

图3-11　向左移动鼠标　　　　图3-12　直线偏移后的效果

3.2.3　绘制盘盖俯视图

若选择对象为弧线或闭合图形，执行偏移操作后，新对象将在源对象的基础上进行同心复制，即中心点与源对象相同。

下面以执行偏移命令，将盘盖俯视图外轮廓圆进行偏移，生成轴孔等为例，讲解具体操作步骤。

Step 01 打开"盘盖俯视图"素材文件，执行偏移命令，在命令行提示"指定偏移距离"后输入"30"，

然后在命令行提示“选择要偏移的对象:”时选择外部圆形，如图 3-13 所示。

Step 02 在命令行提示:“指定要偏移的那一侧上的点:”时，在圆内拾取一点，指定偏移的方向，按【Enter】键结束偏移命令，如图 3-14 所示。

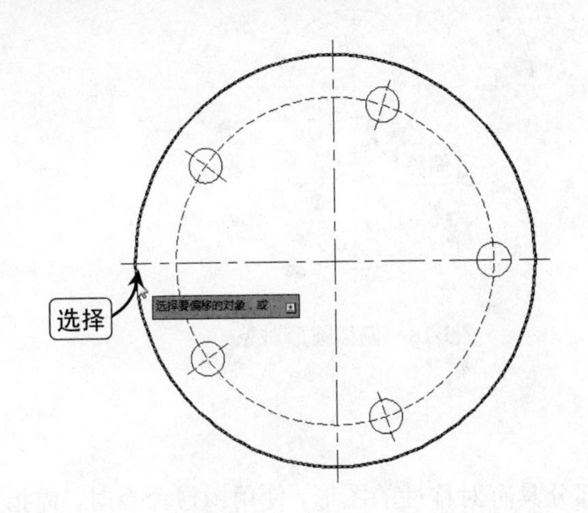

图3-13　选择外部圆形

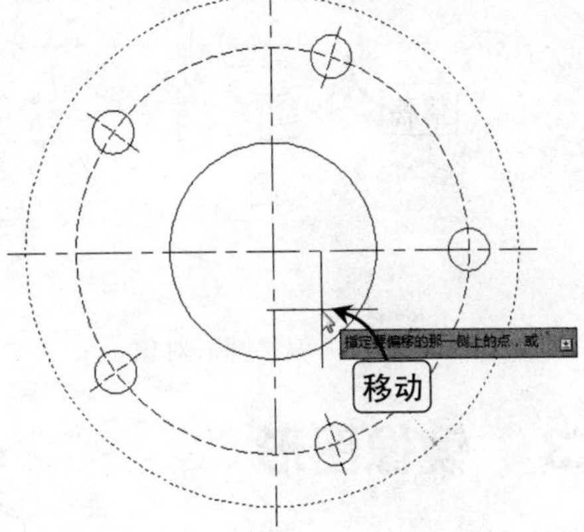

图3-14　向圆内移动鼠标

Step 03 再次执行偏移命令，在命令行提示后输入“10”，指定偏移距离，并选择偏移后的圆，如图 3-15 所示。

Step 04 在圆内拾取一点，指定偏移方向，并按【Enter】键结束偏移命令，如图 3-16 所示。

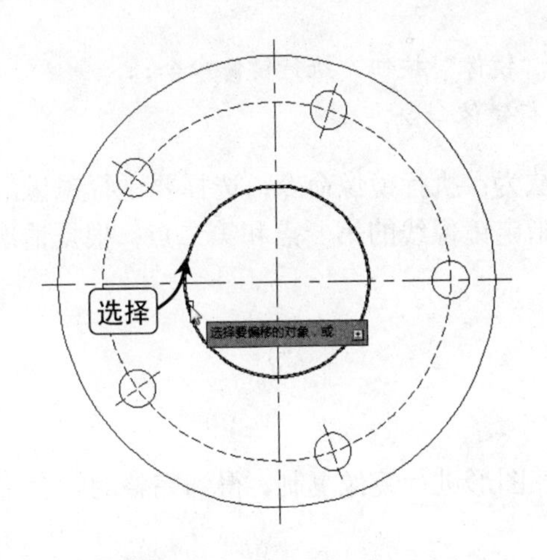

图3-15　选择偏移圆形

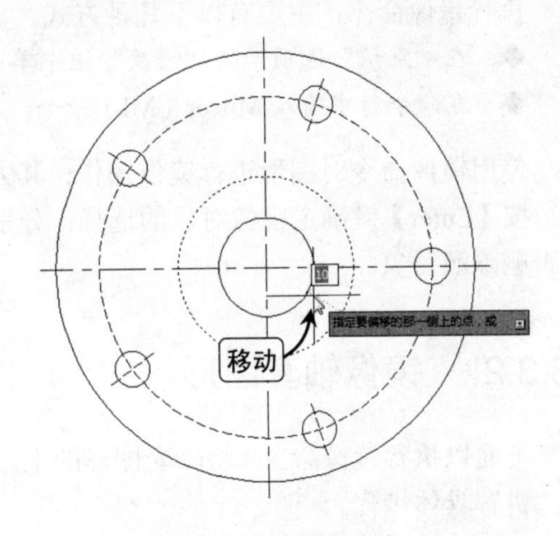

图3-16　指定偏移方向

Step 05 再次执行偏移命令，在命令行提示后输入“3”，指定偏移距离，并选择第一次偏移后的圆。在圆内拾取一点，指定偏移方向，并按【Enter】键结束偏移命令，如图 3-17 所示。

Step 06 再次选择要偏移的对象，即最小的圆。在圆内拾取一点，指定偏移方向，并按【Enter】键结束偏移命令，如图 3-18 所示。

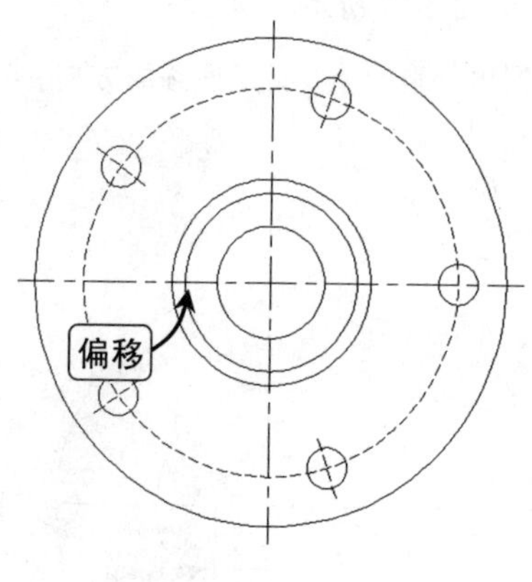

图3-17 偏移圆形对象

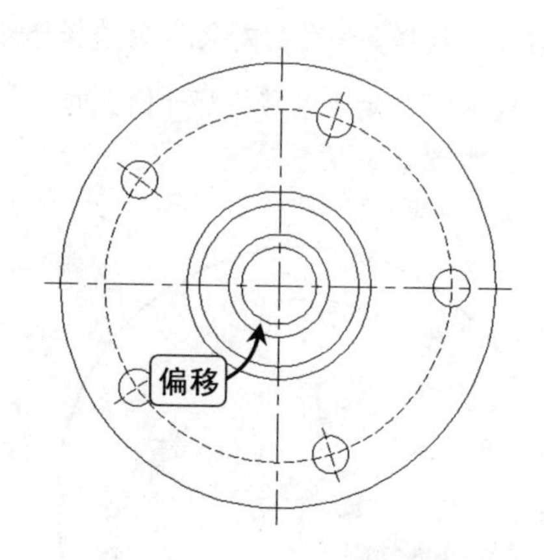

图3-18 偏移圆形对象

3.3 镜像图形

使用 Mirror 命令可以复制完全对称或者部分具有对称性的图形。使用镜像命令时，需指定其镜像的对称轴线，完成镜像操作后，用户还可根据需要确定是否删除源对象。

3.3.1 使用镜像命令

执行镜像命令，主要有以下几种方式。

- 在“默认”选项卡的“修改”组中单击“镜像”按钮，执行镜像命令。
- 在命令行中输入 Mirror（MI）命令，执行镜像命令。

使用镜像命令对图形进行镜像操作，其方法为：执行镜像命令；选择要进行镜像的图形对象，按【Enter】键确定镜像对象的选择；分别指定镜像线的第一点和第二点；根据情况，确定是否删除源对象。

3.3.2 镜像轴套图形

下面以执行镜像命令，将轴套图形的上半部图形进行镜像复制，得到完整的轴套主视图为例，讲解具体步骤。

实例演示：镜像轴套图形

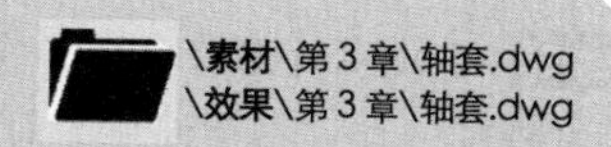

Step 01 打开“轴套”素材文件，执行镜像命令，在命令行提示“选择对象”后，利用交叉方式选择图形，如图3-19所示。

Step 02 在命令行提示：“指定镜像线的第一点:”时，捕捉水平直线左侧的端点，作为镜像线的第一点，如图 3-20 所示。

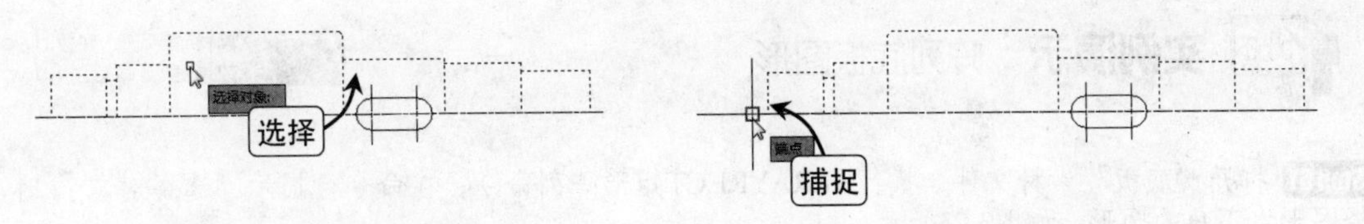

图3-19 选择需要复制对象　　　　图3-20 捕捉端点

Step 03 在命令行提示："指定镜像线的第二点:"时，捕捉水平直线右侧的端点，作为镜像线的第二点，如图 3-21 所示。

Step 04 在命令行提示："要删除源对象吗？[是(Y)/否(N)] <N>:"后选择"否"选项，不删除源对象，并按【Enter】键结束镜像命令，完成图形的复制，如图 3-22 所示。

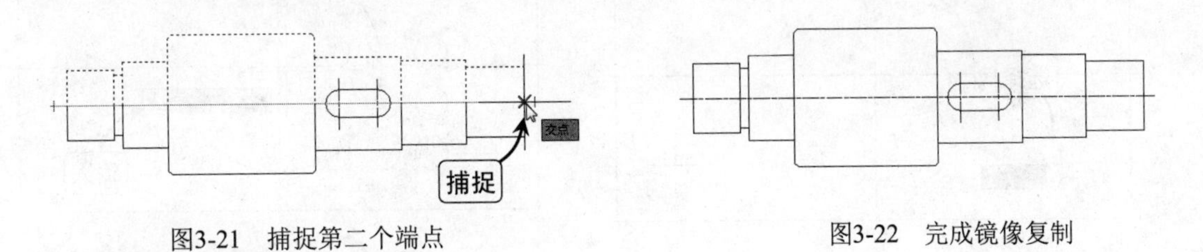

图3-21 捕捉第二个端点　　　　图3-22 完成镜像复制

3.4 阵列图形

阵列复制可以快速复制出与已有对象相同且按一定规律分布的多个图形。在 AutoCAD 2014 中，阵列分为矩形阵列、环形阵列和路径阵列，用户可根据实际情况选择相应的阵列方式，并且还可对经过阵列后的每个对象进行单独处理。

3.4.1 使用阵列命令

执行阵列命令主要有以下几种方式。

- 在"默认"选项卡的"修改"组中单击"阵列"按钮，在弹出的下拉菜单中选择"矩形阵列"、"路径阵列"或"环形阵列"选项。
- 在命令行中输入 ARRAYRECT（矩形阵列）、ARRAYPATH（路径阵列）命令或 ARRAYPOLAR（环形阵列），执行阵列命令。

3.4.2 阵列底板图形

矩形阵列是将图形对象以行列的方式进行复制。输入阵列命令后，根据提示选择输入行列数来完成阵列。

下面以执行阵列命令，将"底板"图形中的螺孔圆进行 2 行 2 列的矩形阵列为例，讲解具体步骤。

实例演示：阵列底板图形

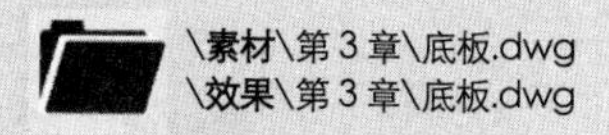

Step 01 打开“底板”素材文件，执行ARRAYRECT矩形阵列命令，在命令行提示“选择对象:”时，选择图形左下角的圆形，如图3-23所示。

Step 02 在命令行提示：“选择夹点以编辑阵列:”时，输入“R”命令，按【Enter】键，在命令行提示：“输入行数:”时，输入“2”，如图 3-24 所示。

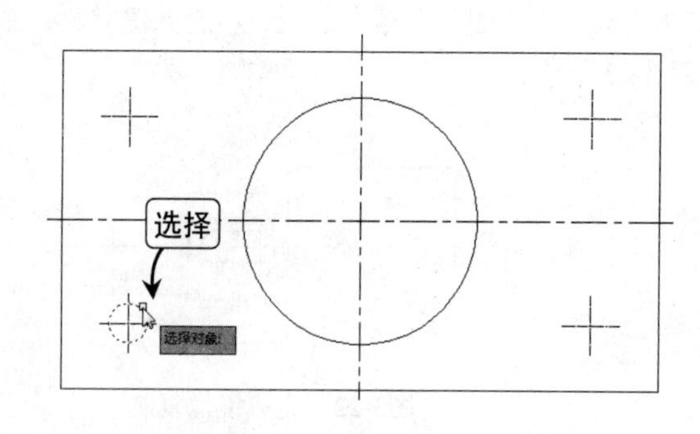

图3-23　选择阵列对象

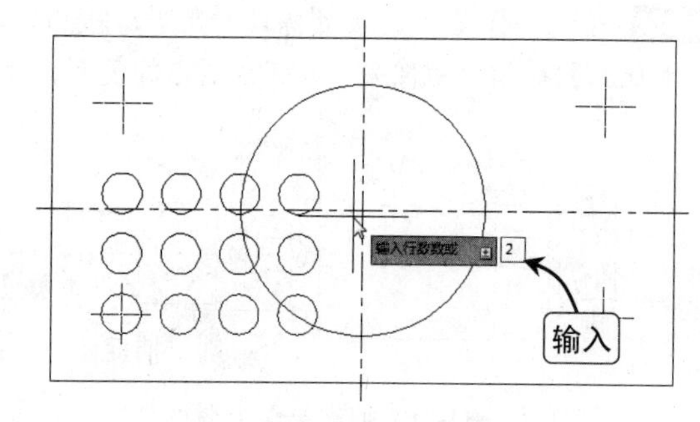

图3-24　输入阵列行数

Step 03 在命令行提示：“指定行数之间的距离”时，捕捉圆形的圆心作为距离的起点，如图 3-25 所示。

Step 04 在命令行提示：“指定第二点”时，捕捉左上角的辅助线交点，并按【Enter】键确认选择，完成图形的复制，如图 3-26 所示。

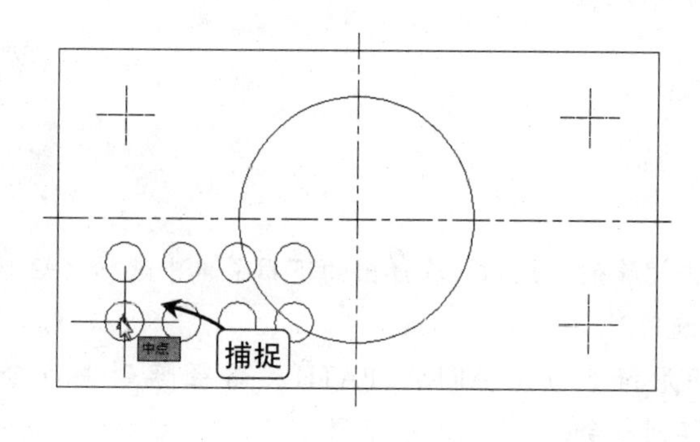

图3-25　捕捉圆心

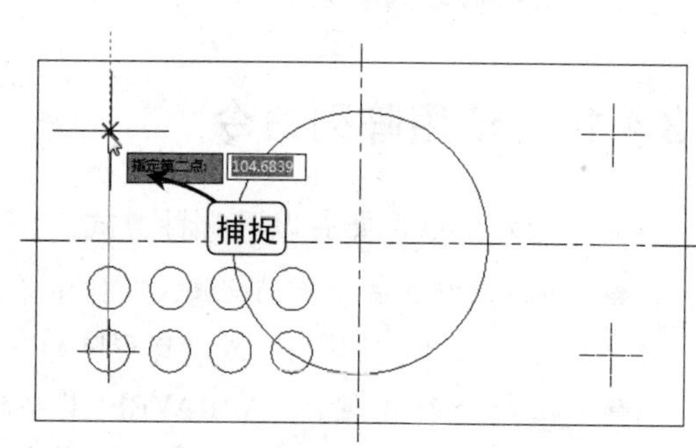

图3-26　捕捉交点

Step 05 在命令行提示：“选择夹点以编辑阵列:”时，输入“COL”命令，按【Enter】键，在命令行提示：“输入列数:”时，输入“2”，如图 3-27 所示。

Step 06 在命令行提示：“指定列数之间的距离”时，捕捉圆形的圆心作为距离的起点，如图 3-28 所示。

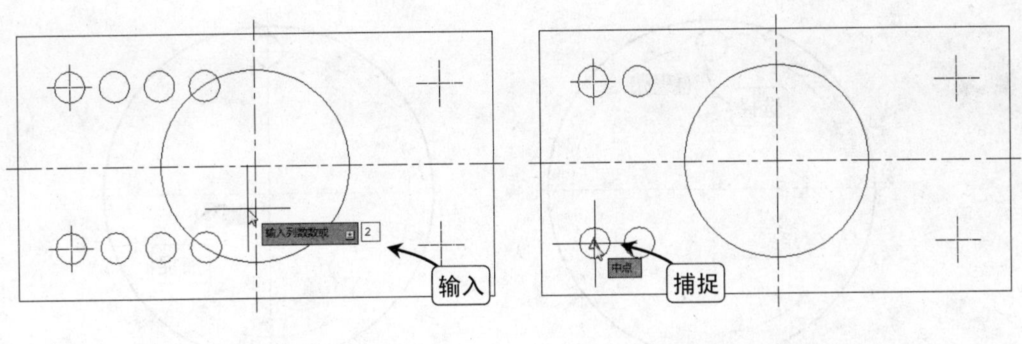

图3-27 输入列数　　　　图3-28 捕捉圆心

Step 07 在命令行提示：“指定第二点”时，捕捉右下角的辅助线中点，然后按【Enter】键确认选择，如图 3-29 所示。

Step 08 完成对选择的圆形的阵列操作，效果如图 3-30 所示。

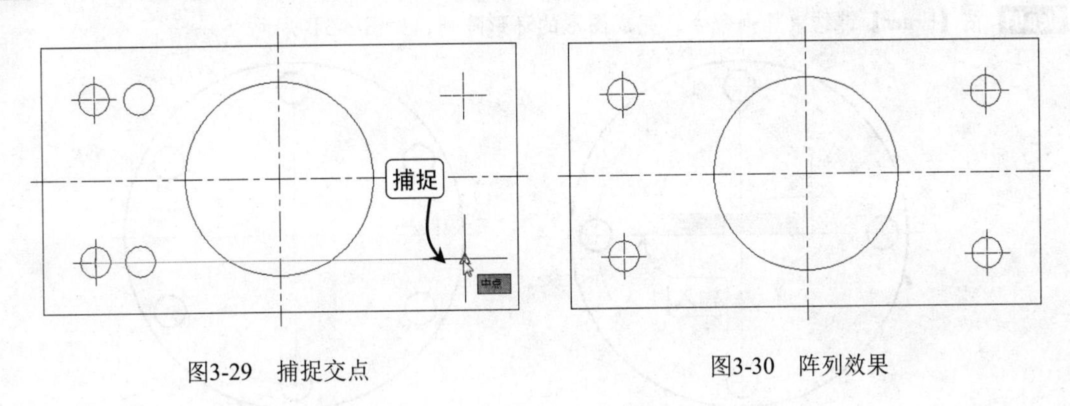

图3-29 捕捉交点　　　　图3-30 阵列效果

3.4.3 阵列法兰盘俯视图

环形阵列可以绕某个中心点进行环形复制，阵列后的对象将以环形方式排列，对图形进行环形阵列复制。

下面以执行阵列命令，利用“阵列”中的“环形阵列”选项，将法兰盘俯视图中的螺孔进行环形阵列复制为例，讲解具体步骤。

实例演示：阵列法兰盘俯视图

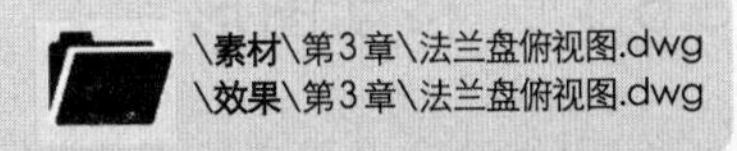

Step 01 打开“法兰盘俯视图”素材文件，执行ARRAYPOLAR环形阵列命令，在命令行提示：“选择对象:”时，选择图形中的小圆形，如图3-31所示。

Step 02 在命令行提示：“指定阵列的中心点:”时，捕捉垂直交叉辅助直线的中点，如图 3-32 所示。

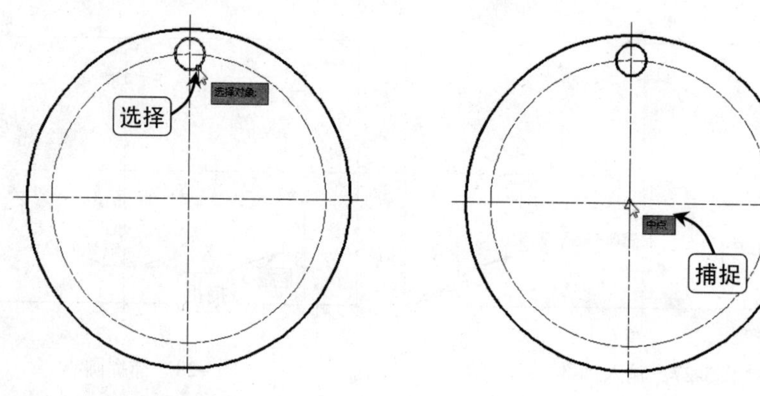

图3-31　选择阵列对象　　　　图3-32　捕捉阵列中心点

Step 03 在命令行提示“选择夹点以编辑阵列:”时，输入“I”命令，然后输入阵列的项目数“6”，如图3-33 所示。

Step 04 按【Enter】键结束阵列命令，完成图形的环形阵列，如图 3-34 所示。

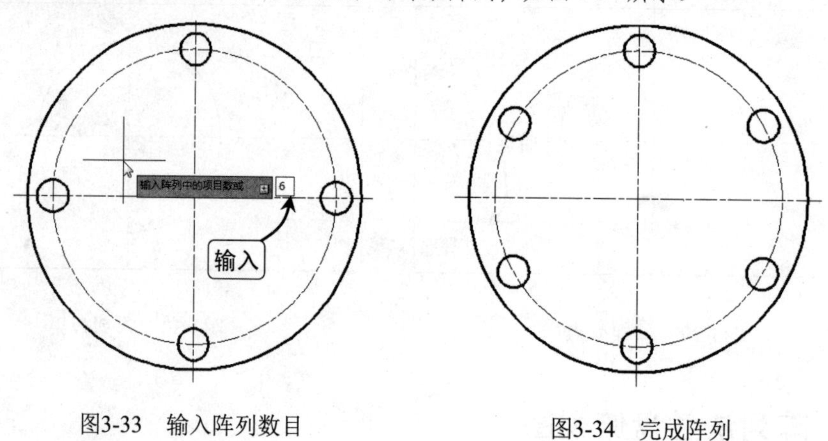

图3-33　输入阵列数目　　　　图3-34　完成阵列

3.5　移动和旋转图形

对于绘制的图形需要调整位置的，可以使用移动命令来进行移动操作，对于方向不正确的图形，可以使用旋转命令来进行旋转操作。下面分别进行介绍。

3.5.1　移动图形

使用移动命令可以把单个图形对象或多个图形对象从当前位置移至新位置，这种移动并不改变对象尺寸和方位，只是改变实际坐标位置。执行移动命令，主要有以下几种方式：

- 在“默认”选项卡的“修改”组中单击“移动”按钮，执行移动命令。
- 在命令行中输入 Move（M）命令，执行移动命令。

要对图形对象进行移动，其方法为：执行移动命令；在命令行提示中选择要进行移动的图形对象；指定移动图形对象时的基点；指定移动图形对象的第二点。

3.5.2 旋转图形

使用旋转命令可以旋转单个或一组对象，主要用于将对象与坐标轴或其他对象进行对齐。执行旋转操作后，图形对象实际大小尺寸不会改变，只是其实际位置及方向发生了改变。执行旋转命令，主要有以下几种方式。

- 在“默认”选项卡的“修改”组中单击“旋转”按钮，执行旋转命令。
- 在命令行中输入 Rotate（RO）命令，执行旋转命令。

使用旋转命令可以将图形以一定的角度进行旋转，其方法为：执行旋转命令，在命令行提示后选择要进行旋转的图形对象，在命令行提示后指定旋转图形对象的基点，指定旋转图形对象的旋转角度。

3.5.3 绘制键槽

下面以执行移动命令，将键槽图形移动至轴套的指定位置为例，讲解具体步骤。

Step 01 打开“键槽”素材文件，并执行移动命令，在命令行提示：“选择对象”后选择要移动的图形，如图3-35所示。

Step 02 在命令行提示：“指定基点或 [位移(D)] <位移>:”后，捕捉键槽圆弧的圆心，如图 3-36 所示。

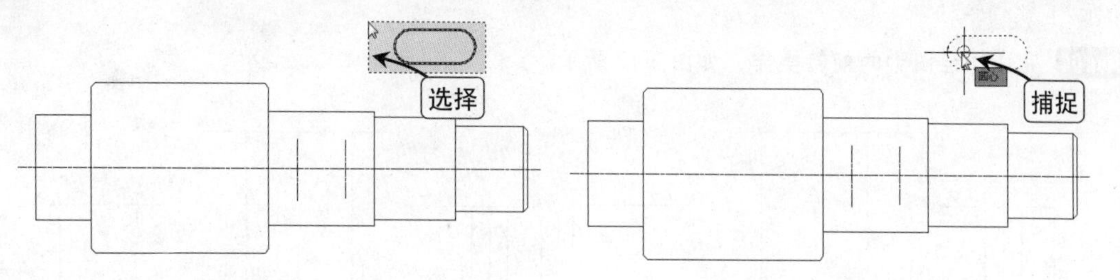

图3-35 选择移动对象　　图3-36 捕捉圆心

Step 03 在命令行提示：“指定第二个点或 <使用第一个点作为位移>:”后，捕捉辅助线的交点，如图3-37所示。

Step 04 完成对图形的移动，如图 3-38 所示。

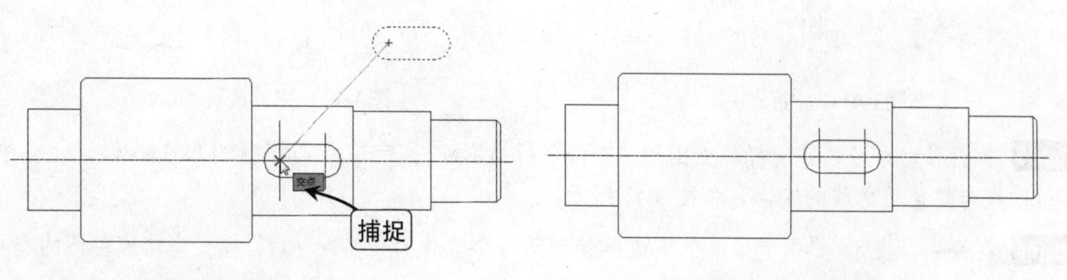

图3-37 捕捉交点　　图3-38 完成移动

3.5.4　旋转螺栓图形

下面以执行旋转命令，将螺栓图形进行旋转，然后再使用移动命令将其移动至座体零件的螺孔处为例，讲解具体步骤。

实例演示：旋转螺栓图形

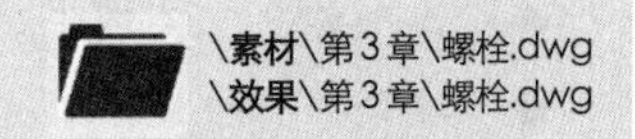

Step 01 打开“螺栓”素材文件，执行旋转命令，并在命令行提示后选择螺栓图形，在命令行提示：“选择对象后”选择螺栓图形，如图3-39所示。

Step 02 在命令行提示：“指定基点:”后捕捉螺栓辅助线与竖直线的中点，如图 3-40 所示。

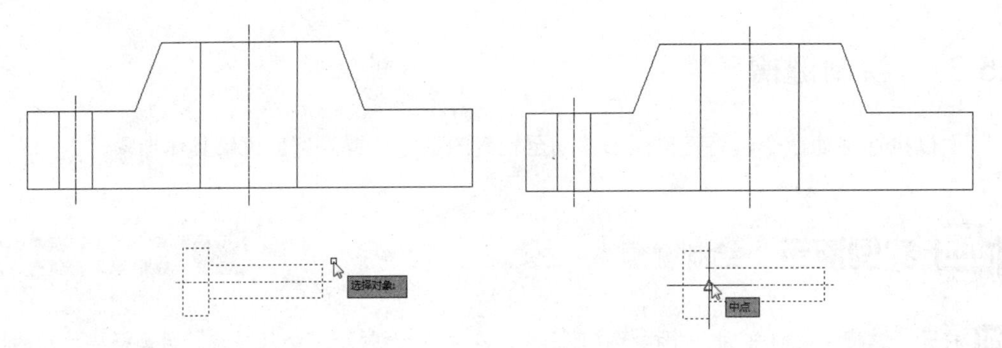

图3-39　选择旋转对象　　　图3-40　捕捉旋转基点

Step 03 在命令行提示：“指定旋转角度，或 [复制(C)/参照(R)] <0>:”后捕捉螺栓右下角的端点，如图3-41所示。

Step 04 完成螺栓图形的旋转操作，如图 3-42 所示。

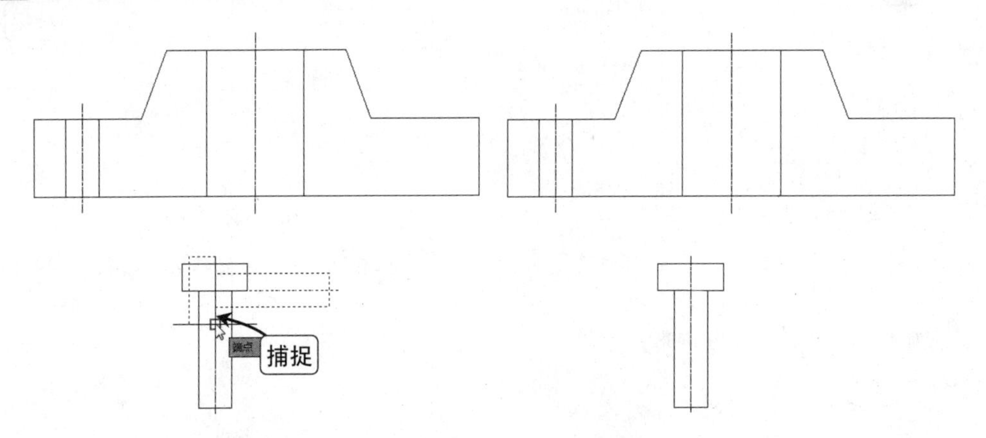

图3-41　捕捉端点　　　图3-42　完成旋转

Step 05 执行移动命令，并选择螺栓图形，在命令行提示：“指定基点或 [位移(D)] <位移>:”后，捕捉螺栓辅助线与螺栓轮廓线的交点，如图 3-43 所示。

Step 06 在命令行提示：“指定第二个点或 <使用第一个点作为位移>:”后，捕捉座体零件图的交点，将螺栓移动到该位置，如图 3-44 所示。

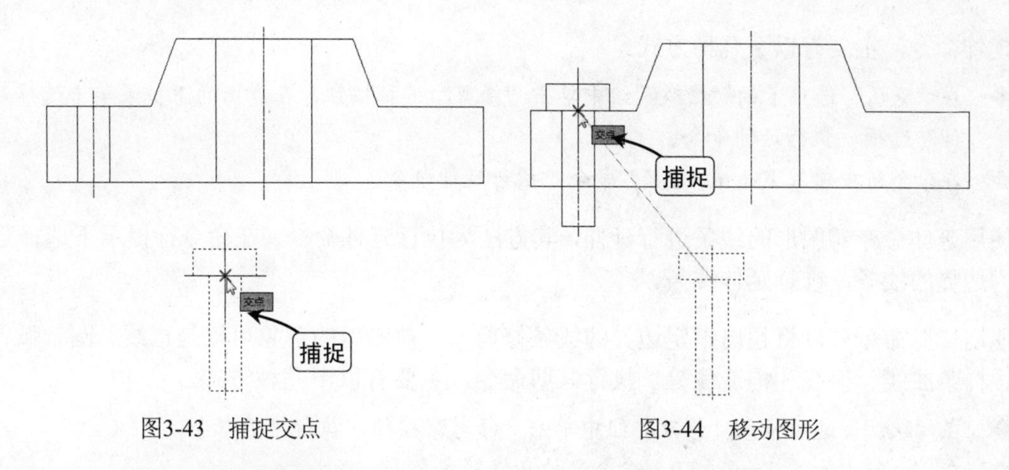

图3-43 捕捉交点　　　　图3-44 移动图形

3.6 修改图形线条

绘制完图形后，可以根据情况对其中的线条进行修改，修改线条的操作主要有圆角、修剪、延伸、打断和倒角等。

3.6.1 圆角和倒角

使用圆角命令，可以将两个图形对象使用圆弧进行连接，利用该命令对实体执行圆角操作时应先设定圆角弧半径，再进行圆角操作。执行圆角命令，主要有以下几种方式。

- ◆ 在“默认”选项卡的“修改”组中单击“圆角”按钮，执行圆角命令。
- ◆ 在命令行中执行 Fillet（F）命令，执行圆角命令。

使用圆角命令可将两条相交的直线以圆弧进行连接，其方法为执行圆角命令，在命令行提示后选择“半径”选项，在之后的命令行提示中设置圆角的半径，分别选择要进行圆角的边。

倒角命令用于将两条非平行的直线或多段线作出有斜度的倒角。执行倒角命令，主要有以下几种方式。

- ◆ 在“默认”选项卡的“修改”组中单击“圆角”下拉按钮，在弹出的下拉菜单中选择“倒角”选项，执行倒角命令。
- ◆ 在命令行中输入 Chamfer（CHA）命令，执行倒角命令。

使用倒角命令，可以将两条非平行的直线以有斜度的直线相连，其方法为执行倒角命令，在命令行提示下选择“距离”选项，分别设置第一个倒角以及第二个倒角的距离，分别选择两条要进行倒角的边。

3.6.2 延伸、修剪和打断线条

使用延伸命令可把直线、圆弧和多段线的端点延长到指定的边界，边界可以是直线、圆弧或多段线等。进行延伸线条的操作时，首先应指定要延伸到的边界，然后再选择要延伸的对象。

执行延伸命令，主要有以下几种方式。

- 在“默认”选项卡的“修改”组中单击“修剪”下拉按钮，在弹出的下拉菜单中选择“延伸”选项，执行延伸命令。
- 在命令行中输入 Extend（EX）命令，执行延伸命令。

使用延伸命令对图形的线条进行延伸，其方法为执行延伸命令，在命令行提示下选择延伸时作为边界的线条，选择延伸线条。

使用修剪命令可以将超出指定边界的线条修剪掉，被修剪的对象可以是直线、圆、弧、多段线、样条曲线、射线和构造线等。执行修剪命令，主要有以下几种方式。

- 在“默认”选项卡的“修改”组中单击“修剪”按钮，执行修剪命令。
- 在命令行中输入 Trim（TR）命令，执行修剪命令。

执行修剪命令，其方法为执行修剪命令，选择作为修剪边界的线条，选择要修剪的线条。打断对象可以将直线、多段线、样条曲线、圆和圆弧等图形对象分成两个对象或删除对象中的一部分。执行打断命令，主要有以下几种方式：

- 在“默认”选项卡的“修改”组中单击“修改”下拉按钮，选择“打断”选项，执行打断命令。
- 在命令行中输入 Break（BR）命令，执行打断命令。

使用打断命令，可以将线条进行打断，其方法为执行打断命令，选择要打断的线条，根据情况选择要打断的第二点。

3.6.3　圆角端盖图形

下面执行圆角命令，将端盖主视图的边进行圆角处理，讲解具体步骤，其圆角半径为 3。

实例演示：圆角端盖图形

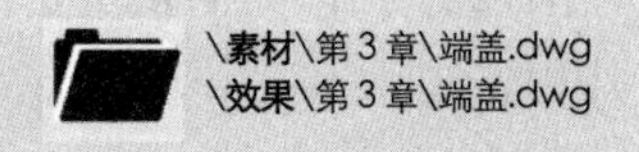

Step 01 打开素材文件，执行圆角命令，在命令行提示“选择第一个对象”时，输入“R”，选择“半径”选项，将圆角半径设置为 3，如图 3-45 所示。

Step 02 在命令行提示：“选择第一个对象:”时选择第一条与圆角相关的边，如图 3-46 所示。

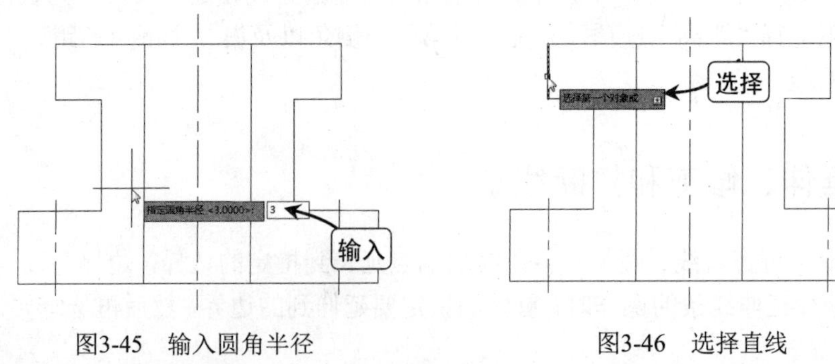

图3-45　输入圆角半径　　图3-46　选择直线

Step 03 在命令行提示:“选择第二个对象:”时选择另一条与圆角相关的边，如图 3-47 所示。

Step 04 对选择的两条边的夹角处进行圆角操作，用同样的方法对右侧的夹角进行圆角操作，如图 3-48 所示。

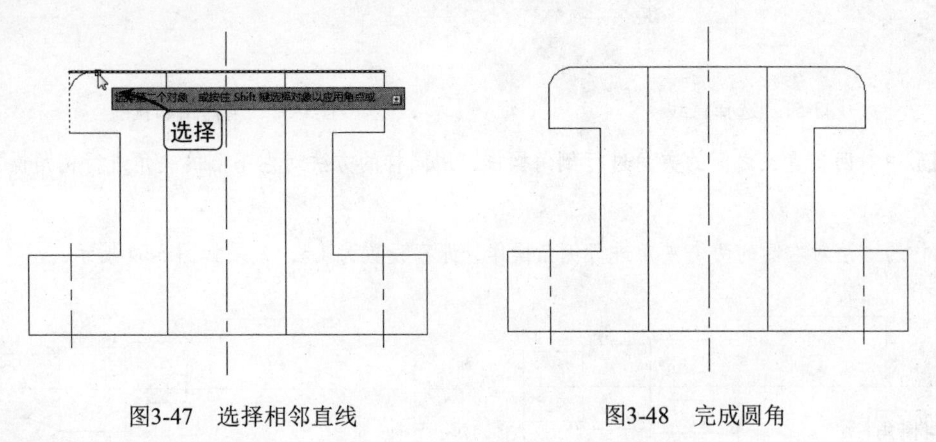

图3-47 选择相邻直线　　图3-48 完成圆角

> ***提示**：进行多次圆角操作*
>
> 使用圆角命令对矩形或正多边形进行圆角时，选择“多段线”选项，可以一次对多个角进行圆角。

3.6.4 倒角和延伸轴套图形

下面以执行倒角命令，将轴套图形进行倒角操作，左侧两个角距离为 2，右侧两个角距离为 1.5。执行延伸命令，对偏移的直线进行延伸操作为例，讲解具体步骤。

实例演示：倒角和延伸轴套图形

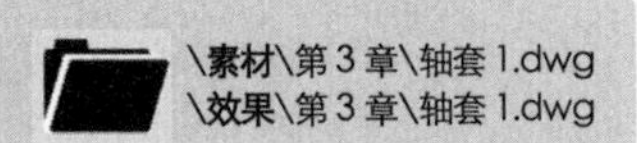

Step 01 打开“轴套 1”素材文件，执行倒角命令，在命令行提示“选择第一条直线”时，输入“D”，选择“距离”选项，并输入距离为 2，按【Enter】键，如图 3-49 所示。

Step 02 在命令行提示:“选择第一条直线:”时输入距离为 2，如图 3-50 所示。

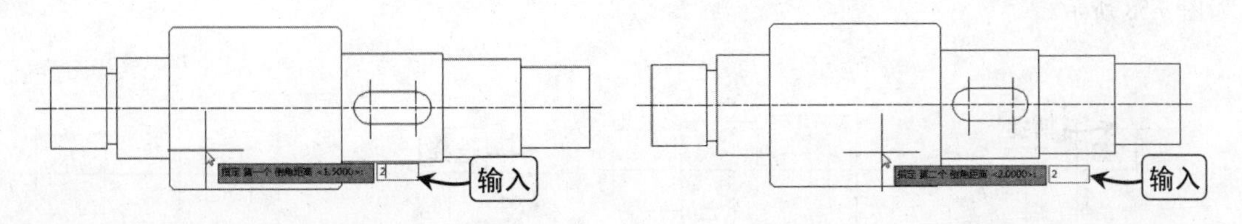

图3-49 输入倒角距离　　图3-50 输入倒角距离

Step 03 在命令行提示:“选择第一条直线:”时选择左侧顶端的水平直线，如图 3-51 所示。

Step 04 在命令行提示:“选择第二条直线:”时选择左侧的垂直直线，如图 3-52 所示。

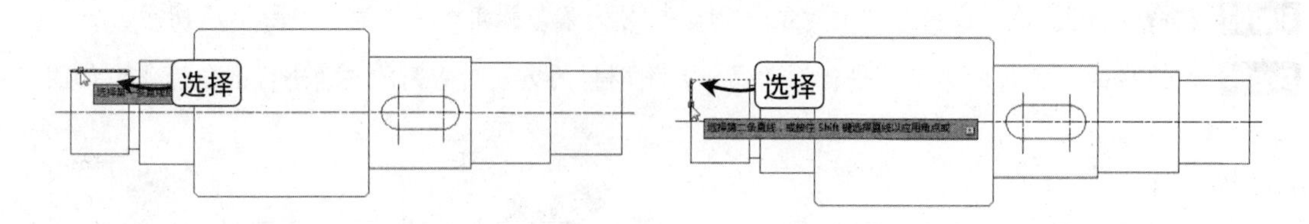

图3-51　选择直线　　　　图3-52　选择相邻直线

Step 05 在图形中对两条直线之间的夹角进行倒角操作，用同样的方法对左下侧的夹角进行倒角操作，如图 3-53 所示。

Step 06 用同样的方法对右侧的两个夹角进行倒角操作，距离设置为 1.5，效果如图 3-54 所示。

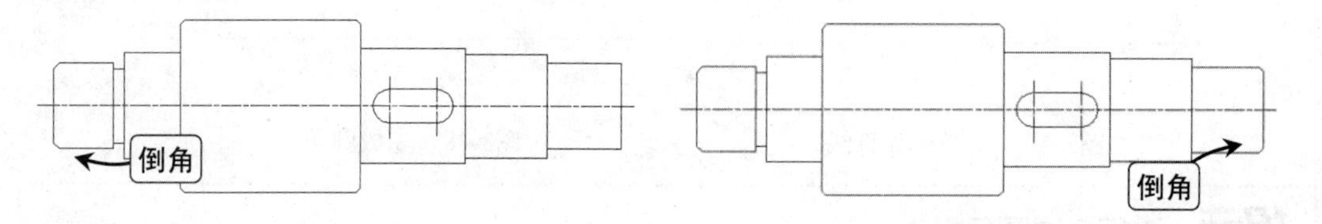

图3-53　对其他夹角进行倒角　　　　图3-54　对图形右侧进行倒角

Step 07 执行偏移命令，在命令行提示“指定偏移距离”的时候，输入 T，选择“通过”选项，如图 3-55 所示。

Step 08 在命令行提示“选择偏移对象”时，选择左侧上端的垂直直线，如图 3-56 所示。

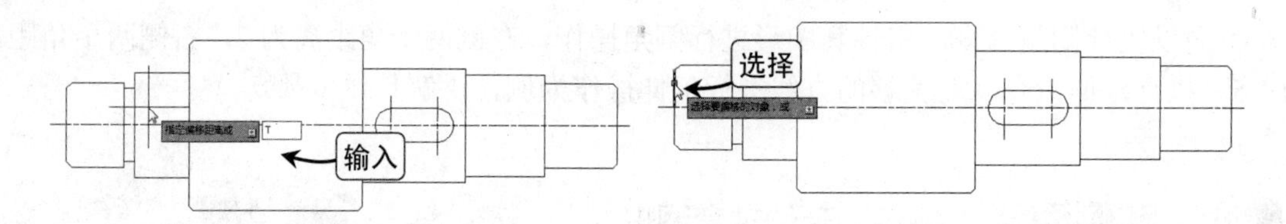

图3-55　输入选择选项　　　　图3-56　选择偏移对象

Step 09 执行偏移命令，在命令行提示“指定通过点”时，捕捉竖直线左上角的端点，作为偏移直线通过的位置，如图 3-57 所示。

Step 10 执行延伸命令，在命令行提示：“选择对象或 <全部选择>:”后选择左侧顶部和底部的水平直线，如图 3-58 所示。

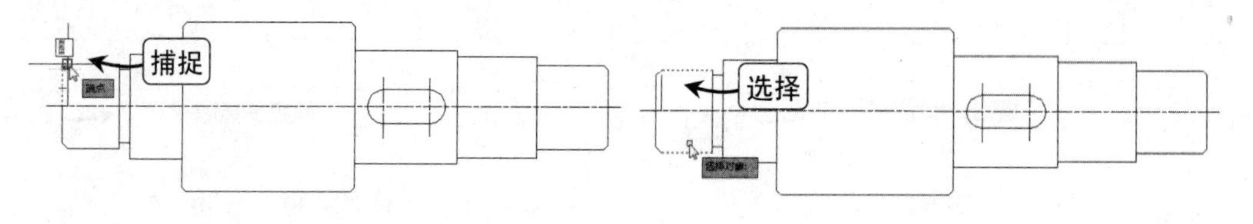

图3-57　捕捉端点　　　　图3-58　选择延伸的边界对象

Step 11 在命令行提示："选择要延伸的对象:"时单击左端偏移的上半部分图形对象，将偏移线条向上延伸，如图 3-59 所示。

Step 12 在命令行提示："选择要延伸的对象:"时单击偏移线条的下半部分，将竖直线向下进行延伸，按【Enter】结束延伸命令，如图 3-60 所示。

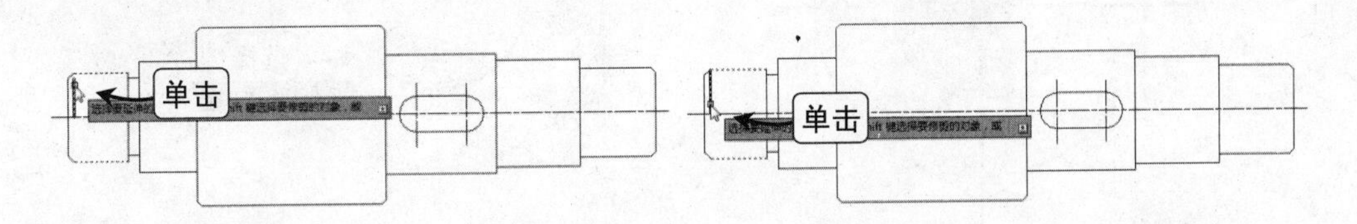

图3-59 选择直线上部分　　图3-60 选择直线下部分

Step 13 对偏移的直线进行延伸操作，效果如图 3-61 所示。用同样的方法对轴套右侧的直线进行偏移和延伸操作，效果如图 3-62 所示。

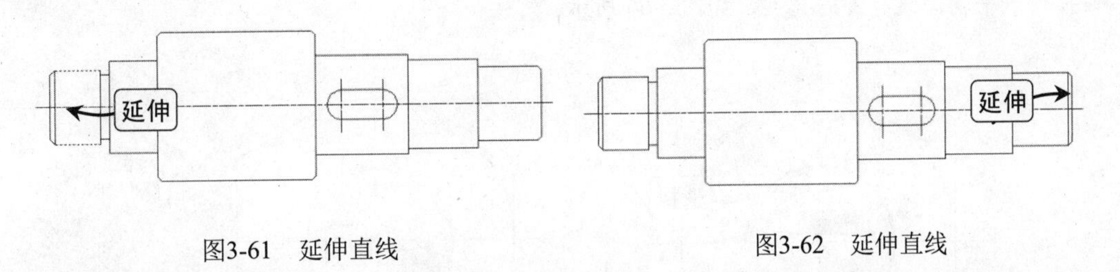

图3-61 延伸直线　　图3-62 延伸直线

> ***提示**：修剪超出延伸边界的对象*
>
> 在延伸对象的过程中，选择延伸对象时，如果按住【Shift】键，则执行的操作不再是延伸，而是修剪超出延伸边界的对象。

3.6.5 修剪和打断螺母俯视图

下面以执行修剪和打断命令，对螺母俯视图中的圆形进行修剪和打断操作为例，讲解具体步骤。

实例演示：修剪和打断螺母俯视图

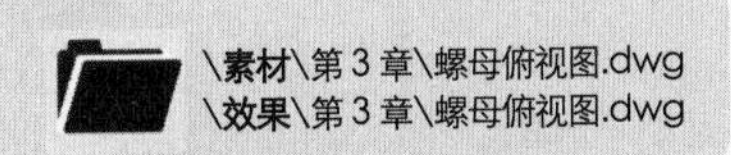

Step 01 打开"螺母俯视图"素材文件，执行修剪命令，在命令行提示："选择对象或 <全部选择>:"时利用窗交方式选择两条辅助线，按【Enter】键确定边界的选择，如图 3-63 所示。

Step 02 在命令行提示："选择要修剪的对象:"时在被修剪线条上单击要修剪的位置，并按【Enter】键结束修剪命令，如图 3-64 所示。

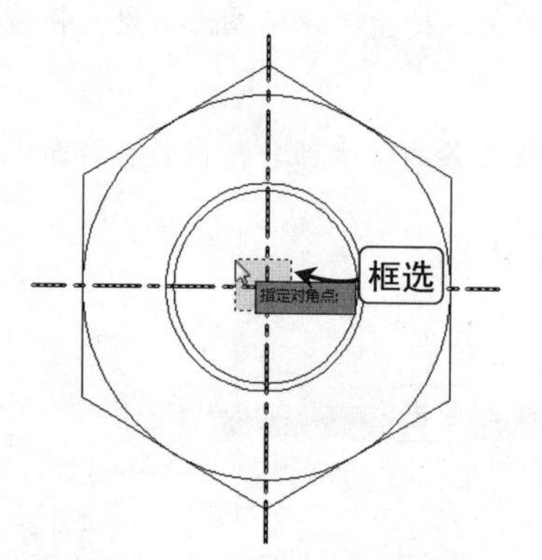

图3-63　选择辅助直线

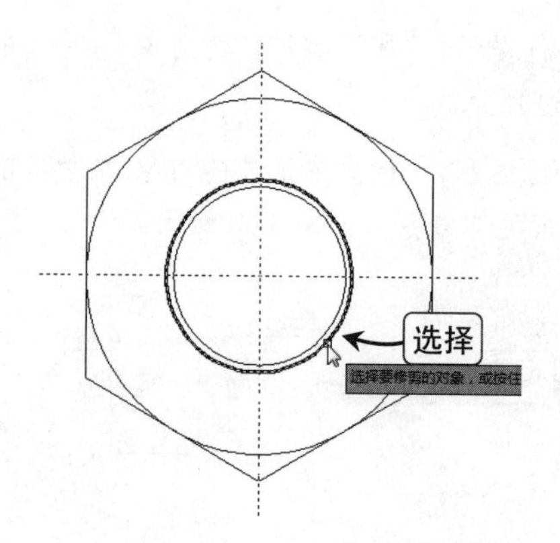

图3-64　选择修剪对象

Step 03 执行打断命令，在命令行提示“选择对象”时选择圆形，如图 3-65 所示。

Step 04 在命令行提示：“指定第二个打断点 或 [第一点(F)]:”后输入“F”，选择“第一点”选项，并在提示后捕捉水平辅助线与圆的交点，如图 3-66 所示。

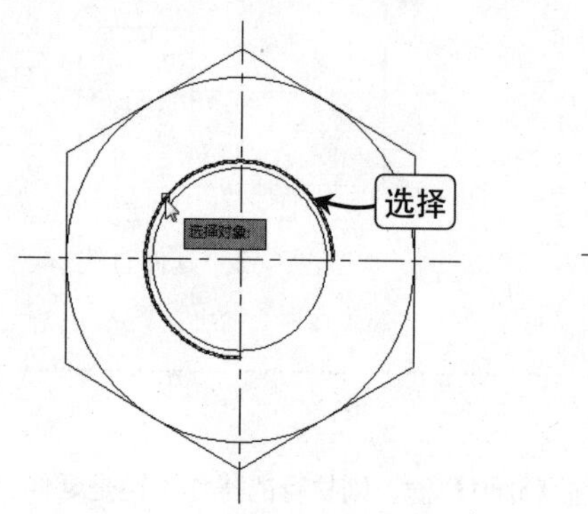

图3-65　选择打断对象

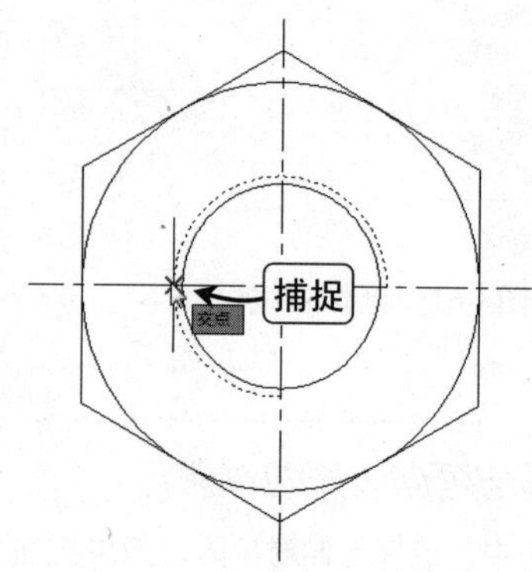

图3-66　捕捉打断点

Step 05 在命令行提示：“指定第二个打断点:”后捕捉垂直辅助线与圆的交点，如图 3-67 所示。

Step 06 指定第一个打断点和第二个打断点后确定打断的点，完成图形的打断操作，效果如图 3-68 所示。

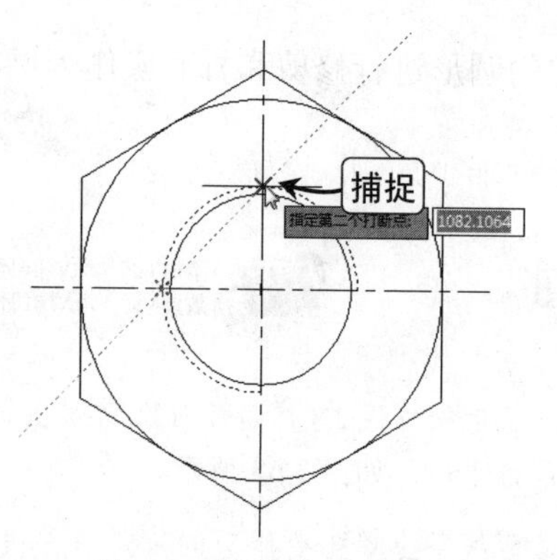

图3-67　捕捉第二打断点

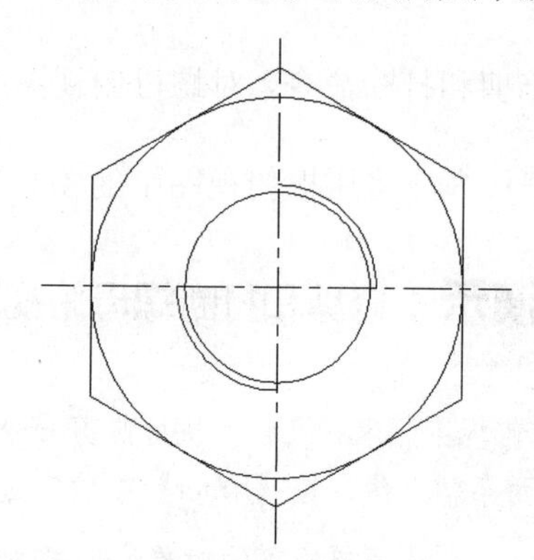

图3-68　完成打断操作

3.7 修改图形大小

修改图形大小是指在一定方向使图形对象变大或变小，主要使用比例缩放和拉伸命令。

3.7.1 比例缩放图形对象

使用缩放命令可以改变实体的尺寸大小，在执行缩放的过程中，用户需要指定缩放比例，若缩放比例值小于 1 但大于 0，则图形按相应的比例进行缩小；若缩放比例大于 1，则图形按相应的比例进行放大。执行缩放命令，主要有以下几种方式。

◆ 在“默认”选项卡的“修改”组中单击“缩放”按钮，执行缩放命令。

◆ 在命令行中输入 Scale（SC）命令，执行缩放命令。

执行缩放，其方法为执行缩放命令，选择要进行缩放的图形对象，在命令行提示后输入缩放的比例。

3.7.2 拉伸图形对象

使用拉伸命令，可以将图形以指定的方向和角度拉长或缩短，被拉伸的对象有直线、圆弧、椭圆弧、多段线和样条曲线等，而点、圆、文本和图块不能被拉伸。执行拉伸命令，主要有以下几种方式。

◆ 在“默认”选项卡的“修改”组中单击“拉伸”按钮，执行拉伸命令。

◆ 在命令行中输入 Stretch（S）命令，执行拉伸命令。

使用拉伸命令，可以将图形在某个方向上进行拉伸或缩短操作，其方法为执行拉伸命令，以交叉方式选择要进行拉伸的图形对象，在绘图区中选择一点，作为拉伸图形时的基点，再指定拉伸时的第二点。

3.7.3 缩放压板俯视图

下面以执行缩放命令将压板俯视图中的轴孔进行缩小为例，讲解具体步骤，其比例为 0.5。

实例演示：缩放压板俯视图

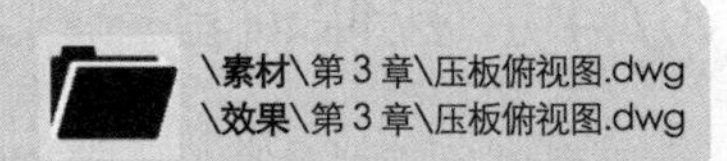

\素材\第 3 章\压板俯视图.dwg
\效果\第 3 章\压板俯视图.dwg

Step 01 打开“压板俯视图”素材文件，执行缩放命令，在命令行提示：“选择对象”时选择中间的圆形，如图 3-69 所示。

Step 02 在命令行提示：“指定基点”时捕捉两条辅助线的中点作为比例缩放时的基点，如图 3-70 所示。

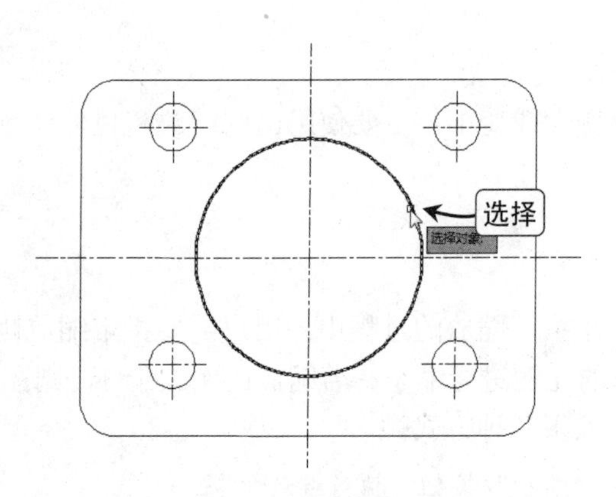

图3-69　选择缩放对象

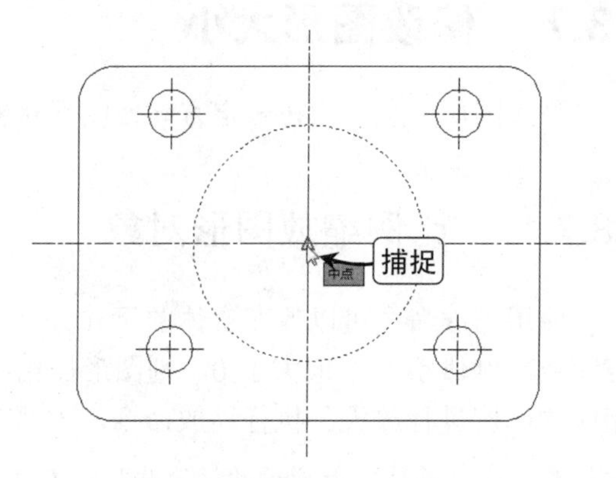

图3-70　捕捉缩放基点

Step 03 在命令行提示“指定比例因子”时选择圆形，输入“0.5”，指定图形在原图形的基础上进行缩小，如图 3-71 所示。

Step 04 对选择的圆形进行缩小 0.5 倍的操作，效果如图 3-72 所示。

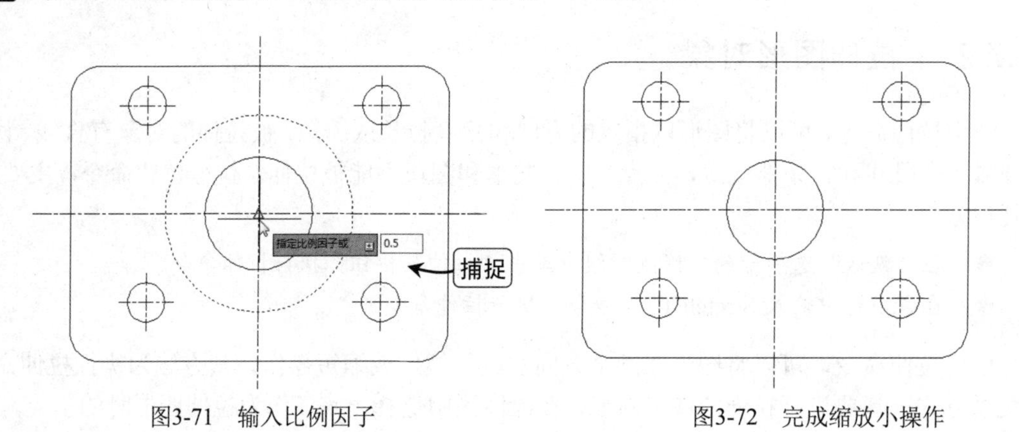

图3-71　输入比例因子

图3-72　完成缩放小操作

> **提示**：*按照坐标轴缩放图形*
>
> 使用缩放命令可以把整个对象沿 X、Y、Z 轴方向以相同的比例放大或缩小，由于 3 个方向的缩放率相同，在缩放时其形状不变。

3.7.4　拉伸轴套

下面以执行拉伸命令，将轴套图形进行拉伸处理为例，讲解具体操作，其拉伸长度为 50。

实例演示：拉伸轴套

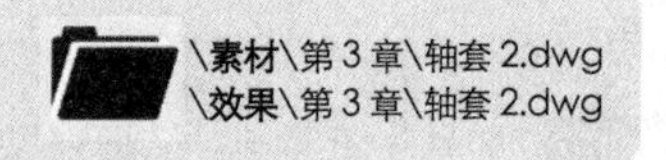

\素材\第 3 章\轴套 2.dwg
\效果\第 3 章\轴套 2.dwg

Step 01 打开“轴套 2”素材文件，执行拉伸命令，在命令行提示：“选择对象”时以窗交方式选择图形对象，如图 3-73 所示。

Step 02 在命令行提示：“指定基点或 [位移(D)] <位移>:”时捕捉直线的端点，作为拉伸对象时的基点，如图 3-74 所示。

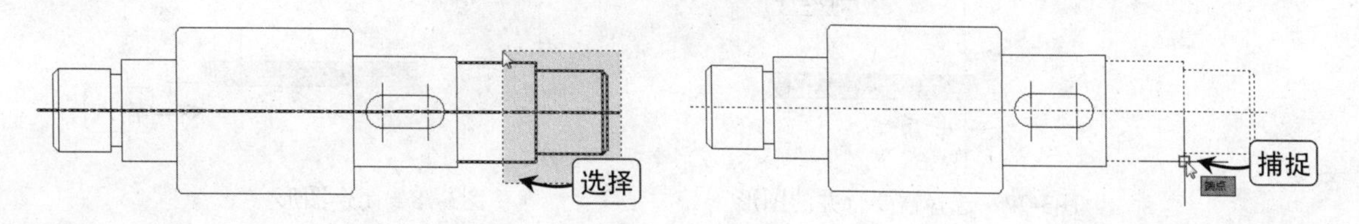

图3-73 选择拉伸对象　　图3-74 捕捉拉伸基点

Step 03 在命令行提示：“指定第二个点”时打开正交状态，并将鼠标向右进行移动，在命令行中输入“50”，指定拉伸长度，如图 3-75 所示。

Step 04 按【Enter】键完成拉伸操作，图形拉伸后的效果如图 3-76 所示。

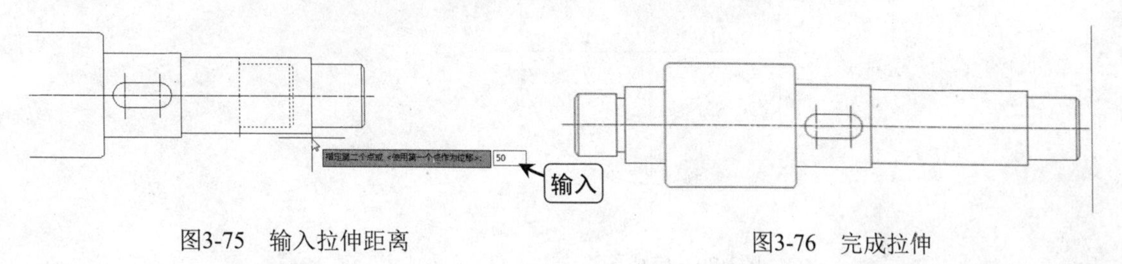

图3-75 输入拉伸距离　　图3-76 完成拉伸

3.8 合并图形

合并对象是 AutoCAD 2014 的新增功能，通过它可以方便地将同一平面上的相似的对象合并为一个对象。合并命令有以下几种调用方法。

- 在“默认”选项卡“修改”组中单击“修改”按钮，再单击“合并”按钮，执行合并命令。
- 在命令行中执行 JOIN（J）命令。

下面以执行合并命令，对螺母俯视图中的圆弧合并成一个圆形为例，讲解具体操作。

Step 01 打开“螺母俯视图”素材文件，执行合并命令，在命令行提示：“选择源对象”时，选择图形中的圆弧图形，如图 3-77 所示。

Step 02 在命令行提示：“选择圆弧以合并到源或进行:”时，输入“L”，选择“闭合”选项，如图 3-78 所示。

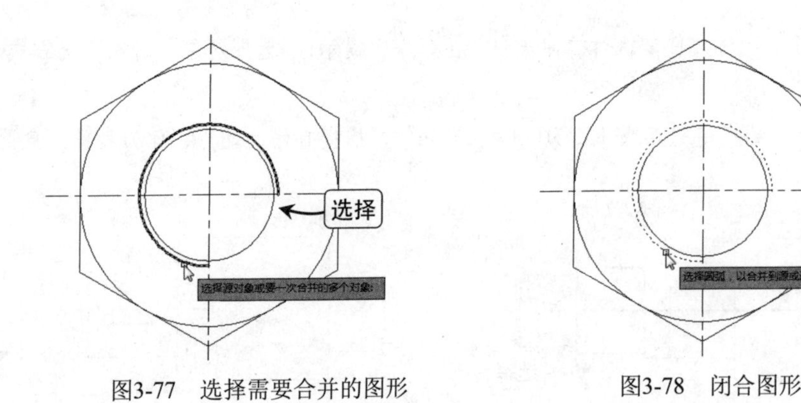

图3-77　选择需要合并的图形　　　　图3-78　闭合图形

Step 03 圆弧将自动进行合并，并合并为一个圆形，如图 3-79 所示。

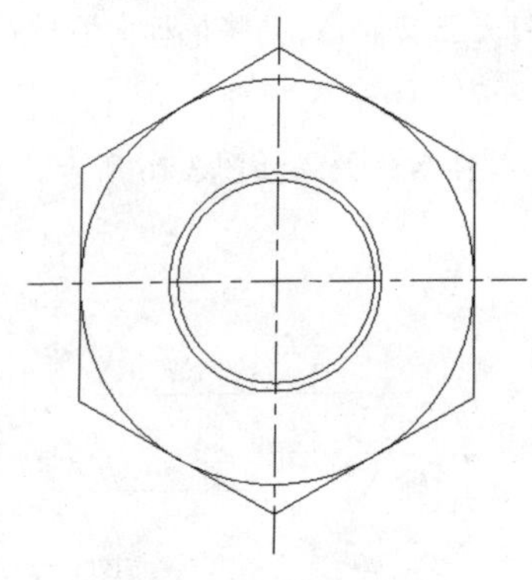

图3-79　完成图形合并

3.9　填充图形

在机械设计中常常涉及图案填充，如绘制剖面图和剖视图时需要对剖切面进行填充。对图形或图形区域进行填充时，首先应确定填充图形的区域，即填充边界，然后再指定填充图案、填充比例以及填充角度等。

3.9.1　创建和编辑图案填充

使用图案填充命令可以在指定的填充边界内填充一定样式的图案。在进行填充时，可对填充图案的样式、比例和旋转角度等选项进行设置。执行图案填充命令，主要有以下几种方式。

- ◆ 在“默认”选项卡的“绘图”组中单击“图形填充”按钮，执行图形填充命令。
- ◆ 在命令行输入 Bhatch/Hatch（BH）命令，执行图案填充命令。

将图形进行图案填充后，还可通过图案填充编辑命令对填充的图案进行更改，在编辑过程中的参数设置包括填充比例、旋转角度以及填充图案等。执行图案填充编辑命令，主要有以下几种方式。

- ◆ 在“默认”选项卡的“修改”组中单击“修改”下拉按钮，再单击“编辑图形填充”按钮，执行图案填充编辑命令。

◆ 在命令行中输入 Hatchedit（He）命令，执行图案填充编辑命令。

3.9.2 填充盘盖图形

下面以执行图案填充命令，对盘盖图形中的剖切面使用 ANSI31 图案进行填充和编辑操作为例，讲解具体步骤。

实例演示：填充盘盖图形

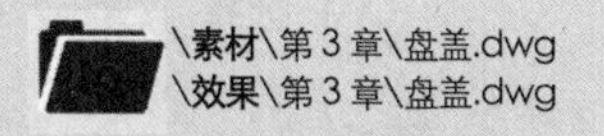

\素材\第 3 章\盘盖.dwg
\效果\第 3 章\盘盖.dwg

Step 01 打开“盘盖”素材文件，执行图案填充命令，打开“图案填充创建”选项卡，在“图案”组中单击“图案填充图案”按钮，在弹出的下拉列表框中选择“ANSI31”选项，在“特性”组中的“比例”数值框中输入“1”，如图 3-80 所示。

Step 02 在命令行提示：“拾取内部点”的时候，在需要填充的区域上单击鼠标左键，为图形填充图案，如图 3-81 所示。

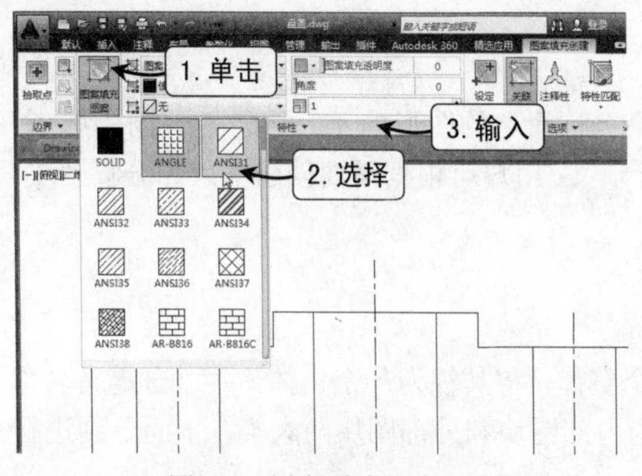

图3-80 选择填充图案和比例

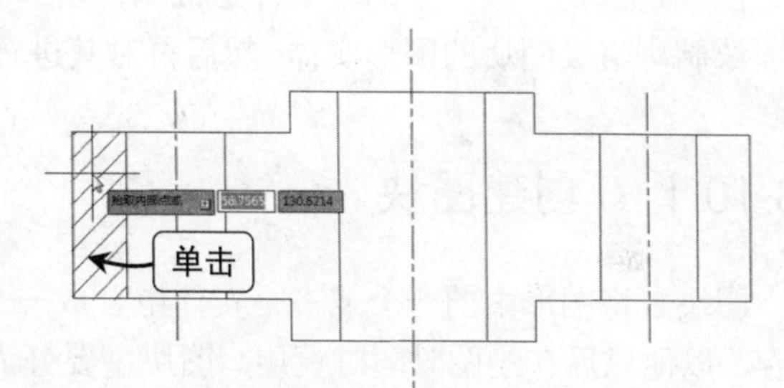

图3-81 选择填充区域

Step 03 继续单击其他区域即可填充相应的图案，完成后按【Enter】键结束命令，如图 3-82 所示。

Step 04 执行编辑图案填充命令，在命令行提示：“选择图案填充对象:”时，在图形中填充图案的区域单击鼠标左键，如图 3-83 所示。

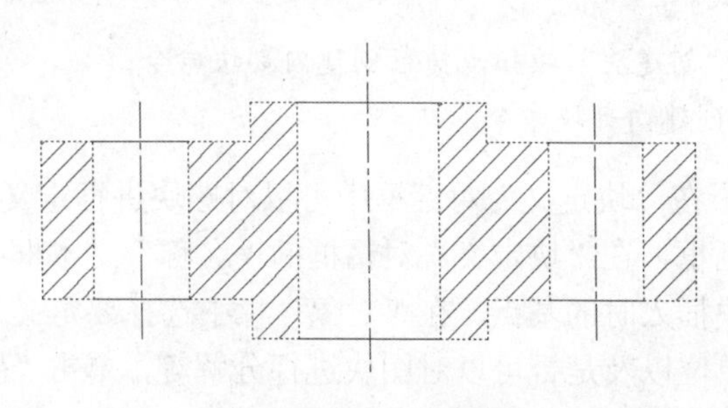

图3-82 完成填充

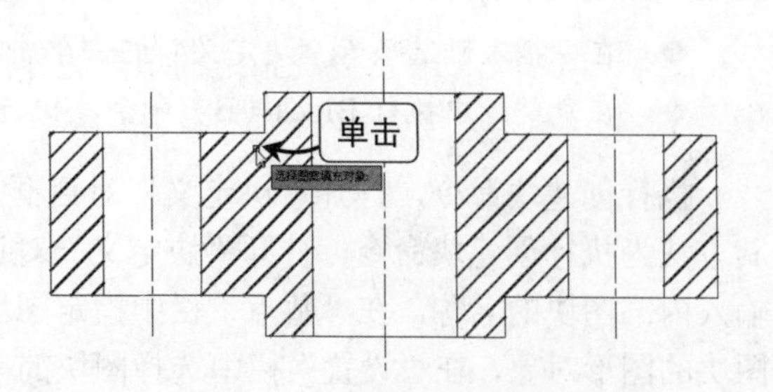

图3-83 选择编辑区域

Step 05 打开“图案填充编辑”对话框，在“图案填充”选项卡中的“角度”下拉列表框中选择“90”，在“比例”下拉列表框中选择“2”，单击“确定”按钮，如图 3-84 所示。

Step 06 返回绘图区中可以查看重新编辑图案填充后的效果，如图 3-85 所示。

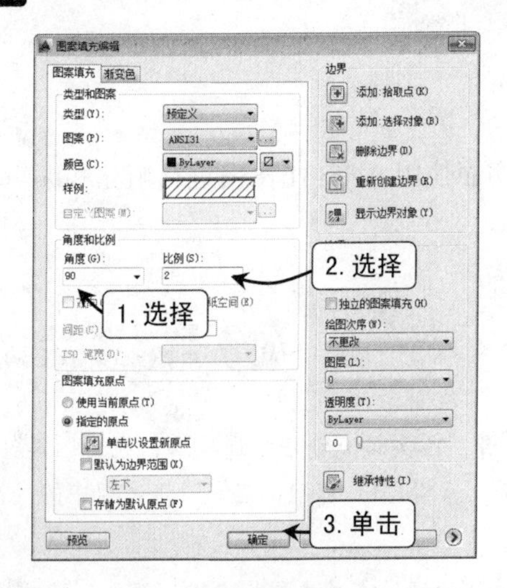

图3-84　编辑填充选项

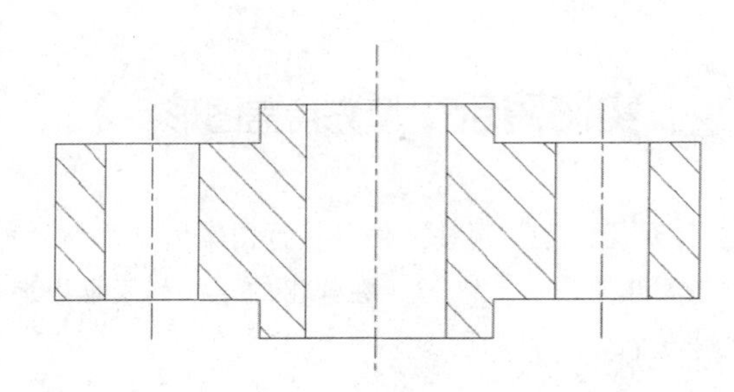

图3-85　完成填充编辑

3.10　使用图块

图块是由一个或多个图形实体组成的，以一个名称命名的图形单元。要定义一个图块，首先要绘制好组成图块的图形实体，然后再对其进行定义，用户可根据需要创建插入和分解图块。

3.10.1　创建图块

图块是将图形中的一个或多个实体组合成一个整体，将其视为一个实体，并以自定义名称储存，以便以后在绘图时随时调用。图块主要分为内部图块和外部图块两大类，下面分别进行介绍。

1. 创建内部图块

内部图块存储在图形文件内部，因此只能在存储的文件中使用，而不能在其他图形文件中使用。创建内部图块命令，主要有以下几种方式。

- 在“插入”选项卡“块定义”组中单击“创建块”按钮，执行创建内部块命令。
- 在命令行中执行 Block（B）命令，执行创建内部块命令。

执行创建块命令，打开“块定义”对话框，在“块定义”对话框中可以对图块进行定义，其方法为执行创建块命令，打开“块定义”对话框，在“块定义”对话框的“名称”文本框中输入内部图块的名称，在“基点”栏中指定图块插入时的基点，在“对象”栏中选择要定义为图块的图形对象，在“设置”栏中选择图块的单位以及是否可以对图块进行分解等，单击“确定”按钮，完成图块定义操作。

下面以执行创建块命令，将螺栓图形对象创建为图块，图块插入的基点为轴线与螺帽交点为例，讲解具体步骤。

实例演示：创建螺栓内部图块

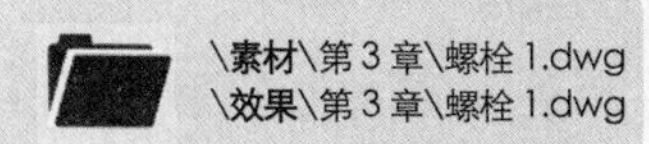

Step 01 打开“螺栓 1”素材文件，执行创建块命令，打开“块定义”对话框，在“名称”文本框中输入“螺栓”，单击“基点”栏中的“拾取点”按钮，进入绘图区选择插入图块时的基点，如图 3-86 所示。

Step 02 利用对象捕捉功能，捕捉轴线与螺栓帽的中点，按【Enter】键返回“块定义”对话框，如图 3-87 所示。

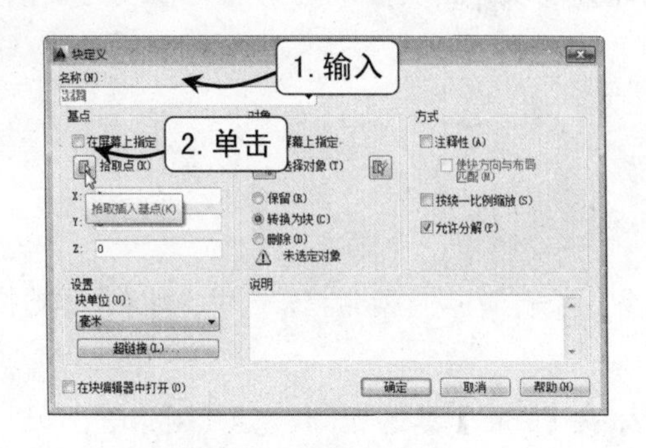

图3-86　设置图块名称

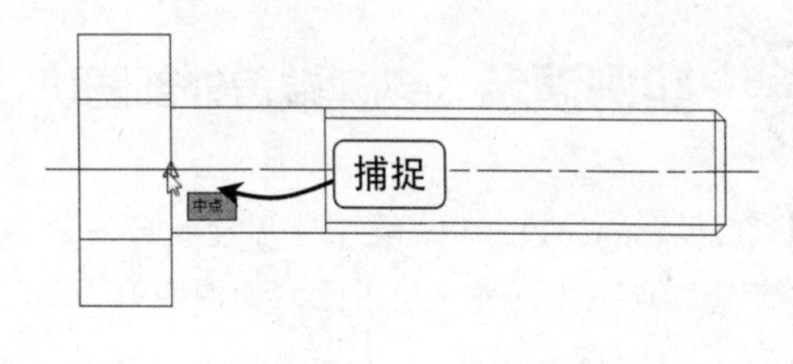

图3-87　捕捉图块基点

Step 03 在“块定义”对话框的“对象”栏中单击“选择对象”按钮，进入绘图区选择图形对象，如图 3-88 所示。

Step 04 在绘图区选择要定义为图块的图形对象，按【Enter】键返回“块定义”对话框，如图 3-89 所示。

图3-88　单击“选择对象”按钮

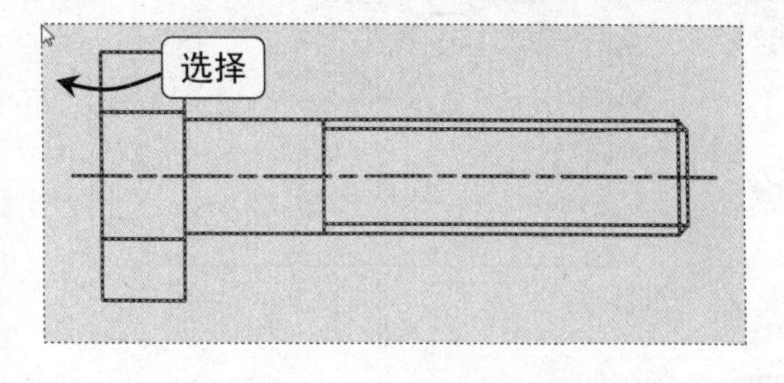

图3-89　选择图块

Step 05 选中“删除”单选按钮，单击“确定”按钮，完成内部图块定义操作，并删除源图形对象，如图 3-90 所示。

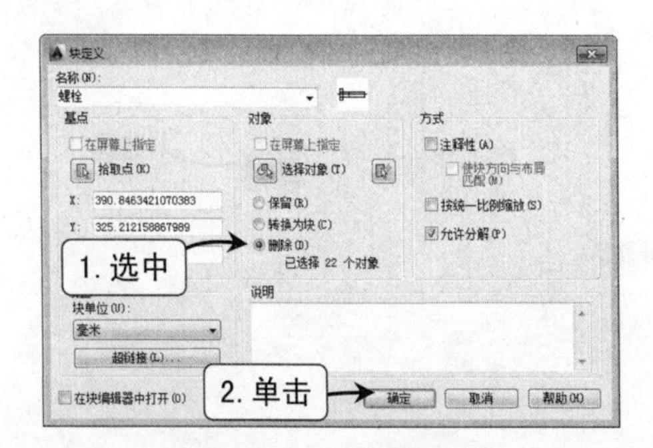

图3-90　完成图块创建

> **提示**：删除图块源对象
>
> 创建图块时，如果选中“对象”栏中的“删除”单选按钮，则在创建图块后，源图形将被删除。

2. 创建内部图块

外部图块又称图块文件，即将所选图形以外部图形的形式保存在电脑中，并随时将其调入所需的图形中。创建外部图块，其方法为在命令行中输入 Wblock 命令，打开“写块”对话框，在“写块”对话框的“源”栏中选择以当前图形中的图块、整个图形或对象方式创建图块，在“基点”栏中设置插入图块时的基点，在“对象”栏中设置定义外部图块的对象，在“目标”栏中设置外部图块的位置及图块名称。

下面以执行创建块命令，将螺栓图形对象创建为图块，图块插入的基点为轴线与螺帽交点为例，讲解具体步骤。

实例演示：创建端盖外部图块

Step 01 启动 AutoCAD 2014，在工作界面执行写块命令，打开“写块”对话框，选中“对象”单选按钮，并单击“拾取点”按钮进入绘图区，如图 3-91 所示。

Step 02 利用对象捕捉功能，捕捉轴线与螺栓帽的圆心，按【Enter】键返回“块定义”对话框，如图 3-92 所示。

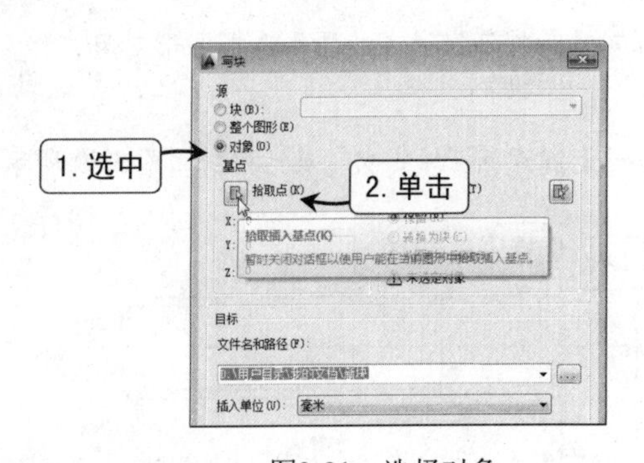

图3-91　选择对象

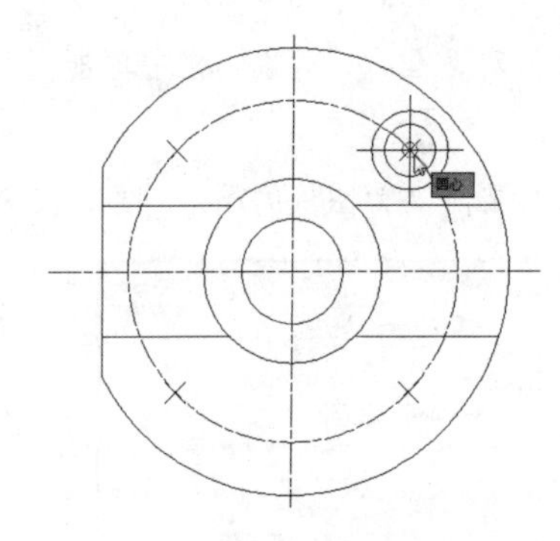

图3-92　捕捉交点

Step 03 在“块定义”对话框的“对象”栏中单击“选择对象”按钮进入绘图区选择图形对象，如图 3-93 所示。

Step 04 在绘图区中选择两个螺孔的圆，按【Enter】键返回“写块”对话框，如图 3-94 所示。

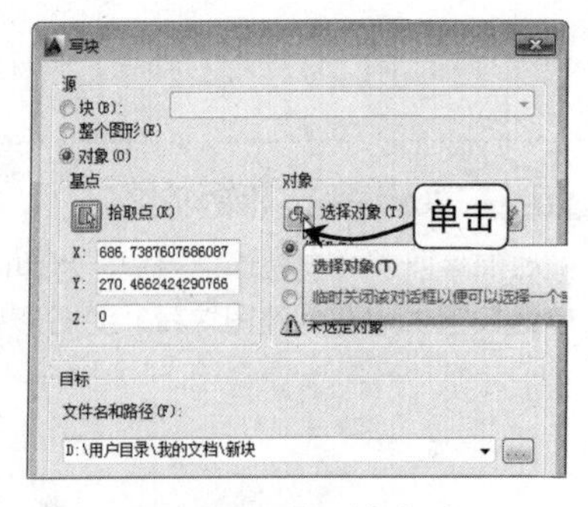

图3-93　设置写块选项

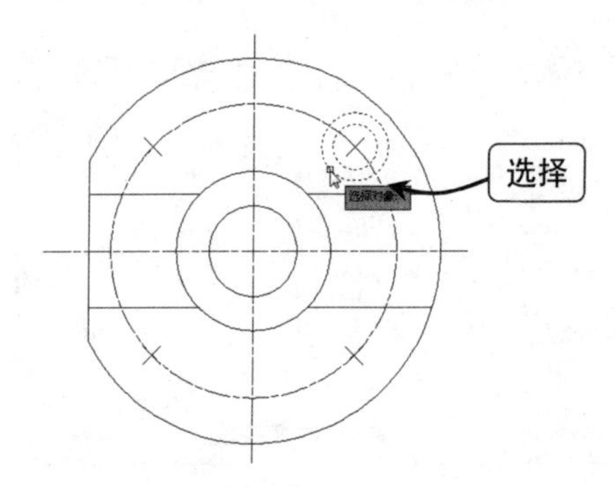

图3-94　捕捉图块对象

Step 05 单击“文件名和路径”后的“浏览”按钮，如图 3-95 所示。

Step 06 打开“浏览图形文件”对话框，在其中指定保存路径文件名，单击“保存”按钮返回“写块”对话框。在“写块”对话框中单击“确定”按钮，完成外部图块的定义操作，如图 3-96 所示。

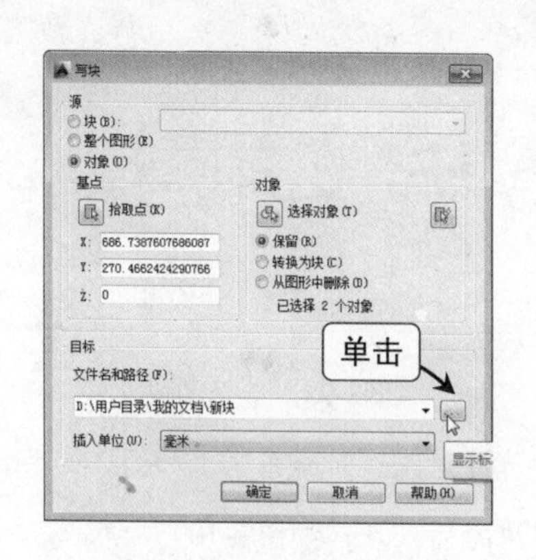

图3-95 单击“浏览”按钮

图3-96 保存图块文件

3.10.2 插入图块

创建了图块后，即可根据需要将图块插入到图形中，其中内部图块只能在定义该图块的图形内部使用，外部图块可在任何图形中使用。

1．插入图块

使用插入图块命令插入图块，不仅能插入内部图块，还可以插入外部图块。在插入图块过程中，可指定图块的缩放比例、旋转角度及具体插入位置等参数。执行插入图块命令，主要有以下几种方式。

- ◆ 在“插入”选项卡的“块”组中单击“插入”按钮，执行插入图块命令。
- ◆ 在命令行中输入 Insert（I）命令，执行插入图块命令。

执行插入图块命令，可以插入图块，其方法为执行插入图块命令，打开“插入”对话框，选择要插入的图块或单击“浏览”按钮，选择图块。在“插入点”栏中指定插入图块时的插入点，在“比例”栏中指定插入图块的比例，在“旋转”栏中指定插入图块的旋转角度，单击“确定”按钮，在命令行提示后指定插入图块的插入点，完成图块的插入操作。

实例演示：插入端盖图块

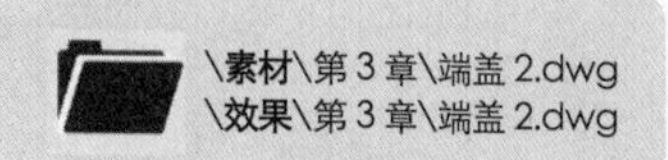

Step 01 打开“端盖 2”素材文件，执行插入图块命令，打开“插入”对话框，单击“浏览”按钮，打开“选择图形文件”对话框，如图 3-97 所示。

Step 02 在“选择图形文件”对话框的文件列表中选择要插入的图块文件，单击“打开”按钮，如图 3-98 所示。

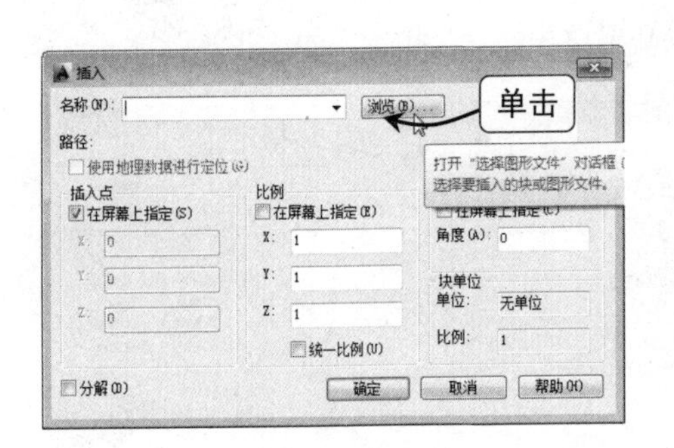

图3-97　单击“浏览”按钮

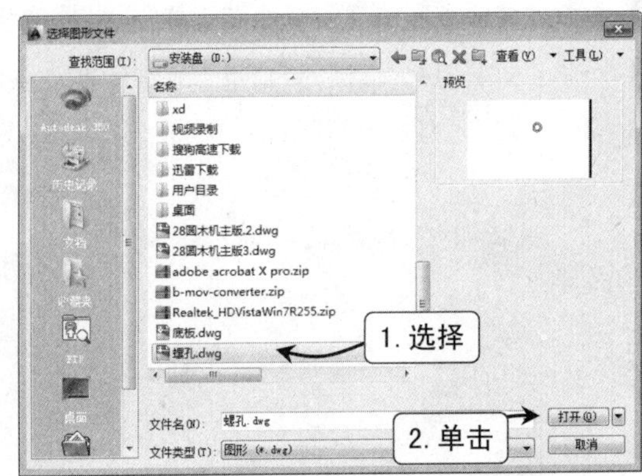

图3-98　选择图块文件

Step 03 在“插入”对话框中保持参数不变，单击“确定”按钮，返回绘图区，如图 3-99 所示。

Step 04 在命令行提示后，捕捉轴线的交点，指定插入图块的插入点，如图 3-100 所示。

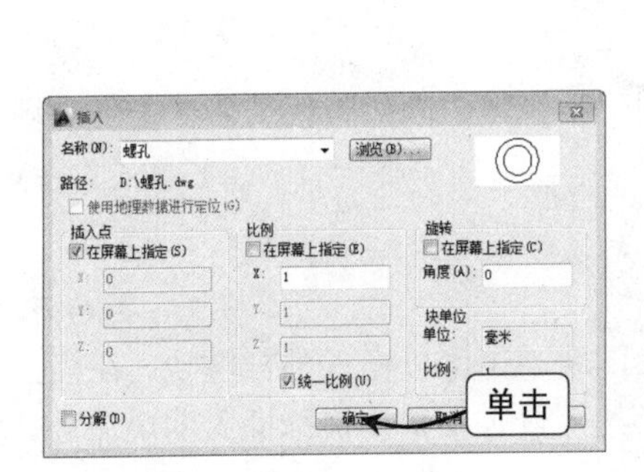

图3-99　选择旋转对象

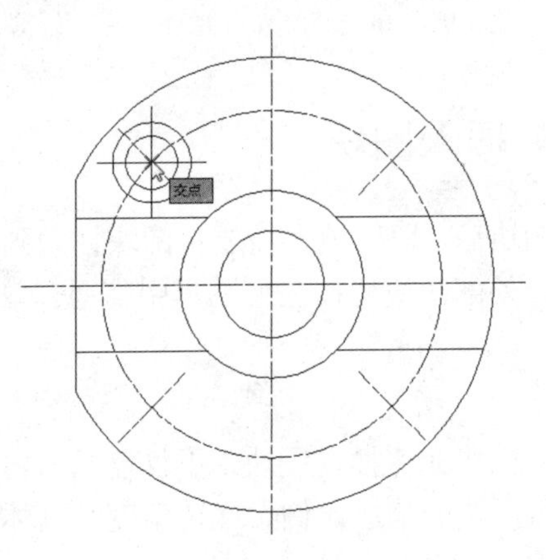

图3-100　捕捉曲线交点

Step 05 用同样的方法在其他轴线的交点，插入保存的图块，如图 3-101 所示。

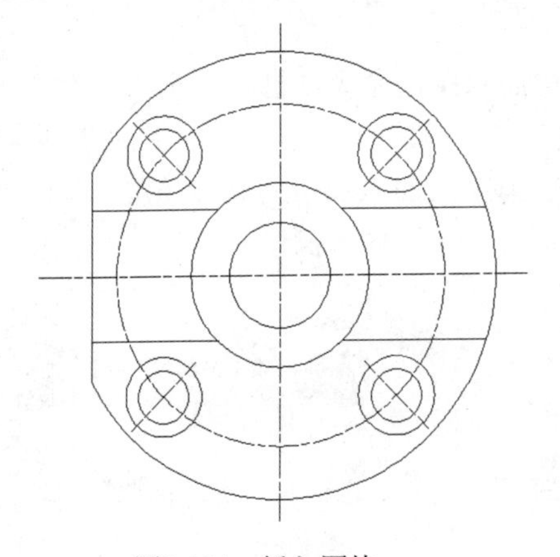

图3-101　插入图块

> ***提示*：插入内部图块**
>
> 如果要插入内部图块，在“插入”对话框中的“名称”下拉列表框中直接输入插入图块的名称，然后单击“确定”按钮即可插入。

2. 使用设计中心插入图块

AutoCAD 为用户提供了许多常用的图块，通过 AutoCAD 2014 设计中心可以方便、快捷地将这些图块插入到绘图区中，其中主要包括建筑设施、机械零件和电子电路等图块。

利用设计中心插入图块，其方法为：在“视图”选项卡的“选项板”组中单击“设计中心”按钮，打开“设计中心”选项板，在“设计中心”选项板的“文件夹列表”中选择要插入图块文件的位置，在文件列表中选择要插入的图块，并将其拖至绘图区中。

下面以插入设计中心图块为例，讲解具体的插入操作。

实例演示：插入设计中心图块

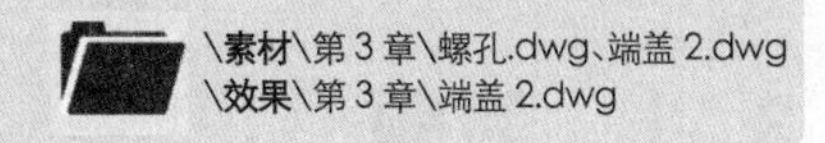

Step 01 打开“端盖 2”素材文件，在“视图”选项卡的“选项板”组中单击“设计中心”按钮，打开“设计中心”面板，在左侧“文件夹列表”中选择“Fasteners-Mereic.dwg”选项，然后在右侧列表中双击“图块”选项，如图 3-102 所示。

Step 02 在打开的列表中显示多个机械零件图块，选择需要插入的零件图块并双击，如图 3-103 所示。

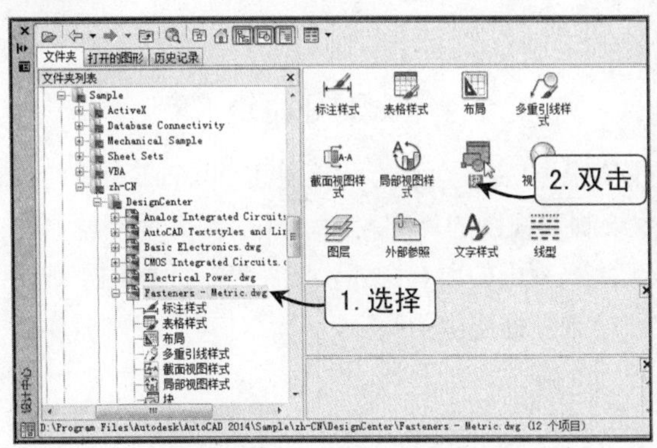

图3-102　打开设计中心

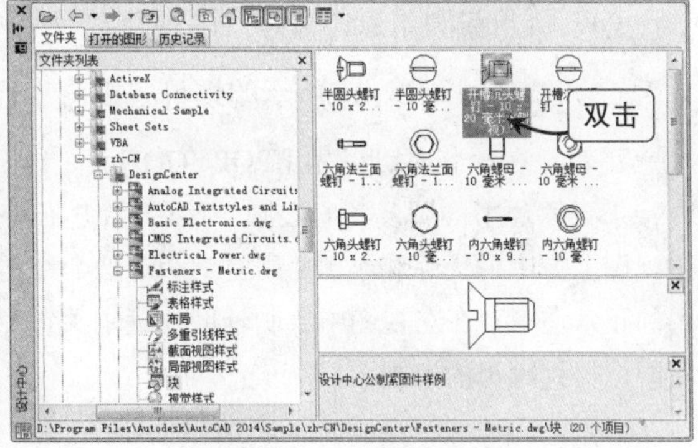

图3-103　选择插入图块

Step 03 打开“插入”对话框，保持默认参数不变，单击“确定”按钮，如图 3-104 所示。

Step 04 在命令行提示后，指定插入图块位置，将该图块插入到绘图区中，如图 3-105 所示。

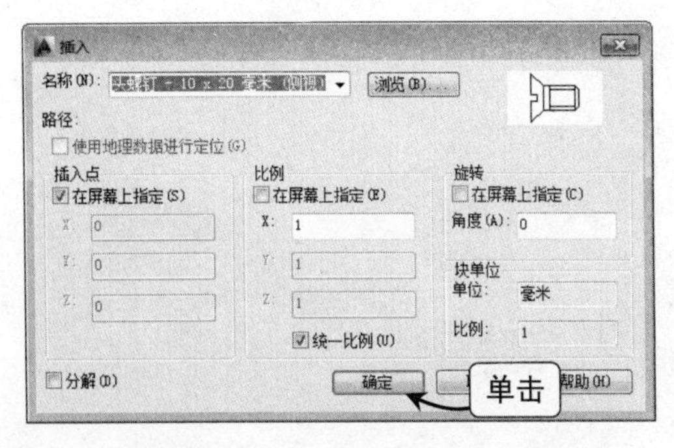

图3-104　打开“插入”对话框

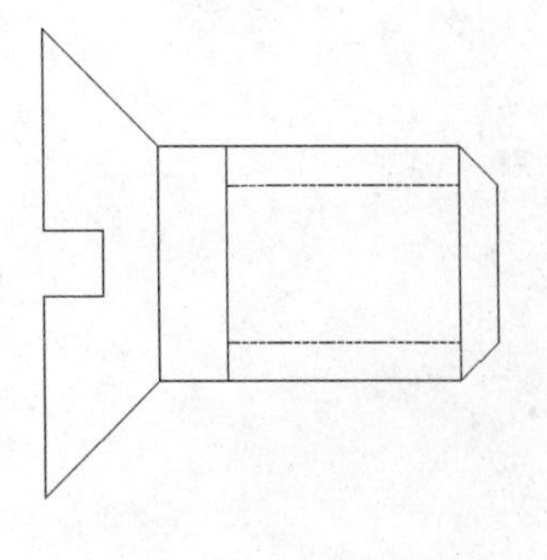

图3-105　插入零件图块

3.10.3　分解图块

在图形的绘制过程中，插入的图块要进行必要的修改才能达到理想效果，而插入的图块是一个整体，因此在执行编辑操作前必须先对其进行分解。分解图块命令，主要有以下几种方式。

- 在“默认”选项卡中的“修改”组中单击“分解”按钮，执行分解命令。
- 在命令行中输入 Explode（X）命令，执行分解命令。

图块被分解后，它的各个组成元素将变为单独的对象，然后便可以单独对其进行编辑。分解图块的操作非常简单，只需执行分解命令，在命令行提示后选择要分解的图块，再按【Enter】键确认即可。

3.11　习题

（1）简述复制、偏移、镜像、阵列等编辑命令之间的区别。

（2）改变图形位置的操作是否改变了图形的尺寸和图形在空间中的绝对位置？

（3）缩放图形操作与视图缩放操作是否相同？这两种操作是否都改变了图形的实际大小？

（4）倒角与圆角操作有什么区别？

（5）绘制如图 3-106 所示的螺母三视图（课件：\效果\第 3 章\螺母.dwg）

提示：在绘制时可以先用POLYGON命令绘制俯视图中的正六边形，接着用CIRCLE命令绘制内接于正六边形的圆及其同心圆，然后用LINE命令绘制主视图的外部轮廓，再用ARC命令绘制出主视图上方中的大弧和小弧，用复制和镜像命令得到主视图中的所有圆弧，接着复制并旋转主视图中的正六边形，在左视图中绘制辅助线确定关键点，绘制左视图中的圆弧，最后对其进行修剪和删除即可得到螺母的三视图。

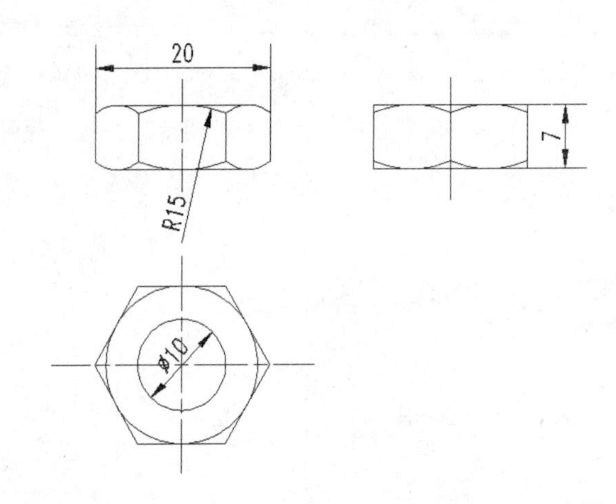

图3-106　绘制螺母三视图

第 4 章
创建文本和表格

本章内容

在 AutoCAD 2014 中绘制图形时，常会遇到一些难以用图形表达的内容，如材料、工艺说明和施工要求等，这时就必须借助于文字或表格的形式进行表达。在 AutoCAD 2014 中不仅可以为图形添加文字说明，也可用文字样式控制文字格式，还能方便地创建出适合图形设计的表格。

要点导读

- ❖ 输入文本：了解 AutoCAD 中设置文本样式和输入文本的方法。
- ❖ 编辑文本：了解对单行和多行文本的编辑方法。
- ❖ 创建和编辑表格：了解设置表格样式、插入表格、输入表格内容以及编辑表格内容的方法。

4.1 创建文本样式

使用 AutoCAD 进行机械设计时，图样中通常用少量的文字，说明图样中未表达出的设计信息，包括标题栏、明细栏和技术要求等。对图形进行文字标注前，一般需要对标注文字的字体、字高和效果等进行设置，这样才能做到统一、标准。设置文字样式，主要有以下几种方式。

- 在“注释”选项卡的“文字”组中单击“扩展”按钮。
- 在命令行中输入 Style 命令，执行文字样式命令。

执行上述命令，将打开“文字样式”对话框，单击“新建”按钮，打开“新建文字样式”对话框，在“样式名”后的文本框中输入创建的文字样式名称，单击“确定”按钮，返回“文字样式”对话框，单击“关闭”按钮即可创建文本样式。

下面以执行文字样式命令，在“文字样式”对话框中，创建“中文字体”和“英文字体”文字样式为例，讲解具体步骤。

实例演示：创建文本样式

Step 01 新建一个文件，在“注释”选项卡的“文字”组中单击对话框启动器按钮或在命令行中输入“STYLE”命令，打开“文字样式”对话框，单击“新建”按钮，如图 4-1 所示。

Step 02 打开“新建文字样式”对话框，在“样式名”文本框中输入“标注文字”，单击“确定”按钮，如图 4-2 所示。

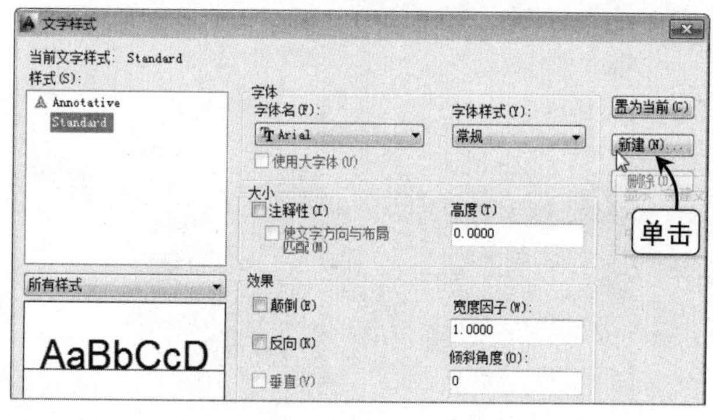

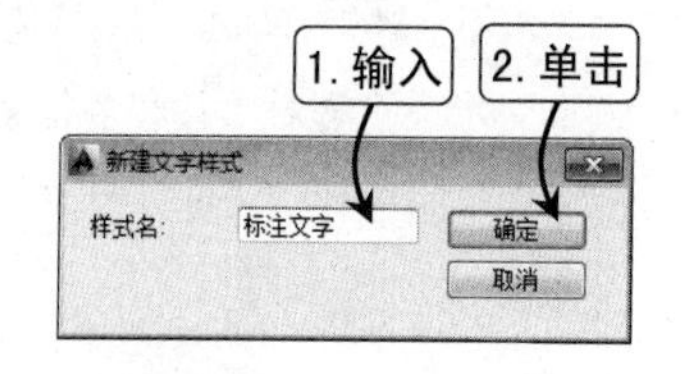

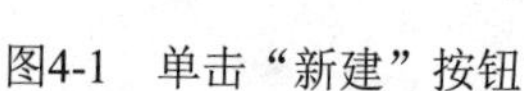
图4-1 单击“新建”按钮

图4-2 输入样式名称

Step 03 返回“文字样式”对话框中，在“字体”下拉列表框中选择所需的字体，在“高度”文本框中指定文字样式的文字高度，单击“应用”按钮，完成样式创建，如图 4-3 所示。

> **提示：“文字样式”对话框选项含义**
>
> 在“文字样式”对话框的“效果”栏中可以设置文字的特殊效果，其中选中“颠倒”复选框可使文字颠倒，选中“反向”复选框使文字反向显示，选中“垂直”复选框可以显示垂直对齐的字符，但只有在选择的字体支持双向排列时该复选框才能被选中。在“宽度因子”文本框中可以设置文字的宽度比例，其值小于 1.0 时将在宽度上压缩文字，其值大于 1.0 时将在宽度上拉伸文字。

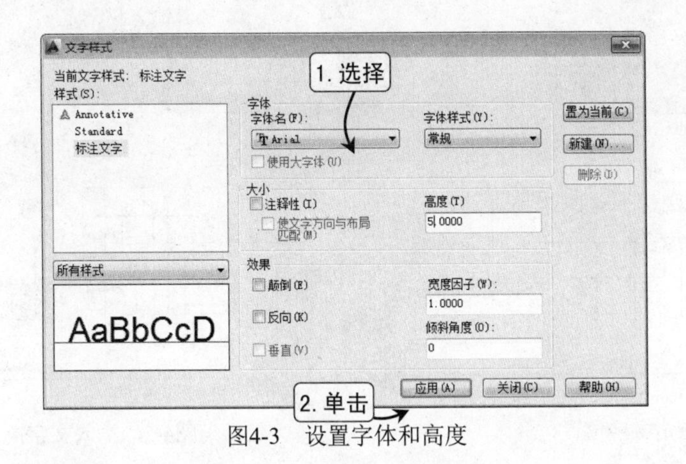

图4-3　设置字体和高度

4.2　输入文本

设置文字样式后，就可以使用文本样式中的文字样式，书写对图形进行文字说明的文本内容。用户可根据需要在 AutoCAD 2014 中创建单行文字、多行文字以及设置特殊格式和特殊符号等。

4.2.1　输入阀杆技术要求

单行文字命令并不是指只能输入一行文字，而是指在 AutoCAD 2014 中，将输入的每一行文字作为一个单独的对象来处理，用户可分别对每一行文字进行编辑和修改。执行单行文字命令，主要有以下几种方式。

◆ 在“注释”选项卡的“文字”组中单击“多行文字”下拉按钮，在弹出的下拉菜单中选择“单行文字”选项，执行单行文字命令。

◆ 在命令行中输入 Text/Dtext 命令，执行单行文字命令。

使用 Text/Dtext 命令创建的文本，每一行是一个单独的对象。创建单行文字的方法为选择“绘图→文字→单行文字”命令，执行单行文字命令，在命令行提示后指定单行文字的起点、文字高度和旋转角度，再输入单行文字的内容。

下面以执行单行文字命令，对阀杆图形进行文字标注，设置单行文字的高度为 2.5，文字旋转角度为 0 为例，讲解具体步骤。

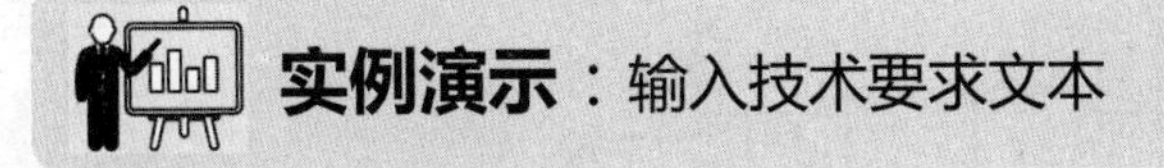

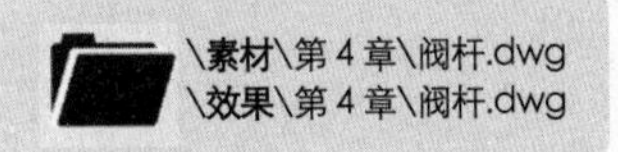

Step 01 打开“阀杆”素材文件，执行单行文字命令，并在命令行提示“指定文字的起点”时用鼠标在屏幕上拾取一点，作为单行文字的起点，如图 4-4 所示。

Step 02 在命令行提示“指定高度”时，输入文字的高度为“2.5”，如图 4-5 所示。

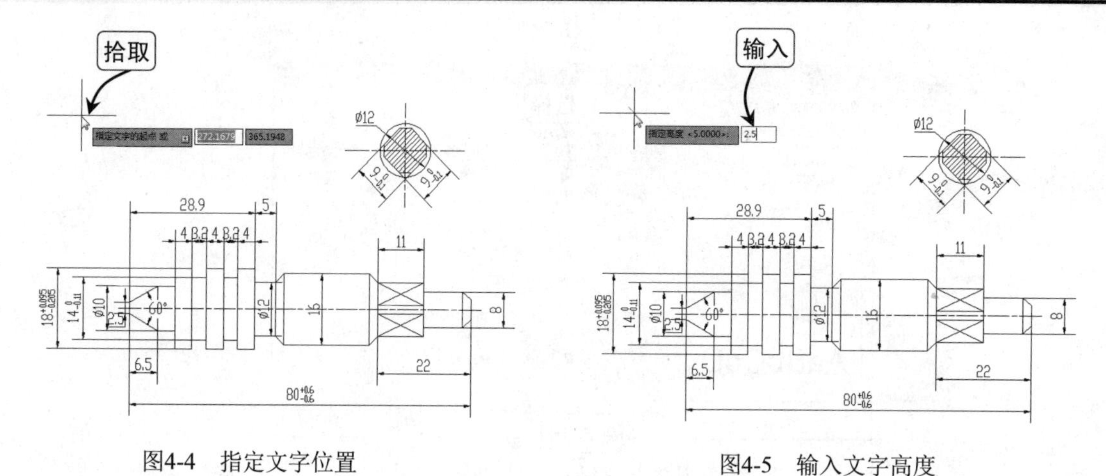

图4-4　指定文字位置　　　　图4-5　输入文字高度

Step 03 在命令行提示“指定文字的旋转角度”时，按【Enter】键，默认文字旋转角度为“0”，如图 4-6 所示。

Step 04 在绘图区中插入一个文本框，在其中输入文字“技术要求”，按【Enter】键，将光标移动到下一行，如图 4-7 所示。

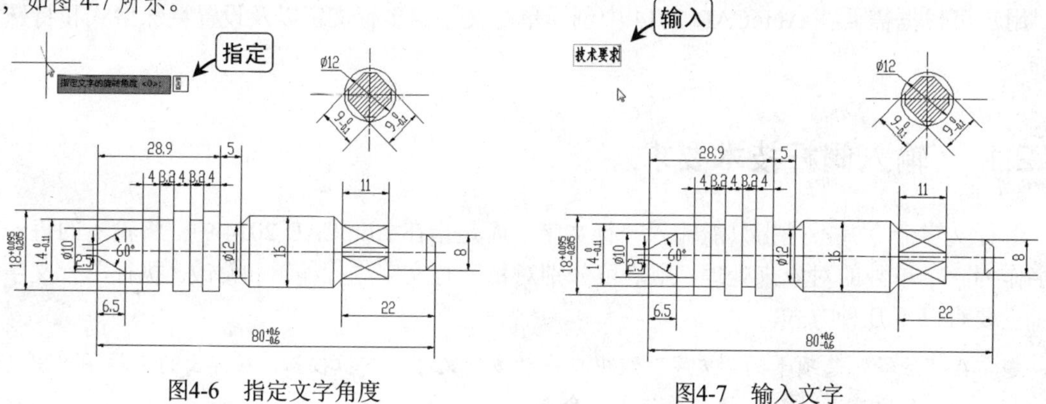

图4-6　指定文字角度　　　　图4-7　输入文字

Step 05 输入“1.未注倒角为 R2”，按【Enter】键，将光标移动到下一行，输入“2.装 O 型盘根处表面粗糙度为 6.3”，并按【Enter】键将光标移到下一行，再次按【Enter】键结束单行文字命令，完成文字输入，如图 4-8 所示。

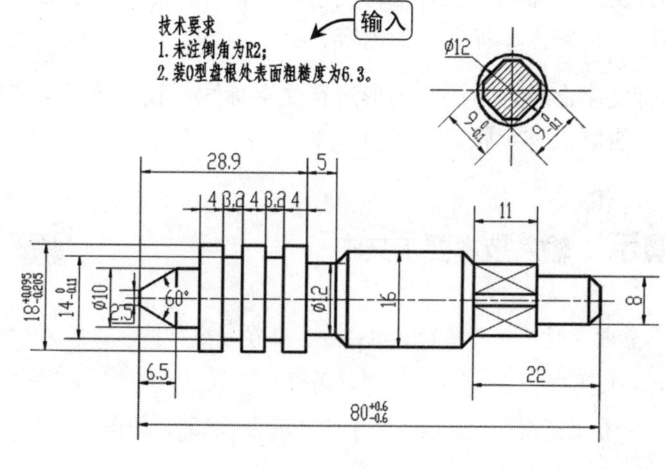

图4-8　完成文字输入

4.2.2 输入齿轮技术要求

用多行文字命令标注的文本，不管有多少个段落，都是一个整体，可对其进行整体编辑。执行多行文字命令，主要有以下几种方式。

- ◆ 在“注释”选项卡的“文字”组中单击“多行文字”按钮，执行多行文字命令。
- ◆ 在命令行中输入 Mtext（MT/T）命令，执行多行文字命令。

使用多行文字命令创建多行文本时，用户可在创建过程中直接修改任何一个文字的大小和字体等参数，创建多行文字方法为执行多行文字命令，在命令行提示中，指定多行文字的起点及对角点，打开“文字格式”工具栏及相应的文本框，在文本框内输入多行文字的内容，单击“文字格式”工具栏的“确定”按钮，完成多行文字的输入。下面以执行多行文字命令，对齿轮图形进行文字标注为例，讲解具体步骤。

实例演示：输入齿轮技术要求文本

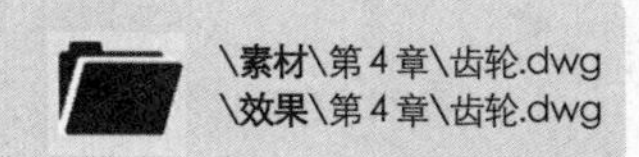

Step 01 打开“齿轮”素材文件，执行多行文字命令，在命令行提示后拖动鼠标指，定多行文字的起点和对角点，如图 4-9 所示。

Step 02 在打开的文本框中输入多行文字的内容，如图 4-10 所示。

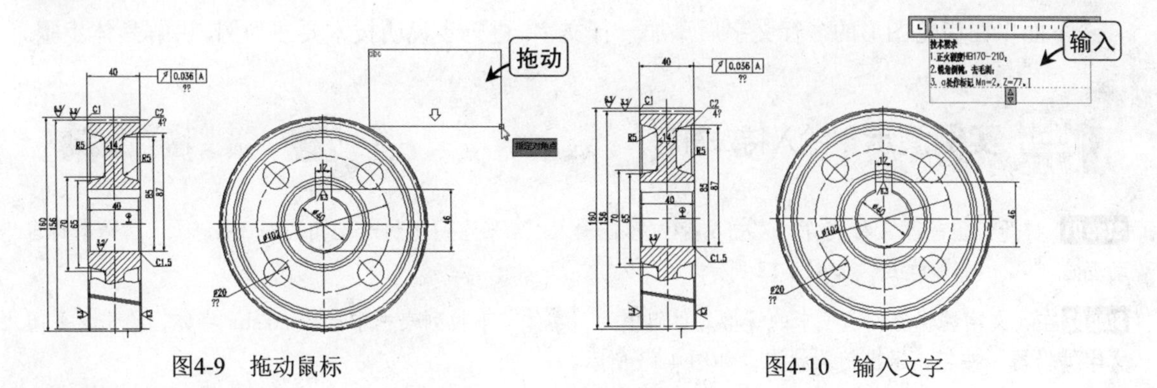

图4-9 拖动鼠标　　图4-10 输入文字

Step 03 单击绘图区其他空白位置，完成多行文字输入操作最终效果如图 4-11 所示。

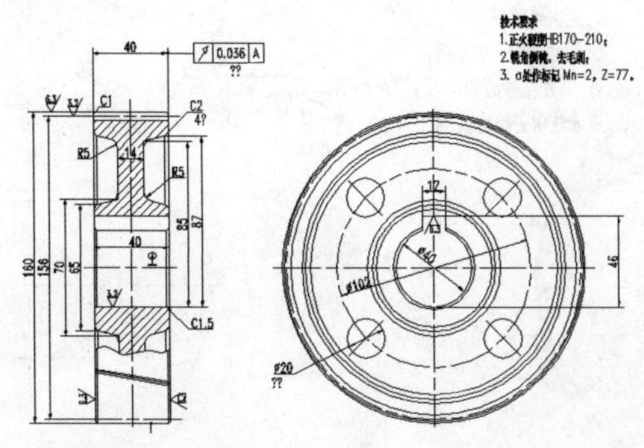

图4-11 完成输入

4.2.3 输入特殊字符

在 AutoCAD 2014 中，“_”、“%”、“° ”以及直径符号“Ø”等，都属于特殊符号，这些符号可通过 AutoCAD 提供的特定插入方法来完成插入，同时也可以设置特殊格式使文字标注更准确。

1. 插入特殊符号

在机械制图中经常需要输入一些特殊符号，如直径符号、正负符号、下划线和上划线等，这些符号都不能在键盘上直接找到，各符号相应的输入方法如下。

- “ˉ”（上划线）：在执行单行文字命令时，首先应输入“%%o”，然后输入文字内容，再次输入“%%o”，取消上划线功能；在多行文字中，选择要加上划线的文字内容，再单击“文字格式”工具栏上的“上划线”按钮即可。
- “_”（下划线）：在执行单行文字命令时，首先应输入“%%o”，然后再输入文字内容，再次输入“%%o”，取消下划线功能；在多行文字中，选择要加下划线的文字内容，再单击“文字格式”工具栏上的“下划线”按钮即可。
- “。”（角度符号）：执行单行文字以及多行文字命令时，输入“%%o”会出现角度符号。
- “±”（正负符号）：执行单行文字以及多行文字命令时，输入“%%o”会出现正负符号。
- “Ø”（直径符号）：执行单行文字以及多行文字命令时，输入“%%o”会出现直径符号。

下面以在齿轮图形的多行文字后添加一行文字，进一步说明技术要注为例，讲解具体步骤。

实例演示：输入特殊符号

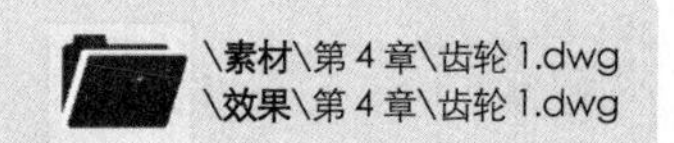

Step 01 打开“齿轮”素材文件，双击文字内容，输入“4.未注明之铸造圆角%%c2~%%c5”，文本将自动变成“∅2~∅5”样式，如图 4-12 所示。

Step 02 在“文字编辑器”选项卡的“格式”组中的“字体”下拉列表框中选择 txt.shx 字体，单击“关闭文字编辑器”按钮，退出输入状态，如图 4-13 所示。

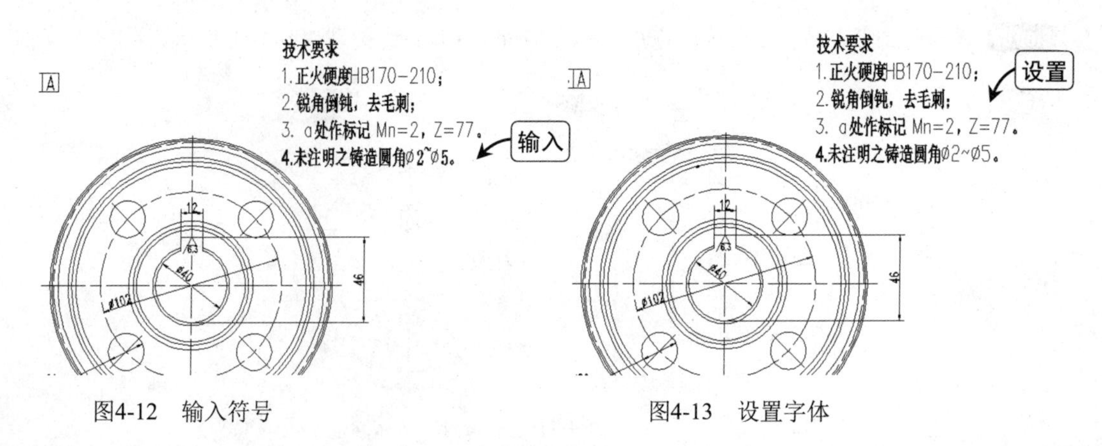

图4-12 输入符号　　　图4-13 设置字体

2. 设置特定格式

配合公差、分数与尺寸公差等内容在 AutoCAD 2014 中无法直接输入，可通过“文字编辑器”选项卡的“格式”组中的“堆叠”按钮完成。堆叠按钮只适用于含“^”、“/”和“#”3 种分隔符号的文本，符号具体功能如下。

- ◆ “^”符号：选择含“^”符号的文本并单击“堆叠”按钮，则将“^”左边的文本设为上标，右边的文本设为下标。
- ◆ “#”符号：选择含“#”符号的文本并单击“堆叠”按钮，则将“#”左边的文本设为分子，右边的文本设为分母，并采取斜排方式进行排列。
- ◆ “/”符号：选择含“/”符号的文本并单击“堆叠”按钮，则将“/”左边的文本设置为分子，右边的文本设置为分母，并采取上下排列方式排列。

4.3 编辑文本

创建文本后，如要更改文本内容，可以使用编辑文字命令，对单行文字的文字内容进行更改，以及对多行文字的文字内容、文字大小和背景颜色等进行更改。

4.3.1 编辑文本内容

执行编辑文字命令后，在命令行中将出现提示：“选择注释对象或 [放弃(U)]:”，用户可以单击要进行编辑的文字内容，对文字进行编辑。选择的文字类型不同，出现的编辑方式也不同，主要有以下几种方式。

- ◆ 在命令行提示后单击要进行编辑的单行文字，该单行文字即呈编辑状态，在该状态下就可对文字内容进行编辑。
- ◆ 在命令行提示后单击要进行编辑的多行文字，打开相关的文本框，在文本框中编辑要进行更改的文字内容。

下面以执行编辑文字命令，将阀杆图形文字标注中的第 2 条技术要求更改为“未注精度等级按 11 级”为例，讲解具体步骤。

实例演示：编辑文本内容

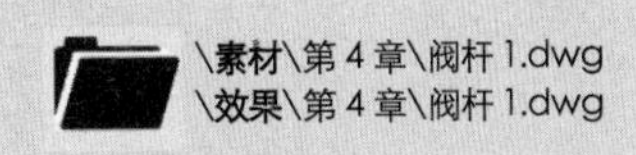

Step 01 打开“阀杆 1”素材文件，执行编辑文字命令，单击“技术要求”的第二条内容，使内容呈编辑状态，如图 4-14 所示。

Step 02 输入“未注精度等级按 11 级”，按【Enter】键确定文字内容的更改，再按【Enter】键结束编辑文字命令，如图 4-15 所示。

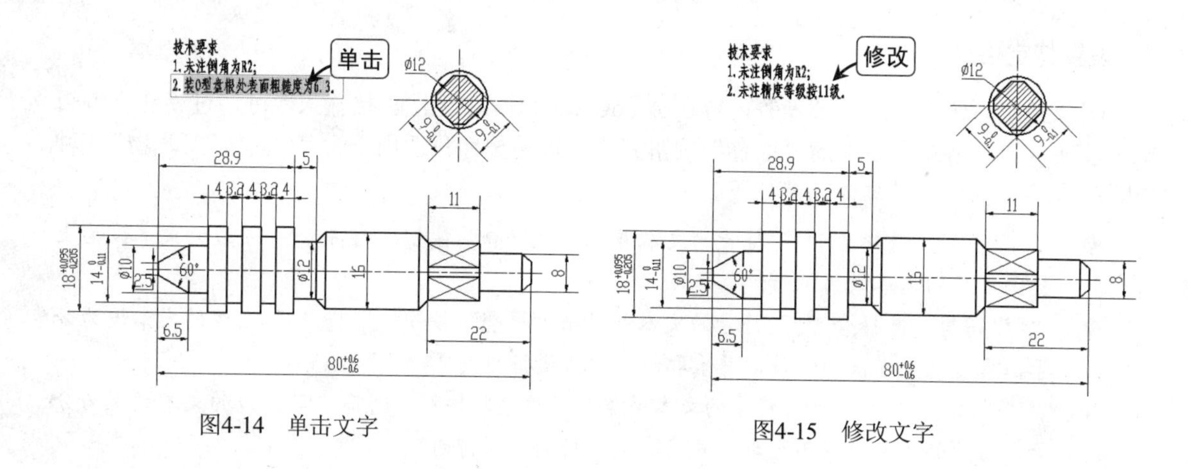

图4-14　单击文字　　图4-15　修改文字

4.3.2　设置文本背景遮罩

在复杂的图形中为了突出文字的显示，可以为文字添加背景遮罩，即文字背景颜色。在创建以及编辑多行文字的过程中，都可以设置文字背景遮罩。

创建多行文字的过程中设置文字背景遮罩的方法为执行多行文字命令，在文本框中输入文字内容，在“文字编辑器”选项卡的“格式”组中单击“背景遮罩”按钮，打开“背景遮罩”对话框，在“背景遮罩”对话框中选中“使用背景遮罩”复选框，并设置边界偏移因子，以及背景色，单击“确定”按钮。

下面以执行编辑文字命令，为滑动轴承图形文件中剖切部分的说明文字加上背景遮罩为例，讲解具体步骤。

实例演示：设置文本背景遮罩

\素材\第 4 章\轴承.dwg
\效果\第 4 章\轴承.dwg

Step 01 打开“轴承”素材文件，双击“剖切面”文本的“文字编辑器”选项卡在“格式”组中单击“背景遮罩”按钮，如图 4-16 所示。

Step 02 打开“背景遮罩”对话框，选中“使用背景遮罩”复选框，在“边界偏移因子”文本框中输入“1.5000”，在“填充颜色”栏的下拉列表框中选择“青”选项，单击“确定”按钮，如图 4-17 所示。

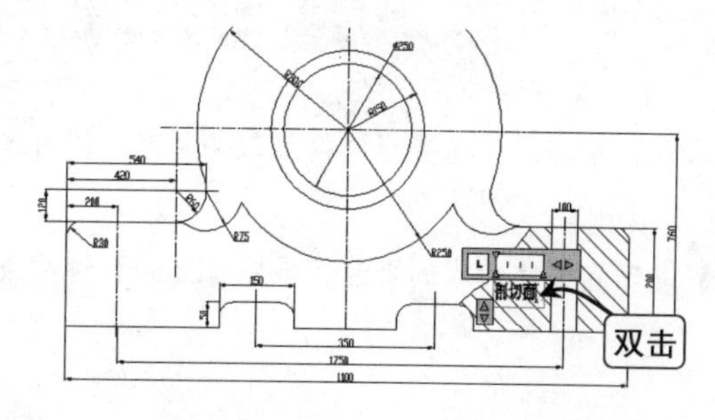

图4-16　双击文本

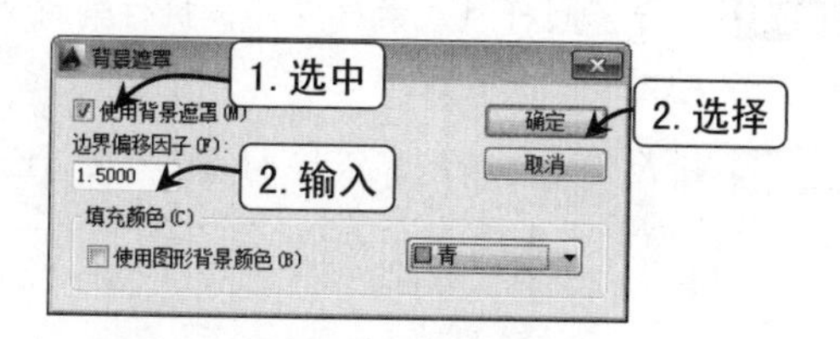

图4-17　设置背景遮罩

Step 03 返回工作界面，在“文字编辑器”选项卡中单击“关闭文字编辑器”按钮退出编辑状态，即可查看对多行文字添加背景遮罩后的效果，如图 4-18 所示。

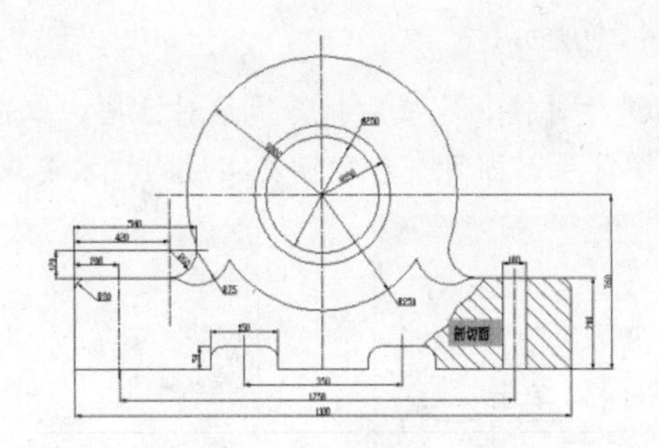

图4-18 文字背景遮罩效果

4.3.3 查找与替换文本

对文字内容进行编辑时，如果当前输入的文本较多，不便于查找和修改，可通过 AutoCAD 2014 的查找与替换功能帮助完成文字的查找与替换。执行查找命令可以在命令行中输入 Find 命令，执行查找命令。

利用查找功能，不仅能够快速找到需要查看的文字内容，还可以对文字内容进行修改，其方法为执行查找命令，打开“查找和替换”对话框，在“查找和替换”对话框的“查找内容”和“替换为”下拉列表框中输入要查找和替换的文本，在“搜索范围”下拉列表框中选择查找内容的范围，单击“查找”按钮，即可查找出符合条件的文字内容；如果要对符合查找条件的文字内容进行替换操作，则单击“替换”按钮。完成查找和替换操作后，单击“关闭”按钮，关闭“查找和替换”对话框。

下面以执行查找命令，将文字标注中的 R2 更改为 R2.5 为例，讲解具体步骤。

实例演示：查找和替换文本

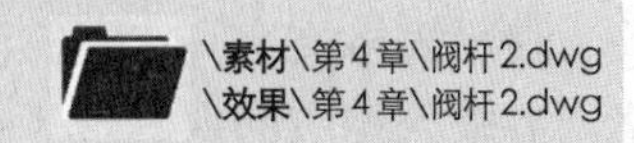

\素材\第 4 章\阀杆 2.dwg
\效果\第 4 章\阀杆 2.dwg

Step 01 打开“阀体 2”素材文件，执行查找命令，在打开的“查找和替换”对话框中的“查找内容”和“替换”下拉列表框中分别输入“R2”和“R2.5”，如图 4-19 所示。

Step 02 单击“更多选项”按钮，在展开的“搜索选项”栏中选中“标注/引线文字”、“单行/多行文字”和“表格文字”复选框，如图 4-20 所示。

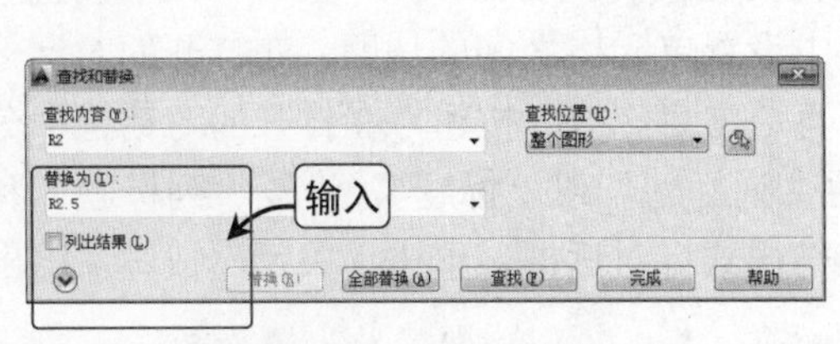

图4-19 输入查找和替换文本

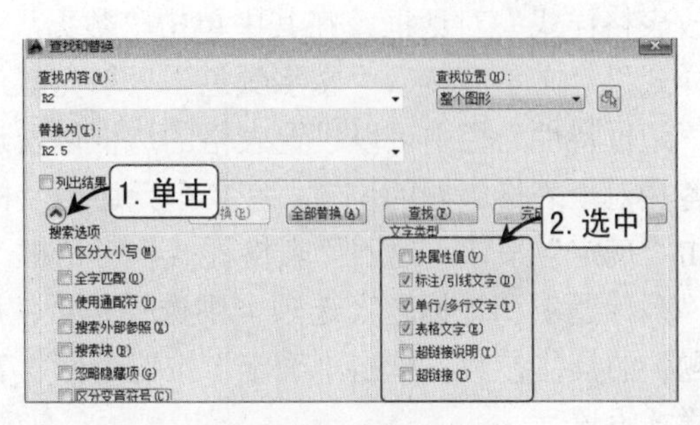

图4-20 设置选项

Step 03 选中“列出结果”复选框，然后单击“查找”按钮，在“列出结果”栏中显示出符合条件的内容，单击“替换”按钮，如图 4-21 所示。

Step 04 系统自动将查找的文本进行替换，完成后打开提示对话框，单击“确定”按钮完成查找和替换操作，如图 4-22 所示。返回绘图区后，即可查看替换文字后的技术要求。

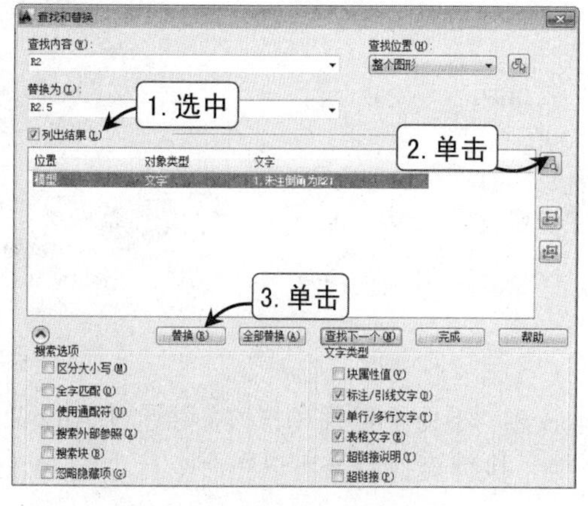

图4-21　查找文本

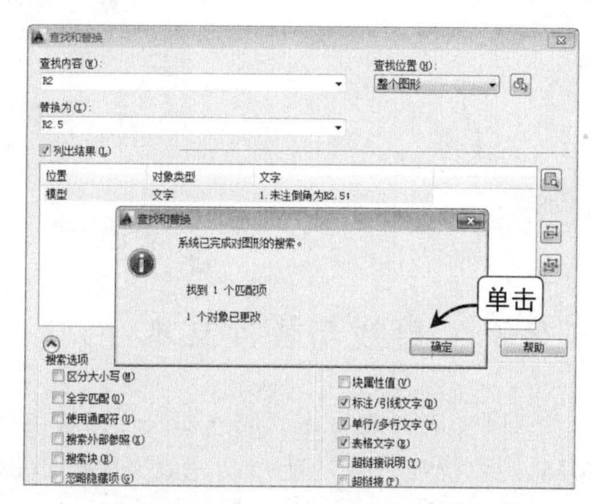

图4-22　完成替换

4.4　创建图形表格

在机械制图中，对于零件图和装配图等，常常需要绘制对材料、制表员和审核等情况进行说明的各类表格。在 AutoCAD 2014 中，用户可以通过插入表格的方法，来快速、准确地完成表格的绘制。

4.4.1　设置表格样式

使用表格文字，首先应设置表格样式，在完成表格样式设置后，即可根据表格样式创建表格，并输入相应的内容。执行表格样式命令，主要有以下几种方式。

- 在“注释”选项卡的“表格”组中单击“扩展”按钮，打开“表格样式”对话框。
- 在命令行中输入 Tablestyle（TS）命令，执行表格样式命令。

执行表格样式命令之后，便可创建以及修改表格的各种参数，例如，对默认表格样式进行更改，其方法为：执行表格样式命令，打开“表格样式”对话框，单击“修改”按钮，打开“修改表格样式”对话框，在其中单击“数据”选项卡，“单元特性”栏中可以对表格中的“文字样式”、“文字高度”、“文字颜色”、“填充颜色”以及“对齐”和“格式”等选项进行设置；在“边框特性”栏中可以设置表格的边框以及边框的宽度和颜色等；在“基本”栏中设置表格内容相对于表格标题的位置；在“单元边距”栏中设置单元格之间的边距。在打开的对话框中单击“确定”按钮，返回“表格样式”对话框，再单击“修改”按钮，在打开的对话框中分别在“列标题”和“标题”选项卡中选择是否使用“列标题”或“标题”，设置“列标题”和“标题”的具体参数，单击“确定”按钮返回“表格样式”对话框，单击“关闭”按钮，退出表格样式设置。

下面以执行表格样式命令，在机用虎钳图形文件中添加名为“明细”的表格样式为例，讲解具体步骤。

实例演示：添加表格样式

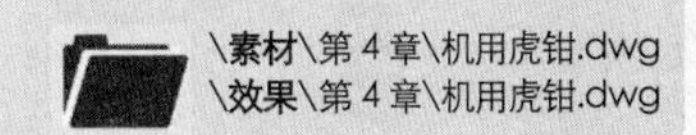

Step 01 打开“机用虎钳”素材文件，执行表格样式命令，打开“表格样式”对话框，单击“新建”按钮，如图 4-23 所示。

Step 02 在打开的“创建新的表格样式”对话框的“新样式名”文本框中输入“明细”关键字，单击“继续”按钮，如图 4-24 所示。

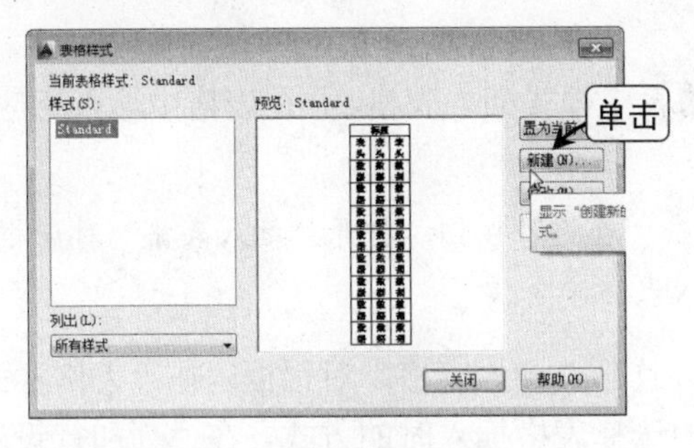

图4-23　单击“新建”按钮

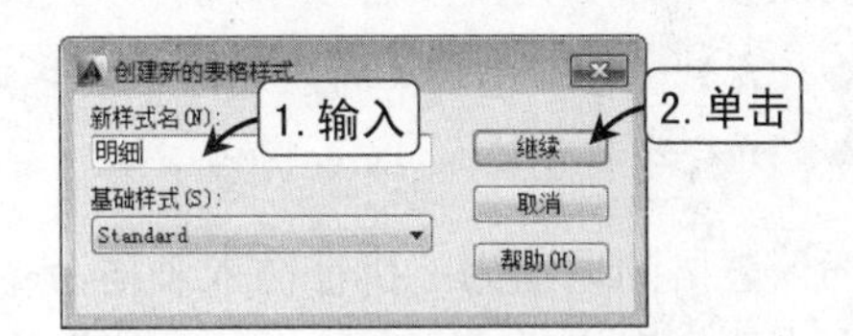

图4-24　输入样式名称

Step 03 打开“新建表格样式：明细”对话框，在“表格方向”下拉列表框中选择“向上”选项，在“单元样式”栏中的下拉列表框中选择“数据”选项，在“常规”选项卡的“水平”和“垂直”数值框中输入“0.5”，如图 4-25 所示。

Step 04 单击“文字”选项卡，在“文字样式”下拉列表框中选择“中文字体”选项，如图 4-26 所示。

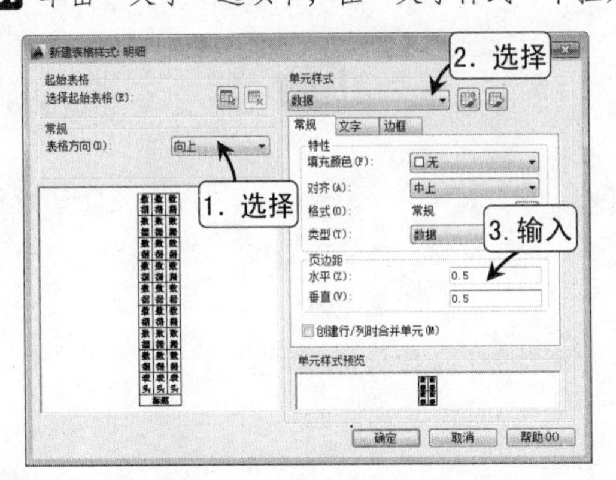

图4-25　设置单元格格式

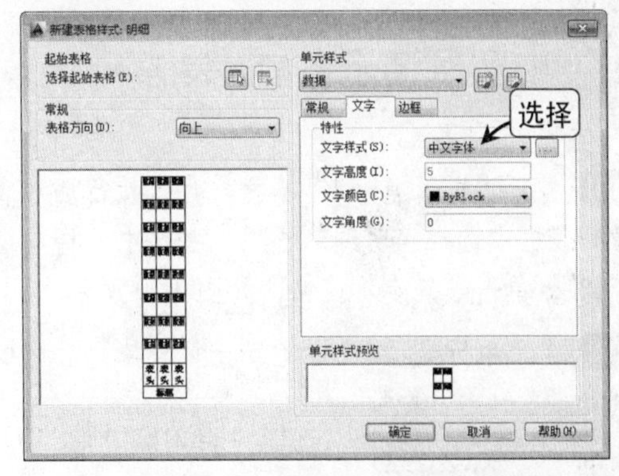

图4-26　设置文字样式

Step 05 单击“边框”选项卡，在其中对表格边框的线型、线宽和颜色等进行设置，完成后单击“确定”按钮，如图 4-27 所示。

Step 06 返回“表格样式”对话框，在“样式”列表中选择“明细”选项，单击“置为当前”按钮，将“明细”表格样式设置为当前表格样式，单击“关闭”按钮，完成表格样式的设置，如图 4-28 所示。

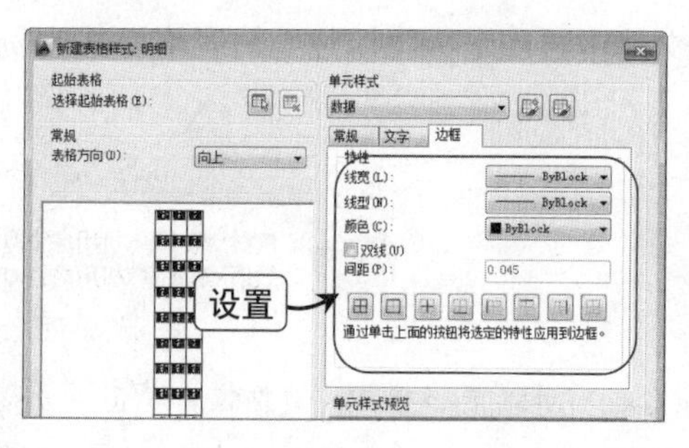

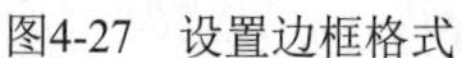

图4-27　设置边框格式

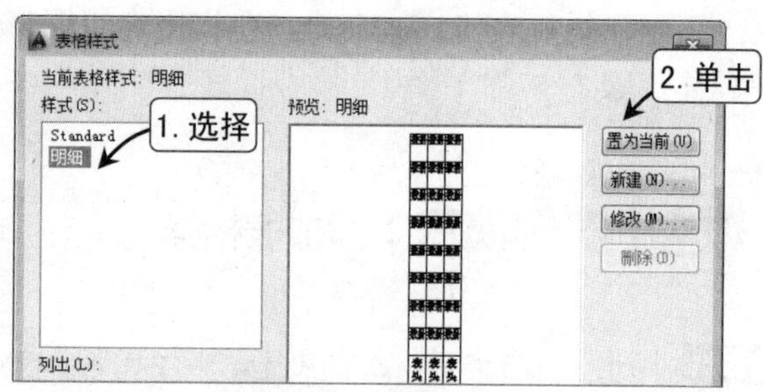

图4-28　完成设置

4.4.2　插入表格

完成表格样式的设置后，即可根据设置的表格样式插入表格，并在表格中输入相应的内容。执行插入表格命令，主要有以下几种方式。

- ◆ 在“注释”选项卡的“表格”组中单击“表格”按钮，打开“插入表格”对话框。
- ◆ 在命令行中输入 Table 命令，执行插入表格命令。

插入表格的方法为：执行插入表格命令，打开“插入表格”对话框，在“表格样式”下拉列表框中选择表格样式，在“插入方式”栏中选择表格插入时的方式，在“列和行设置”栏中分别设置表格列数和表格列宽等，单击“确定”按钮，在绘图区确定表格的位置，并输入相关文字。

下面以执行插入表格命令，在机用虎钳图形中插入以“明细”为表格样式的表格为例，讲解具体步骤。

Step 01 打开“机用虎钳 1”素材文件，执行插入表格命令，打开“插入表格”对话框，在“表格样式”下拉列表框中选择“明细”选项，并选中“指定窗口”单选按钮，将“列”和“行”分别设置为“6”和“12”，单击“确定”按钮，如图 4-29 所示。

Step 02 在命令行提示：“指定第一个角点:”后捕捉标题栏左上角的交点，如图 4-30 所示。

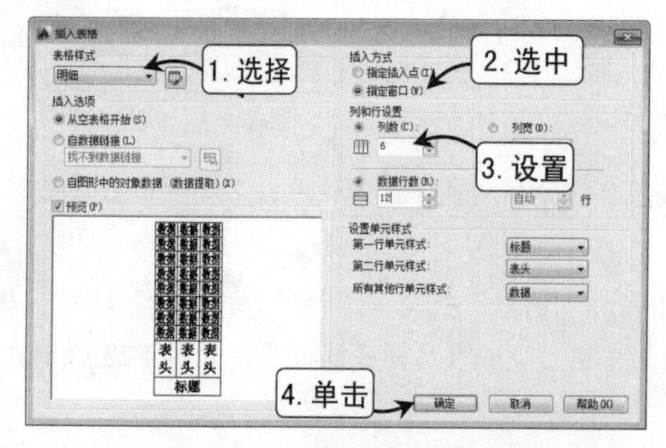

图4-29　设置表格行列数

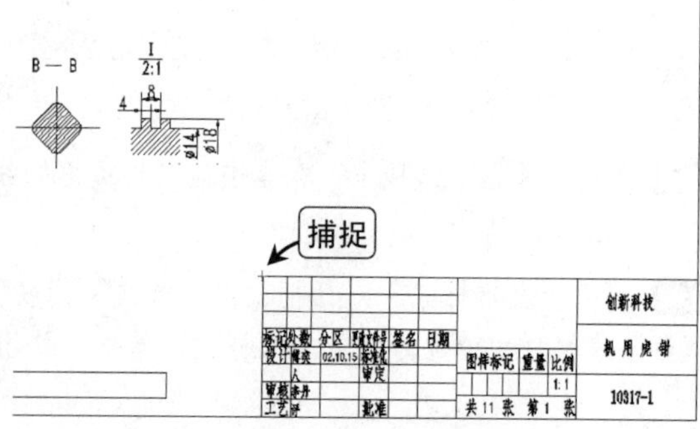

图4-30　捕捉交点

Step 03 在命令行提示："指定第二角点:"后捕捉标题栏右上角的端点，如图 4-31 所示。

Step 04 在表格单元格中输入"序号"关键字，如图 4-32 所示。

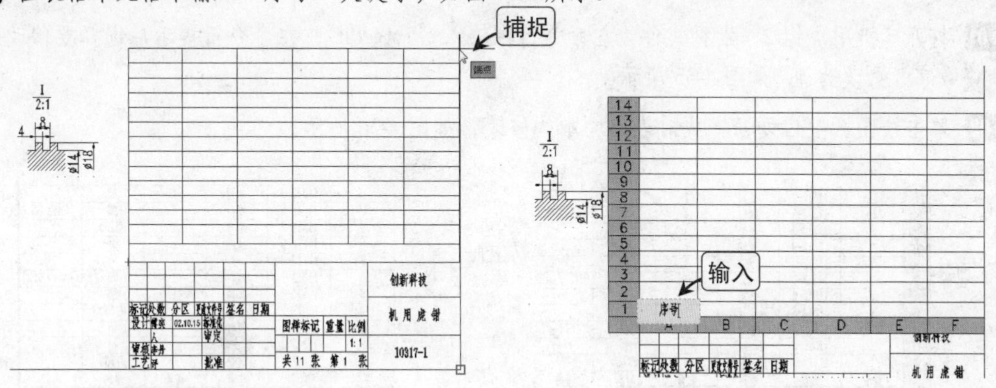

图4-31　捕捉端点　　　　图4-32　创建表头

Step 05 按光标键将光标向右进行移动，再输入"图号"和"名称"等表头文字，如图 4-33 所示。

Step 06 使用相同的方法在表格中输入其余内容，如图 4-34 所示。

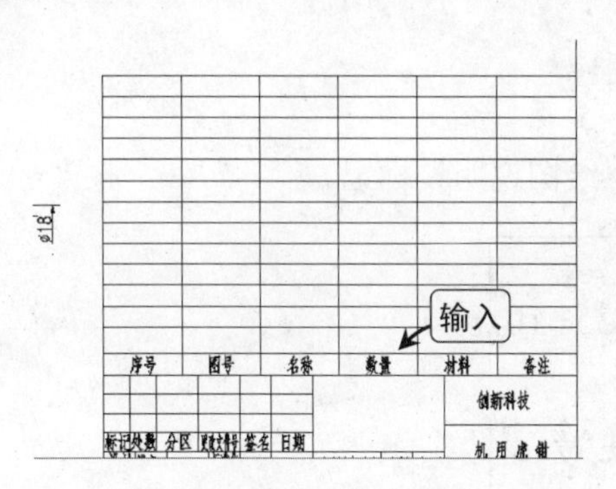

图4-33　输入表头文字

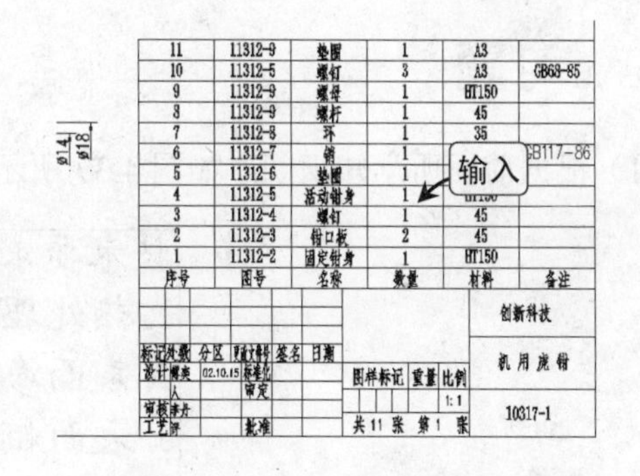

图4-34　输入表格文字

4.4.3　编辑表格文字

利用表格功能，可以快速完成如标题栏和明细表等表格类图形的绘制，完成表格操作后，有时需要对表格内容进行编辑。编辑表格文字内容，主要有以下几种方式。

- 双击要进行编辑的表格文字，使其呈可编辑状态。
- 在命令行输入 Tabledit 命令，然后选择要进行编辑的文字，使其呈可编辑状态。

表格中的文字内容呈可编辑状态后，即可移动光标，在表格单元格之间进行切换，对任意表格单元格中的内容进行编辑。

下面以执行编辑表格命令，在机用虎钳图形中将明细表序号为 10 的零件数量由 3 更改为 4 为例，讲解具体操作。

实例演示：编辑表格文字

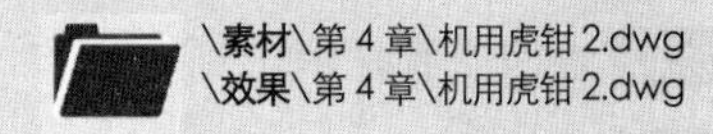

Step 01 打开“机用虎钳 2”素材文件，在命令行中输入“Tabledit”，在命令行提示后选择要修改的单元格，将数字 3 更改为 4，如图 4-35 所示。

Step 02 单击绘图区空白处，完成对表格文本的修改，如图 4-36 所示。

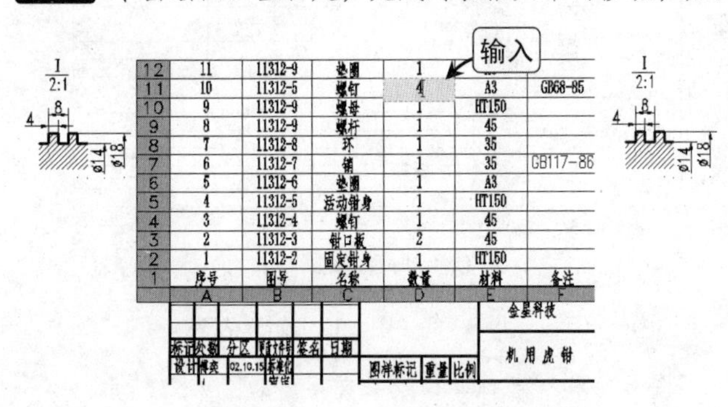

	A	B	C	D	E	F
12	11	11312-9	垫圈	1	A3	
11	10	11312-5	螺钉	4	A3	GB68-85
10	9	11312-9	螺母	1	HT150	
9	8	11312-9	螺杆	1	45	
8	7	11312-8	环	1	35	
7	6	11312-7	销	1	35	GB117-86
6	5	11312-6	垫圈	1	A3	
5	4	11312-5	活动钳身	1	HT150	
4	3	11312-4	螺钉	1	45	
3	2	11312-3	钳口板	2	45	
2	1	11312-2	固定钳身	1	HT150	
1	序号	图号	名称	数量	材料	备注

图4-35　输入编辑文字

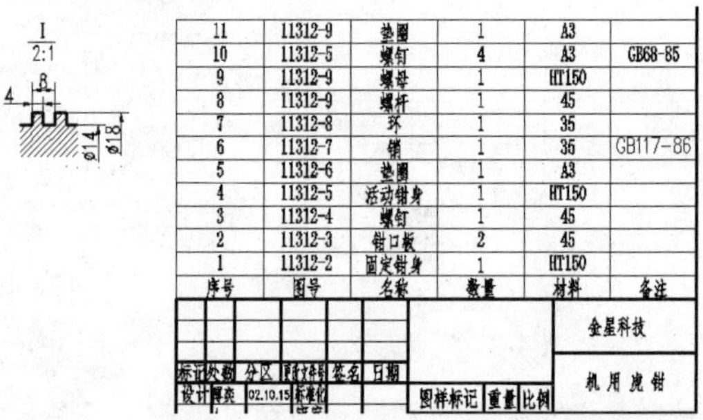

11	11312-9	垫圈	1	A3	
10	11312-5	螺钉	4	A3	GB68-85
9	11312-9	螺母	1	HT150	
8	11312-9	螺杆	1	45	
7	11312-8	环	1	35	
6	11312-7	销	1	35	GB117-86
5	11312-6	垫圈	1	A3	
4	11312-5	活动钳身	1	HT150	
3	11312-4	螺钉	1	45	
2	11312-3	钳口板	2	45	
1	11312-2	固定钳身	1	HT150	
序号	图号	名称	数量	材料	备注

金星科技

机用虎钳

图4-36　完成编辑

4.5　习题

（1）根据前面所学知识创建如图 4-37 所示的“绘图说明”标记。

技术要求：
1. 热处理HRC35-40。
2. 表面渗碳。
3. 表面粗糙度 3.2 。
4. 锐边倒棱。
5. 未注倒角为R1。

图 4-37　绘图说明

（2）根据前面所学知识绘制如图 4-38 所示的表格（课件：\效果\第 4 章\表格.dwg）。

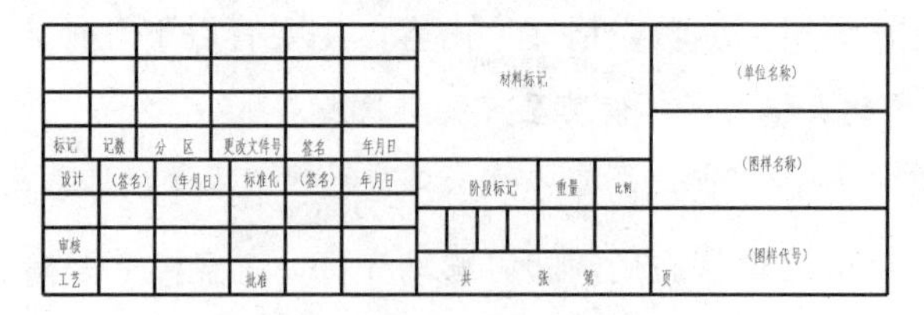

图 4-38　表格和文字

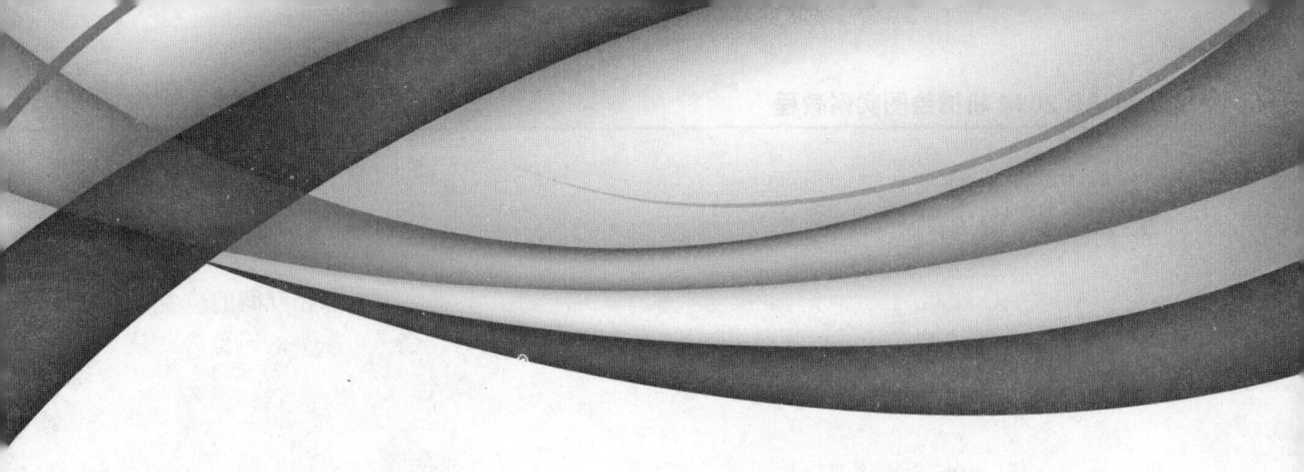

第 5 章 机械图形尺寸标注

本章内容

尺寸标注是绘图中必不可少的部分，是识别图形和质量验收的主要依据，在 AutoCAD 中为一个对象标注尺寸时，系统会自动计算对象的长度，为标注提供了很大的灵活性。本章将学习使用尺寸标注命令对图形进行尺寸标注的有关知识。

要点导读

- ❖ 尺寸标注的规定及组成：了解 AutoCAD 中对图纸进行尺寸标注的规定和尺寸标注的组成元素。
- ❖ 新建和编辑尺寸标注样式：在 AutoCAD 中新建样式并对样式中的尺寸线、箭头、标注字体、单位以及精度等进行设置。
- ❖ 标注尺寸：对图形进行线性、对齐、基线、连续、角度、半径、直径以及折弯半径等标注。
- ❖ 编辑尺寸标注：对新建的标注文字等内容进行编辑操作。

5.1 尺寸标注样式

在 AutoCAD 中绘制的图形只能反映机械产品的形状，其真实大小和相互间的位置关系必须通过尺寸标注来完成。尺寸标注是机械设计的一项重要内容，是不可缺少的一部分，是产品加工、生产的重要依据。

5.1.1 尺寸标注的组成

一个完整的尺寸标注由标注文字、尺寸线、箭头和尺寸界线等部分组成，尺寸标注各组成部分如图 5-1 所示。

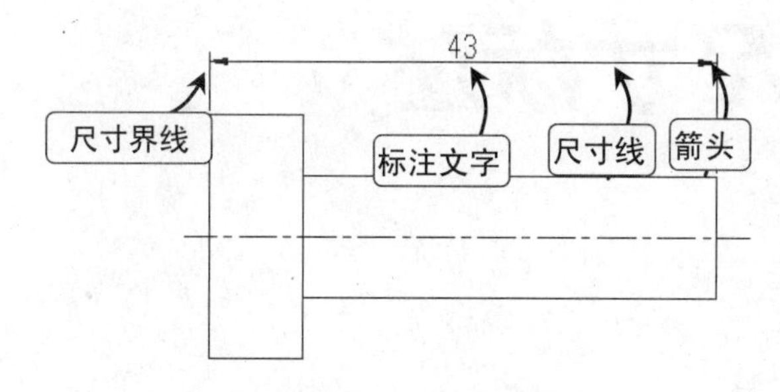

图5-1 尺寸标注的组成

机械绘图中的尺寸标注并不是任意绘制的，它有相关的绘制规则和标准，其具体规定如下：

- 产品的真实大小应以图样标注的尺寸数值为准，与图形的实际大小和绘图的准确度无关。
- 图样中标注的尺寸单位为 mm，标注尺寸时无需再标注其单位。
- 标注的尺寸应准确，不能重复标注尺寸，也不能漏标，而且尺寸应标注在该产品最醒目的位置。

5.1.2 新建机械标注样式

对图形进行尺寸标注前，应将尺寸标注的样式进行必要的设置，如尺寸标注的标注文字和箭头大小等，尺寸标注的样式可通过“标注样式管理器”对话框来完成。执行尺寸标注样式命令，主要有以下几种方式：

- 在“注释”选项卡的“标注”组中单击“扩展”按钮，执行标注样式命令。
- 在命令行中执行 Dimstyle 命令，执行标注样式命令。

执行以上命令，将打开“标注样式管理器”对话框，在其中可以创建新的尺寸标注样式、修改尺寸标注样式，以及将选择的尺寸标注样式设置为当前标注样式等。创建尺寸标注样式，其方法为单击“新建”按钮，打开“创建新标注样式”对话框，在“新样式名”文本框中输入尺寸标注的样式名称，单击“继续”按钮，打开“新建标注样式”对话框，在该对话框中设置尺寸标注样式的“尺寸线”、“文字”和“箭头”等选项，单击“确定”按钮，返回“标注样式管理器”对话框，单击“关闭”按钮即可。

下面执行尺寸标注样式命令，创建一个“机械标注”尺寸标注样式。

实例演示：新建标注样式

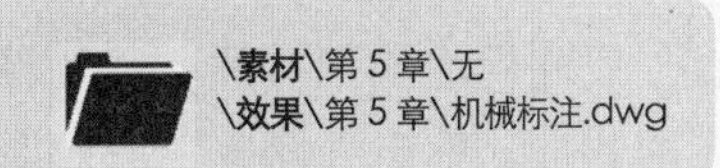

\素材\第 5 章\无
\效果\第 5 章\机械标注.dwg

Step 01 执行标注样式命令，打开“标注样式管理器”对话框，单击“新建”按钮，如图 5-2 所示。

Step 02 在打开的“创建新标注样式”对话框的“新样式名”文本框中输入“机械标注”，单击“继续”按钮，如图 5-3 所示。

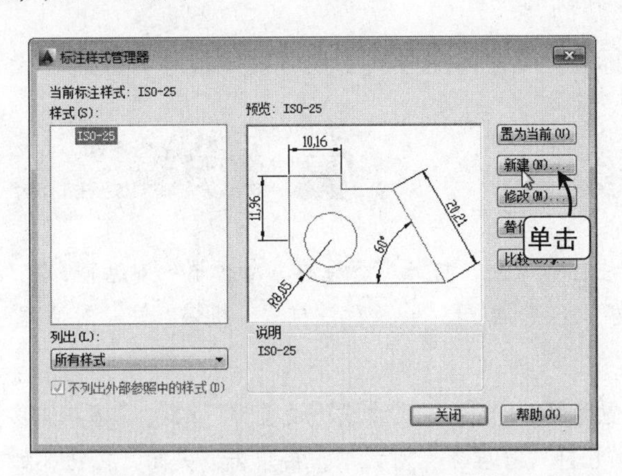

图5-2 “标注样式管理器”对话框

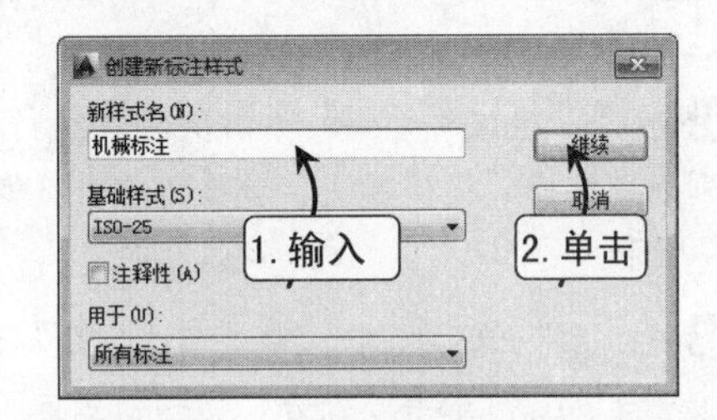

图5-3 输入样式名称

Step 03 在“新建标注样式：机械标注”对话框中设置标注的各种样式，单击“确定”按钮，如图 5-4 所示。

Step 04 返回“标注样式管理器”对话框，在“样式”列表框选择“机械标注”样式，单击“置为当前”按钮，将其设置为当前标注样式，单击“关闭”按钮，关闭“标注样式管理”对话框，如图 5-5 所示。

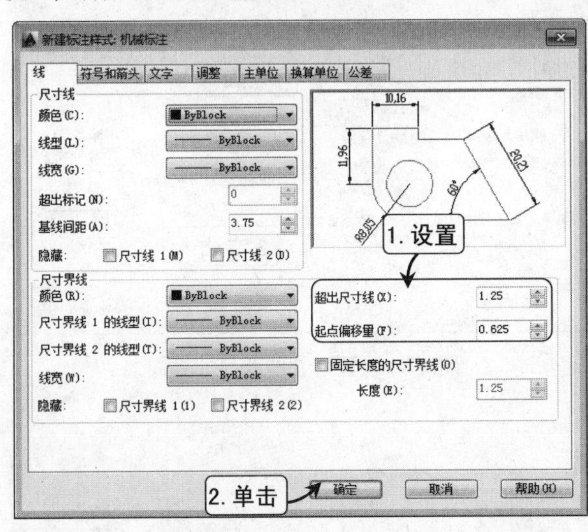

图5-4 设置标注样式

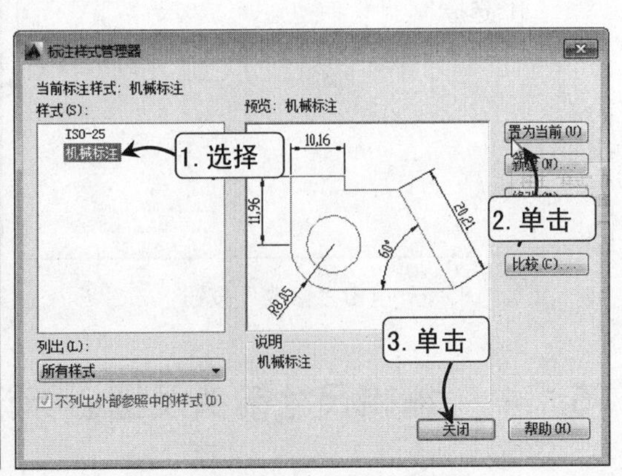

图5-5 关闭对话框

5.1.3 编辑尺寸线和尺寸界线

尺寸标注的尺寸线、尺寸界线可以在新建尺寸标注样式的时候进行设置，也可以在创建标注样式后，单击“修改”按钮对其进行编辑修改。设置尺寸线及尺寸界线，其方法为在“标注样式管理器”对话框的“样式”列表中选择要进行修改的标注样式，单击“修改”按钮，打开“修改标注样式”对话框，单击“直线”选项卡，在该对话框的“尺寸线”和“尺寸界线”栏中分别设置尺寸线以及尺寸界线的线条颜色、线宽、线型等，单击“确定”按钮，返回“标注样式管理器”对话框，完成尺寸线以及尺寸界线的设置。

下面执行尺寸标注样式命令，对“机械标注”尺寸标注样式的尺寸线及尺寸界线进行设置。

实例演示：设置尺寸线和界线

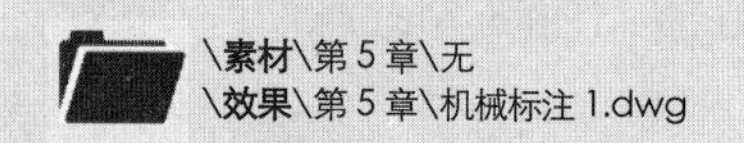

Step 01 打开“机械标注 1”素材文件，执行标注样式命令，打开“标注样式管理器”对话框，在“样式”列表中选择“机械标注”选项，单击“修改”按钮，打开“修改标注样式：机械标注”对话框，如图 5-6 所示。

Step 02 在“线”选项卡中，将“基线间距”设置为“8”，“超出尺寸线”设置为“2.5”，“起点偏移量”选项设置为“0”，单击“确定”按钮，返回“标注样式管理器”对话框，再单击“关闭”按钮，如图 5-7 所示。

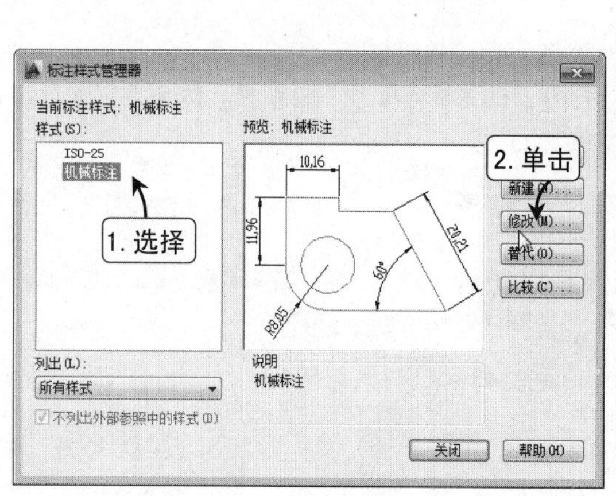

图5-6 单击“修改”按钮

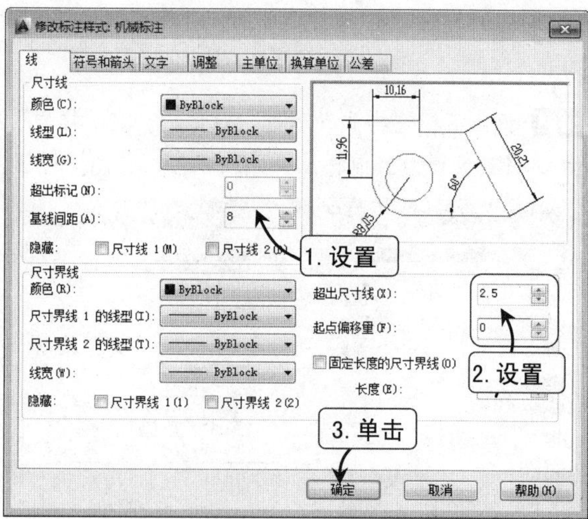

图5-7 设置尺寸线和尺寸界线

5.1.4 编辑尺寸箭头及圆心标记

对机械图形进行尺寸标注时，其箭头的样式有很多种，如实心闭合、空心闭合、点、直角和 30° 角等。对于箭头的设置，可以在创建标注样式的过程中进行，也可以在创建之后进行，其方法为执行标注样式命令，打开“标注样式管理器”对话框，在“样式”列表框中选择要修改的标注样式，单击“修改”按钮，打开“修改标注样式：机械标注”对话框，单击“符号和箭头”选项卡，在“箭头大小”栏中设置箭头的样式及大小，在“圆心标记”栏中设置圆心标记的样式及大小，在“弧长符号”栏中设置标注文字显示方式，在“半径折弯标注”栏中设置折弯角度，完成设置后，单击“确定”按钮，完成符号及箭头的设置，返回“标注样式管理器”对话框，单击“关闭”按钮即可。

下面执行尺寸标注样式命令，将“机械标注”尺寸标注样式的箭头大小设置为 2.5，不显示圆心标记，在标注文字的上方显示弧长符号。

实例演示：编辑符号和箭头

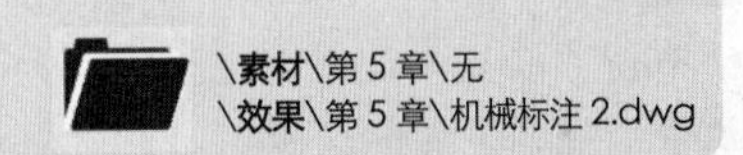

Step 01 打开素材文件，执行标注样式命令，打开“标注样式管理器”对话框，在“样式”列表中选择“机械标注”样式，单击“修改”按钮，打开“修改标注样式：机械标注”对话框，如图 5-8 所示。

Step 02 在“符号和箭头”选项卡中，将“第一个”、“第二个”和“引线”的箭头样式设置为“实心闭合”类型，在“箭头大小”数值框中输入“2.5”，在“圆心标记”栏中选中“无”单选按钮，在“弧长符号”栏中选中“标注文字的上方”单选按钮，单击“确定”按钮，如图 5-9 所示。

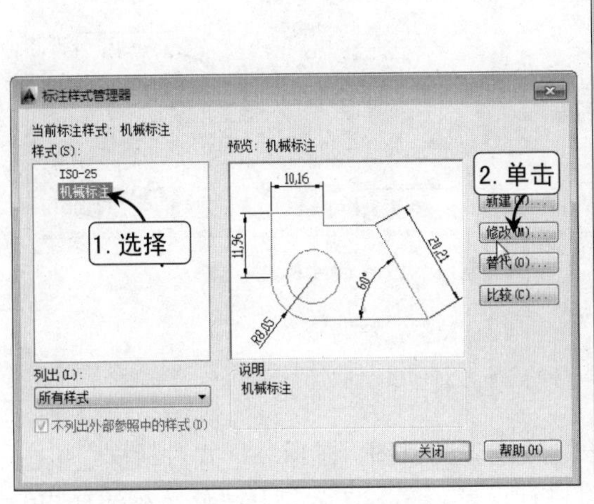

图5-8　单击“修改”按钮

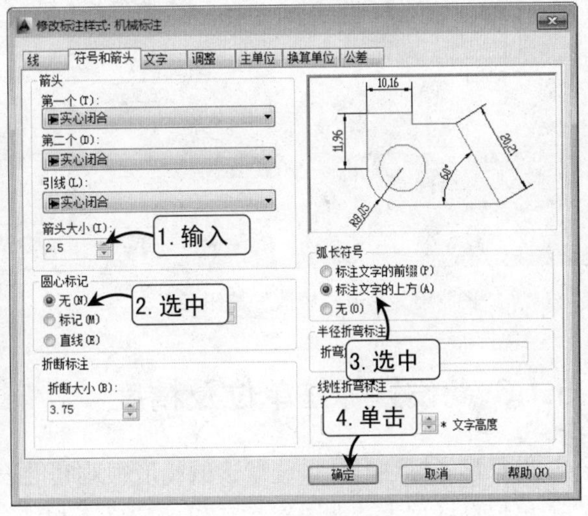

图5-9　设置符号和箭头

5.1.5　编辑尺寸标注字体

编辑尺寸标注字体的方法为打开“修改标注样式”对话框，单击“文字”选项卡，在“文字外观”栏中分别设置“文字样式”、“文字颜色”、“填充颜色”、“文字高度”等，在“文字位置”栏中分别设置“垂直”和“水平”方向的位置，以及从尺寸线向外进行偏移的距离，在“文字对齐”栏中设置文字的对齐方式，如“水平”、“与尺寸线对齐”和“ISO 标准”等，单击“确定”按钮，完成尺寸标注字体的修改，返回“标注样式管理器”对话框，单击“关闭”按钮，关闭“标注样式管理器”对话框。

下面将“机械标注”尺寸标注样式的“文字高度”设置为 2.5，“从尺寸线偏移”设置为 1，

“文字对齐”方式设置为与尺寸线对齐。

实例演示：设置文字外观、位置和对齐

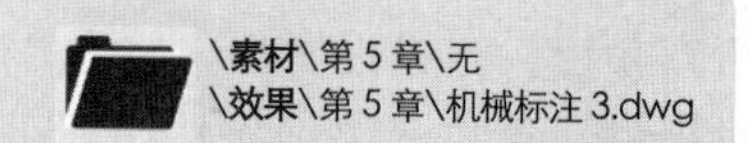

Step 01 打开素材文件，执行标注样式命令，打开“标注样式管理器”对话框，在“样式”列表中选择“机械标注”样式，单击“修改”按钮，打开“修改标注样式：机械标注”对话框，如图 5-10 所示。

Step 02 在“文字”选项卡中，将“文字外观”栏中的“文字高度”选项设置为“2.5”；在“文字位置”栏中将“垂直”设置为“上方”，将“从尺寸线偏移”设置为“1”；选中“与尺寸线对齐”单选按钮，单击“确定”按钮，返回“标注样式管理器”对话框，单击“关闭”按钮，如图 5-11 所示。

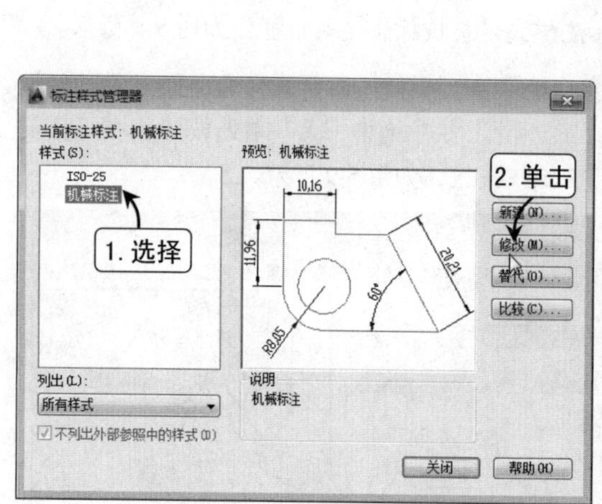

图5-10 单击“修改”按钮

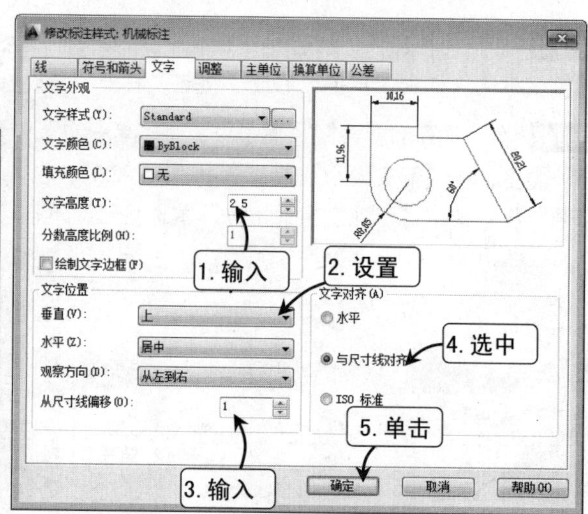

图5-11 设置尺寸标注字体

5.1.6 设置标注单位及精度

进行尺寸标注时，系统默认的精度很难精准表达绘图者的意图，在标注样式对话框中单击“主单位”选项卡，即可对标注单位的格式和精度进行设置，其方法为打开“修改标注样式”对话框，单击“主单位”选项卡，在“线性标注”栏中分别设置“单位格式”、“精度”、“分数格式”、“小数分隔符”等，在“测量单位比例”栏中设置“比例因子”，在“消零”栏中分别设置是否使用前导和后续，在“角度标注”栏中设置角度的“单位格式”及“精度”及是否使用前导和后缀，单击“确定”按钮，完成设置，返回“标注样式管理器”对话框，单击“关闭”按钮即可。

下面执行尺寸标注样式命令，将“机械标注”尺寸标注样式主单位选项卡中小数的“精度”设置为两位小数。

实例演示：设置小数精度为两位小数

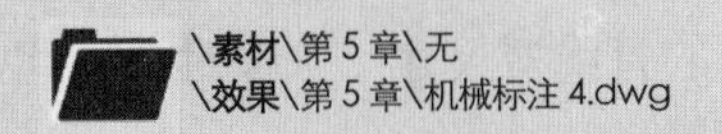

Step 01 打开素材文件，执行标注样式命令，打开“标注样式管理器”对话框，在“样式”列表中选择“机械标注”样式，单击“修改”按钮，打开“修改标注样式：机械标注”对话框，如图 5-12 所示。

Step 02 在“主单位”选项卡中，将“线性标注”栏中的“精度”设置为两位小数，其余选项保持不变，单击“确定”按钮返回“标注样式管理器”对话框，再单击“关闭”按钮即可，如图 5-13 所示。

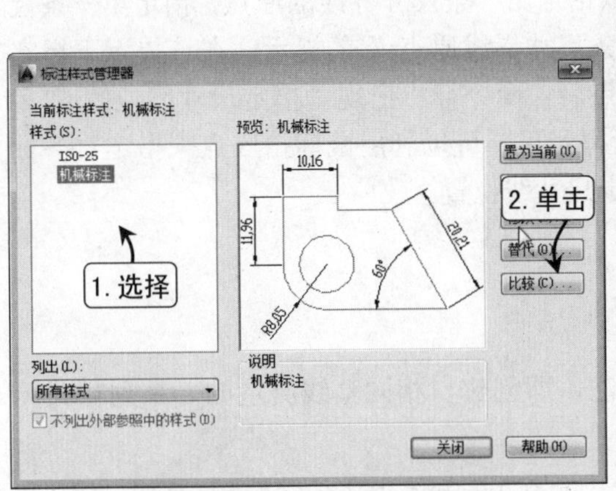

图5-12　单击“修改”按钮

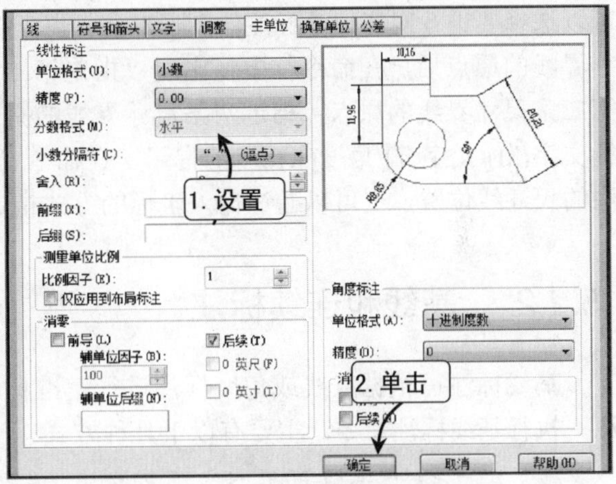

图5-13　设置单位格式的精度

5.2　创建长度型尺寸标注

尺寸标注样式设置完成后，就可以用相应的标注命令对图形对象进行尺寸标注，这里先介绍长度型尺寸标注，其中包括线性标注、对齐标注、基线标注和连续标注等。

5.2.1　线性和对齐标注

线性标注命令用于标注水平、垂直方向上的尺寸，使用该命令标注对象时，标注的尺寸线始终呈水平或垂直状态。执行线性标注命令，主要有以下几种方式。

- ◆ 在“注释”选项卡的“标注”组中单击“标注”按钮，在弹出的下拉菜单中选择“线性”选项，执行线性标注命令。
- ◆ 在命令行中执行 Dimlinear（Dimlin）命令，执行线性标注命令。

利用线性标注命令可以标注图形线条的长度，其方法为执行线性标注命令，命令行将出现“指定第一条尺寸界线原点或 <选择对象>:”的提示，在该提示后利用对象捕捉功能指定线性标注的第一点。在指定线性标注的第一点后，命令行继续提示“指定第二条尺寸界线原点:”，在该提示后，指定线性标注的第二点。在指定线性标注的第二点后，命令行提示“指定尺寸线位置或[多行文字(M)/文字(T)/角度(A)/水平(H)/垂直(V)/旋转(R)]:”，这时可以利用鼠标拾取尺寸线的位置，即可完成线性标注的操作，也可以选择“多行文字”、“文字”和“角度”等选项对线性标注的文字及角度进行调整。对齐标注命令用于创建平行于所选对象或两尺寸界线原点连线的直线型尺寸。执行对齐标注命令，主要有以下几种方式。

- ◆ 在“注释”选项卡的“标注”组中单击“标注”按钮，在弹出的下拉列表中选择“对齐”选项，执行线性标注命令。
- ◆ 在命令行中执行 Dimaligned 命令，执行对齐标注命令。

使用对齐标注命令进行图形标注时，尺寸线始终与标注对象平行，其方法为执行对齐标注命令，在命令中将出现“指定第一条尺寸界线原点或 <选择对象>:”的提示，在命令行提示后可以选择要进行对齐尺寸标注的图形对象，也可以指定第一条尺寸界线的原点，指定第一条尺寸界线的原点后，在命令行中将出现“指定第二条尺寸界线原点:”的提示，在该提示下指定第二条尺寸界线的原点，指定两条尺寸界线的原点后，命令行将出现“指定尺寸线位置或[多行文字(M)/文字(T)/角度(A)]:”的提示，在命令行提示后，可以利用鼠标拾取点来指定对齐标注的尺寸线位置，也可以通过输入坐标的方式指定尺寸线位置。

5.2.2 基线和连续标注

基线标注可根据直线或角度标注进行基准标注，即创建自相同基线测量的一系列相关标注。执行基线标注命令，主要有以下几种方式。

- ◆ 在“注释”选项卡的“标注”组中的“连续”按钮下拉列表中选择“基线”选项，执行基线标注命令。
- ◆ 在命令行中执行 Dimbaseline（Dimbase）命令，执行基线标注命令。

使用基线标注命令对图形进行基线标注时，必须建立在已经进行了线性标注或角度标注的基础之上，其方法为执行基线标注后，命令行将提示“选择基准标注:”，让用户选择作为基线标注的线性或角度标注，选择标注后，在命令行中将继续出现提示“指定第二条尺寸界线原点或[放弃(U)/选择(S)] <选择>:”，在该提示中指定基线标注的第二条尺寸界线原点。

连续标注命令用于标注同一方向上的连续线性尺寸或角度尺寸。执行连续标注命令，主要有以下几种方式。

- ◆ 在“注释”选项卡的“标注”组中单击“连续”按钮，执行连续标注命令。
- ◆ 在命令行中执行 Dimcontinue（Dimcont）命令，执行连续标注命令。

连续标注命令的操作方法与基线标注命令类似，基线标注是从第一条尺寸界线进行标注，而连续标注则是从第二条尺寸界线进行标注的，其方法为执行连续标注后，命令行将提示“选择基准标注:”，此时用户可以选择作为连续标注的基准尺寸标注，在命令行中将继续出现提示“指定第二条尺寸界线原点或 [放弃(U)/选择(S)] <选择>:”，在该提示中指定连续标注的第二条尺寸界线原点。

5.2.3 对螺栓座体进行尺寸标注

下面执行标注命令，对“螺栓座体”图形进行线性、对齐、基线和连续标注。

实例演示：标注螺栓座体的尺寸

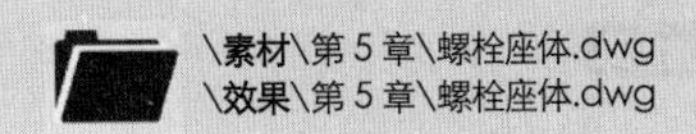

Step 01 打开素材文件，执行线性标注命令，在命令行提示“指定第一个尺寸界线原点”时，捕捉图形左下角的端点，如图 5-14 所示。

Step 02 在命令行提示“指定第二条尺寸界线原点”时，捕捉图形右下角的端点，如图 5-15 所示。

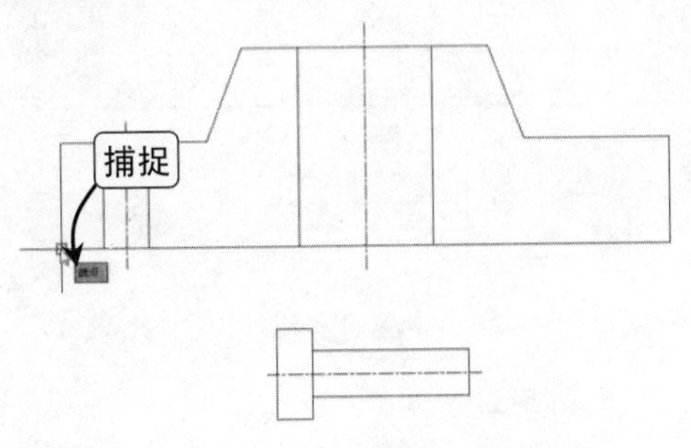

图5-14　捕捉第一端点

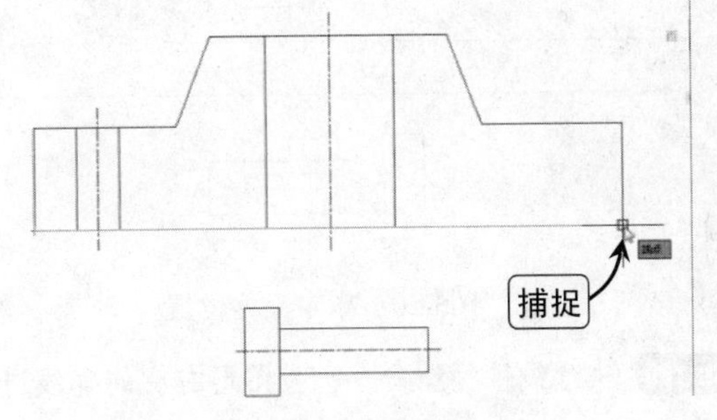

图5-15　捕捉第二端点

Step 03 将鼠标光标向下移动，在命令行提示“指定尺寸线位置”时，输入“a”，“0”，“-10”指定尺寸线的位置，如图 5-16 所示。

Step 04 为图形下侧的水平直线进行线性标注，效果如图 5-17 所示。

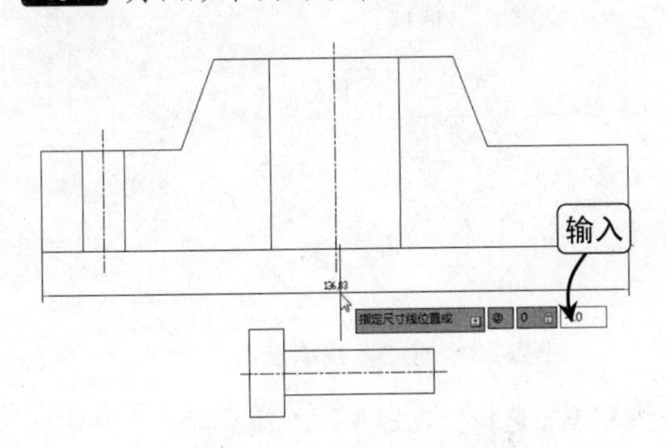

图5-16　指定尺寸位置

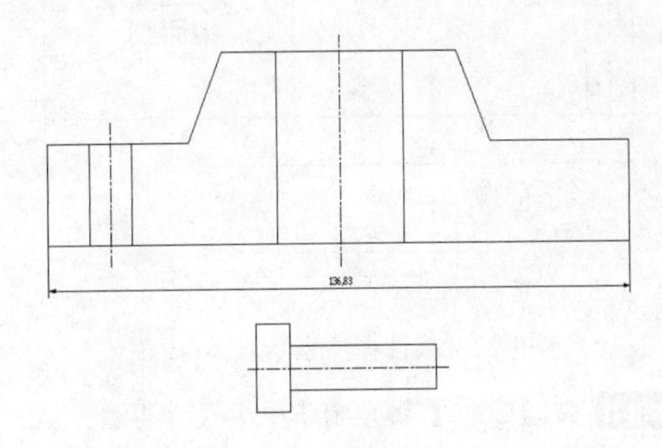

图5-17　完成线性标注

Step 05 执行对齐标注命令，在命令行提示“指定第一个尺寸界线原点”时捕捉直线的端点，如图 5-18 所示。

Step 06 在命令行提示“指定第二个尺寸界线原点”时捕捉上侧直线的端点，效果如图 5-19 所示。

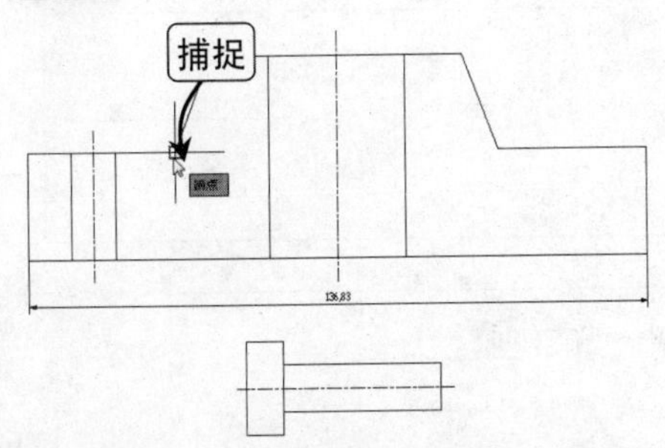

图5-18　捕捉第一个尺寸界线原点

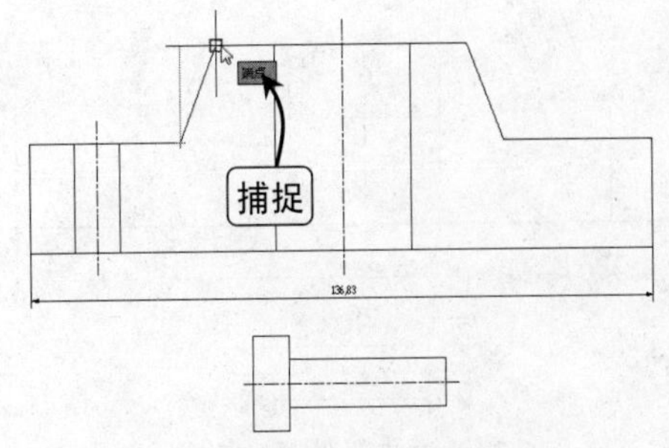

图5-19　捕捉第二个尺寸界线原点

Step 07 在命令行提示“指定尺寸线位置”时，输入“10”，指定尺寸线的位置，如图 5-20 所示。

Step 08 为图形左侧的直线进行对齐标注，效果如图 5-21 所示。

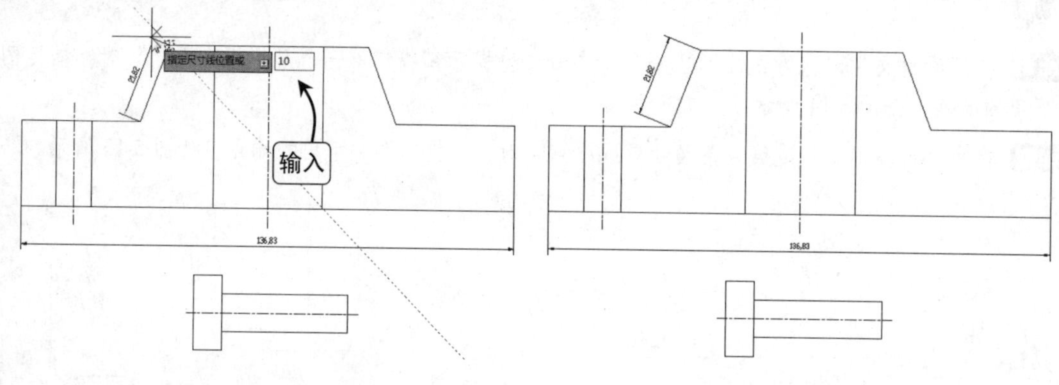

图5-20 指定尺寸位置　　图5-21 完成对齐标注

Step 09 执行线性标注命令，为图形右侧的直线进行线性标注，如图 5-22 所示。

Step 10 执行基线标注命令，在命令行提示“指定第二个尺寸界线原点”时，捕捉上侧直线的端点，如图 5-23 所示。

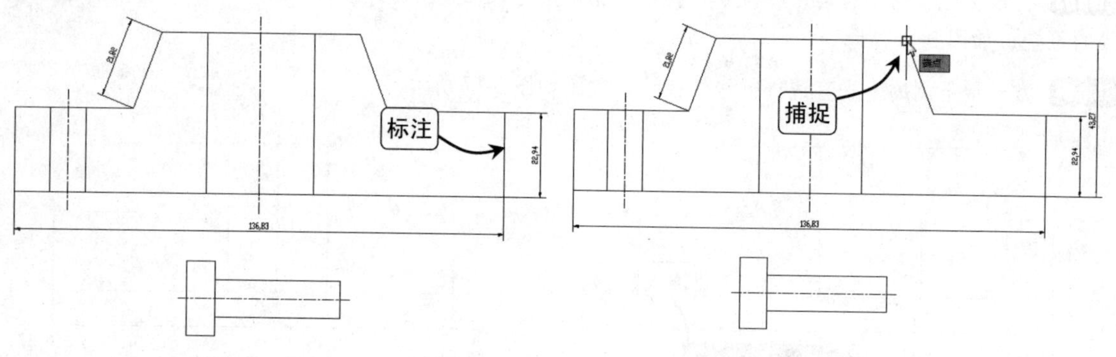

图5-22 线性标注直线　　图5-23 捕捉直线端点

Step 11 按【Enter】键取消下一条尺寸界线原点，以及基线标注的选择，在图形的右侧添加一个基线标注，效果如图 5-24 所示。

Step 12 执行线性标注命令，在命令行提示后，捕捉图形左上角直线的交点以及左侧第二条垂直直线的交点，然后向上移动，输入尺寸线位置为 30，为图形添加一个线性标注，效果如图 5-25 所示。

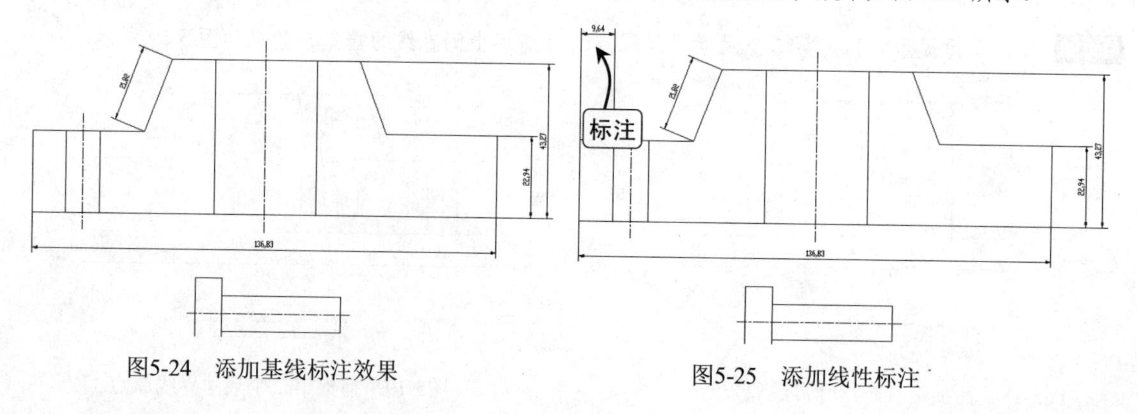

图5-24 添加基线标注效果　　图5-25 添加线性标注

Step 13 执行连续标注命令，在命令行提示“指定第二条尺寸界线原点”时捕捉下一个标注直线的端点，如图 5-26 所示。

Step 14 在命令行提示后，继续捕捉下一个标注直线的端点，效果如图 5-27 所示。

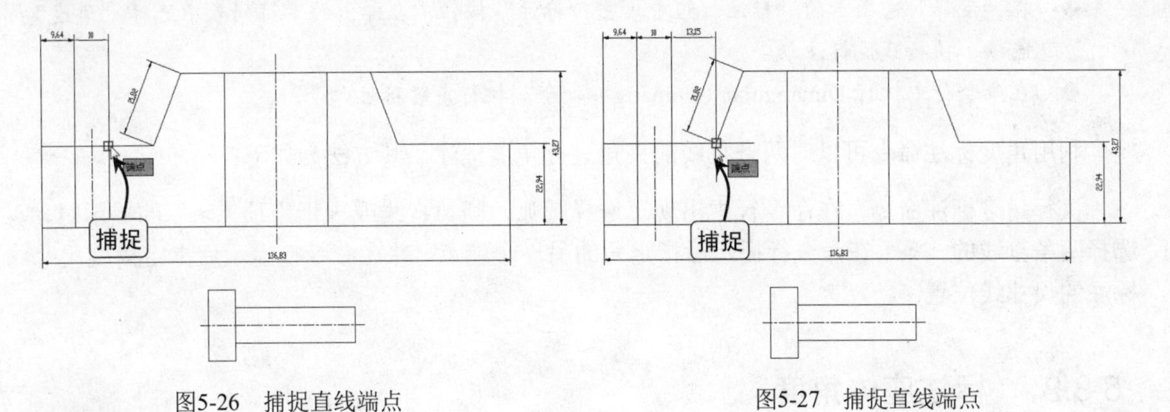

图5-26　捕捉直线端点　　　　图5-27　捕捉直线端点

Step 15 在命令行提示后继续捕捉下一个标注直线的端点，如图 5-28 所示。

Step 16 完成后按【Enter】键取消再次选择连续标注的原点，再次按【Enter】键，结束连续标注命令，标注效果如图 5-29 所示。

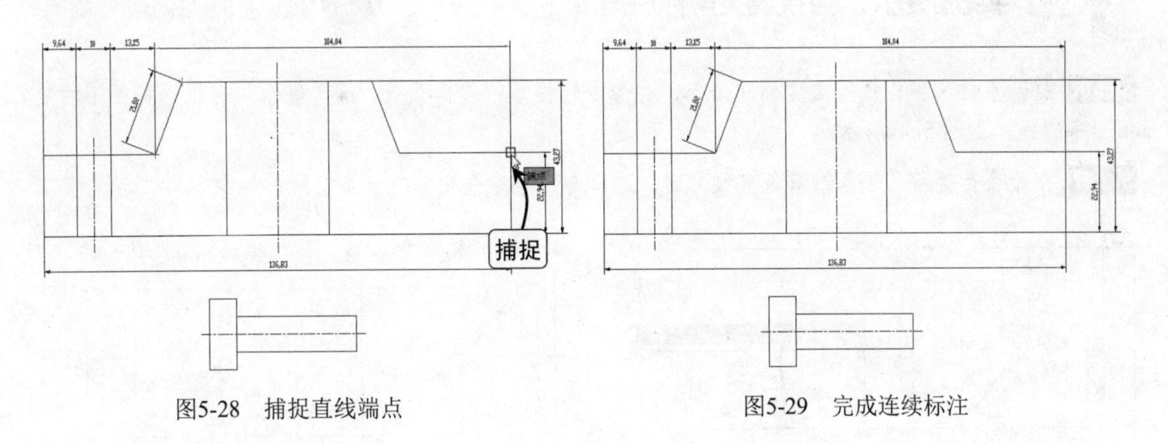

图5-28　捕捉直线端点　　　　图5-29　完成连续标注

> **提示**：基线和连续标注与其他标注的区别
>
> 对基线标注和连续标注默认是在上一个添加的标注基础上继续进行标注，如果要为图形中其他位置的标注添加基线或连续标注，可以在命令提示行提示“指定第二条尺寸界线原点”时，输入“S”命令，选择“选择”选项，然后选择图形中的标注即可。

5.3　创建角度尺寸标注

角度标注命令不仅可以用于标注所选两个对象之间的夹角，还可以对圆弧的角度进行角度标注。

5.3.1 使用角度标注

执行角度标注命令，主要有以下几种方式。

- ◆ 在“注释”选项卡的“标注”组中单击“标注”按钮，在弹出的下拉列表中选择“角度”选项，执行线性标注命令。
- ◆ 在命令行中执行 Dimangular（Dimang）命令，执行角度标注命令。

利用角度标注命令可以对两条直线的夹角进行角度标注，其方法为如下：

执行角度标注命令，在命令行中出现“选择圆弧、圆、直线或 <指定顶点>:”的提示时，选择两条直线的一条。在命令行提示后指定角的另一个端点，并在命令行提示后指定角度尺寸标注的尺寸线位置。

5.3.2 标注座体角度

下面执行角度标注命令，标注“螺栓座体”图形中两条直线的角度。

实例演示：为直线夹角标注角度

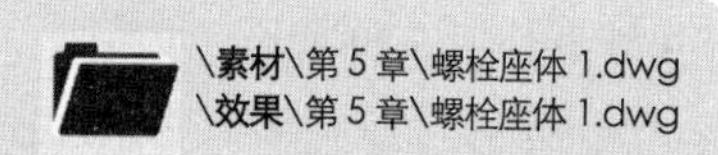

Step 01 打开素材文件，执行角度标注命令，在命令行提示“选择圆弧、圆、直线”时，选择图形右侧第一条直线，如图 5-30 所示。

Step 02 在命令行提示“选择第二条直线”时，选择与刚才直线相邻的一条直线，如图 5-31 所示。

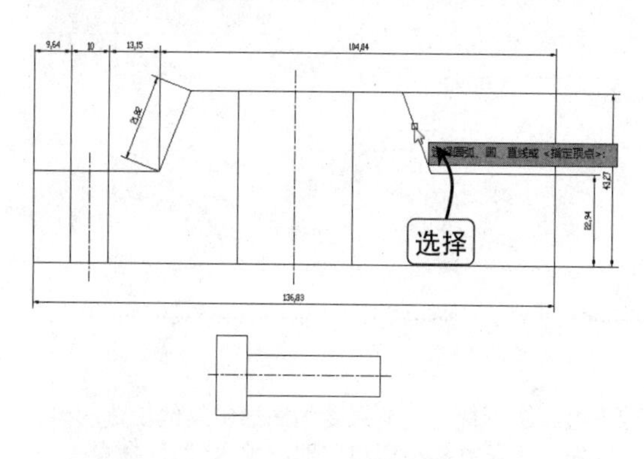

图5-30　选择第一条直线

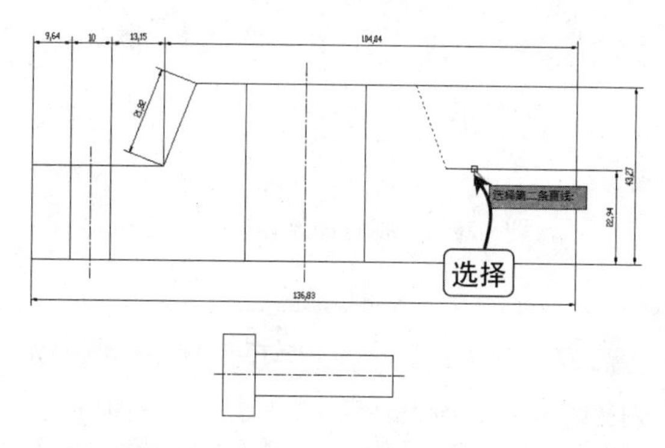

图5-31　选择第二条直线

Step 03 在命令行提示“指定标注弧线位置或 [多行文字(M)/文字(T)/角度(A)象限点（Q）]:”时将鼠标光标向右上角进行移动，并输入“5”，确定尺寸线与角度圆心之间的距离，如图 5-32 所示。

Step 04 为图形两条直线之间的夹角进行角度标注，完成后的效果如图 5-33 所示。

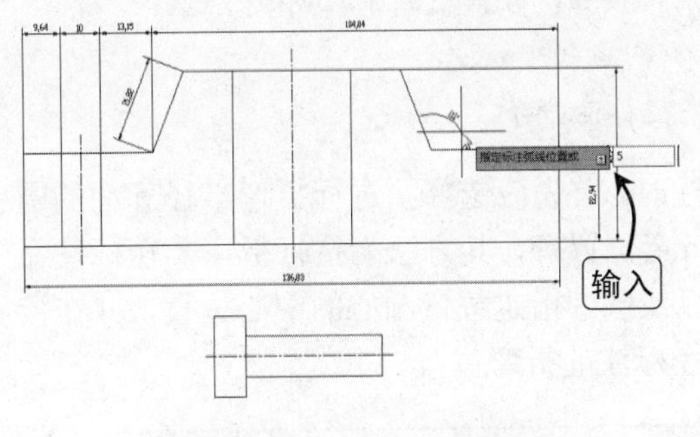

图5-32　输入标注尺寸位置

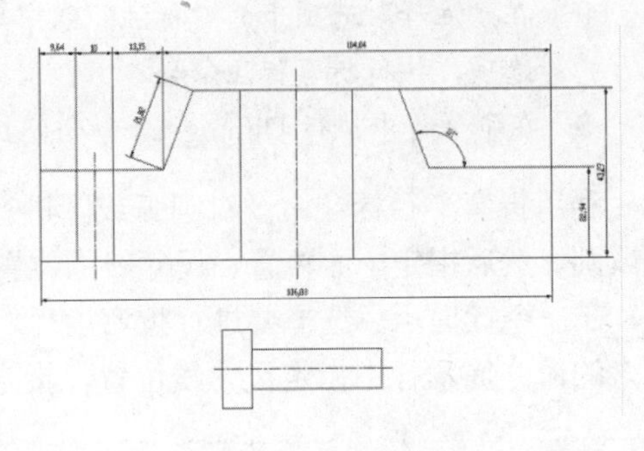

图5-33　完成角度标注

5.4　创建圆弧型尺寸标注

在机械图形的尺寸标注中，除了长度型尺寸标注、角度标注外，还有另一大类的尺寸标注，即圆弧型尺寸标注，它包括半径、直径以及折弯半径标注等。

5.4.1　直径和半径标注

直径标注用于标注圆或圆弧的直径尺寸，执行直径标注命令，主要有以下几种方式。

- 在“注释”选项卡的“标注”组中单击“标注”按钮，在弹出的下拉列表中选择“直径”选项，执行直径标注命令。
- 在命令行中执行 Dimdiameter（Dimdia）命令，执行直径标注命令。

执行直径标注命令，可以将圆或圆弧以直径的方式进行尺寸标注，其方法为执行直径标注命令，在命令行中将出现“选择圆弧或圆:”的提示，在该提示下，选择要进行直径标注的圆或圆弧，命令行将出现“指定尺寸线位置或[多行文字(M)/文字(T)/角度(A)]:”的提示，此时，一般是指定尺寸线的位置，但是用户也可以设置尺寸标注的文字及角度。半径标注用于标注圆或圆弧的半径尺寸，执行半径标注命令，主要有以下几种方式。

- 在“注释”选项卡的“标注”组中单击“标注”按钮，在弹出的下拉列表中选择“半径”选项，执行半径标注命令。
- 在命令行中执行 Dimradius（Dimrad）命令，执行半径标注命令。

执行半径标注命令，可以对圆或圆弧以半径的方式进行尺寸标注，其方法为执行半径标注命令，在命令行出现“选择圆弧或圆:”的提示后，选择要进行半径标注的圆或圆弧，此时命令行将出现“指定尺寸线位置或 [多行文字(M)/文字(T)/角度(A)]:”的提示，在该提示后指定尺寸线的位置。

5.4.2　折弯半径标注

当圆弧或圆的中心位于布局外并且无法在其实际位置显示时，使用折弯半径标注命令可以创建折弯半径标注。执行折弯半径标注命令，主要有以下几种方式。

◆ 在“注释”选项卡的“标注”组中单击“标注”按钮，在弹出的下拉列表中选择“折弯”选项，执行折弯标注命令。

◆ 在命令行中执行 Dimjogged 命令，执行折弯半径标注命令。

利用折弯半径标注命令对圆弧或圆进行尺寸标注时，首先应选择要进行折弯半径标注的圆弧或圆，然后指定中心位置、尺寸线的位置，以及折弯位置等，其方法为执行折弯半径标注命令，在命令行提示后选择要进行折弯半径标注的圆弧或圆，指定替代圆心的中心位置，并在接下来的命令提示行中指定尺寸线位置，指定折弯半径标注的折弯位置。

提示：*折弯半径的用法*

使用折弯半径尺寸标注命令，可以测量选定对象的半径，并显示前面带有一个半径符号的标注文字。用户可以在任意合适的位置指定尺寸线的原点。

5.4.3 标注连杆尺寸

下面执行半径、直径和折弯半径标注命令，标注“连杆”图形的尺寸。

实例演示：为连杆图形标注圆或圆弧直径

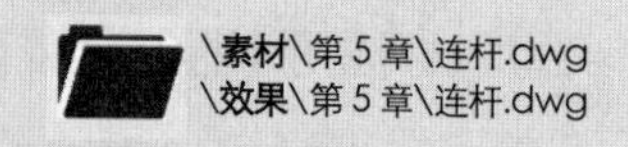

Step 01 打开素材文件，执行直径标注命令，在命令行提示“选择圆弧或圆”时选择图形中要进行标注的大圆形，如图 5-34 所示。

Step 02 在圆形的左上方单击一点，利用该点决定尺寸线的位置，如图 5-35 所示。

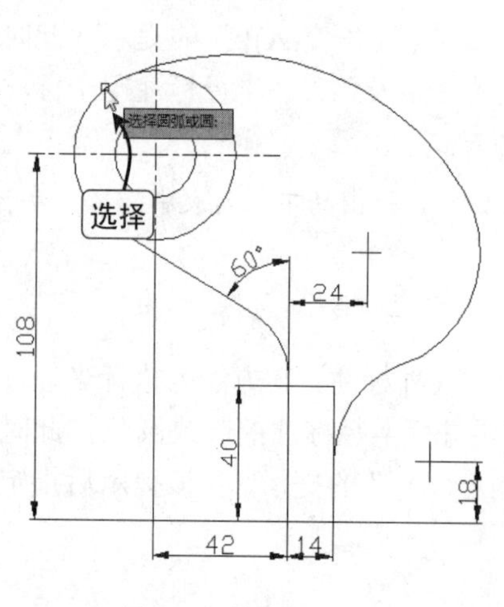

图5-34　选择圆

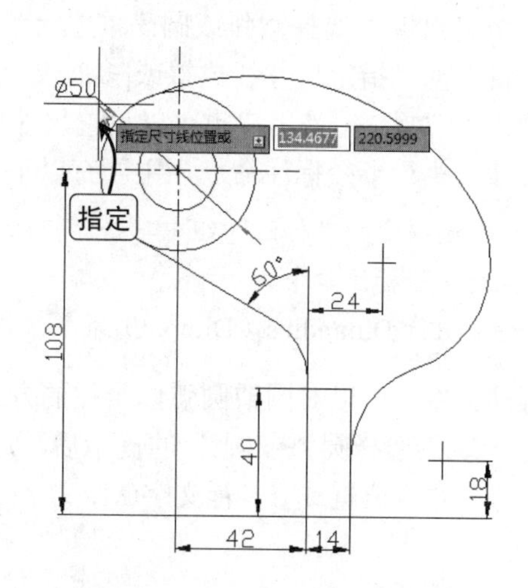

图5-35　指定尺寸线位置

Step 03 完成对大圆形的直径标注，用同样的方法为小圆形进行直径标注，如图 5-36 所示。

Step 04 执行半径标注命令，在命令行提示“选择圆弧或圆”时选择要进行标注的圆弧，如图 5-37 所示。

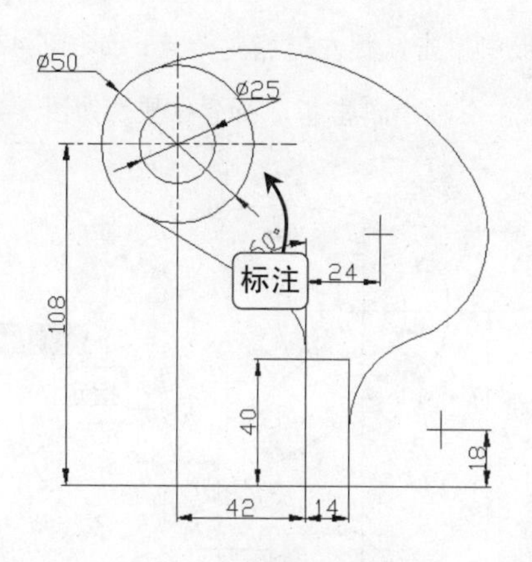

图5-36 标注圆形效果

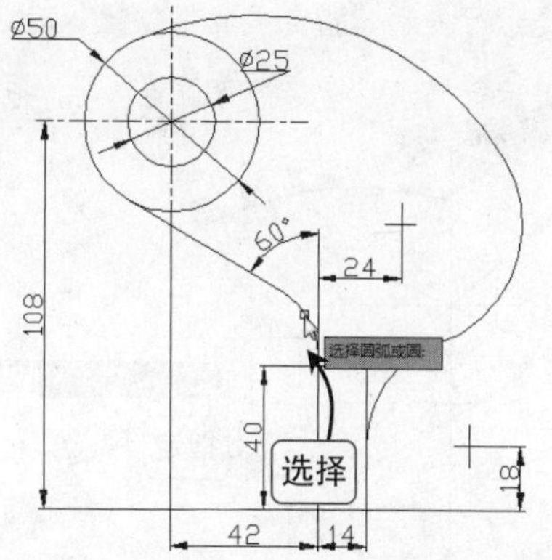

图5-37 选择圆弧

Step 05 在命令行提示“指定尺寸线位置”时，将移动鼠标光标移至合适的位置，如图 5-38 所示。

Step 06 单击鼠标左键确定半径标注的位置，完成半径标注，效果如图 5-39 所示。

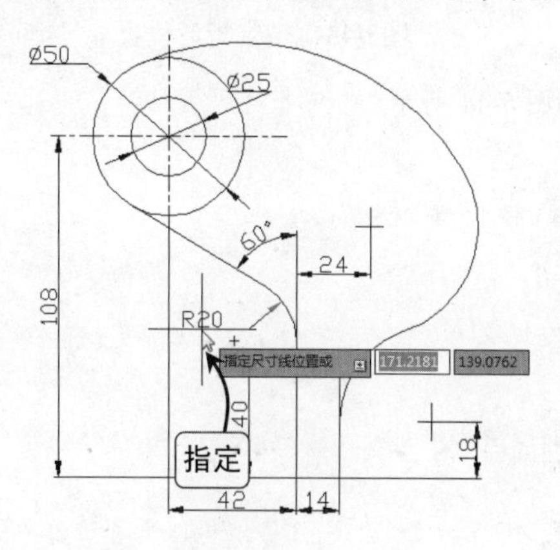

图5-38 指定尺寸线位置

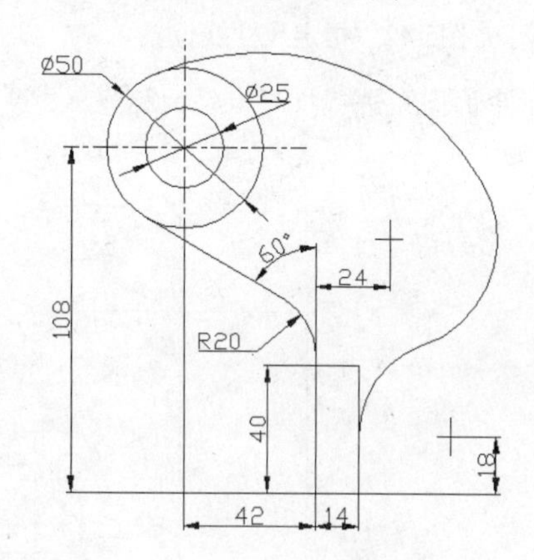

图5-39 标注半径效果

Step 07 用同样的方法执行半径标注命令，对图形中的圆弧进行半径标注，如图 5-40 所示。

Step 08 执行折弯半径标注命令，在命令行提示后，选择要进行折弯半径尺寸标注圆弧，如图 5-41 所示。

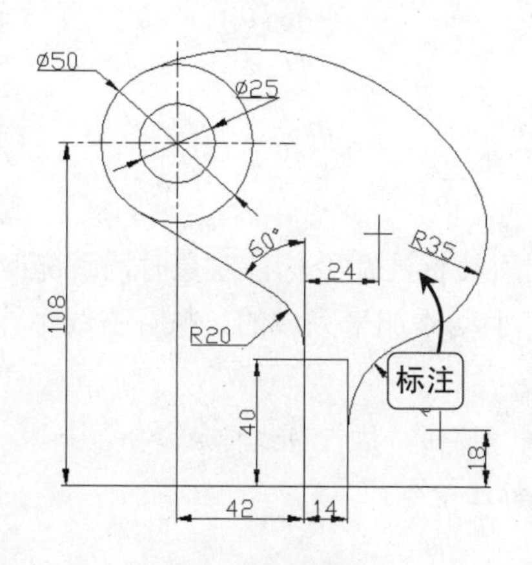

图5-40 标注直径

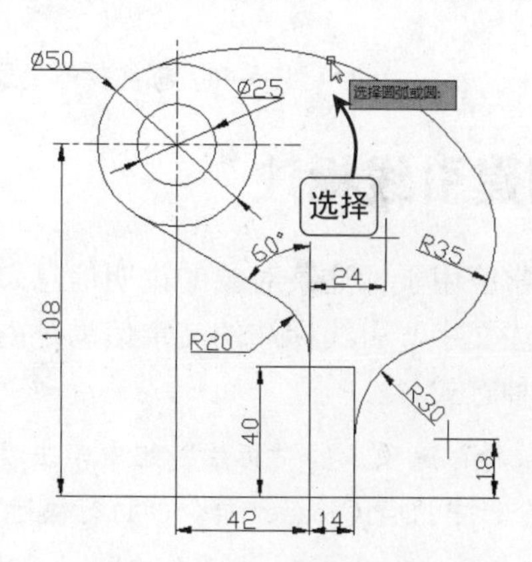

图5-41 选择圆弧

Step 09 在命令提示行提示“指定尺寸线位置”时，在图形中单击鼠标左键指定一点，如图 5-42 所示。

Step 10 在命令提示行提示“指定折弯位置”时，拖动鼠标在图形中单击指定折弯位置，如图 5-43 所示。

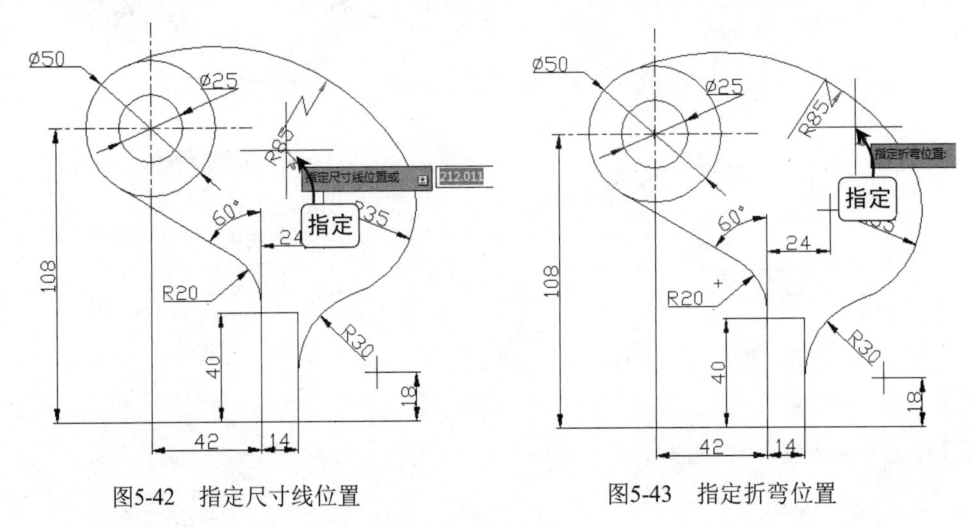

图5-42　指定尺寸线位置　　　　图5-43　指定折弯位置

Step 11 为图形中的圆弧进行折弯半径的标注，效果如图 5-44 所示。

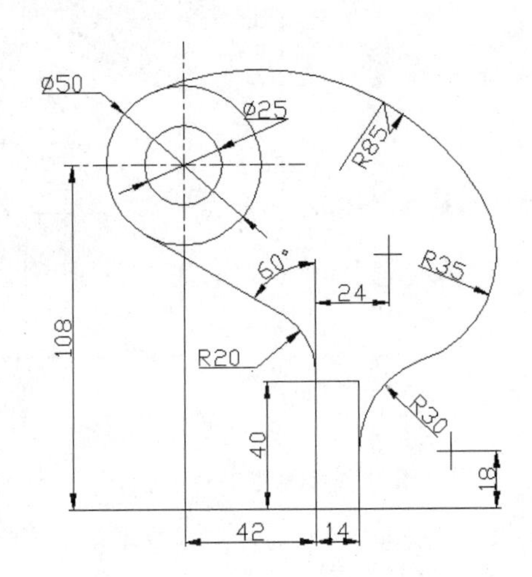

图5-44　标注折弯半径效果

5.5　创建引线标注

引线标注常应用于标注某对象的说明信息。使用引线标注命令标注对象时，系统不会自动为图形加上标注文字，引线标注的文字信息是由用户手动添加来完成的。执行引线标注命令，主要有以下几种方式。

- 在“注释”选项卡的“标注”组中单击“引线”按钮，执行引线标注命令。
- 在命令行中执行 Qleader 命令，执行快速引线标注命令。

5.5.1 控制引线及箭头外观特征

利用引线标注对图形进行说明时，可以对引线标注的引线、箭头等外观特征进行设置，其方法为执行快速引线标注命令，在命令行中将出现“指定第一个引线点或 [设置(S)] <设置>:”的提示，在命令行提示后输入“S”，选择“设置”命令，打开“引线设置”对话框，在“引线设置”对话框中单击“引线和箭头”选项卡，分别在“引线”、“点数”、“箭头”栏中设置快速引线的引线类型及箭头符号等，单击“注释”和“附着”选项卡，可对“注释类型”、“多行文字附着”等进行设置，单击“确定”按钮，返回命令行提示状态，分别指定引线的点，以及输入文字注释等。

5.5.2 利用引线标注命令

利用引线标注，可以对机械图形进行必要的文字说明，其方法为执行快速引线标注命令，在命令行提示后指定引线的第一点，在命令行提示后分别指定引线标注的第二点和第三点等，在命令行提示后输入文字注释内容。

5.5.3 引线标注螺栓

下面执行引线命令，对“螺栓”图形的倒角进行引线标注。

实例演示：为螺栓添加引线标注

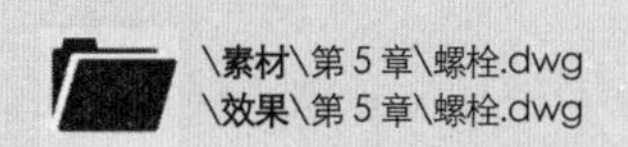

Step 01 打开素材文件，执行引线标注命令，在命令行提示“指定第一个引线点”时捕捉图形倒角处的一个端点，如图 5-45 所示。

Step 02 在命令行提示“指定下一点”时，打开极轴追踪功能，捕捉 45° 的极轴，并在命令行中输入长度为“3”，如图 5-46 所示。

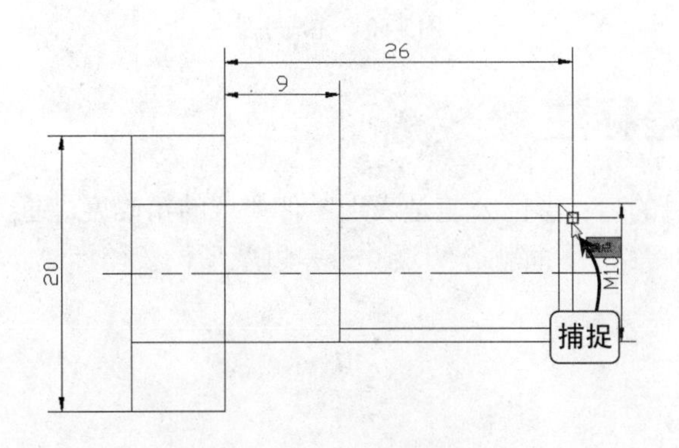

图5-45 捕捉引线端点

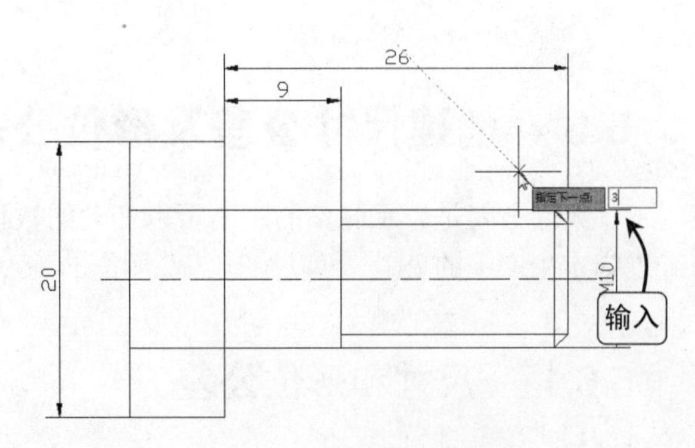

图5-46 输入引线长度

Step 03 将鼠标光标向左移动，在命令行提示“指定下一点”时，在命令行中输入长度为“1”，如图 5-47 所示。

Step 04 在命令行提示“指定文字宽度”时，直接按【Enter】键，如图 5-48 所示。

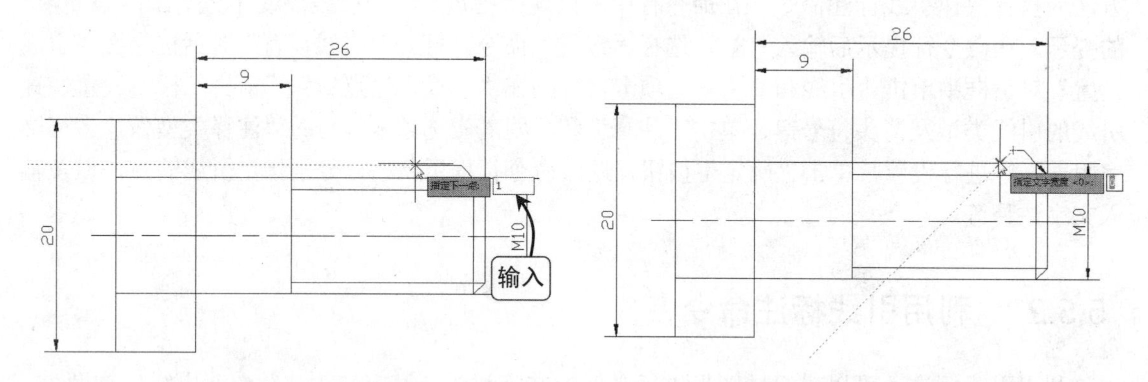

图5-47　输入引线长度　　图5-48　指定文字宽度

Step 05 在命令行提示“输入注释文字的第一行”时，出现一个文字编辑框，输入“C1”，按【Enter】键，如图 5-49 所示。

Step 06 在命令行提示“输入注释文字的下一行”时，按【Enter】键结束命令，完成标注，效果如图 5-50 所示。

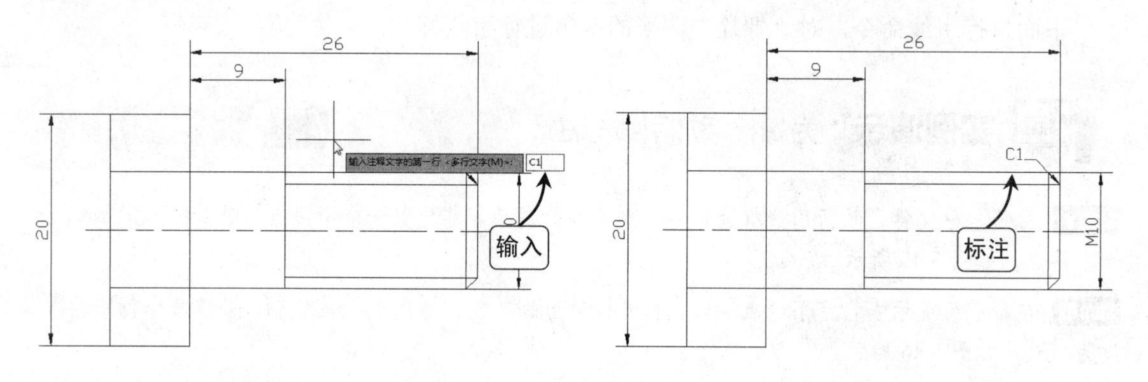

图5-49　输入注释文字　　图5-50　完成引线标注

5.6　创建尺寸公差及形位公差标注

尺寸公差是表示测量的距离可以变动的数目的值；形位公差是表现零件要求的精确度。通过指定生产中的公差，可以控制部件所需的精度等级。下面就介绍尺寸公差以及形位公差标注。

5.6.1　尺寸和形位公差

在标注尺寸公差之前，需要对尺寸标注样式进行一定的设置，然后再使用尺寸公差标注命令对要进行尺寸公差标注的图形进行标注，其方法为执行标注样式命令，打开“标注样式管理器”对话框，在“标注样式管理器”对话框中单击“替代”按钮，打开“替代当前样式”对话框框，单击“公差”选项卡，在“公差格式”栏中分别设置公差的“方式”、“精度”、“上偏差”、“下偏差”、“高度比例”等，单击“确定”按钮，返回“标注样式管理器”对话框，单击“关闭”按钮，关闭“标注样式管理器”对话框，执行尺寸标注命令，对图形进行尺寸标注。

执行形位公差命令，主要有以下几种方式。

- 在“注释”选项卡的“标注”组中单击“公差”按钮，执行形位公差命令。
- 在命令行中执行 Tolerance（TOL）命令，执行形位公差命令。

执行形位公差可以对零件的精确度进行标注，其方法为执行形位公差命令，打开“形位公差”对话框，在“符号”以及“公差”选项中设置形位公差的符号以及公差值，在“基准”项中设置基准参照等，单击“确定”按钮，返回绘图区，指定插入形位公差的位置。

5.6.2 标注阀杆

下面执行标注样式命令，对标注的公差样式进行设置，再使用对齐标注命令，对“阀杆”图形进行尺寸标注。

实例演示：为阀杆标注公差效果

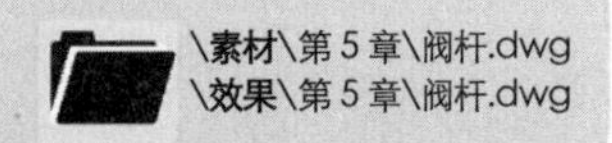

Step 01 打开素材文件，执行标注样式命令，打开“标注样式管理器”对话框，在“样式”列表中选择“机械制图”选项，然后单击“替代”按钮，如图 5-51 所示。

Step 02 打开“替代当前样式：机械制图”对话框，在“公差”选项卡中的“公差格式”栏的“方式”下拉列表中选择“极限偏差”，将“精度”项设置为 0.0，“上偏差”和“下偏差”项分别设置为 0 和 0.1，“高度比例”为 0.6，单击“确定”按钮，返回“标注样式管理器”对话框，如图 5-52 所示。

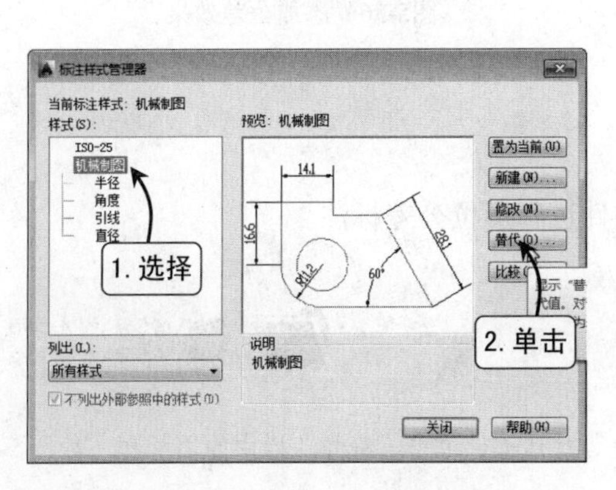

图5-51 单击“替代”按钮

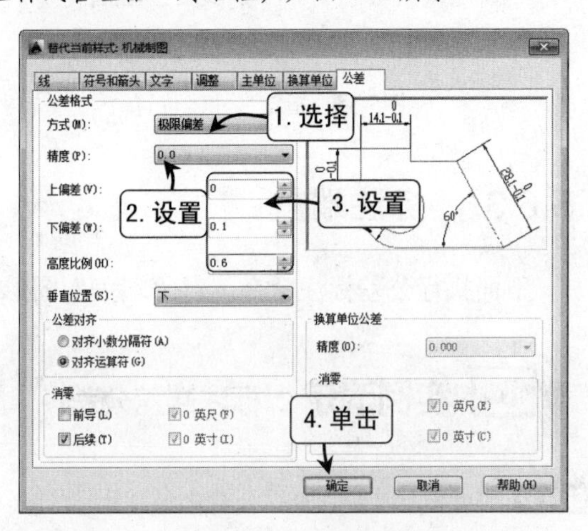

图5-52 设置公差

Step 03 执行对齐标注命令，在命令行提示后捕捉直线的端点，如图 5-53 所示。

Step 04 在命令行提示后捕捉直线的另一个端点，指定对齐标注的第二点，如图 5-54 所示。

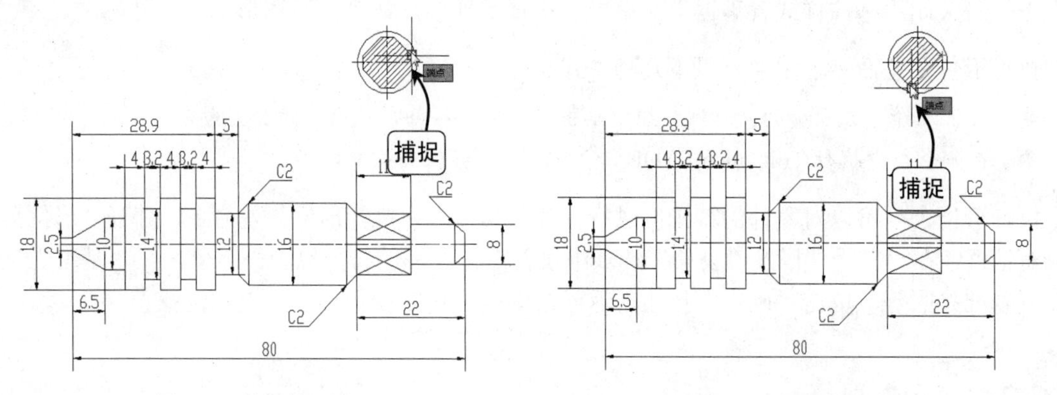

图5-53 捕捉第一点 图5-54 捕捉第二点

Step 05 在命令提示行提示“指定尺寸线位置”时，向右下角移动鼠标光标并单击，指定对齐标注的尺寸线位置，如图 5-55 所示。

Step 06 在图形中添加一个带有尺寸公差的标注，效果如图 5-56 所示。

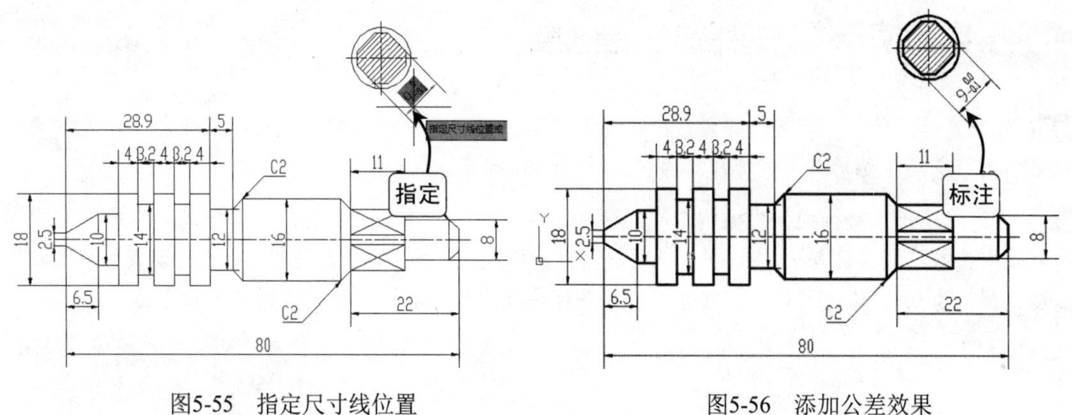

图5-55 指定尺寸线位置 图5-56 添加公差效果

5.6.3 标注端盖

下面执行公差标注命令，对“端盖”图形文件进行形位公差标注。

实例演示：标注端盖公差

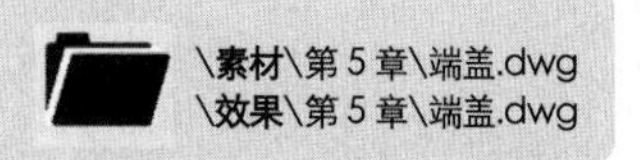

Step 01 打开素材文件，执行公差命令打开“形位公差”对话框，单击“符号”栏中的图标框，如图 5-57 所示。

Step 02 在打开的“特征符号”对话框中选择“同轴”符号，返回“形位公差”对话框，如图 5-58 所示。

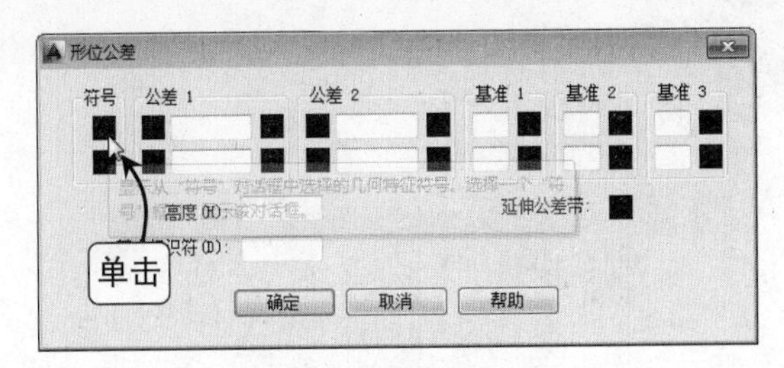

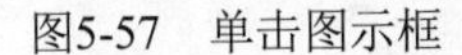
图5-57　单击图示框

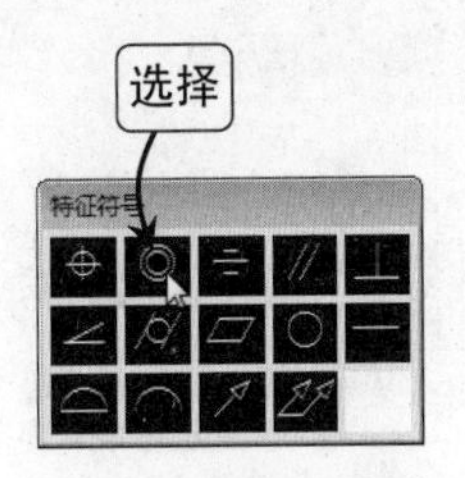

图5-58　选择符号

Step 03 在“形位公差”对话框中设置公差以及基准等，完成设置后单击“确定”按钮，返回绘图区，如图 5-59 所示。

Step 04 在绘图区中利用对象捕捉功能，捕捉引线标注的端点，如图 5-60 所示。

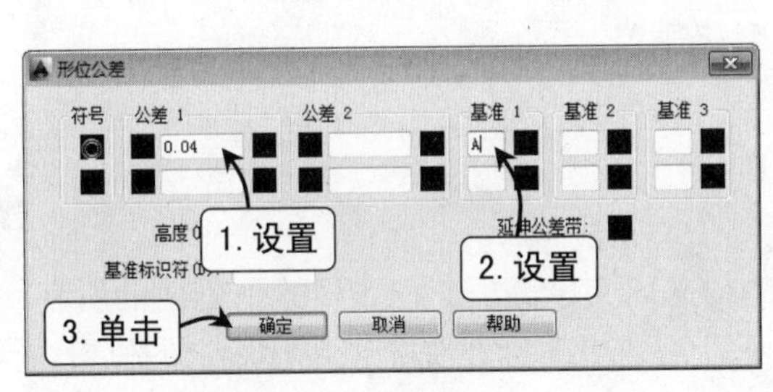

图5-59　设置公差

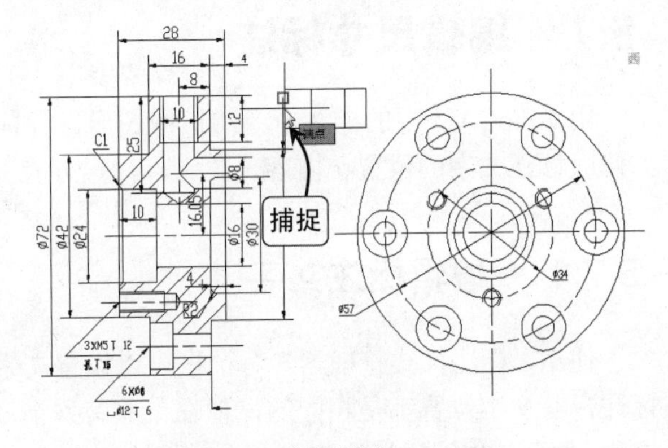

图5-60　捕捉端点

Step 05 再次执行公差命令，并单击“符号”栏中的图标框，打开“特征符号”对话框，在其中选择“垂直度”符号，如图 5-61 所示。

Step 06 在“形位公差”对话框中分别设置公差和基准，单击“确定”按钮返回绘图区，如图 5-62 所示。

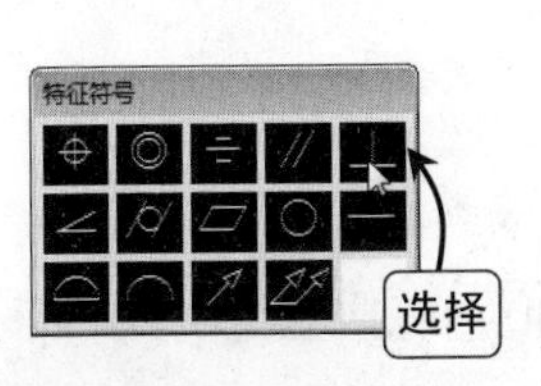

图5-61　选择符号

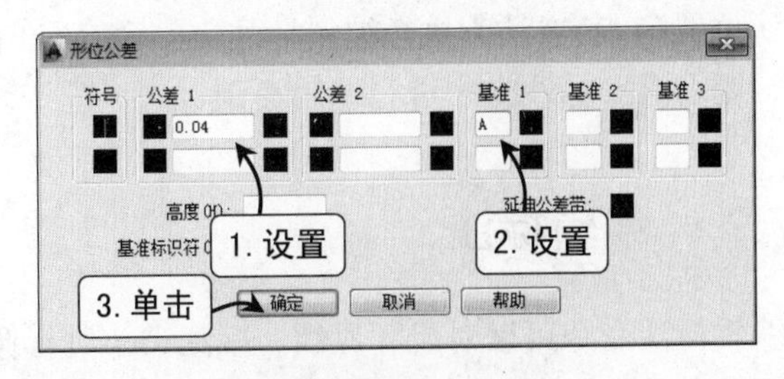

图5-62　设置公差

Step 07 在命令行提示时，在绘图区中捕捉引线的端点，如图 5-63 所示。完成形位公差的标注，如图 5-64 所示。

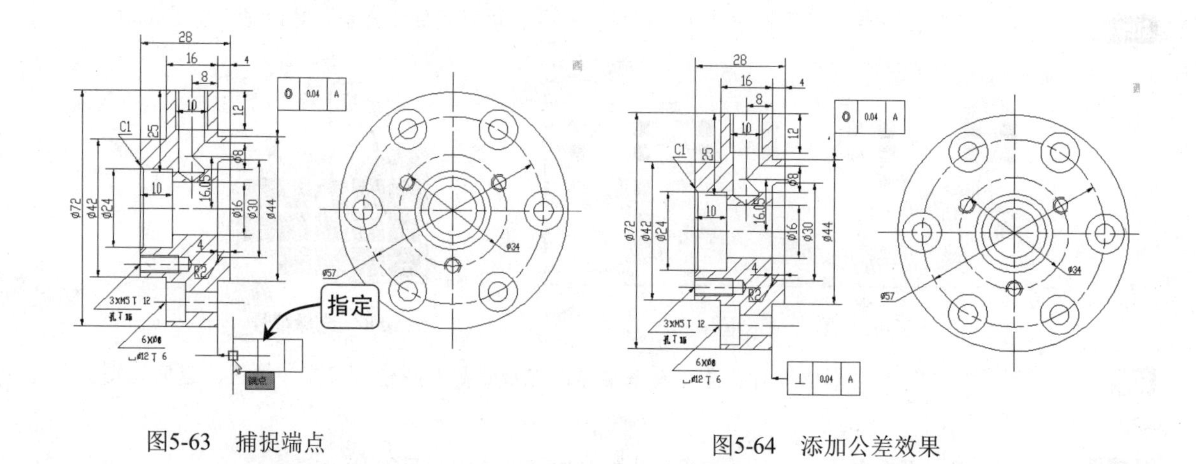

图5-63　捕捉端点　　　　图5-64　添加公差效果

5.7　编辑尺寸标注

用 AutoCAD 中的标注命令对机械图形进行标注后，根据需要还可对尺寸标注进行编辑，如修改标注文字的位置、内容，更新标注尺寸及关联标注等。

5.7.1　编辑标注文字

使用“标注样式管理器”对话框可以设置文字的样式、文字高度。在该样式下创建的所有标注，其文字位置都是相同的，但在某些特殊情况下，需要更改标注文字在尺寸线上的位置，这时，便可使用编辑标注文字命令对标注文字进行调整。执行编辑标注文字命令有以几种方式。

◆ 在“注释”选项卡的“标注”组中单击“编辑标注文字”按钮，执行编辑标注文字命令。

◆ 在命令行中执行 Dimtedit 命令，执行编辑标注文字命令。

使用编辑标注文字命令编辑标注文字，可调整标注文字位置，其中主要包括左、右、中心或默认位置等，其方法为执行编辑标注文字命令，在命令行提示后选择要进行编辑的标注文字，命令行提示后对标注文字进行编辑更改。

5.7.2　编辑标注

编辑标注命令可以对尺寸界线、标注文字进行倾斜和旋转处理。执行编辑标注命令，主要有以下几种方式。

◆ 在“注释”选项卡的“标注”组中单击“编辑标注”按钮，执行编辑标注命令。

◆ 在命令行中执行 Dimedit 命令，执行编辑标注命令。

若要对尺寸标注的文字内容进行更改，其方法为执行编辑标注命令，在命令提示后选择“新建”选项，打开“文字格式”工具栏及相应的文本框，在文本框中输入要进行更改的尺寸标注文字内容，在“文字格式”工具栏中单击“确定”按钮，在命令行提示后选择要进行编辑的尺寸标注。

5.7.3 标注更新

更新标注尺寸指将多个尺寸标注样式更新为修改后的样式，执行标注主要有以下方式。

- 在“注释”选项卡的“标注”组中单击“更新标注”按钮，执行标注更新命令。
- 在命令行中执行 Dimstyle 命令，执行标注更新命令。

使用标注更新命令，可以将重新设置的尺寸标注样式应用于尺寸标注中，其方法为执行标注样式命令，打开“标注样式管理器”对话框，在该对话框中将尺寸标注样式进行修改，完成修改后，退出“标注样式管理器”对话框，执行标注更新命令，在命令行提示后选择要进行更新的尺寸标注，按【Enter】键完成对尺寸标注的更新操作。

5.7.4 编辑盘盖标注

下面执行编辑标注文字命令，将标注的尺寸标注进行编辑，然后执行编辑标注命令，在表示直径的线性标注前加上直径符号。

实例演示：为盘盖添加直径符号标注

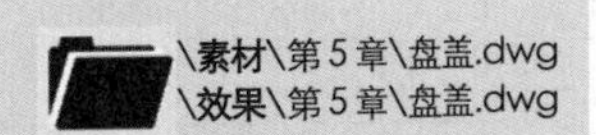

Step 01 打开素材文件，执行编辑标注命令，在命令行提示“选择标注”时，选择图形中需要编辑的标注，如图 5-65 所示。

Step 02 在命令行提示“为标注文字指定新位置”的时候，拖动鼠标将标注移动到新的位置上，如图 5-66 所示。

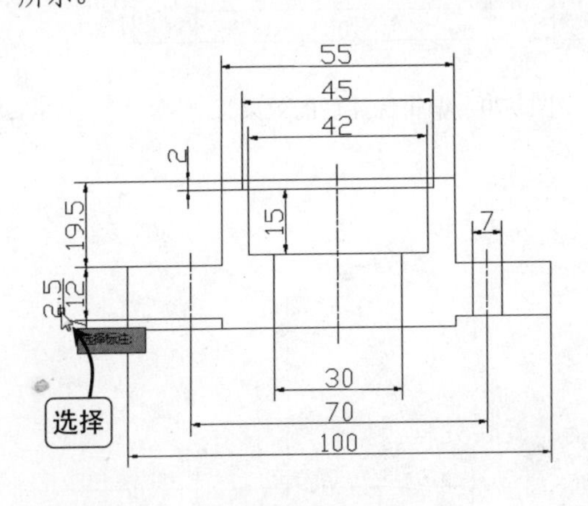

图5-65 选择标注

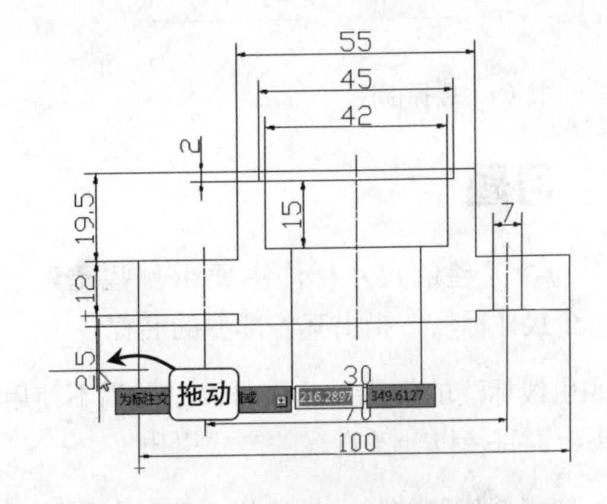

图5-66 拖动鼠标移动标注

Step 03 在命令行提示“输入标注编辑类型”时，选择“新建”选项，如图 5-67 所示。

Step 04 打开一个文本框，在文本框的 0 左侧输入“%%c”，即可显示直径符号，单击鼠标左键，返回命令提示状态，如图 5-68 所示。

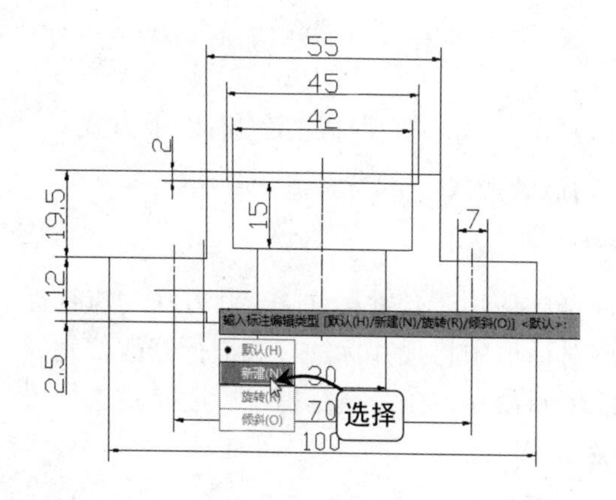

图5-67　选择“新建”选项

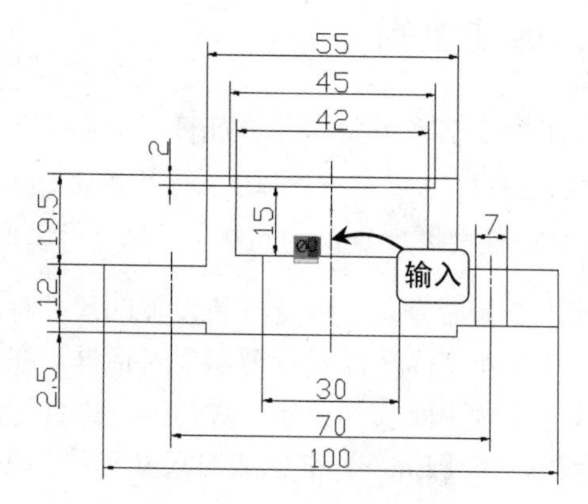

图5-68　输入文本显示直径符号

Step 05 在命令行提示“选择对象”时选择要进行编辑的标注，如图 5-69 所示。

Step 06 选择完要进行编辑的标注，按【Enter】键完成修改操作，如图 5-70 所示。

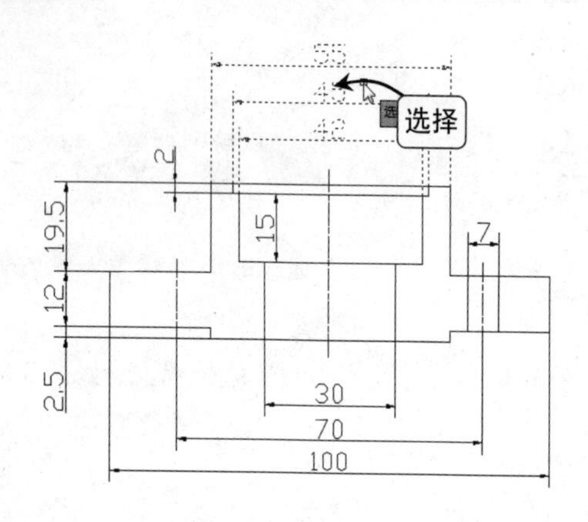

图5-69　选择标注

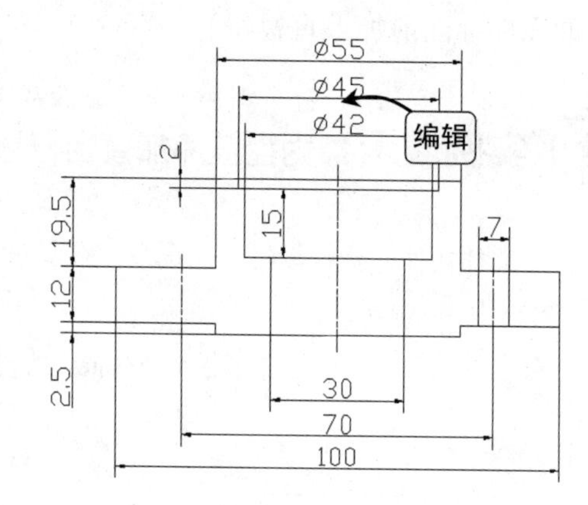

图5-70　编辑标注后的效果

5.8　习题

（1）一个完整的尺寸标注主要由哪些元素组成？找一个尺寸标注，指出其各部分的名称。

（2）引线标注的箭头端是否可以设置为不使用实心箭头，而直接以一条直线的方式引出？

（3）如何创建新的尺寸标注样式？如何删除尺寸标注样式？

（4）对如图 5-71 所示法兰盘图形进行标注（课件：\效果\第 5 章\法兰盘.dwg）。

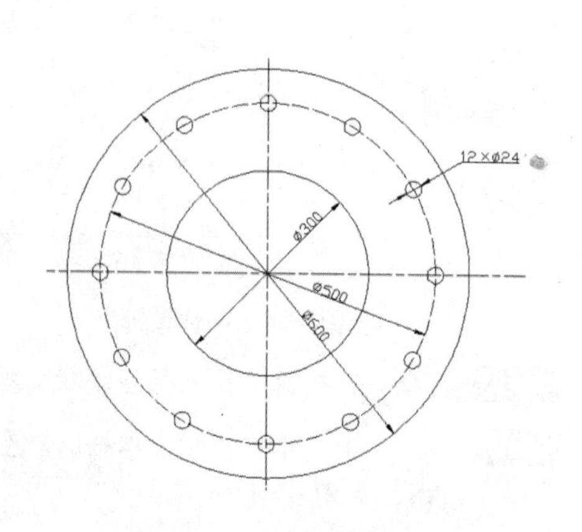

图 5-71　法兰盘

（5）对如图 5-72 所示法兰盘主视图形进行标注（课件：\效果\第 5 章\法兰盘主视图.dwg）。

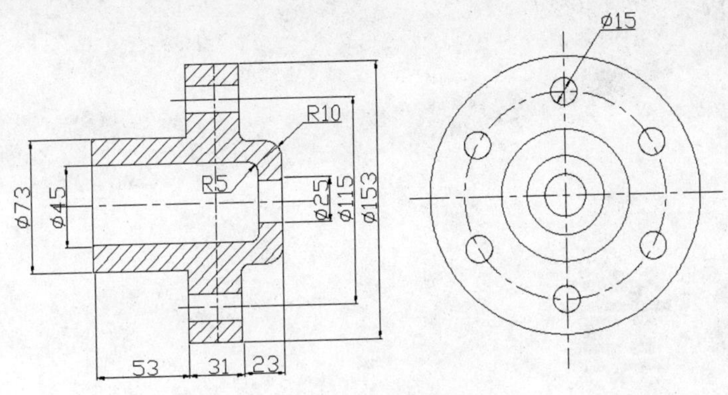

图 5-72　法兰盘主视图

第 6 章
绘制机械零件图

本章内容

零件图是生产中指导制造和检验零件的图样，在绘制零件图的过程中，涉及的最多的视图有主视图、左视图等，如果图形内部结构比较复杂，还可以配合以剖视图、剖面图等视图对零件进行表达。本章将介绍机械设计中零件图的绘制方法。

要点导读

- 机械零件图基础：对机械轴类零件的基础知识进行介绍。
- 绘制轴类零件图：介绍轴类图形主视图和剖视图的绘制。
- 绘制盘类零件图：介绍盘类图形左视图和主视图的绘制。
- 绘制叉架类零件图：介绍叉架类图形左视图和主视图以及 A 向视图的绘制。

6.1 机械零件图基础

零件图是生产中指导制造和检验零件的图样，它不仅应将零件的材料、内外结构、形状和大小表达清楚，还要对零件的加工、检验、测量提出必要的技术要求。

在对零件结构形状进行分析之前，首先根据零件的工作位置或加工位置，选择最能反映零件特征的视图作为主视图，然后再选取其他视图；选取其他视图时，在能表达零件内外结构和形状的前提下，尽量减少图形数量，以便画图和看图。零件图主要包括以下几项内容。

- **一组视图**：使用剖视图、剖面图等视图来表达零件内、外形状和结构。
- **尺寸数据**：在零件图中应准确、完整、清晰和合理地标注零件所需要的全部尺寸。
- **技术要求**：在零件图中必须用规定的代号、数字和文字，简明地表示制造和检验时所应达到的技术要求。
- **标题栏**：在零件图中用标题栏写出零件名称、数量、比例、图号以及设计者、制图者、校核人员等。

6.2 绘制轴类零件图

在机械设计中，轴是一类很普遍的零件，主要有如下一些常见结构。

- **阶梯**：由于轴的各部分直径不同，从而形成的阶梯。
- **螺纹和螺纹退刀槽**：为连接轴上的零件，在轴上常用螺纹，螺纹根部一般有螺纹退刀槽，以便于装配和加工。
- **键槽**：键和键槽的作用是连接轴和轴上的传动件，如齿轮等。

在绘制轴类的零件图时，一般将轴的轴线水平放置，然后用主视图来表达轴的外形。对于螺纹和键槽等结构，一般以剖面图、局部剖视图的方式进行绘制，一些细小结构应绘制局部放大图，以便表达形状和标注尺寸。

6.2.1 绘制低速轴主视图

绘制低速轴零件图形，首先绘制低速轴零件的主视图，然后在其基础上再绘制剖面图，接着对图形尺寸进行标注等操作。下面讲解执行构造线、多段线、直线、图、镜像、删除、修剪及缩放等命令的操作，以及使用图层功能绘制低速轴图形的主视图。

实例演示：绘制低速主视图

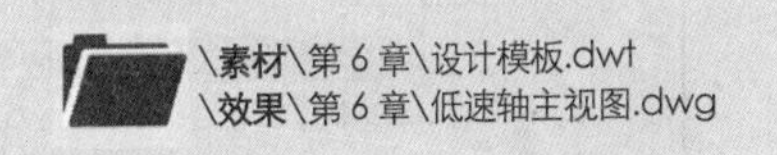

Step 01 在 AutoCAD 2014 工作界面执行新建命令，使用“设计模板.dwt”创建新图形文件，并将其保存为“低速轴.dwg”图形文件，如图 6-1 所示。

Step 02 执行构造线命令，在屏幕上拾取一点，指定构造线的起点，并利用正交功能在水平方向上指定构造线所通过的点，如图 6-2 所示。

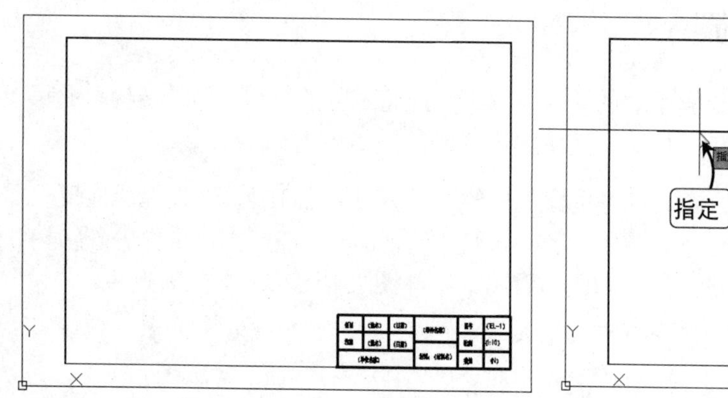

图6-1 根据模板创建文件

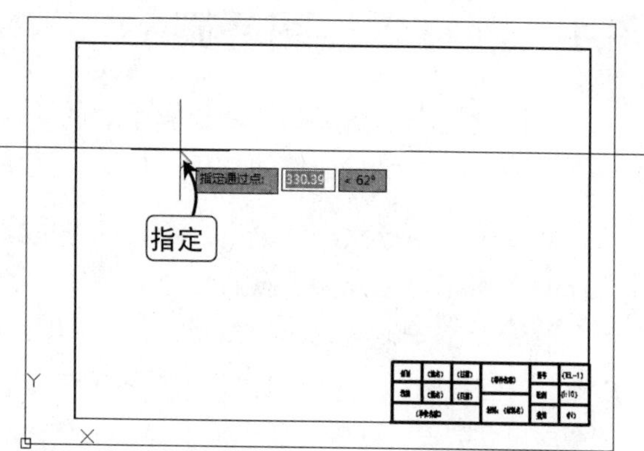

图6-2 指定起点

Step 03 将鼠标向竖直方向上移，在垂直方向上指定另一条构造线所通过的点，并选择该两条线，将其线型设置为“CENTER”，如图 6-3 所示。

Step 04 执行多段线命令，捕捉辅助线的交点，作为多段线的起点，如图 6-4 所示。

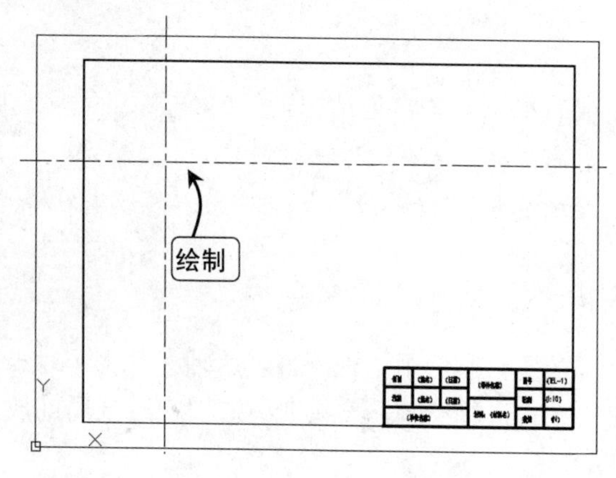

图6-3 绘制辅助线

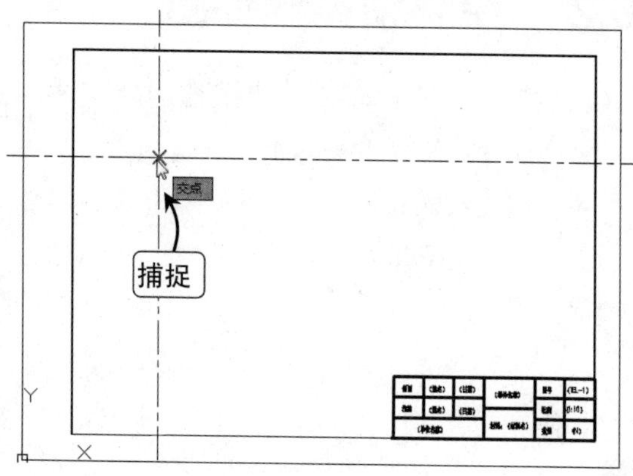

图6-4 捕捉交点

Step 05 在命令行提示后输入“@0,27.5”，指定多段线的第二点坐标，如图 6-5 所示。

Step 06 在命令行提示后输入“@2.5,2.5”，指定多段线的下一点，并再次打开“正交”功能，将鼠标向右移动，如图 6-6 所示。

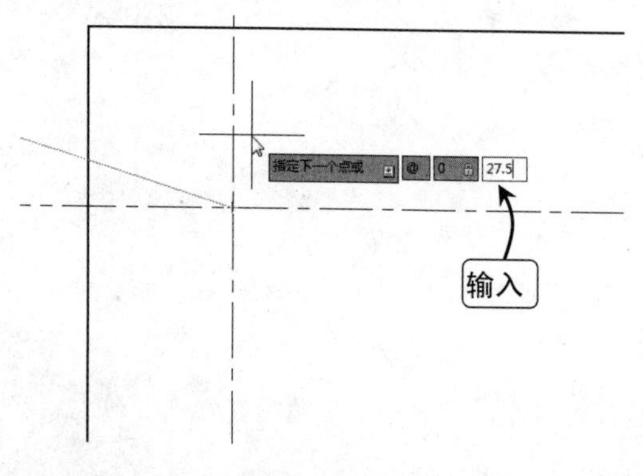

图6-5 指定多段线的第二点坐标

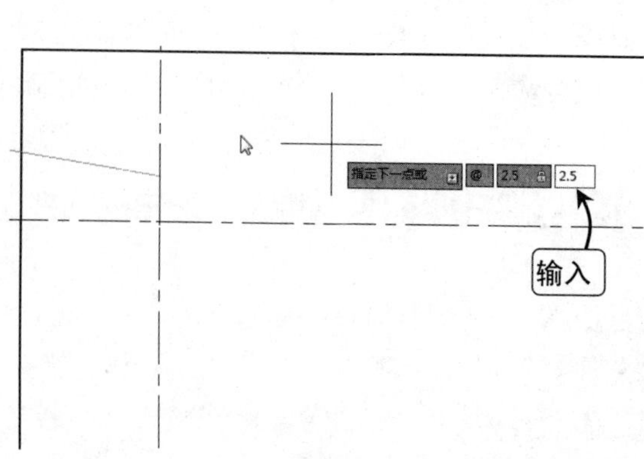

图6-6 指定多段线下一点

Step 07 在命令行提示后输入“105.5”，指定水平方向上多段线的长度，并向上移动鼠标，如图 6-7 所示。

Step 08 用同样的方法向上移动 5，向右移动 55，向下移动 5，然后在命令行提示后选择“圆弧”选项，将鼠标向右移动，在命令行提示后输入“3”，指定圆弧端点位置，如图 6-8 所示。

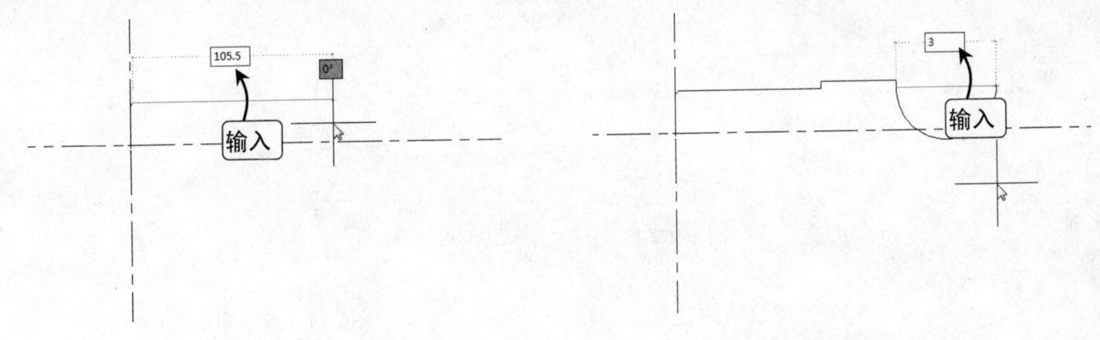

图6-7 指定多段线输入长度

图6-8 指定圆弧端点位置

Step 09 在命令行提示后选择“直线”选项，并将鼠标向右移动。在命令行提示后输入“60”，指定水平方向上多段线的长度，如图 6-9 所示。

Step 10 将鼠标向下移动。在命令行提示后输入“2.5”，指定垂直方向上多段线的长度，将鼠标向右移动，在命令行提示后输入“70”，指定多段线水平方向上的长度，如图 6-10 所示。

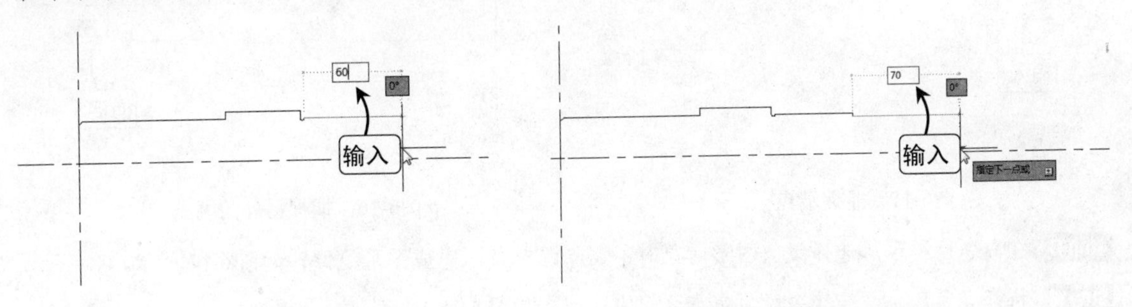

图6-9 指定多段线长度

图6-10 指定多段线长度

Step 11 在命令行提示后输入“@2.5,2.5”，指定多段线的下一点，如图 6-11 所示。

Step 12 打开“正交”功能，在命令行提示后捕捉水平辅助线的垂足点，指定多段线的端点，如图 6-12 所示。

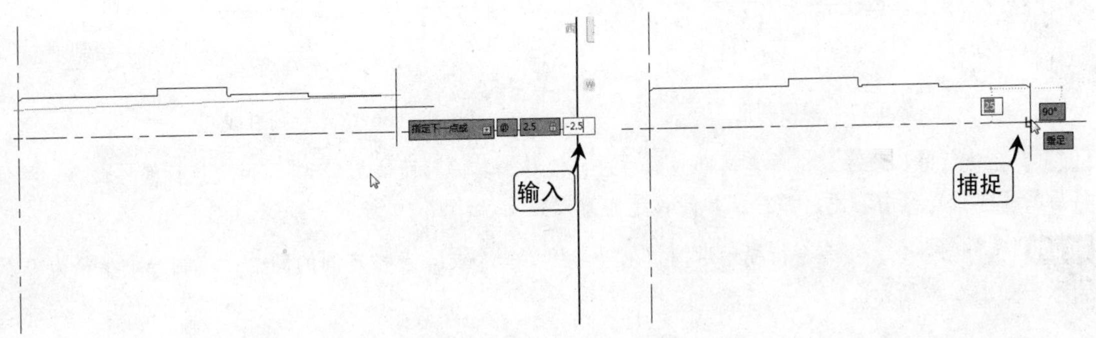

图6-11 指定多段线下一点

图6-12 捕捉端点

Step 13 结束多段线命令，完成低速轴一半轮廓的绘制，如图 6-13 所示。

Step 14 执行镜像命令，在命令行提示后选择绘制的多段线，指定镜像对象，如图 6-14 所示。

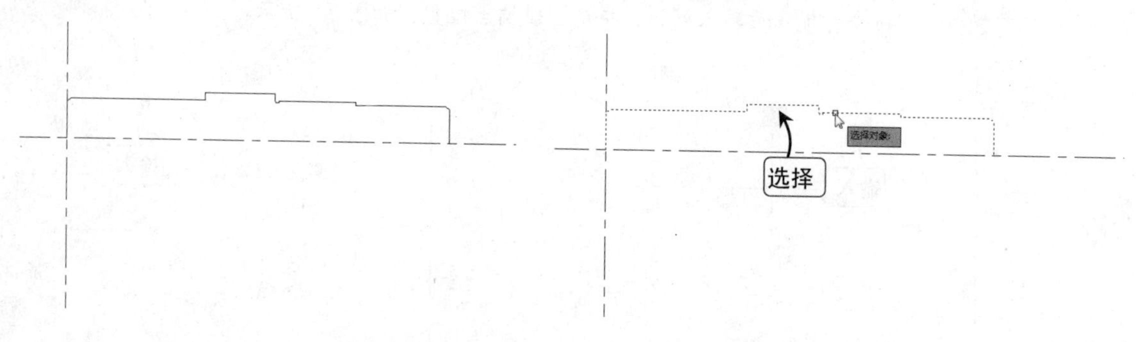

图6-13　完成绘制　　图6-14　选择图形

Step 15 在命令行提示后捕捉多段线与水平辅助线的交点，指定镜像线的第一点，如图 6-15 所示。

Step 16 在命令行提示后捕捉水平辅助线与多段线另一端的端点，指定镜像线的第二点，如图 6-16 所示。

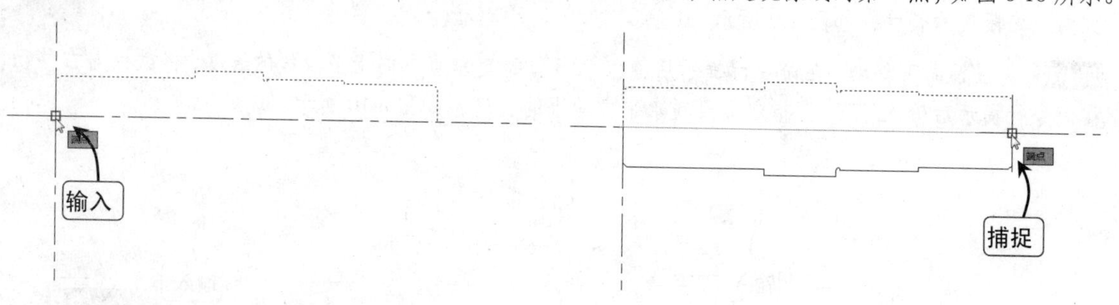

图6-15　捕捉端点　　图6-16　捕捉另外的端点

Step 17 在命令行提示后选择镜像图形对象时不删除源对象，完成图形镜像，如图 6-17 所示。

Step 18 执行直线命令，连接多段线角点之间的连线，如图 6-18 所示。

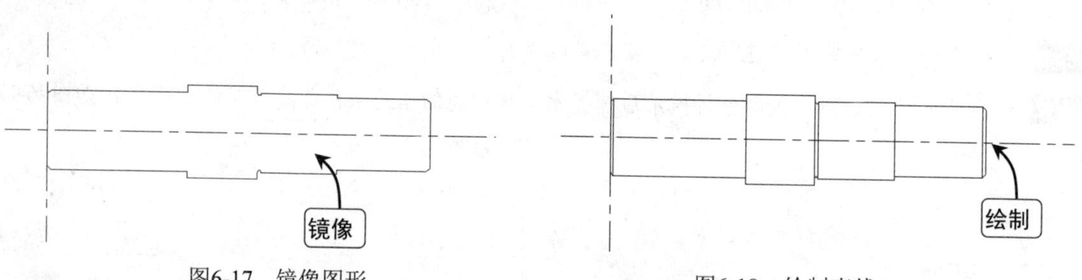

图6-17　镜像图形　　图6-18　绘制直线

Step 19 在执行偏移命令，将垂直辅助线向右进行偏移，其偏移距离为“59”，再次执行偏移命令，将偏移后的垂直辅助线向右进行偏移，其偏移距离为“37”，如图 6-19 所示。

Step 20 执行圆命令，在命令行提示后捕捉辅助线的第一个交点，指定圆的圆心，绘制一个半径为 9 的圆形，如图 6-20 所示。

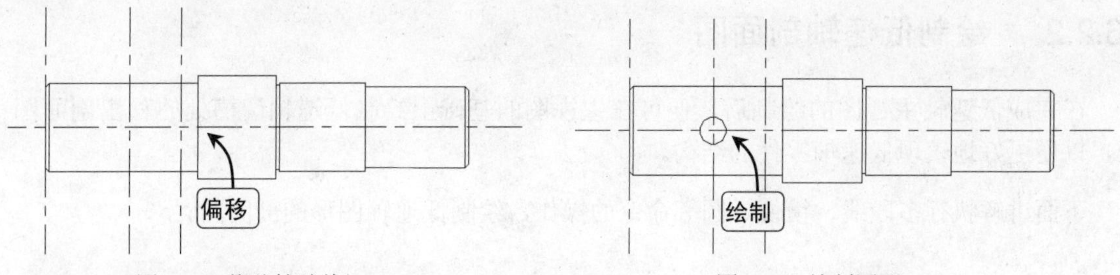

图6-19 偏移辅助线　　　　图6-20 绘制圆形

Step 21 执行复制命令，在命令行提示后捕捉辅助线的第一个交点，指定复制的基点。在命令行提示后捕捉辅助线的第二个交点，指定复制的第二点，如图 6-21 所示。

Step 22 执行直线命令，连接两个圆切点之间的直线，如图 6-22 所示。

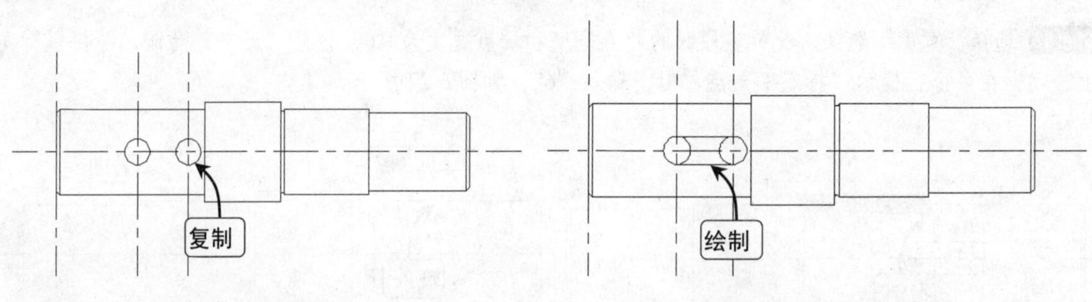

图6-21 复制圆形　　　　图6-22 绘制直线

Step 23 执行删除命令，将左边的垂直辅助线删除。执行修剪命令，修剪键槽的圆及辅助线，如图 6-23 所示。

Step 24 执行缩放命令，将键槽的垂直辅助线进行放大处理，其比例为 2，如图 6-24 所示。

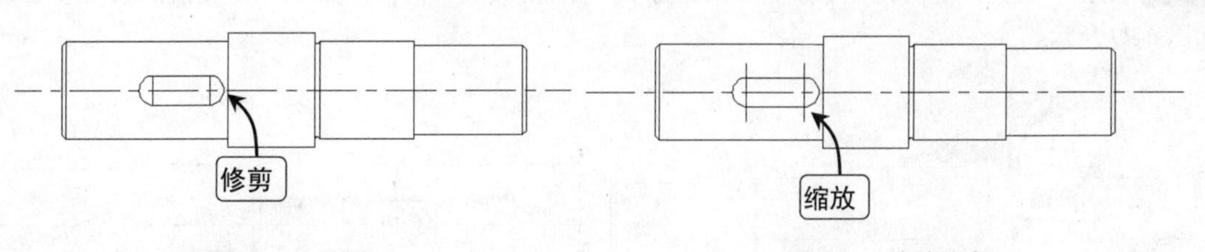

图6-23 修剪图形　　　　图6-24 缩放线条

Step 25 使用相同的命令，将水平辅助线以多段线两端为边界进行修剪，再将其进行放大，其比例为 1.1，完成图形的绘制，如图 6-25 所示。

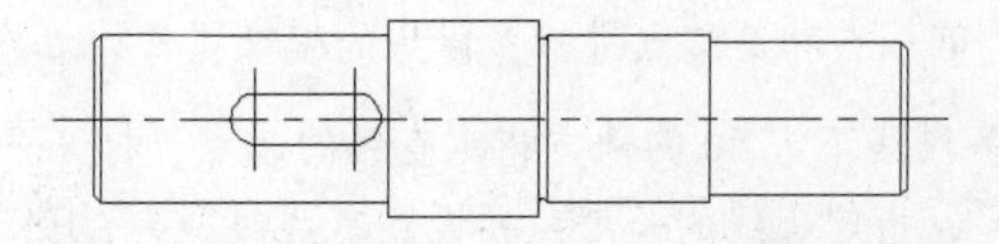

图6-25 修剪和缩放辅助线

6.2.2　绘制低速轴剖面图

在完成低速轴主视图的绘制后，便可在主视图的基础上绘制低速轴键槽处的移出剖面图形，以便更好地表现低速轴零件的结构。

下面讲解执行多段线、镜像、圆等命令的操作，绘制低速轴图形的剖面图。

实例演示：绘制低速轴剖面图

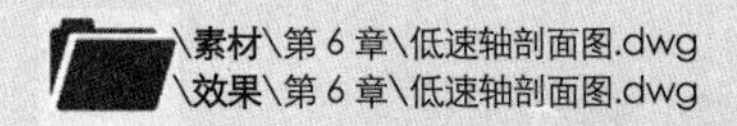

Step 01 打开“低速轴剖面图”素材文件，执行多段线命令，在键槽上方拾取一点，指定多段线的起点，如图 6-26 所示。

Step 02 选择“宽度”选项，设置多段线的起点宽度和端点宽度为 0.6，打开“正交”功能，并将鼠标向上移动，在命令行提示“指定下一点”时，输入“6”，如图 6-27 所示。

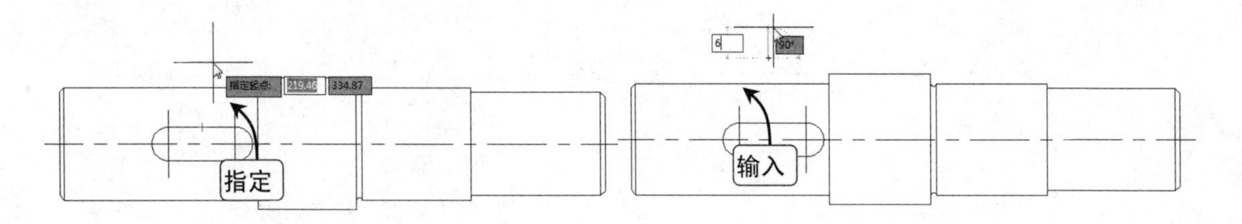

图6-26　指定多线段的起点　　　　图6-27　指定下一点

Step 03 将鼠标向右移动，设置多段线的起点宽度和端点宽度为 0.2，在命令行提示“指定下一点”时，输入“2”，如图 6-28 所示。

Step 04 选择“宽度”选项，将起点宽度设置为 3，端点宽度设置为 0，长度为 5，绘制一个箭头图形，如图 6-29 所示。

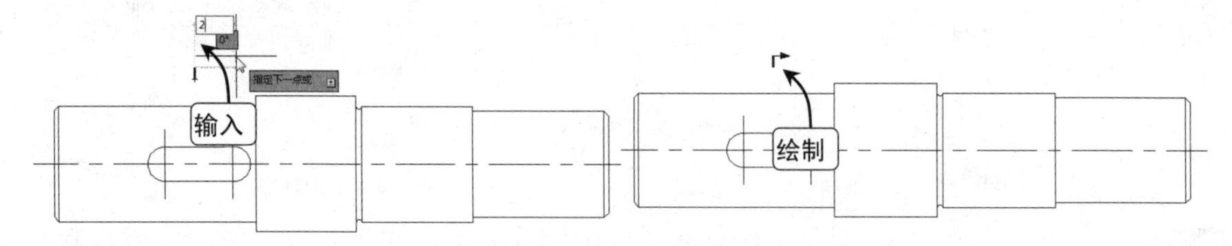

图6-28　指定下一点　　　　图6-29　绘制箭头图形

Step 05 执行镜像命令，在命令行提示后选中绘制的多段线，指定镜像的对象，并分别以水平辅助线的左侧端点和右侧端点为镜像线的第一点和第二点进行多段线的镜像操作，如图 6-30 所示。

Step 06 执行直线命令，在距离多段线下方 40 的地方指定直线的起点，打开“正交”功能，将鼠标向下移动，在命令行提示后输入“70”，指定直线的长度，并设置直线线型为 CENTER，如图 6-31 所示。

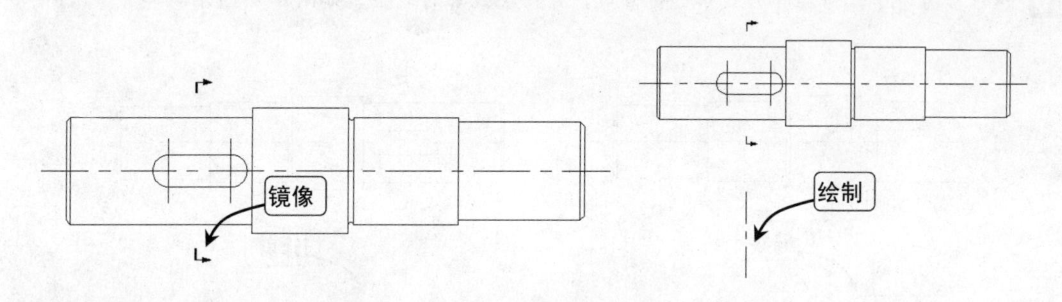

图6-30 镜像图形　　图6-31 绘制直线

Step 07 执行镜像命令，在命令行提示“选择对象”后选择绘制的直线，在命令行提示“指定镜像线的第一点”后捕捉直线的中点，指定镜像线的第一点，如图 6-32 所示。

Step 08 在命令行提示“指定镜像线的第二点”后打开“极轴”功能，在 45°角的位置拾取镜像线的第二点，如图 6-33 所示。

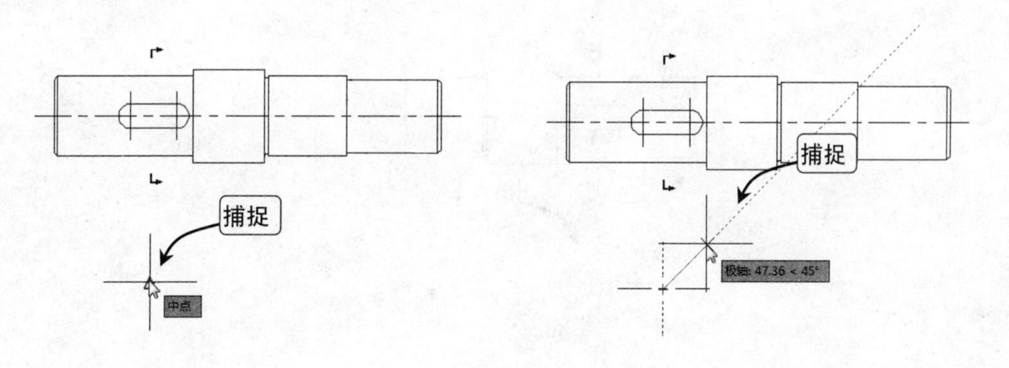

图6-32 捕捉中点　　图6-33 捕捉极轴

Step 09 在命令行提示后选择镜像图形对象时不删除源对象，镜像复制绘制的直线，如图 6-34 所示。

Step 10 执行圆命令，在命令行提示后捕捉直线的交点作为圆的圆心，并输入“30”，指定圆的半径，如图 6-35 所示。

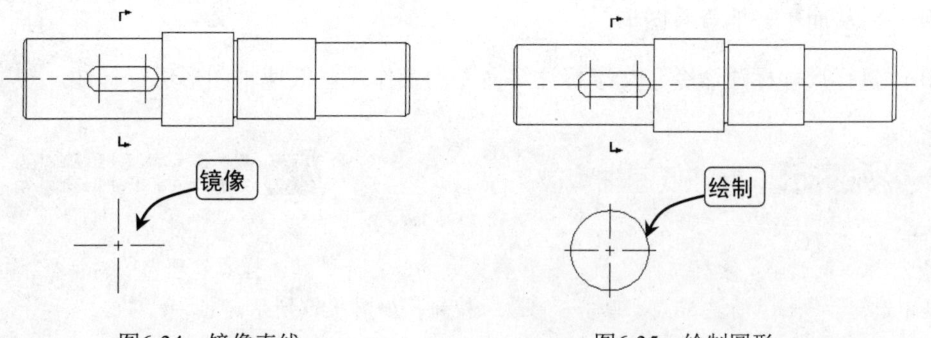

图6-34 镜像直线　　图6-35 绘制圆形

Step 11 执行偏移命令，将竖直辅助线向右进行偏移，其偏移距离为 22；再次执行偏移命令，将水平辅助线分别向上和向下进行偏移，其偏移距离为 9，如图 6-36 所示。

Step 12 执行修剪命令，将偏移的线条进行修剪，并更改线条的线型，如图 6-37 所示。

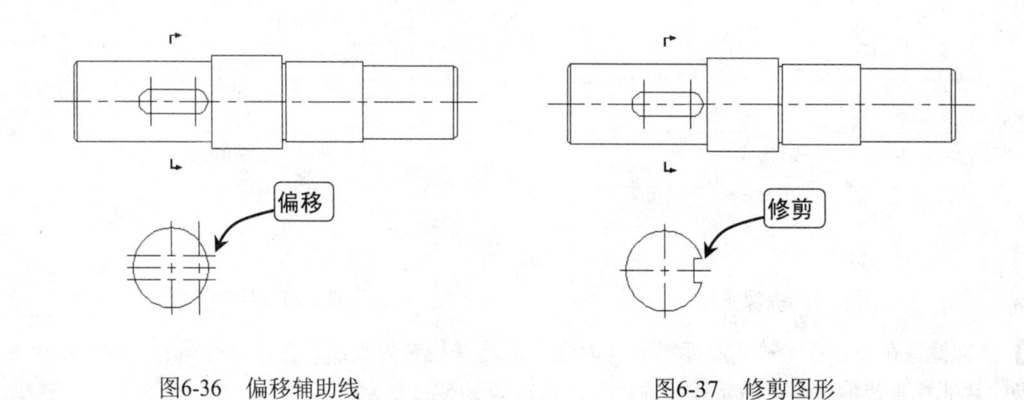

图6-36　偏移辅助线　　　　图6-37　修剪图形

Step 13 执行图案填充命令，将剖切面以图案进行填充处理，填充图案为“ANSI31”，填充比例为 2，如图 6-38 所示。

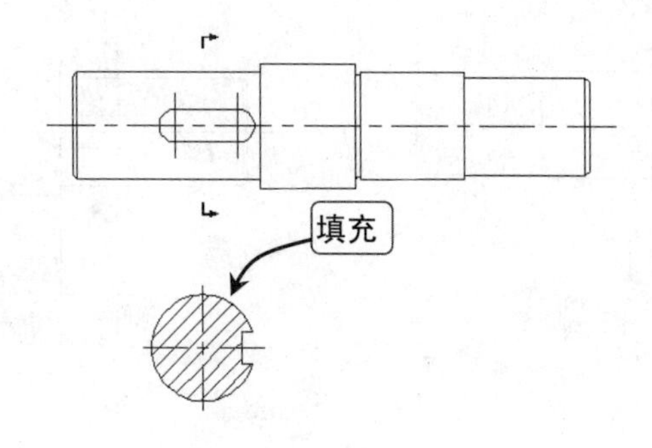

图6-38　填充图形

6.2.3　标注低速轴

在完成低速轴零件图形的主视图以及剖面图形绘制之后，便可对图形进行尺寸标注和文字说明的操作等，从而更好地查看图形。

下面讲解执行尺寸标注命令、文字标注等命令的操作，对低速轴图形进行标注。

Step 01 打开“标注低速轴”素材文件，执行标注样式命令，打开“标注样式管理器”对话框，在“样式”列表框中选择“机械”标注样式，单击“修改”按钮，如图 6-39 所示。

Step 02 在“修改标注样式：机械”对话框中单击“调整”选项卡，选中“使用全局比例”单选按钮，比例设置为 2，单击“确定”按钮返回“标注样式管理器”对话框，单击“关闭”按钮，如图 6-40 所示。

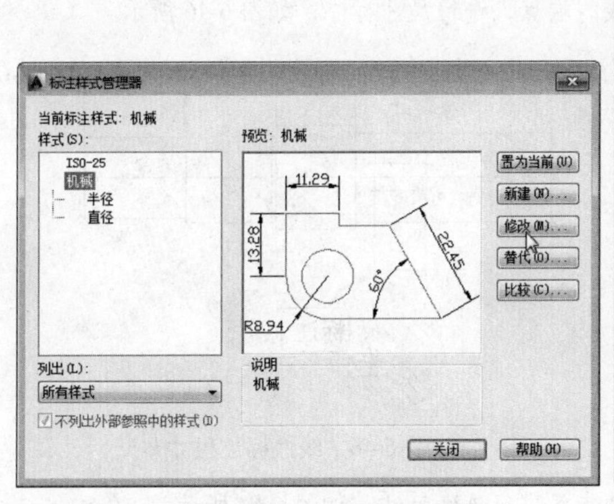

图6-39 选择机械标注样式

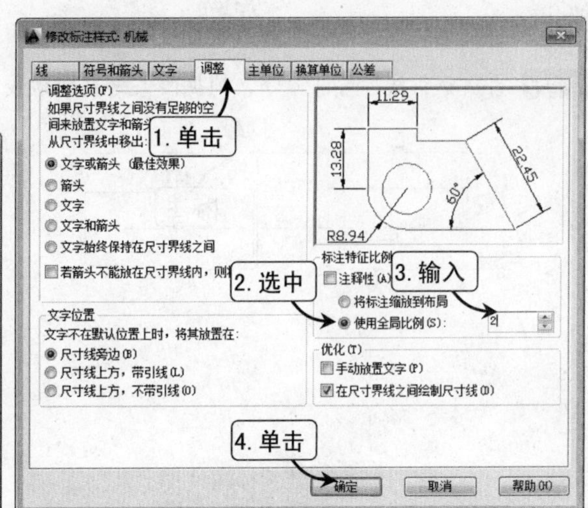

图6-40 调整标注样式

Step 03 执行线性标注命令，在命令行提示后捕捉直线的端点，如图 6-41 所示。

Step 04 在命令行提示后捕捉直线的端点，指定第二尺寸界线的原点，如图 6-42 所示。

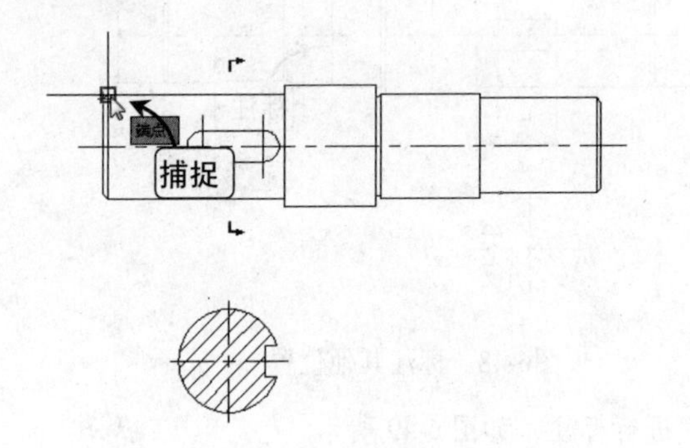

图6-41 捕捉端点

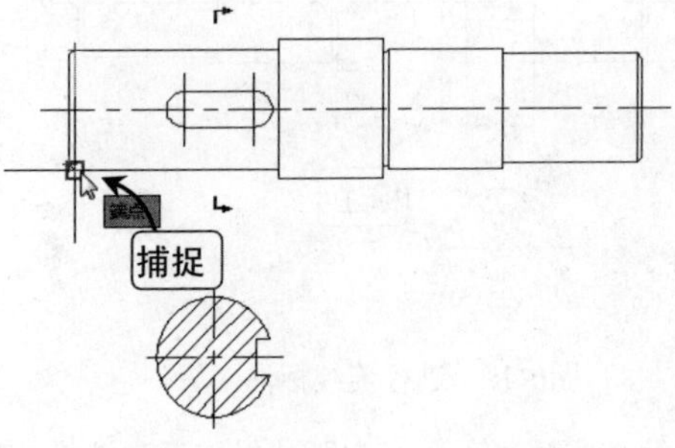

捕捉

图6-42 指定第二尺寸界线的原点

Step 05 在命令行提示后将鼠标向左移动，并输入“30”，指定尺寸线的位置，如图 6-43 所示。

Step 06 再次执行线性标注命令，在命令行提示后捕捉直线的端点，指定第一尺寸界线的原点，绘制标注，如图 6-44 所示。

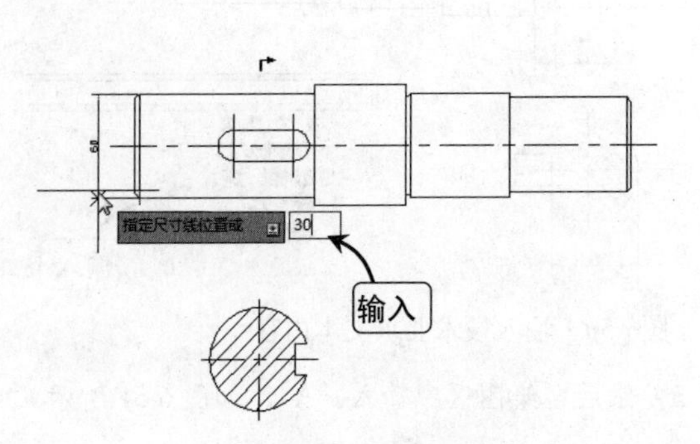

图6-43 输入尺寸线位置

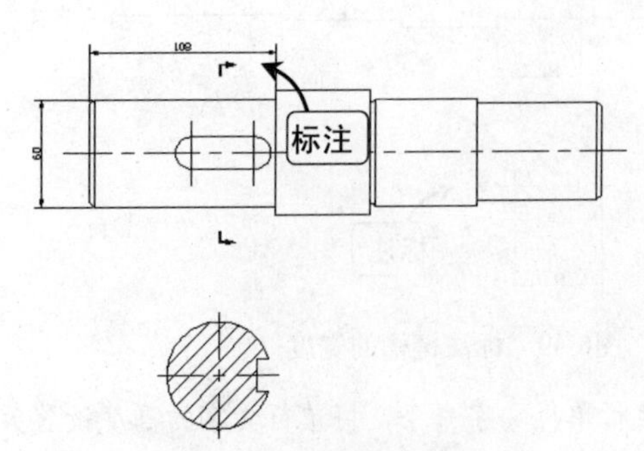

图6-44 绘制线性标注

Step 07 执行连续标注命令，在刚进行线性标注的右侧分别捕捉直线端点，标注尺寸，如图 6-45 所示。

Step 08 再次执行线性标注命令，捕捉两条垂直辅助线的端点，进行尺寸标注，如图 6-46 所示。

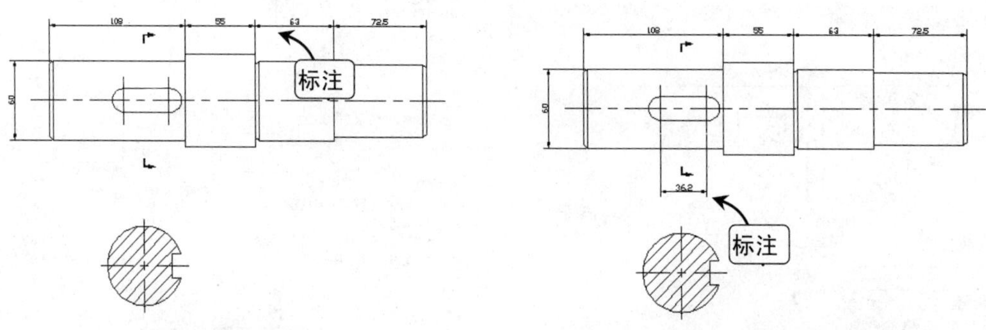

图6-45　连续标注尺寸　　　　图6-46　线性标注尺寸

Step 09 执行连续标注命令，对刚进行线性标注右侧的直线进行连续标注，如图 6-47 所示。

Step 10 使用相同的方法，将图形各部分宽度以线性尺寸标注进行标注，如图 6-48 所示。

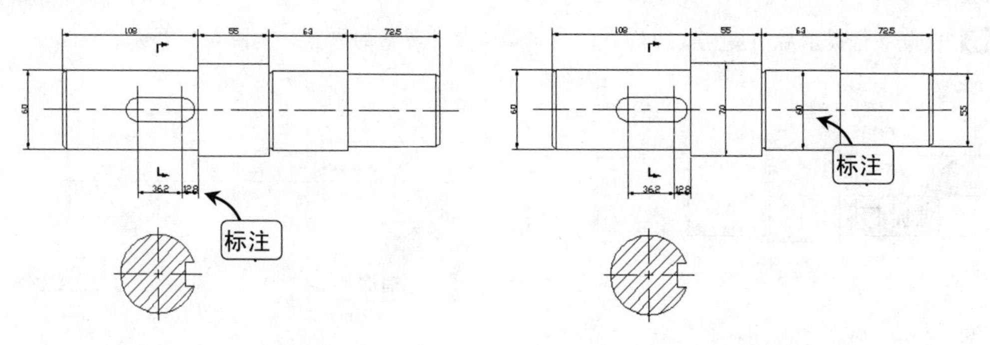

图6-47　进行连续标注　　　　图6-48　标注其他位置

Step 11 执行线性标注命令，分别对剖切面和键槽的宽度进行标注，如图 6-49 所示。

Step 12 执行多行文字命令，在绘图区中输入“技术要求”的文本内容，如图 6-50 所示。

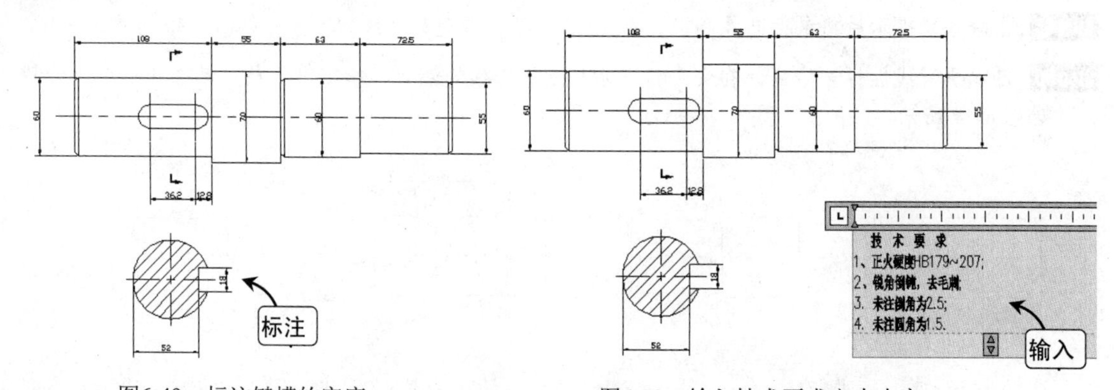

图6-49　标注键槽的宽度　　　　图6-50　输入技术要求文本内容

Step 13 执行单行文字命令，将单行文字的高度设置为 5，然后在绘图区中输入“A”，如图 6-51 所示。

Step 14 执行复制命令，将输入的单行文字进行复制，然后执行文字编辑命令，将复制的单行文字进行更改，完成图形的标注，如图 6-52 所示。

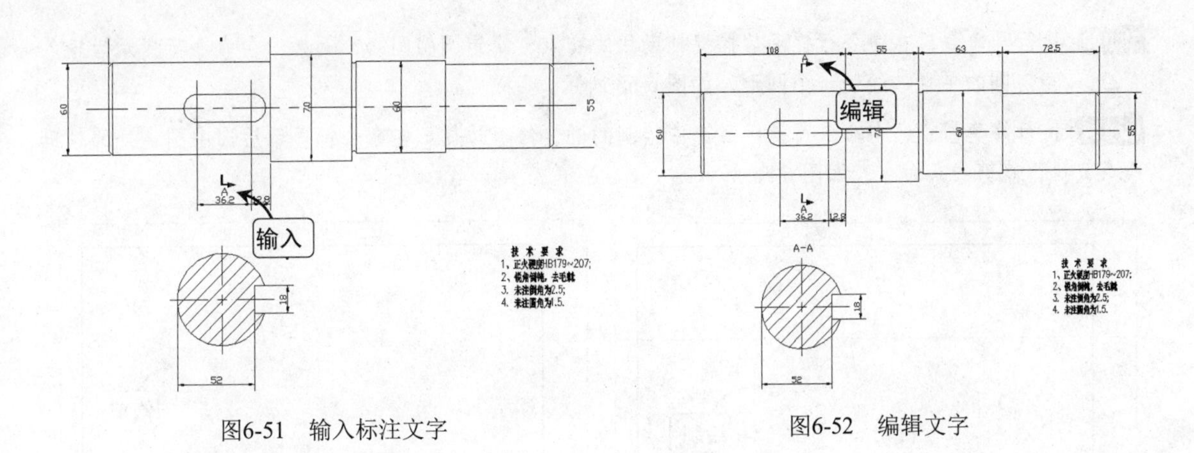

图6-51 输入标注文字　　图6-52 编辑文字

6.3 绘制盘盖类零件图

绘制盘盖类零件图时，先将中心线水平放置，再绘制盘盖类零件图形的主视图和左视图。在绘制过程中，主视图应采用全剖视图，表达盘盖类零件各孔的内形；左视图中用基本视图表达外形。

6.3.1 绘制端盖左视图

在绘制盘盖类图形时，首先使用构造线和圆等命令完成零件左视图的绘制，再在其基础上使用偏移和修剪等命令完成零件图主视图的绘制，最以后对零件图进行尺寸及文字标注处理。下面讲解执行构造线、圆以及阵列等命令的操作，完成端盖左视图的绘制。

Step 01 在工作界面中使用“设计模板.dwt”素材创建新图形文件，并将其保存为“端盖左视图.dwg”图形文件，并执行缩放命令，将所有的图形以 0.5 比例进行缩小，如图 6-53 所示。

Step 02 执行构造线命令，在绘图区中绘制水平及垂直辅助线，并设置线型为 CENTER，如图 6-54 所示。

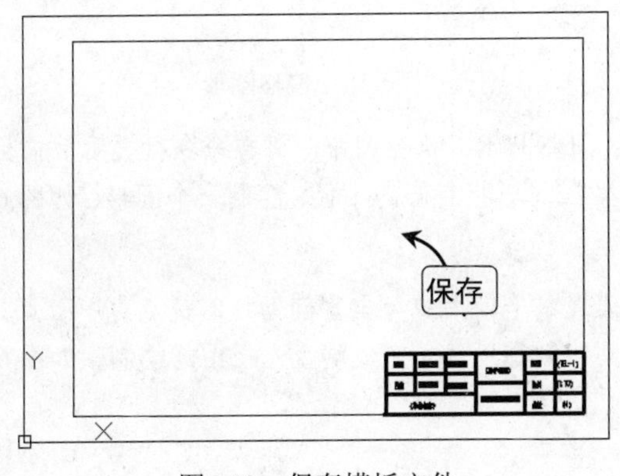

图6-53 保存模板文件

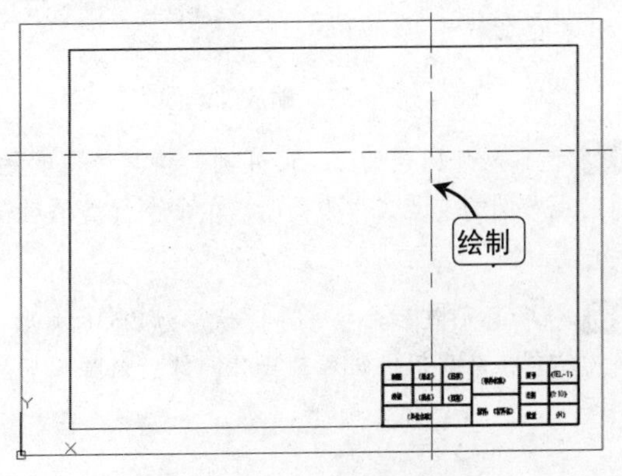

图6-54 绘制辅助线

Step 03 执行圆命令，在命令行提示后捕捉辅助线的交点，指定圆的圆心，例如，在命令行提示后输入“27”，指定圆的半径，绘制一个圆形，如图 6-55 所示。

Step 04 执行修剪命令，在命令行提示后选中绘制的圆，修剪边界。在命令行提示后选中圆之外的辅助线条，执行修剪线条命令，如图 6-56 所示。

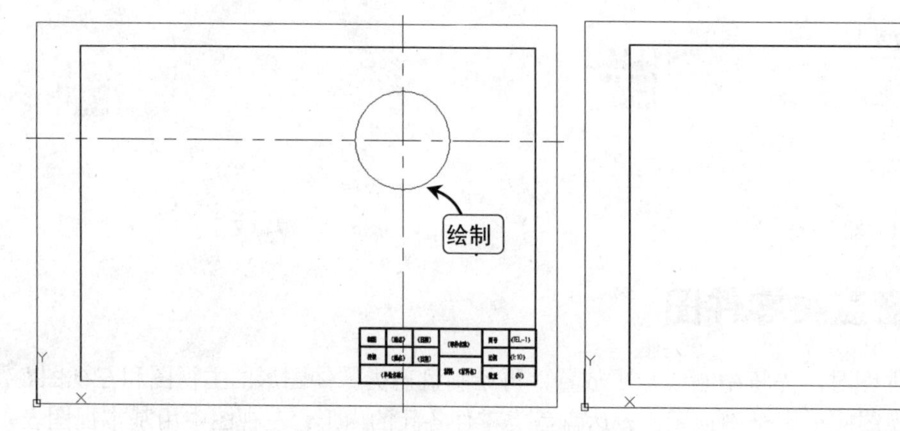

图6-55　绘制圆形　　　　图6-56　修剪图形

Step 05 执行缩放命令，在命令行提示后捕捉辅助线的交点，指定缩放的基点。在命令行提示后指定缩放比例为 1.2，将辅助线进行放大，如图 6-57 所示。

Step 06 执行偏移命令，选择绘制的圆形，将圆向内进行偏移，其偏移距离为分别为 4、7、9 和 17.5，如图 6-58 所示。

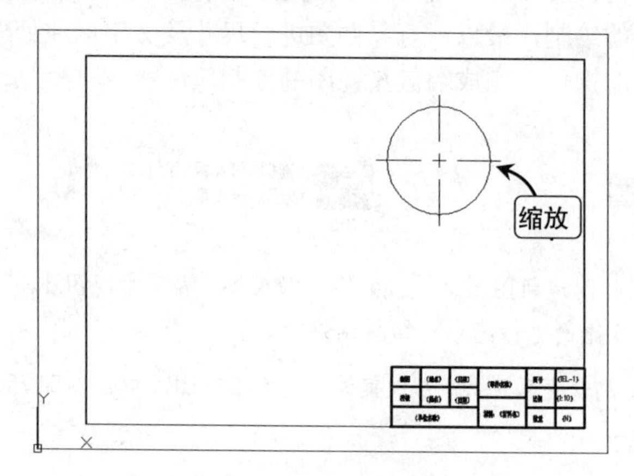

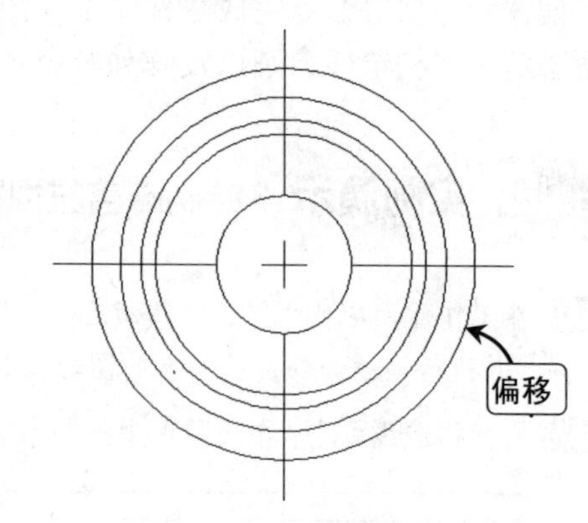

图6-57　缩放辅助线　　　　图6-58　偏移圆形

Step 07 选择从外向里的 2、3、4 圆，将其线型设置为 CENTER。执行圆命令，在命令行提示后捕捉垂直辅助线与圆的交点，作为圆心。在命令行提示后输入“2.5”，指定圆的半径，绘制一个圆形，如图 6-59 所示。

Step 08 执行环形阵列命令，选择半径为 2.5 的圆形，捕捉水平辅助线与垂直辅助线的交点为中心点，阵列数为“5”，对圆形进行阵列操作，然后对阵列后的圆绘制辅助线，完成端盖左视图的绘制，如图 6-60 所示。

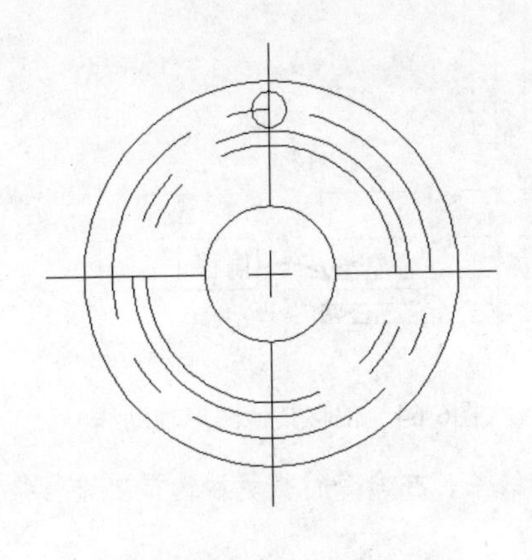

图6-59 绘制圆形

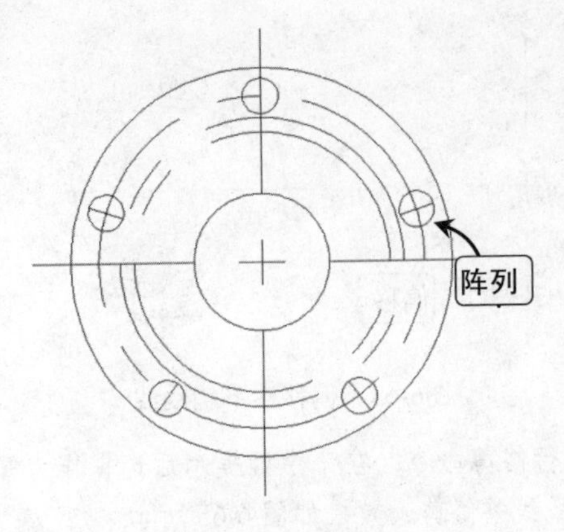

图6-60 阵列圆形

6.3.2 绘制端盖主视图

完成端盖左视图的绘制后，便可在左视图的基础上进行端盖主视图的绘制，从而进一步表达端盖零件图形的形状。

下面讲解执行复制、偏移、修剪，以及图案填充等命令的操作，完成端盖主视图的绘制。

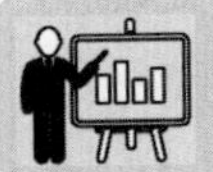

实例演示：绘制端盖主视图

\素材\第 6 章\端盖主视图.dwg
\效果\第 6 章\端盖主视图.dwg

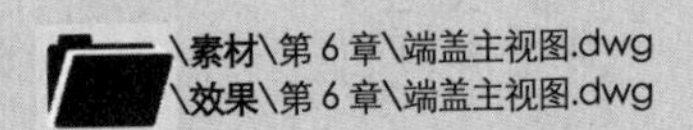

Step 01 打开“端盖主视图”素材文件，执行复制命令，选择水平及垂直辅助线为复制对象，并以其交点为复制的基点，向左进行复制，距离为 80，如图 6-61 所示。

Step 02 执行偏移命令，将垂直辅助线向左进行偏移，其偏移距离分别为 5 和 6，如图 6-62 所示。

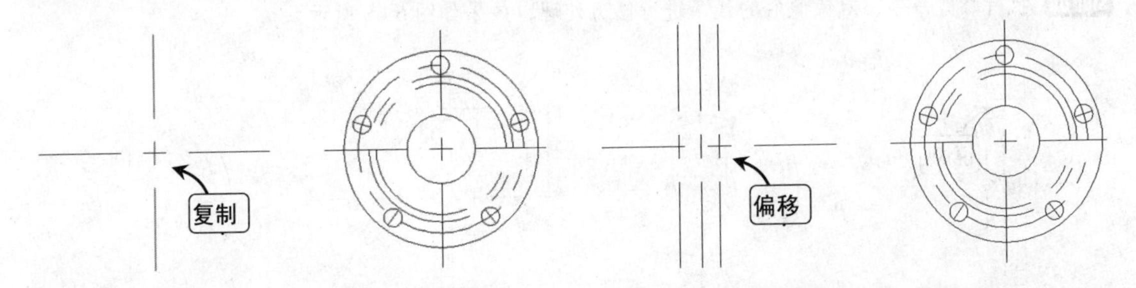

图6-61 复制辅助线

图6-62 偏移辅助线

Step 03 执行偏移命令，在命令提示行后输入“T”，选择“通过”选项，然后选中水平辅助线，在命令行提示“指定通过点”时，选择端盖左视图中最小的圆形与垂直辅助线的交点，对水平辅助线进行偏移，如图 6-63 所示。

Step 04 用同样的方法，执行偏移命令，在命令行提示“指定通过点”时，选择其他圆形与端盖左视图中垂直辅助线的交点进行偏移操作，效果如图 6-64 所示。

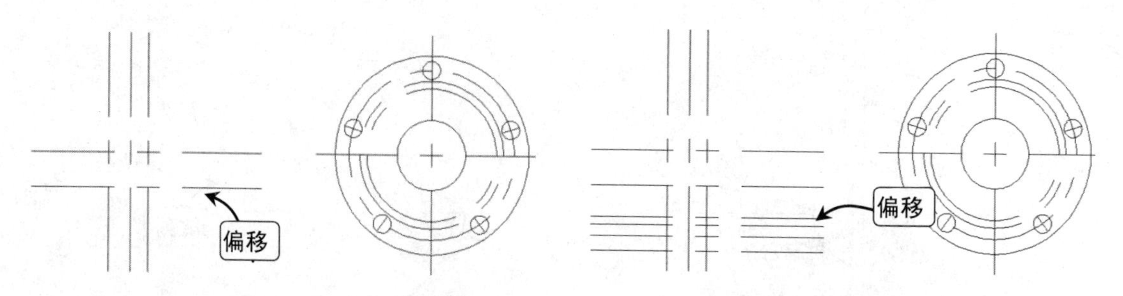

图6-63 偏移水平辅助线　　图6-64 偏移其他图形辅助线

Step 05 执行修剪命令，在命令行提示后选择作为修剪边界的线条，在命令行提示后选择要进行修剪的线条，完成线条修剪，效果如图 6-65 所示。

Step 06 执行缩放命令，在命令行提示后选择修剪后的线条，在命令行提示后捕捉直线的中点，指定缩放的基点，在命令行提示后输入“2”，指定图形缩放时的比例，如图 6-66 所示。

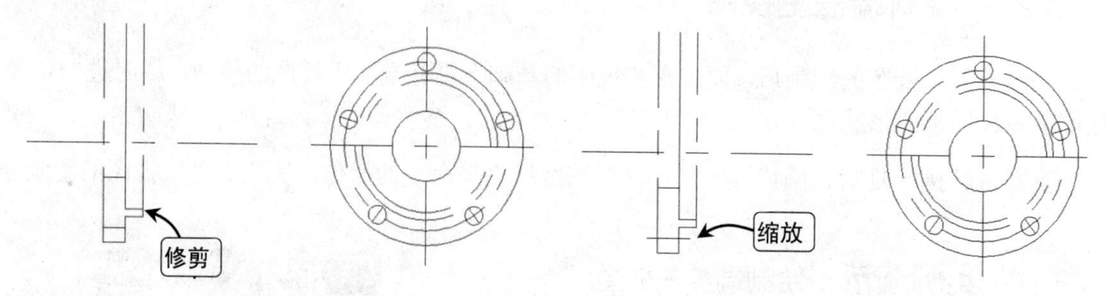

图6-65 修剪图形　　图6-66 缩放直线

Step 07 执行镜像命令，在命令行提示后选择修剪以及缩放后的水平线条，捕捉水平辅助线与垂直辅助线的交点，指定镜像线的第一点，再捕捉水平辅助线与另一条垂直线条的交点，指定镜像线的第二点，对线条进行镜像操作，效果如图 6-67 所示。

Step 08 执行修剪命令，对镜像后的线条进行修剪处理，效果如图 6-68 所示。

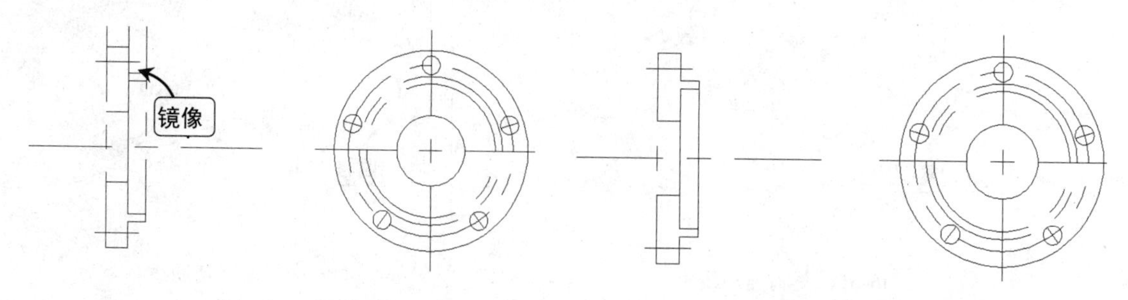

图6-67 镜像图形　　图6-68 修剪线条

Step 09 执行缩放命令，对水平辅助线进行缩放处，其缩放基点为水平辅助线的中点，比例为 0.4，选择主视图中所有表示端盖主视图轮廓的线条，将线条线型设置为“Bylayer”，如图 6-69 所示。

Step 10 执行偏移命令，选择“通过”选项，在命令行提示后选择主视图顶端的水平线，捕捉左视图螺孔圆上端与垂直辅助线的交点，指定偏移位置，对线条进行偏移，如图 6-70 所示。

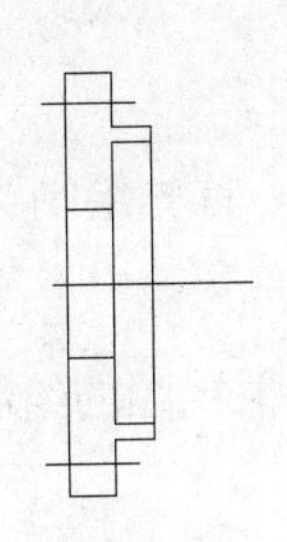
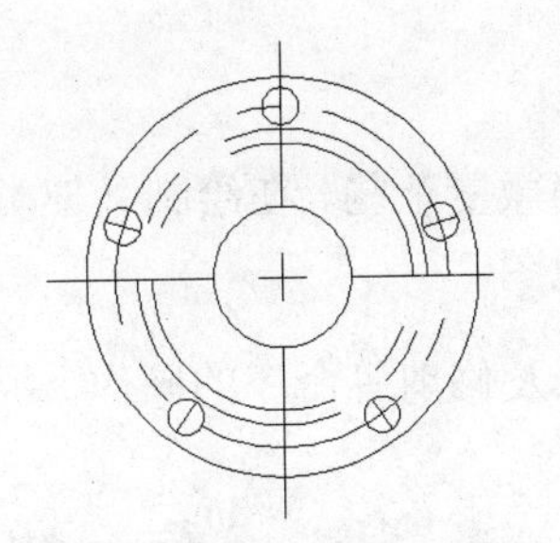

图6-69 缩放水平辅助线

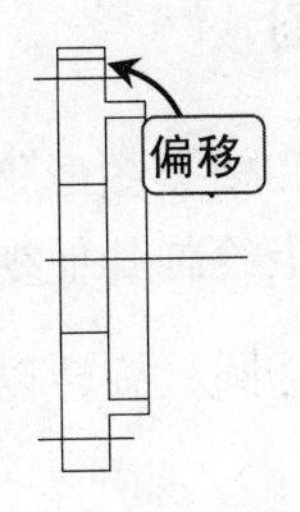

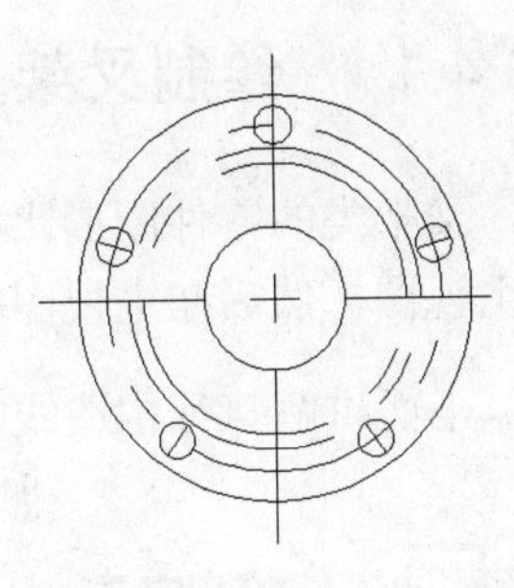

图6-70 偏移直线

Step 11 用同样的方法，执行偏移命令，捕捉左视图螺孔圆下端与垂直辅助线的交点，并作为通过点，对水平线条进行偏移，完成端盖主视图轮廓的绘制，如图 6-71 所示。

Step 12 执行图案填充命令，选择填充图案为“ANSI31”，对主视图中的区域进行图案填充操作，效果如图 6-72 所示。

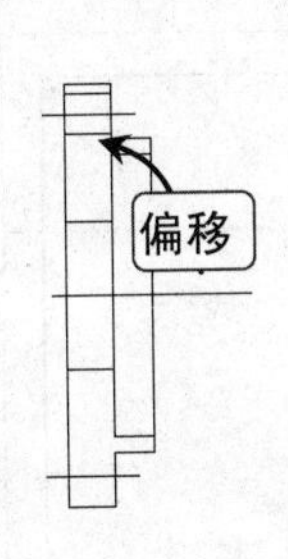

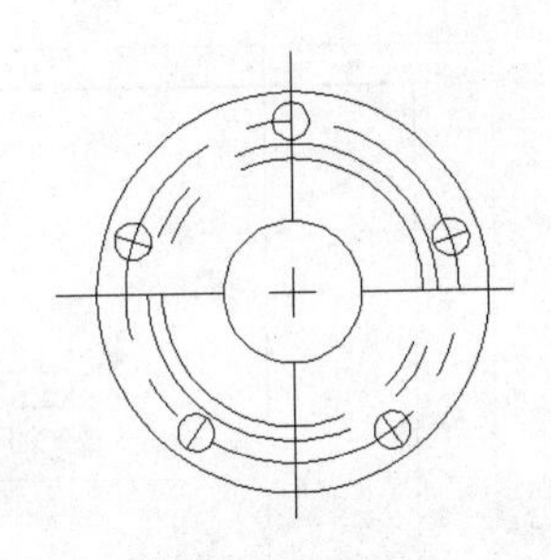

图6-71 偏移水平线条

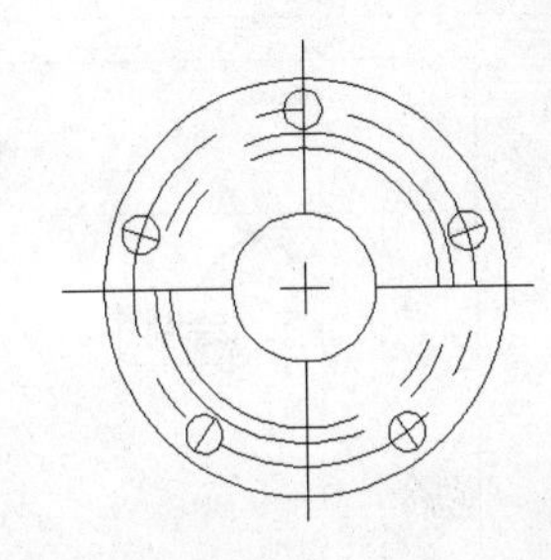

图6-72 填充主视图图形

Step 13 执行尺寸标注命令，对图形的尺寸进行标注，完成端盖图形的绘制，如图 6-73 所示。

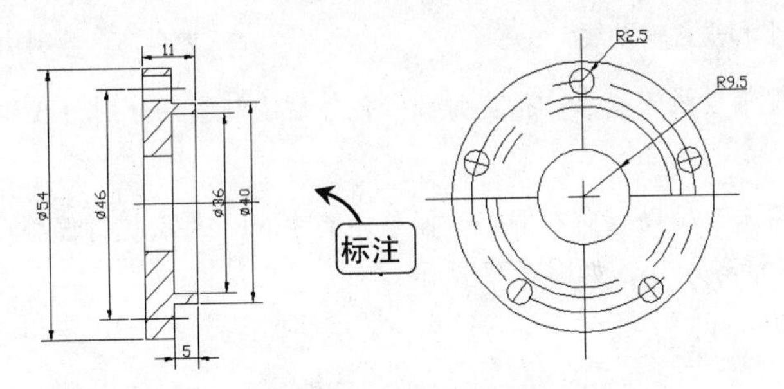

图6-73 标注图形

6.4 绘制叉架类零件图

叉架类零件形状弯曲，倾斜较多，因此，基本视图往往不能反映其真实形状，还应采用斜视图、斜剖视图和剖面等综合表达。其中，主视图表示零件的基本形状特征，主要反映叉架的 3 个部分之间的相对位置关系，以及连接部分的轮廓形状；左视图主要反映支持部分和工作部分孔的结构，一般采用基本视图或局部视图进行表达。

6.4.1　绘制叉架主视图

叉架类的零件图形比盘盖类和轴类图形稍微复杂些。在绘制叉架类图形时，首先绘制叉架子主视图，然后在主视图的基础上绘制其他视图。

下面讲解执行构造线、直线、圆、旋转以及修剪等命令的操作，完成叉架主视图的绘制。

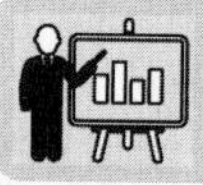

实例演示：绘制叉架主视图

\素材\第 6 章\设计模板.dwt
\效果\第 6 章\叉架主视图.dwg

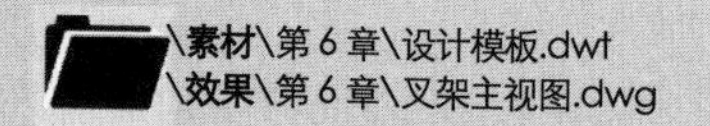

Step 01 在工作界面中使用素材“设计模板.dwt”创建新图形文件，并将其保存为“叉架.dwg”图形文件，执行构造线命令绘制水平及垂直辅助线，如 6-74 所示。

Step 02 执行构造线命令，选择“角度”选项，输入“-32”，绘制一条-32° 的构造线，如图 6-75 所示。

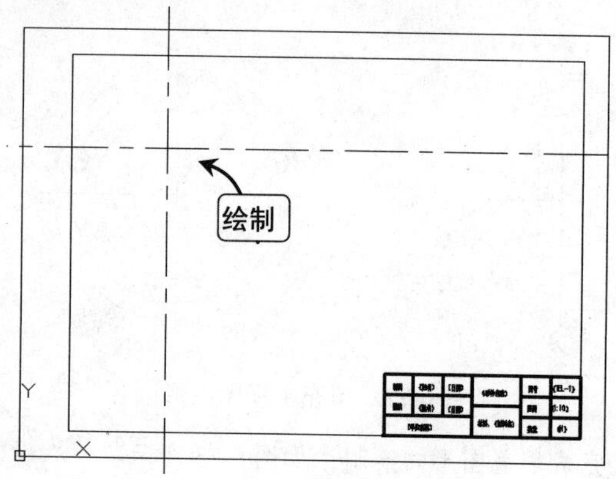

图6-74　绘制水平和垂直辅助线

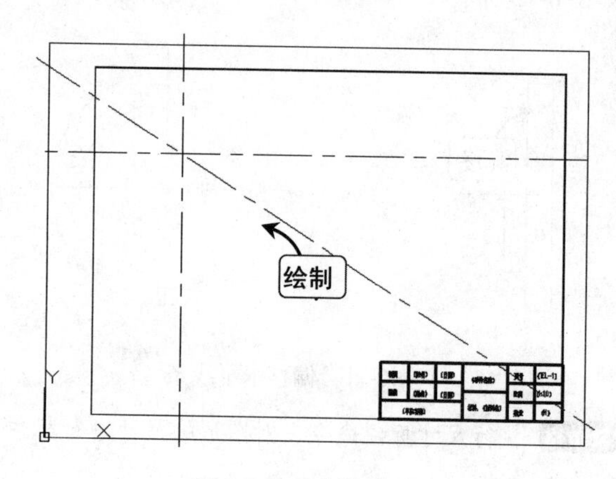

图6-75　绘制构造线

Step 03 执行圆命令，捕捉辅助线的交点，指定为圆心，然后绘制半径分别为 8 和 13 的圆形，如图 6-76 所示。

Step 04 执行偏移命令，将垂直辅助线向右偏移，偏移距离为 60，再次执行偏移命令，将偏移后的垂直辅助线向左偏移，其偏移距离为 16，如图 6-77 所示。

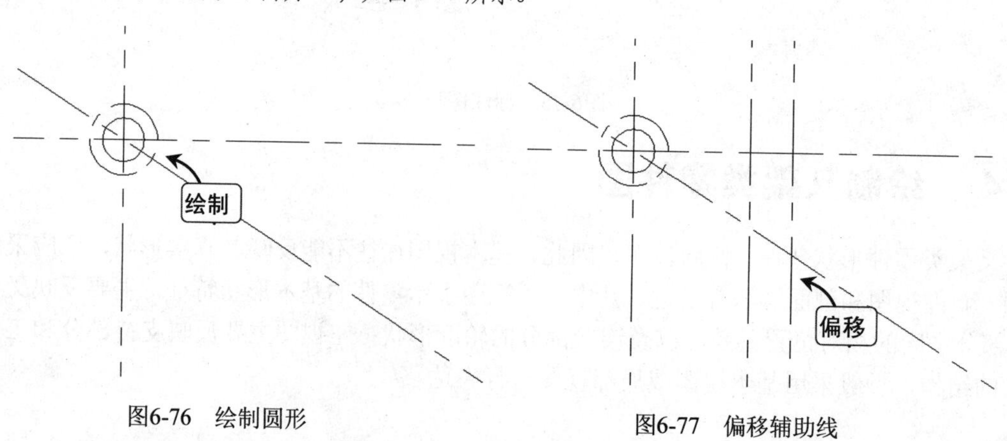

图6-76　绘制圆形

图6-77　偏移辅助线

Step 05 执行偏移命令，将向左偏移后的垂直辅助线向右偏移，其偏移距离为 24，执行偏移命令，将水平辅助线向下偏移，其偏移距离为 80，如图 6-78 所示。

Step 06 再次执行偏移命令，将偏移后的线条向下偏移，其偏移距离为 60，执行偏移命令，将中间一条水平辅助线向下偏移，其偏移距离为 10，如图 6-79 所示。

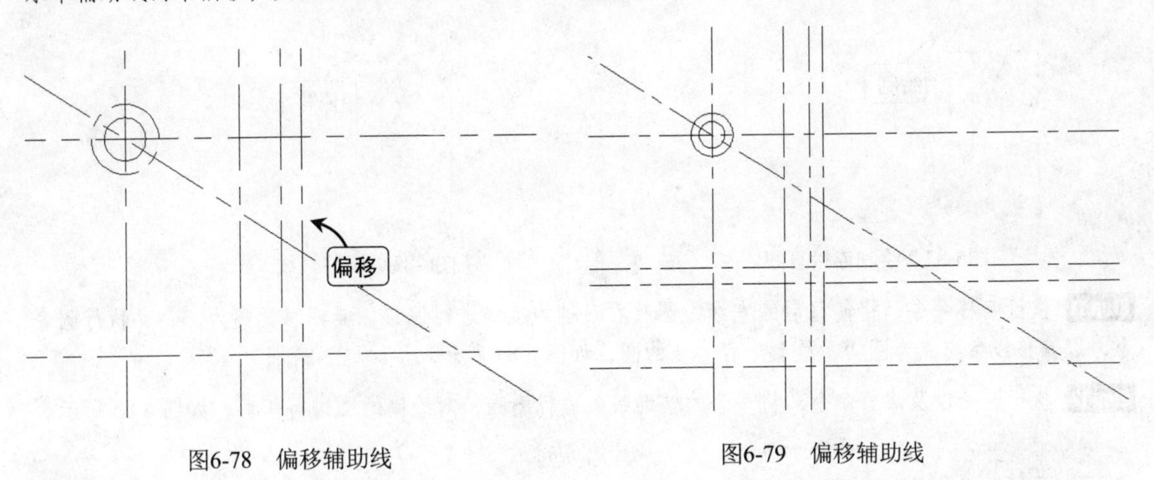

图6-78　偏移辅助线　　图6-79　偏移辅助线

Step 07 执行修剪命令，将偏移的线条进行修剪，并将剪切后的线条线型设置为“Bylayer”，效果如图 6-80 所示。

Step 08 执行直线命令，在命令行提示“指定起点”时捕捉圆的切点，在命令行提示“指定下一点”时捕捉修剪后水平直线的端点，在命令行提示后输入“@0,5”，指定直线的端点，如图 6-81 所示。

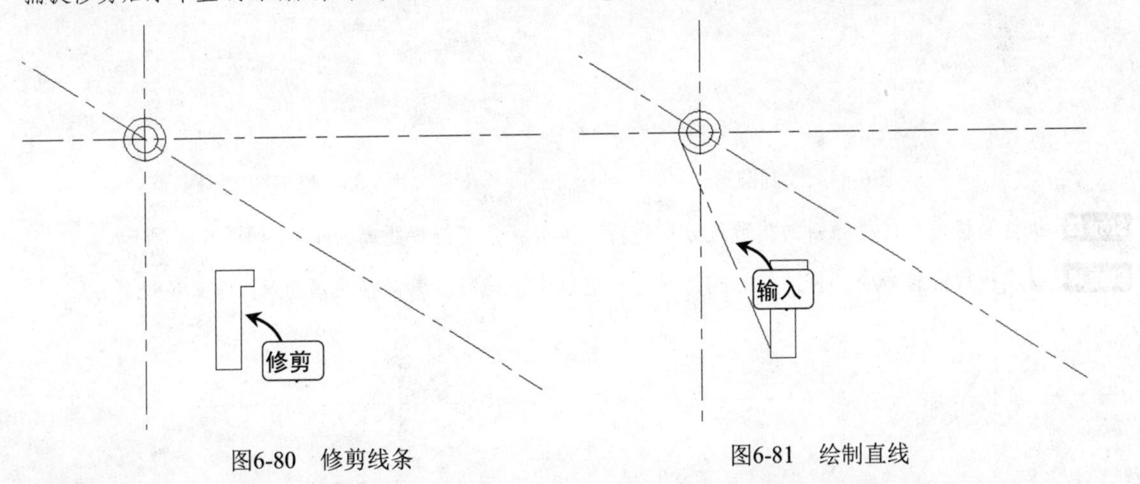

图6-80　修剪线条　　图6-81　绘制直线

Step 09 再次执行直线命令，捕捉圆的切点，在命令行提示后捕捉直线的端点，并输入“@-4,0”，指定直线的端点，如图 6-82 所示。

Step 10 执行偏移命令，将绘制的直线进行偏移，其偏移距离为 6，如图 6-83 所示。

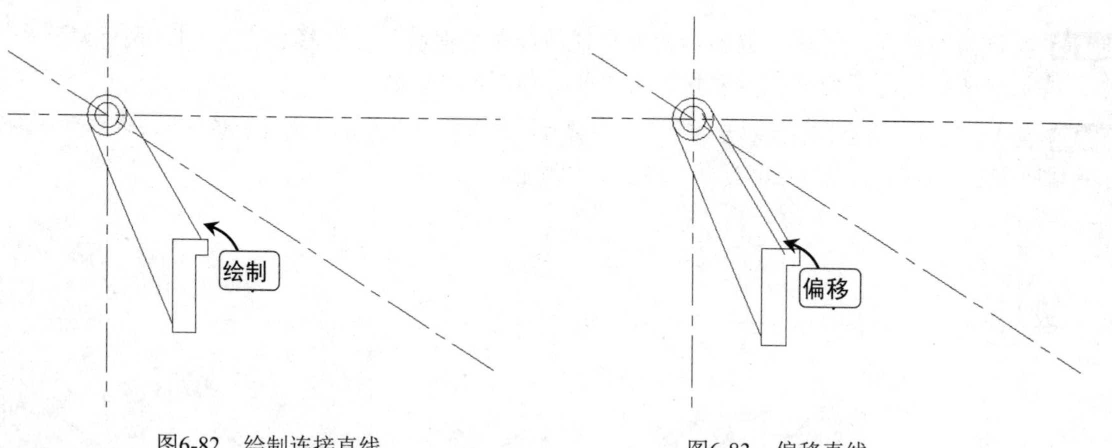

图6-82 绘制连接直线　　图6-83 偏移直线

Step 11 执行偏移命令，将偏移后的直线、圆及右下端的直线进行偏移，其偏移距离为 3，并执行圆命令，以偏移线条交点为圆心，绘制半径为 3 的圆，如图 6-84 所示。

Step 12 执行删除以及修剪命令，将多余的辅助线条进行删除，对绘制的圆进行修剪，如图 6-85 所示。

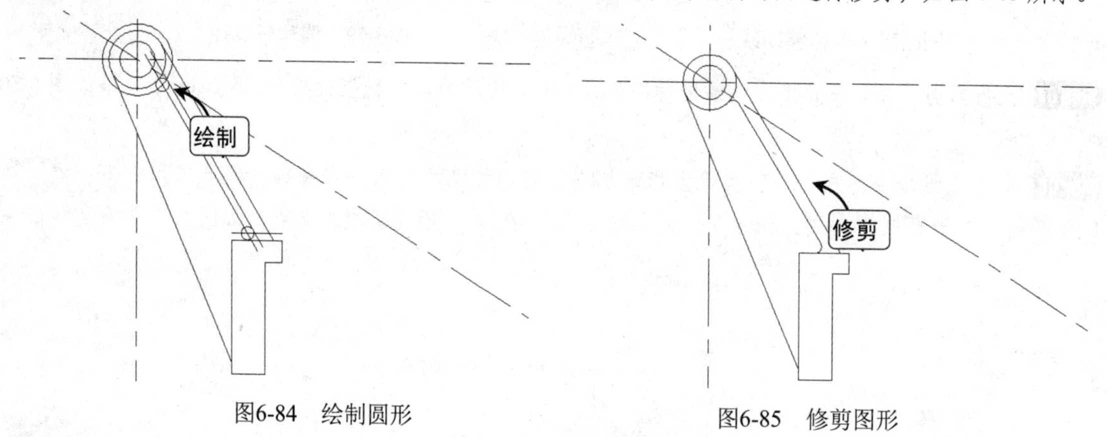

图6-84 绘制圆形　　图6-85 修剪图形

Step 13 执行偏移命令，将倾斜的构造线分别进行上下偏移，其偏移距离为 1.5，如图 6-86 所示。

Step 14 再次执行偏移命令，将倾斜的构造线分别进行上下偏移，其偏移距离为 9，如图 6-87 所示。

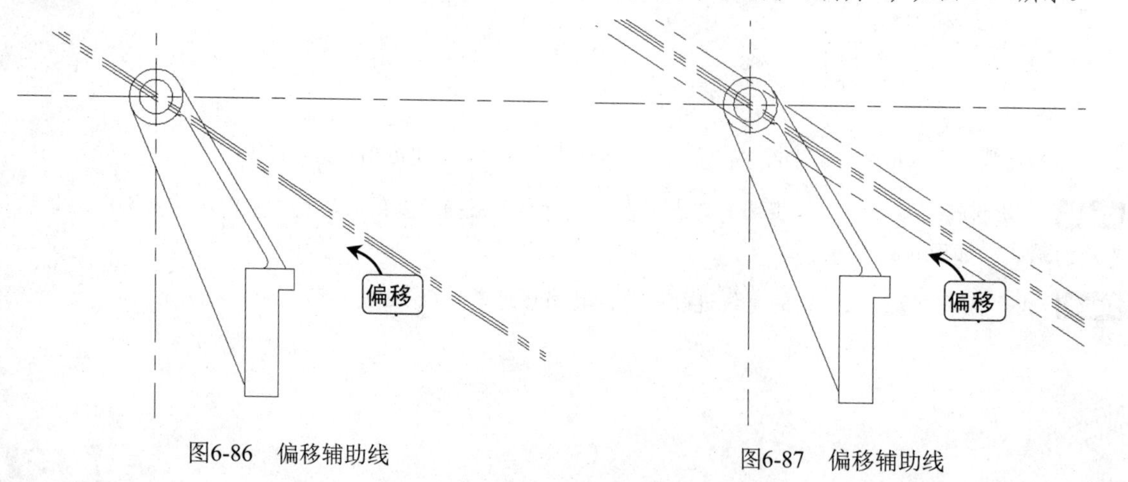

图6-86 偏移辅助线　　图6-87 偏移辅助线

Step 15 再次执行偏移命令，将最上端的构造线向上偏移，其偏移距离为 3，如图 6-88 所示。

Step 16 执行构造线命令，在命令提示后选择“角度”选项，绘制一条 58° 的构造线，如图 6-89 所示。

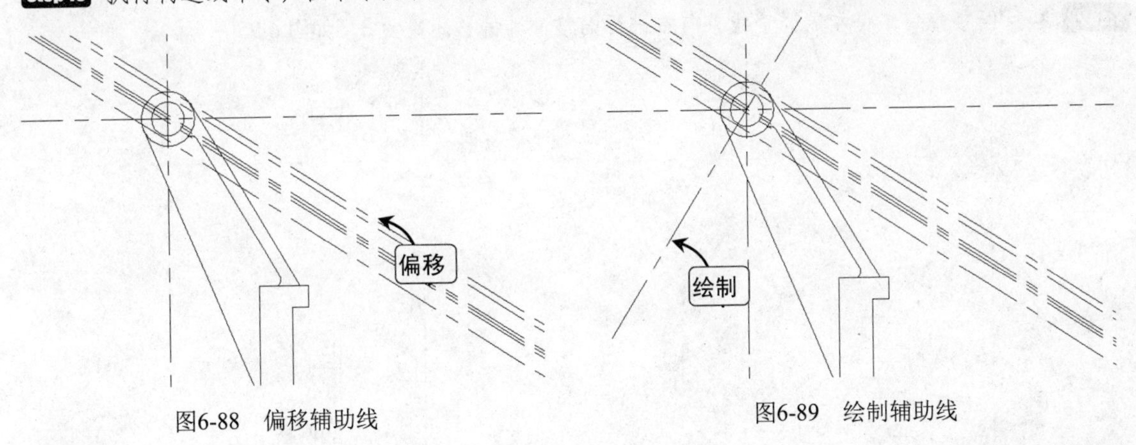

图6-88 偏移辅助线　　图6-89 绘制辅助线

Step 17 执行偏移命令，将绘制的构造线向左上角偏移，其偏移距离为 21，再次执行偏移命令，将偏移后的构造线分别进行上下偏移，其偏移距离为 5.5，如图 6-90 所示。

Step 18 执行偏移命令，将偏移后的两条构造线分别进行上下偏移，其偏移距离为 3.5，如图 6-91 所示。

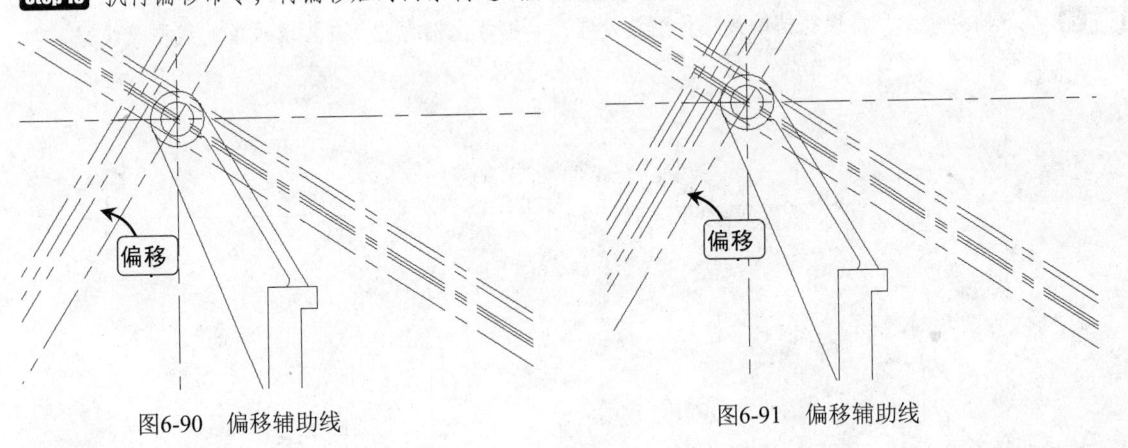

图6-90 偏移辅助线　　图6-91 偏移辅助线

Step 19 执行偏移命令，再将左上角最上端的构造线向左上方进行偏移，偏移距离为 4，如图 6-92 所示。

Step 20 执行修剪命令，将偏移的线条进行修剪，并对修剪后的线条线型进行更改，如图 6-93 所示。

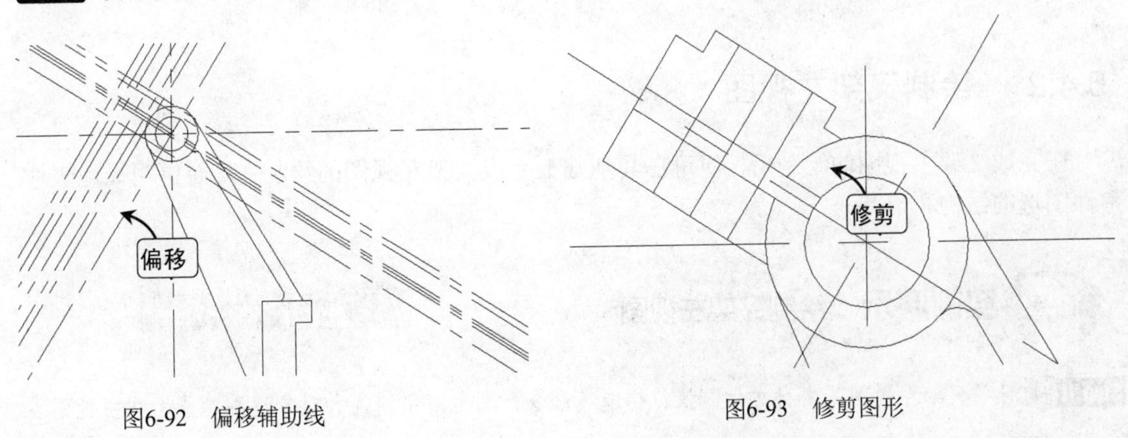

图6-92 偏移辅助线　　图6-93 修剪图形

Step 21 执行偏移命令，并在命令行提示后选择右下角的水平直线，向上偏移，偏移距离为 30，再次执行偏移命令，选择偏移后的直线，将其分别进行上下偏移 7.5 和 14，如图 6-94 所示。

Step 22 执行偏移命令，将左端竖直线条向右进行偏移，其偏移距离为 3，如图 6-95 所示。

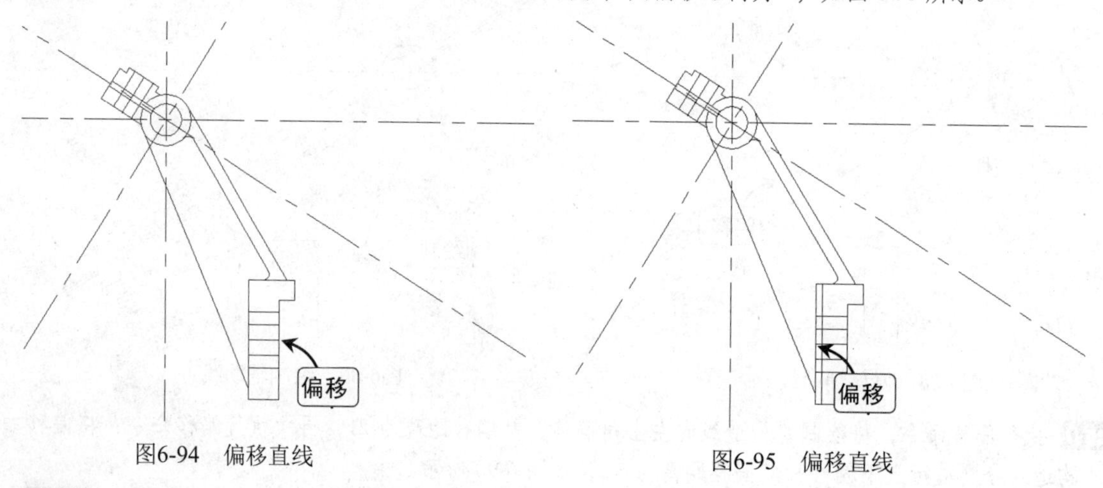

图6-94　偏移直线　　图6-95　偏移直线

Step 23 执行修剪命令，对偏移后的线条进行修剪处理，如图 6-96 所示。

Step 24 执行缩放命令，将螺孔辅助线进行缩放处理，其缩放比例为 2，并更改线条的线型及线宽，如图 6-97 所示。

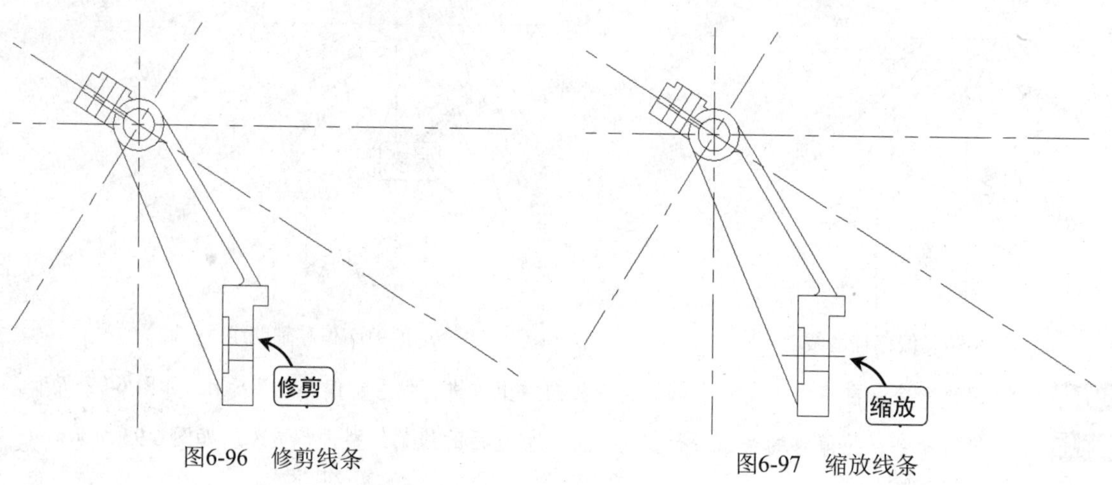

图6-96　修剪线条　　图6-97　缩放线条

6.4.2　绘制叉架左视图

在完成叉架主视图的绘制后，便可在其基础上完成叉架左视图的绘制，从而更明显地表达零件图形的结构和形状。

实例演示：绘制叉架左视图

\素材\第 6 章\叉架左视图.dwg
\效果\第 6 章\叉架左视图.dwg

Step 01 打开“叉架左视图”素材文件，执行构造线命令，利用对象捕捉和对象追踪功能，在主视图右边绘制水平及垂直辅助线，如 6-98 所示。

Step 02 执行偏移命令，选择“通过”选项，在提示“选择对象”后选择水平辅助线，在提示“指定通过点”后捕捉大圆顶端与垂直辅助线的交点，如图 6-99 所示。

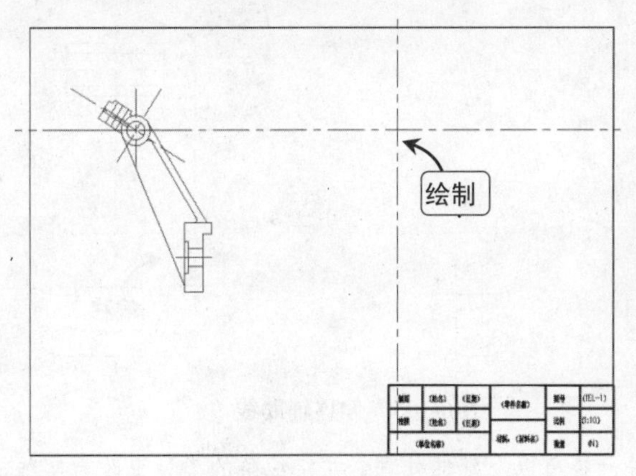

图6-98　绘制辅助线

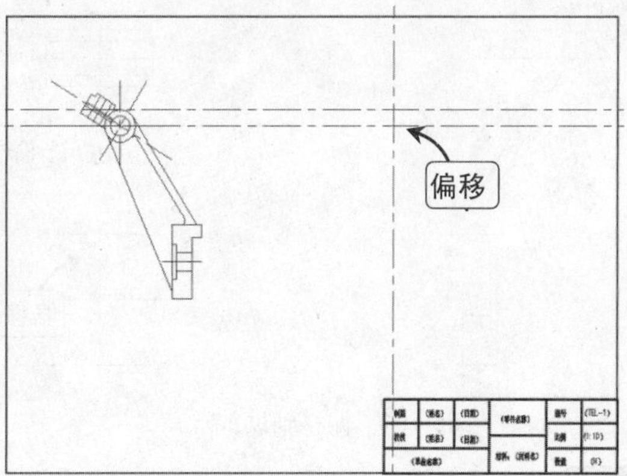

图6-99　偏移辅助线

Step 03 使用相同的方法，将水平辅助线进行偏移，通过点为两个圆形与垂直辅助线的交点，如图 6-100 所示。

Step 04 执行偏移命令，将垂直辅助线分别向左和向右进行偏移，其偏移距离为 25，如图 6-101 所示。

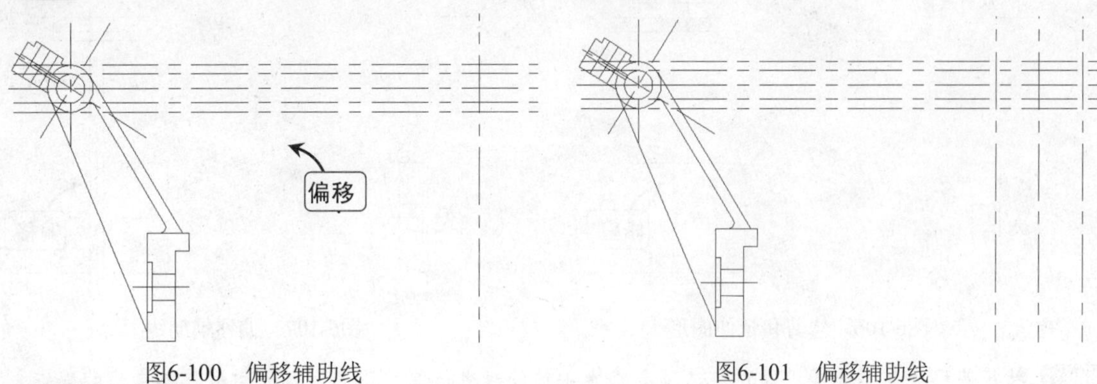

图6-100　偏移辅助线

图6-101　偏移辅助线

Step 05 执行修剪命令，对偏移的线条进行修剪处理，并设置修改后线条的线型，如图 6-102 所示。

Step 06 执行缩放命令，对轴孔辅助线进行缩放，缩放的比例为 1.2，如图 6-103 所示。

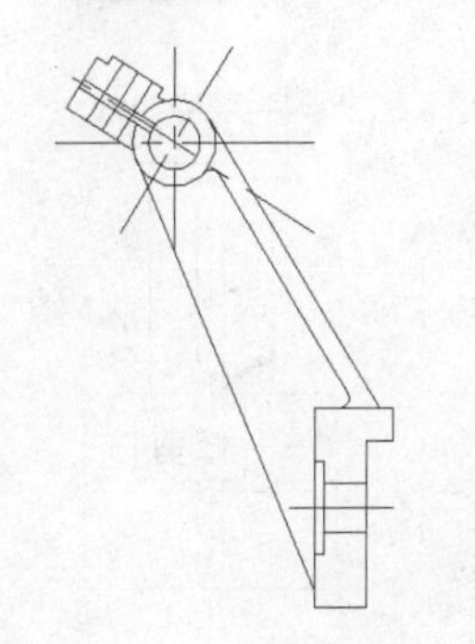

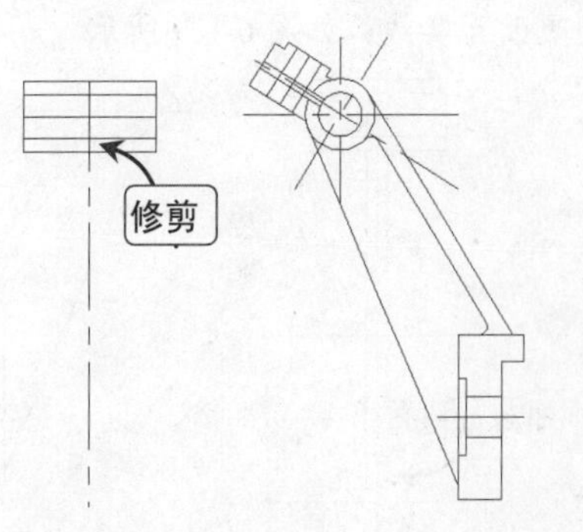

图6-102　修剪线条

图6-103　缩放线条

Step 07 执行偏移命令，选择“通过”选项，将水平辅助线向下偏移，通过点为主视图辅助线的端点，执行偏移命令，将轴孔轮廓线向下进行偏移，通过点为主视图左端垂直线端点，如图 6-104 所示。

Step 08 执行偏移命令，将垂直辅助线分别向左右两侧进行偏移，其偏移距离为 41，如图 6-105 所示。

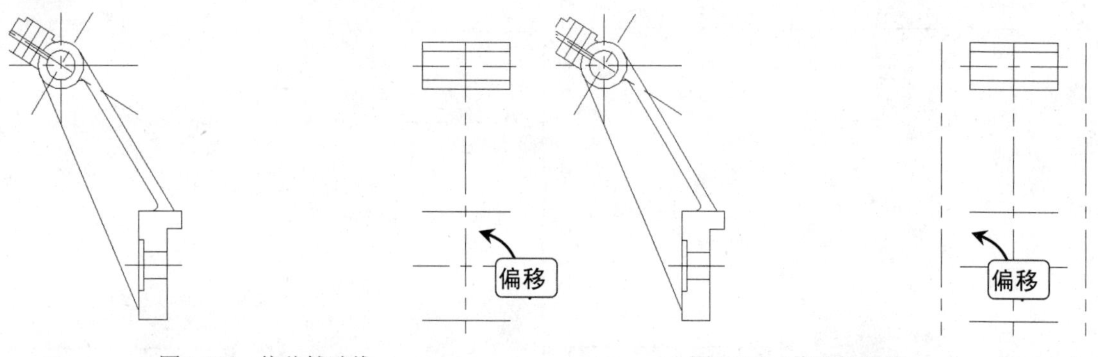

图6-104 偏移辅助线　　图6-105 偏移辅助线

Step 09 执行修剪以及延伸命令，对偏移后的线条进行修剪以及延伸处理，并将线条的类型更改为实线，如图 6-106 所示。

Step 10 执行缩放命令，对垂直辅助线进行缩放处理，其缩放比例为 1.2，执行偏移命令，将垂直辅助线向左右进行偏移，其偏移距离为 4，如图 6-107 所示。

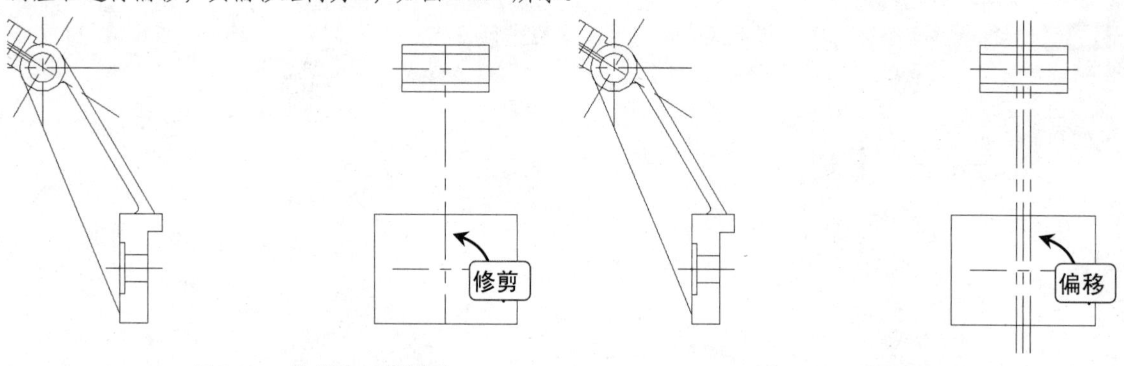

图6-106 修剪和延伸图形　　图6-107 偏移辅助线

Step 11 执行偏移命令，选择“通过”选项，将水平辅助线进行偏移，通过点为左端连接直线的端点，执行修剪命令，对偏移后的线条进行修剪处理，如图 6-108 所示。

Step 12 执行偏移命令，将垂直辅助线向左右两侧进行偏移，其偏移距离为 20，执行修剪命令，对偏移线条进行修剪，并将线条线型更改为实线，如图 6-109 所示。

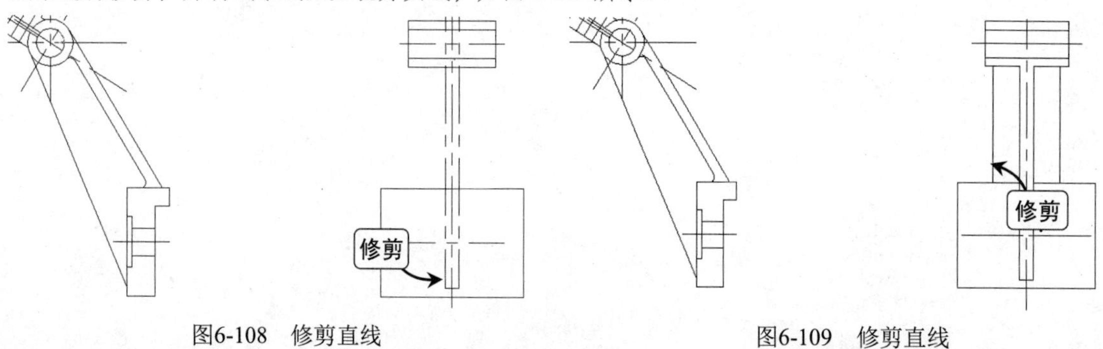

图6-108 修剪直线　　图6-109 修剪直线

Step 13 执行偏移、圆以及修剪等命令，绘制半径为 3 的圆弧，并将线条线型更改为粗实线，如图 6-110 所示。

Step 14 执行偏移命令，将垂直辅助线向左进行偏移，其偏移距离为 20；执行圆命令，以水平辅助线与垂直辅助线的交点为圆心，分别绘制半径为 7.5 和 14 的圆，如图 6-111 所示。

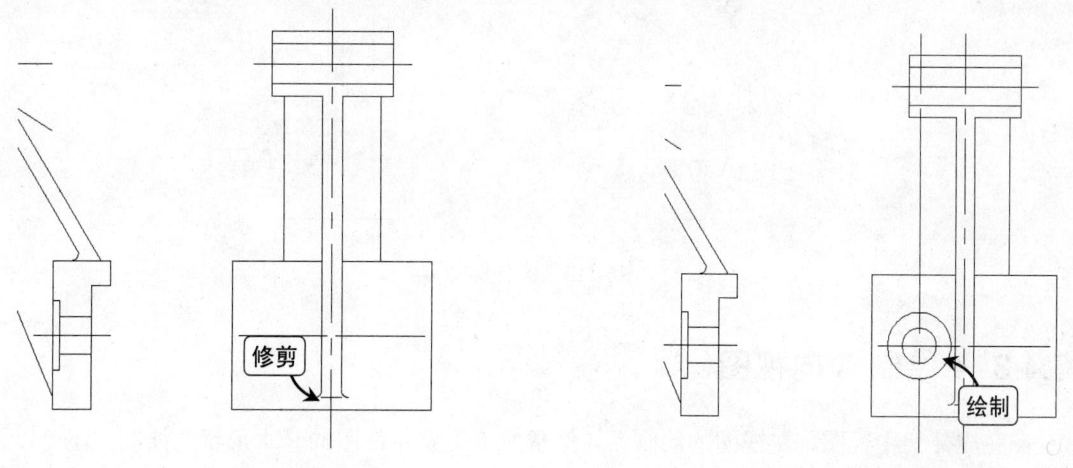

图6-110 绘制并修剪图形　　图6-111 绘制圆形

Step 15 执行修剪命令，将圆外的辅助线进行修剪。执行缩放命令，对经过修剪的辅助线进行缩放处理，其缩放比例为 1.2，如图 6-112 所示。

Step 16 执行镜像命令，在命令行提示后选择两圆及辅助线，以垂直辅助线为中心轴进行镜像操作，如图 6-113 所示。

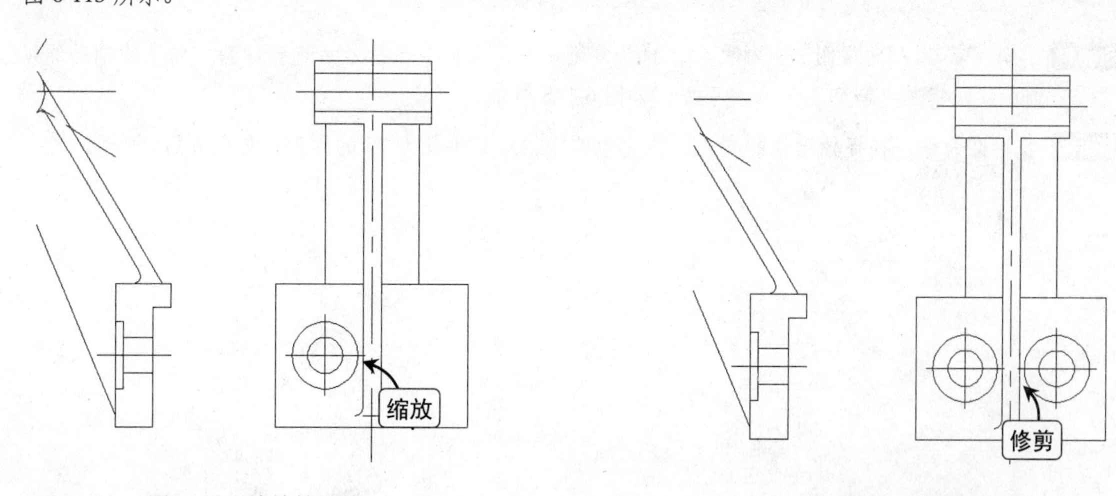

图6-112 缩放辅助线　　图6-113 镜像图形

Step 17 执行偏移命令，将底端水平直线向上进行偏移，通过点为左侧直线的端点，并设置线条线型为虚线，完成图形的绘制，如图 6-114 所示。

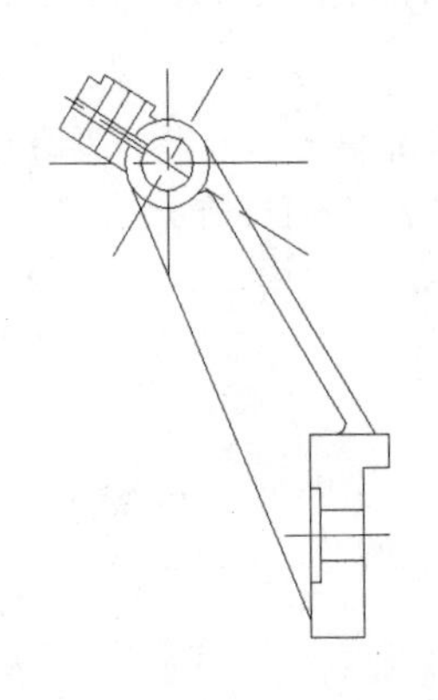
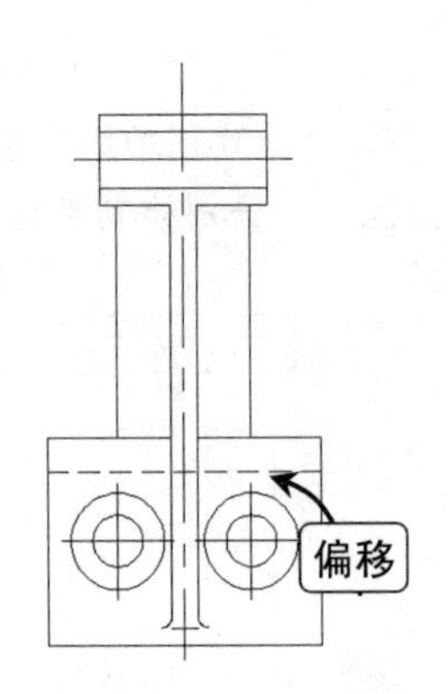

图6-114　偏移直线

6.4.3　绘制 A 向视图

在完成叉架主视图、左视图的绘制后，便掌握了叉架零件图的基本形状的绘制，还可以使用向视图、剖视图等方法进行表示。

下面讲解执行复制、圆、样条曲线及图案填充命令的操作，完成向视图、剖面图的绘制。

实例演示：绘制 A 向视图

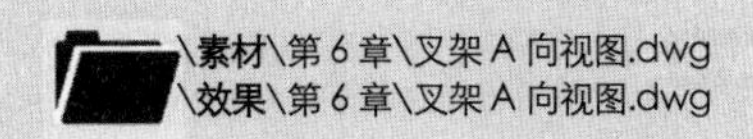

Step 01 打开“叉架 A 向视图”素材文件，执行复制命令，在命令行提示后选择倾斜方向上的辅助线以及垂直辅助线，将其复制到图形的左下方，如图 6-115 所示。

Step 02 执行圆命令，捕捉辅助线的交点，指定为圆心，绘制半径为 13 的圆形，如图 6-116 所示。

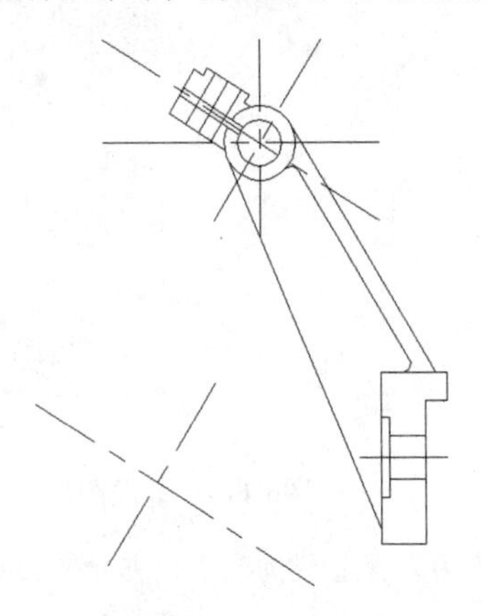

图6-115　复制辅助线

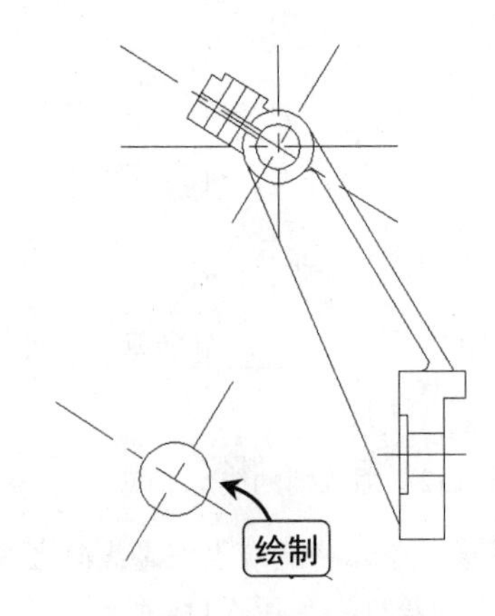

图6-116　绘制圆形

Step 03 执行偏移命令，将长辅助线进行上下偏移，其偏移距离为 13，如图 6-117 所示。

Step 04 执行偏移命令，将竖直的辅助线进行向下偏移，其偏移距离为 11.62，如图 6-118 所示。

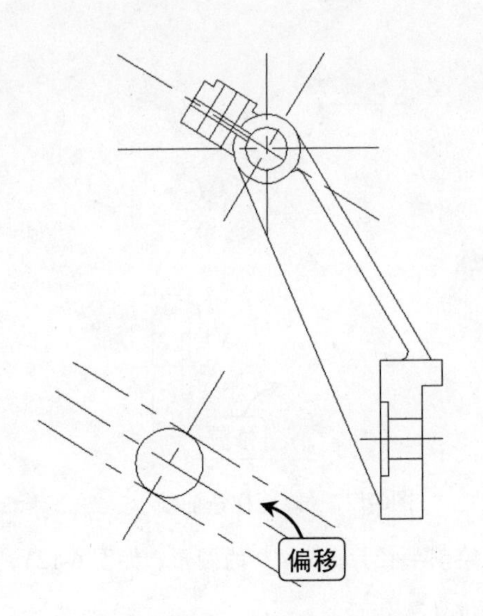

图6-117 偏移长辅助线

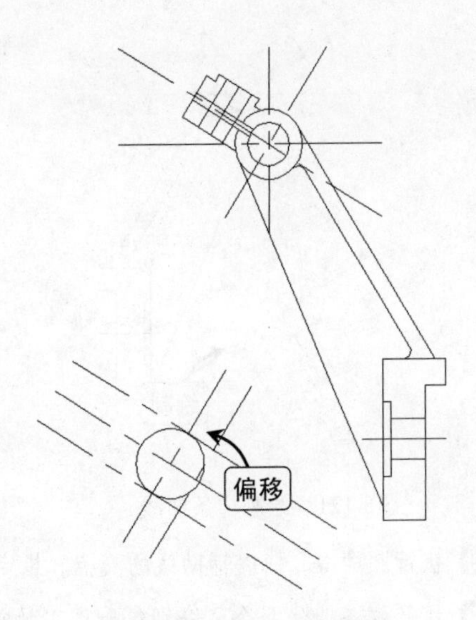

图6-118 偏移竖直辅助线

Step 05 执行修剪命令，将经过偏移的线条进行修剪，并更改线条线型为实线，如图 6-119 所示。

Step 06 执行偏移命令，将横向的辅助线再次进行向下偏移，其偏移距离为 8，执行偏移命令，将竖向辅助线进行上下偏移，其偏移距离为 25，如图 6-120 所示。

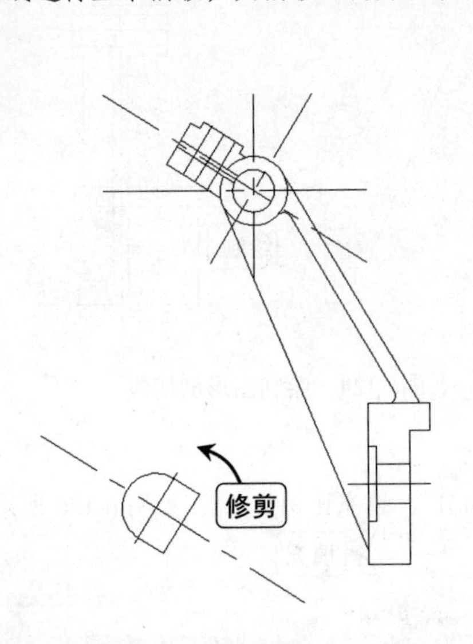

图6-119 修剪图形

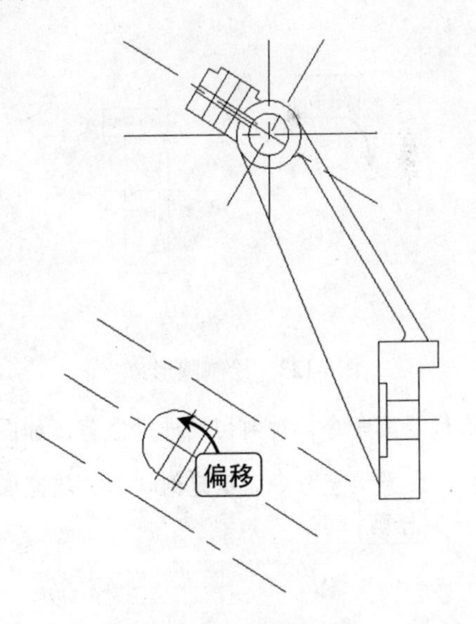

图6-120 偏移直线

Step 07 执行样条曲线命令，在三条平行辅助线之间绘制一条剖切线，如图 6-121 所示。

Step 08 执行修剪命令，将偏移线条及剖切线进行延伸和修剪操作，并更改线条线型为虚线，效果如图 6-122 所示。

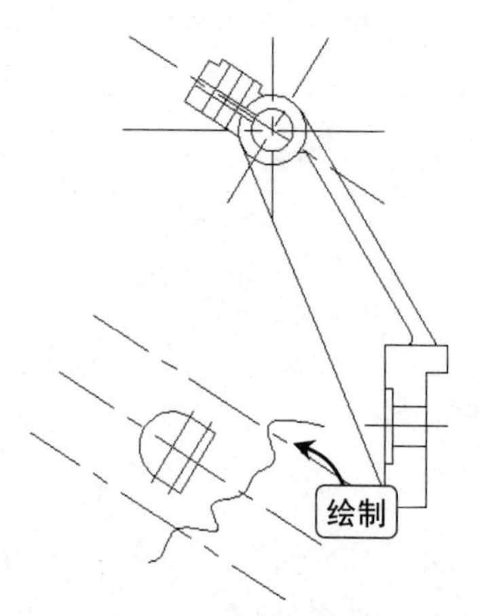

图6-121　绘制样条曲线

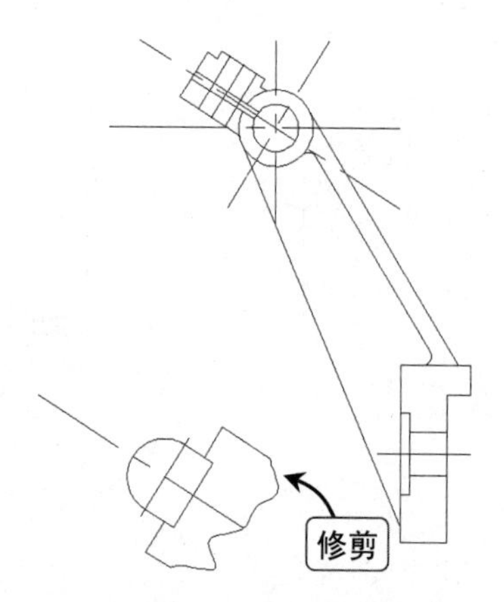

图6-122　修剪样条曲线

Step 09 执行圆命令，捕捉辅助线的交点，指定圆心，分别绘制半径为5.5和9的圆形，如图6-123所示。

Step 10 执行样条曲线命令，分别绘制图形的剖切线，如图6-124所示。

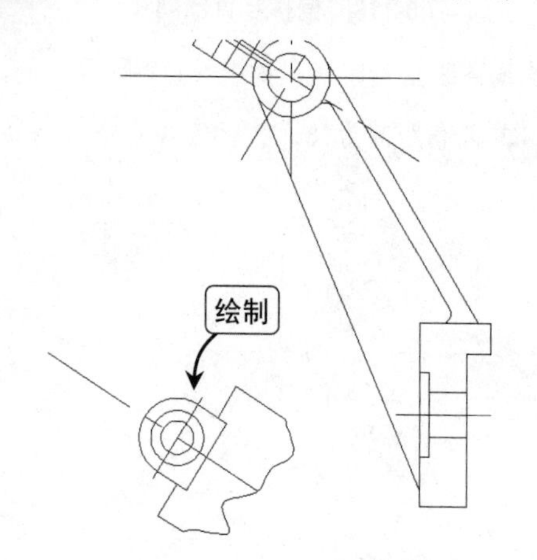

图6-123　绘制圆形

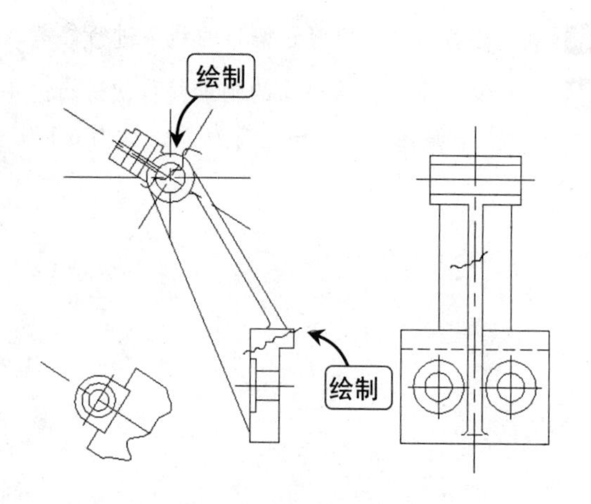

图6-124　绘制图形剖切线

Step 11 执行修剪命令，对剖切线进行修剪，如图6-125所示。

Step 12 执行图案填充命令，填充剖切面，填充图案为“ANSI31”，填充比例为0.5，如图6-126所示。

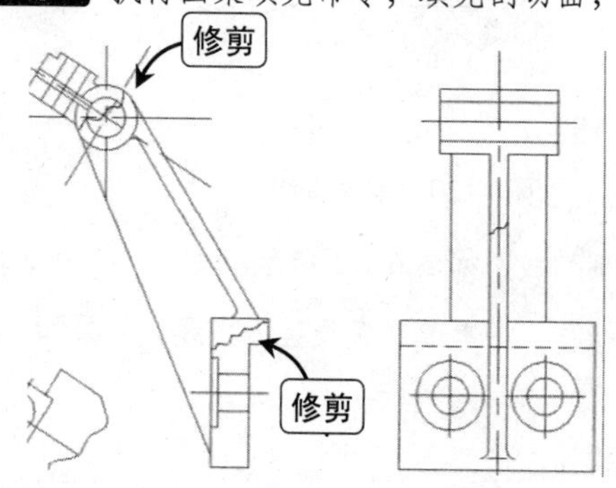

图6-125　修剪剖切线

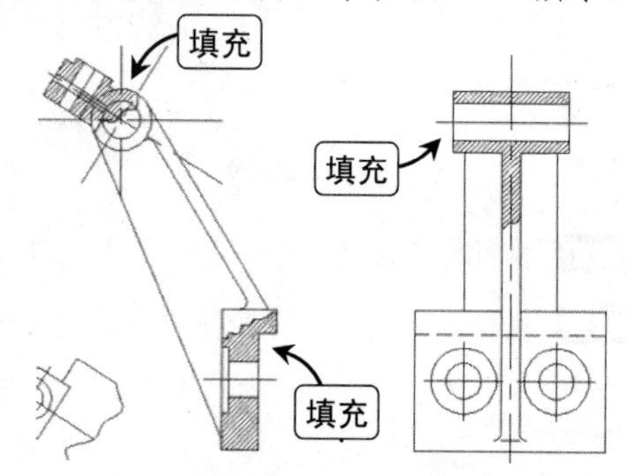

图6-126　填充剖切面

Step 13 执行尺寸标注、文字标注命令，将叉架图形标注尺寸和文字，完成绘制，如图6-127所示。

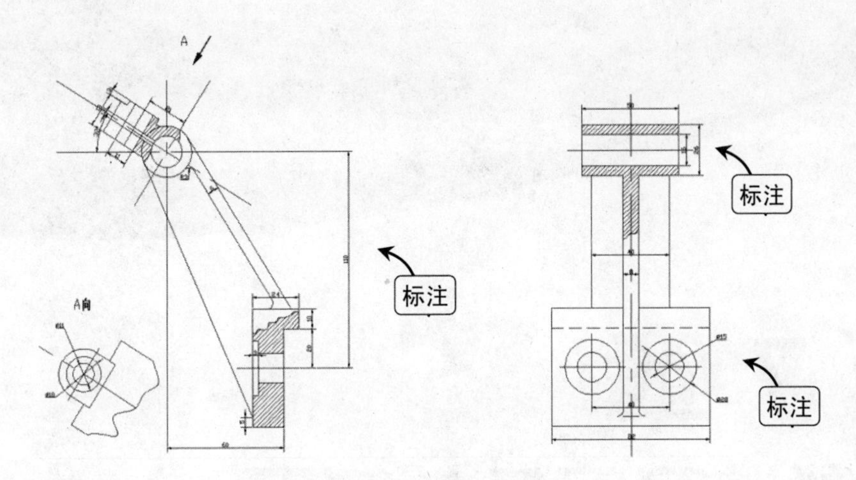

图6-127　标注图形

6.5　习题

（1）绘制如图 6-128 所示的叉架类零件图形（课件：\效果\第 6 章\零件 1.dwg）。

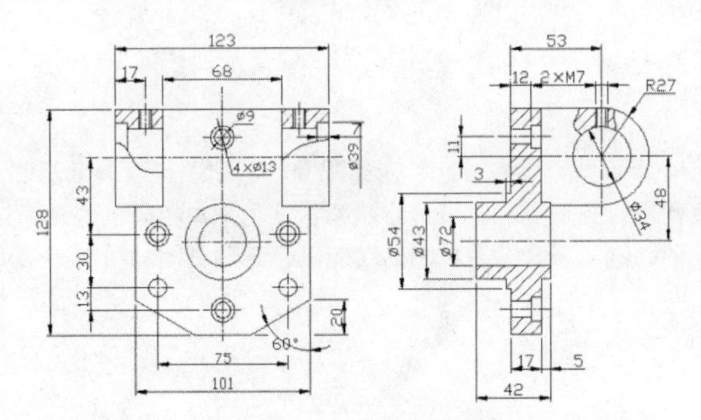

图6-128　叉架类零件效果图

（2）绘制如图 6-129 所示图形（课件：\效果\第 6 章\零件 2.dwg）。

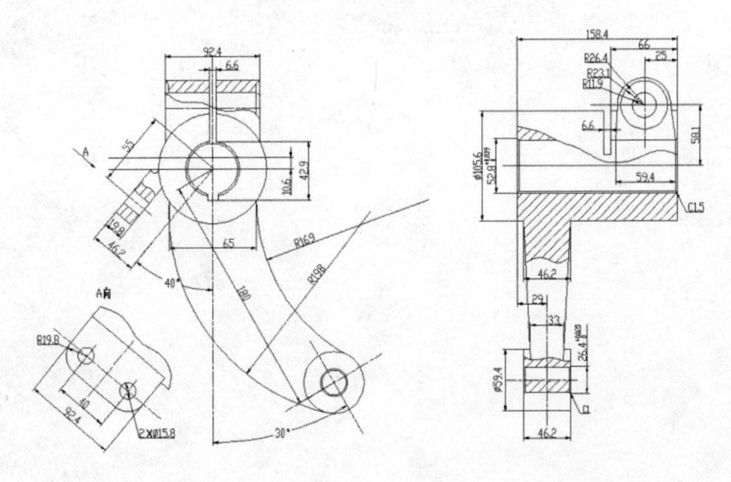

图6-129　零件效果图

第 7 章
绘制装配图及轴测图

本章内容

AutoCAD 2014 将多个零件图组装在一起，叫装配图。装配图可以表示部件或机械的工作原理以及各零件之间相互关系等。其表达方法和零件图基本相同，也是通过各种视图、剖视和剖面来表达的。本章将介绍装配图的绘制以及其轴测图的绘制方法。

要点导读

❖ 装配图的基础知识：了解装配图与零件图的区别与联系。

❖ 绘制装配图：了解绘制装配图的主视图、俯视图以及左视图，并对图形进行标注。

❖ 绘制轴测图：了解绘制和标注轴测图。

7.1 绘制装配图

在机械图形绘制过程中，装配图是用来表达部件或机器的图样。它既可以表示部件或机器的工作原理，也可以表示零件之间的装配关系和相互位置，还可以表示装配、检验和安装时所需要的尺寸数据和技术要求，可以帮助企业制订装配工艺规程，为机器装配、检验和安装及维修提供依据。

7.1.1 绘制装配图的基础知识

装配图中一般不止一个零件，在图样中需要清晰地表达各个零件及它们之间的相互位置关系，所以绘制装配图时，应注意它与零件图的区别与联系。

◆ 装配图与零件图一样，由视图、尺寸和标题栏等组件构成，但在装配图中，还多了零件编号和明细表，用于说明零件的编号、名称、材料和数量等情况。

◆ 装配图的表达要求与零件图不同。零件图需要将零件各部分形状完全表达清楚；而装配图只需要把部件的功能、工作原理和零件间的装配关系表达清楚即可，并不需要把零件的形状完全表示出来。

◆ 装配图的尺寸标注要求与零件图不同。在零件图上需要标注零件的全部尺寸；而在装配图上只需要标注与部件性能、装配、安装和运输等有关的少数尺寸。

7.1.2 绘制装配图

绘制装配图就是将绘制的零件图按照部件或整个机器的工作原理、零件之间的装配关系组装在一起。

1. 绘制主视图

将多个零件主视图按照一定顺序组合在一起，形成一个有机的整体来表现完整的主视图。在这里以“虎钳”为例讲解如何绘制主视图。

下面执行插入命令，调用虎钳装配图块以及修剪等命令完成虎钳主视图的绘制。

实例演示：绘制主视图

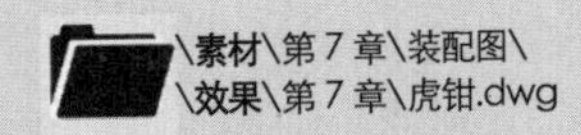

Step 01 在 AutoCAD 2014 工作界面使用“设计模板”文件，创建新图形文件，并将其保存为“虎钳.dwg”，如图 7-1 所示。

Step 02 执行“插入”命令，打开“插入”对话框，单击“浏览”按钮，选择打开素材文件中的“固定钳身.dwg”文件，将其以插入图块的方式插入到绘图区中，并对其进行分解操作，如图 7-2 所示。

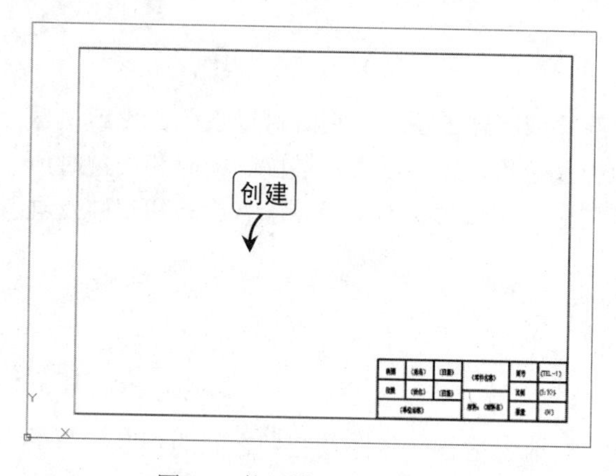

图7-1　使用模板创建文件

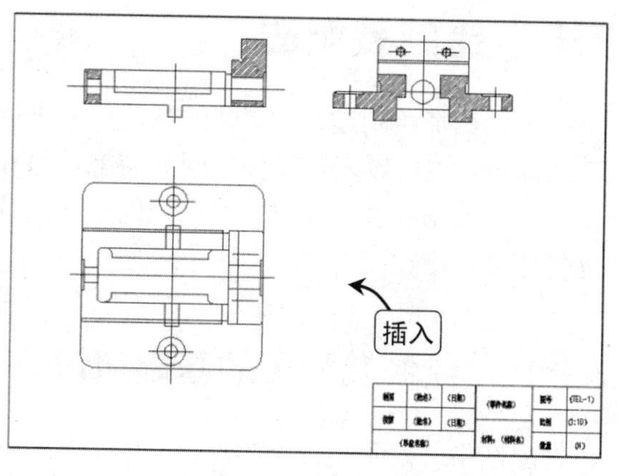

图7-2　插入图块

Step 03 执行插入命令，在“选择图形文件”对话框中选择“螺母（主）”文件，在绘图区中捕捉固定钳身辅助线的交点，插入“螺母（主）”图块，将插入的图块进行分解，并使用修剪命令将线条进行修剪，如图 7-3 所示。

Step 04 再次执行插入命令，选择“垫圈 11”文件，在命令行提示后捕捉水平辅助线与竖直线的交点，指定图块的插入点，插入选择的图块，并对其进行分解和修剪，如图 7-4 所示。

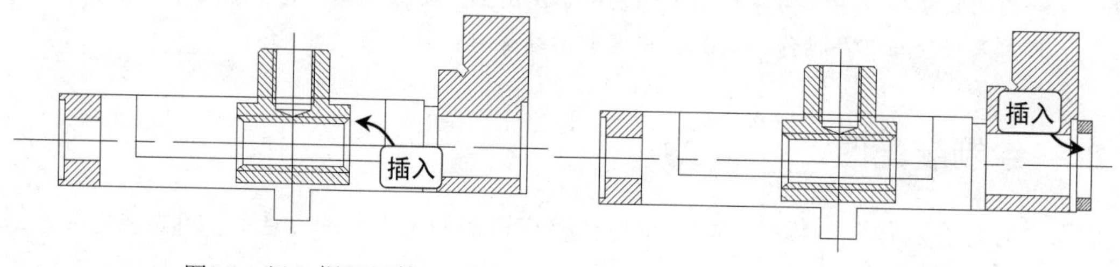

图7-3　插入螺母图块

图7-4　插入垫圈

Step 05 执行插入命令，在“选择图形文件”对话框中选择“螺杆（主）”文件，在命令行提示后捕捉辅助线与右端垂直线的交点，插入“螺杆（主）”图块，将插入的图块进行分解，并使用修剪命令将线条进行修剪，如图 7-5 所示。

Step 06 执行插入命令，在“选择图形文件”对话框中选择“活动钳身（主）”文件，在绘图区中捕捉固定钳身水平线端点与垂直辅助线的交点，插入图块，执行分解命令，将插入图块进行分解，并执行修剪命令，将图形线条进行修剪，如图 7-6 所示。

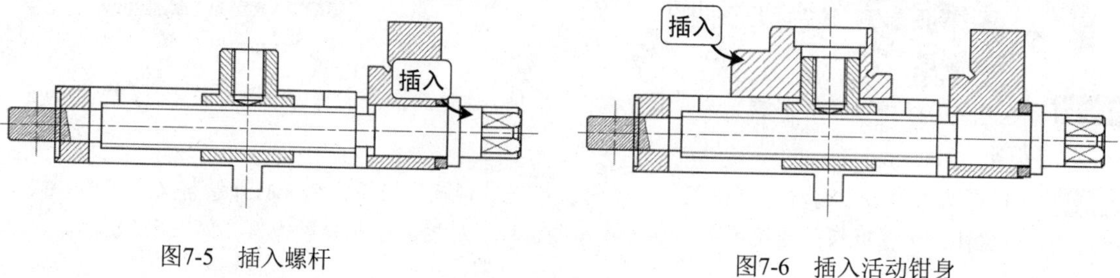

图7-5　插入螺杆

图7-6　插入活动钳身

Step 07 执行插入命令，在“选择图形文件”对话框中选择“螺钉（主）”文件，在绘图区中捕捉垂直辅助线与水平线的交点，插入图块，并对其进行分解和修剪，如图 7-7 所示。

Step 08 执行插入命令，在“选择图形文件”对话框中选择“垫圈 5”文件，在绘图区中捕捉垂直线与水平辅助线的交点，指定图块的插入点插入图块，并对其进行分解和修剪，如图 7-8 所示。

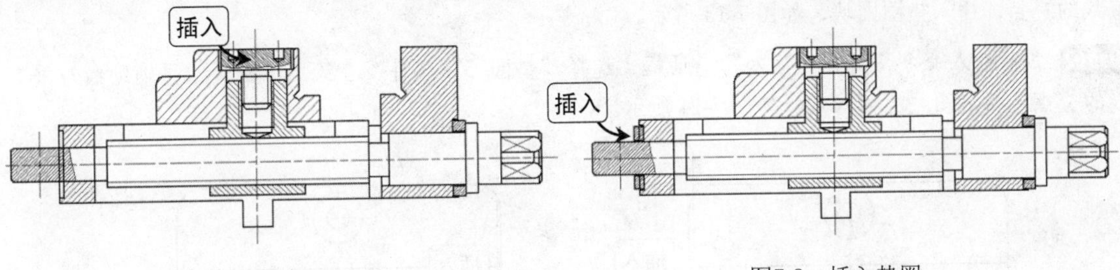

图7-7　插入螺钉　　图7-8　插入垫圈

Step 09 执行插入命令，在“选择图形文件”对话框中选择“环（主）”文件，在绘图区中捕捉垂直辅助线与水平辅助线的交点，插入图块，并对其进行分解和修剪，如图 7-9 所示。

Step 10 执行插入命令，在“选择图形文件”对话框中选择“锥销”文件，在绘图区中捕捉垂直辅助线与环直线的交点，插入图块，并对其进行分解和修剪，如图 7-10 所示。

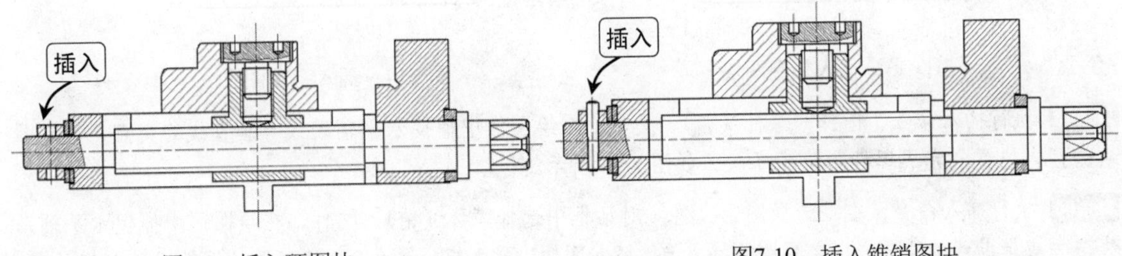

图7-9　插入环图块　　图7-10　插入锥销图块

Step 11 执行插入命令，在固定钳身图形的端点处插入“钳口板”图块，如图 7-11 所示。

Step 12 执行分解命令，将插入的图块进行分解，并镜像复制钳口板轮廓线，再对图形的剖切面进行填充，其填充比例为 0.7，如图 7-12 所示。

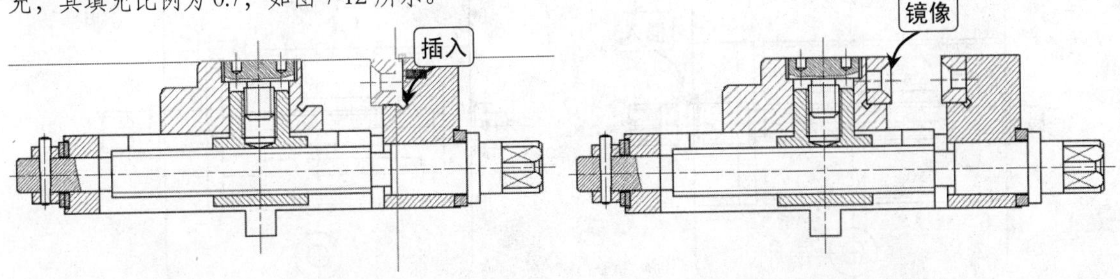

图7-11　插入钳口板图块　　图7-12　镜像和填充图块

2．绘制俯视图

在完成虎钳的主视图绘制后，再对虎钳的俯视图进行绘制，其绘制方法与零件主视图大致相同，还是通过调用图块的方法进行绘制，不同点在于调用的是零件俯视图。

下面讲解执行插入命令的操作，调用虎钳图形的装配图块，完成虎钳俯视图的绘制。

实例演示：绘制俯视图

\素材\第 7 章\虎钳 1.dwg
\效果\第 7 章\虎钳 1.dwg

Step 01 执行插入命令，打开“插入”对话框，选择“垫圈 11”文件，在绘图区中捕捉水平辅助线与垂直线的交点，插入垫圈图块，如图 7-13 所示。

Step 02 执行插入命令，打开“插入”对话框，选择“垫圈 5”文件，在绘图区捕捉水平辅助线与垂直线的交点，指定图块的插入点，如图 7-14 所示。

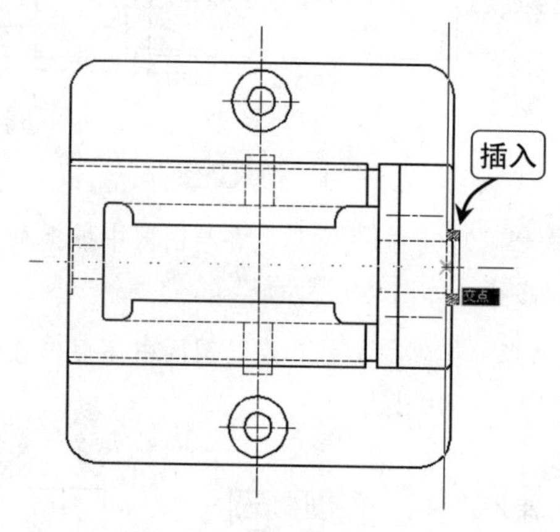

图7-13 插入垫圈图块

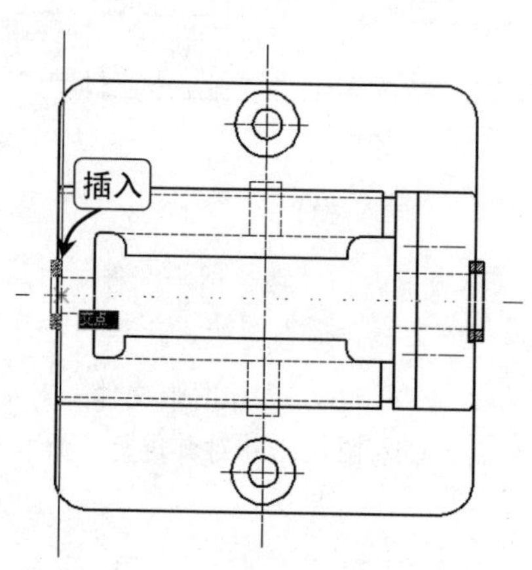

图7-14 插入垫圈图块

Step 03 执行插入命令，选择“螺杆（俯）”文件，在绘图区中捕捉水平辅助线与垂直线的交点，指定图块的插入位置，完成螺杆图块的插入，如图 7-15 所示。

Step 04 执行插入命令，在“选择图形文件”对话框中选择“环（俯）”文件，在绘图区中捕捉水平辅助线与垂直辅助线的交点，指定图块的插入点，插入图块，再执行分解命令，将插入的图块进行分解处理，并执行修剪命令，将图形进行修剪，如图 7-16 所示。

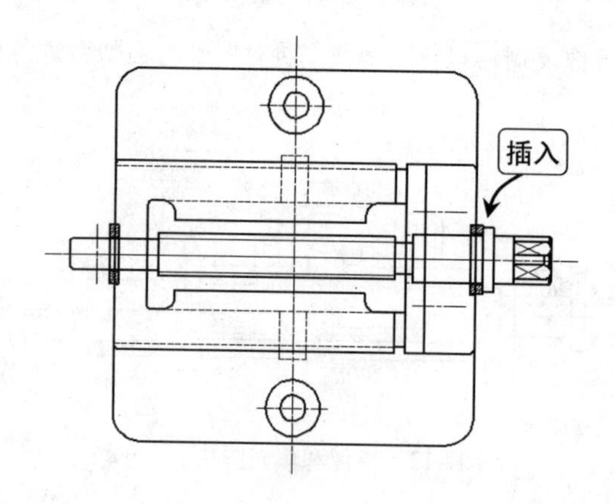

图7-15 插入螺杆图块

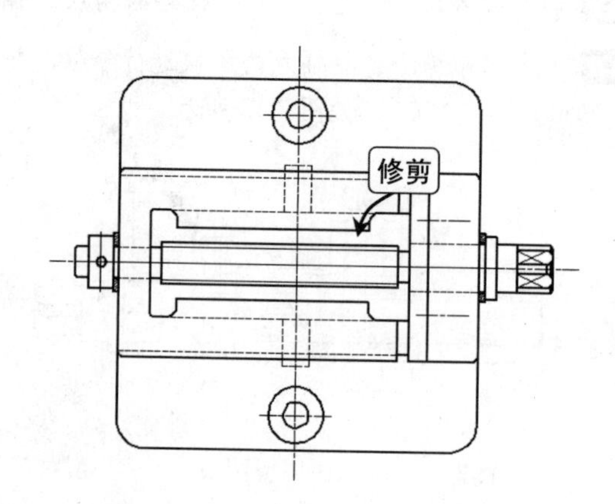

图7-16 插入环图块并修剪图形

Step 05 执行插入命令，选择“活动钳身（俯）”文件，在绘图区中捕捉水平辅助线与垂直辅助线的交点，指定图块的插入点插入图块，再执行分解命令，将图块进行分解，执行修剪命令修剪图形线条，并删除不可见的虚线线条，如图 7-17 所示。

Step 06 执行插入命令，选择“螺钉（俯）”文件，捕捉水平辅助线与垂直辅助线的交点，指定图块的插入点，再执行分解命令，将图块进行分解，执行修剪命令修剪图形的线条，如图 7-18 所示。

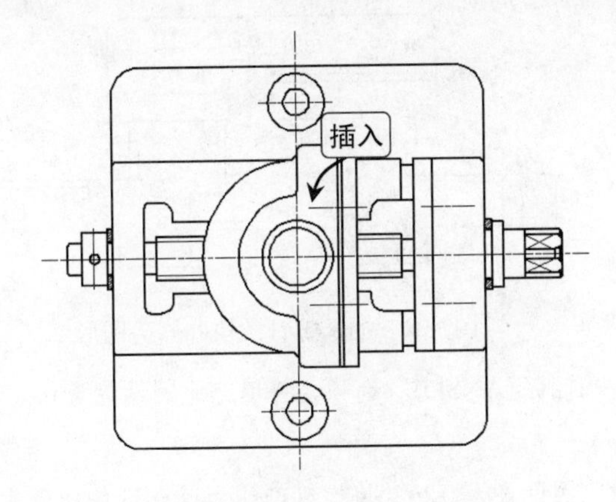

图7-17 插入活动钳身图块并修剪图形

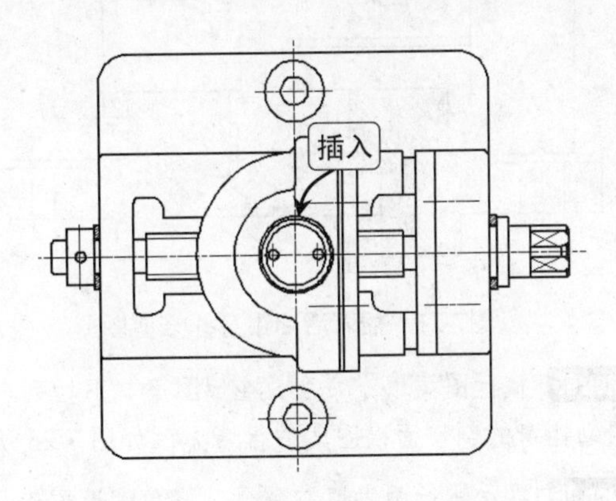

图7-18 插入螺钉图块并修剪图形

3. 绘制左视图

在完成虎钳主视图及俯视图的绘制后，下一步将进行虎钳左视图的绘制，绘制左视图的方法与主视图、俯视图的方法基本相似，也是通过调用零件的左视图图块进行绘制。

下面讲解执行插入命令的操作，调用虎钳图形的装配图块，完成虎钳左视图的绘制。

实例演示：绘制左视图

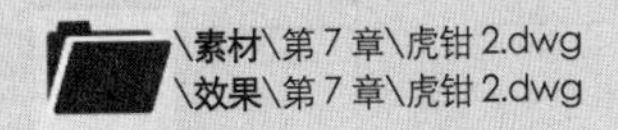

Step 01 执行插入命令，打开“插入”对话框，选择“螺母（左）”文件，在绘图区中捕捉水平辅助线与垂直辅助线的交点，指定图块的插入点并插入图块，再执行分解命令，将插入的图块进行分解处理，并执行修剪命令，将图形进行修剪，如图 7-19 所示。

Step 02 执行图案填充命令，在“图案”下拉列表框中选择“ANSI31”选项，并选择图案填充的区域，将螺母的半剖切面以图案进行填充，如图 7-20 所示。

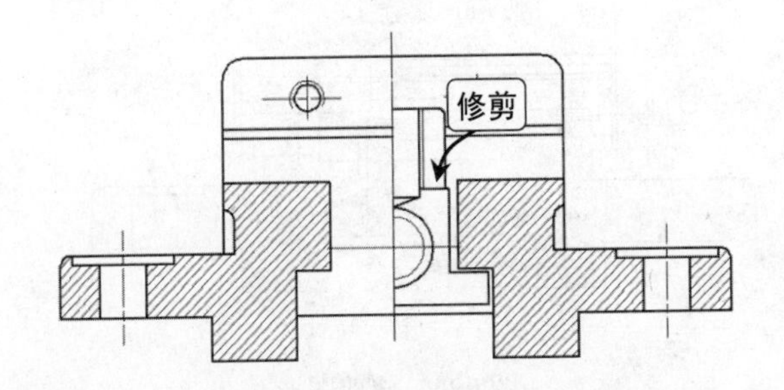

图7-19 插入并修剪螺母图形

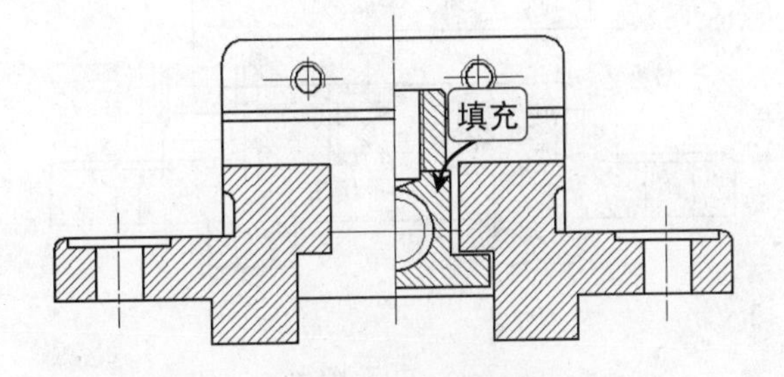

图7-20 填充图案

Step 03 执行插入命令，选择“活动钳身（左）”文件，在绘图区中捕捉固定钳身端点延伸到垂直辅助线的交点，指定图块的插入点插入图块，并对图块进行分解和修剪，如图 7-21 所示。

Step 04 执行插入命令，选择“螺钉（左）”文件，在绘图区中捕捉直线的端点，指定图块的插入点插入图块，并对图块进行分解和修剪，如图 7-22 所示。

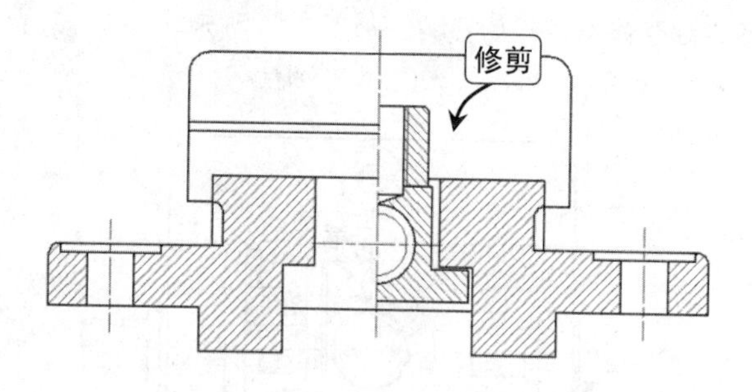

图7-21　插入活动钳身并修剪图形

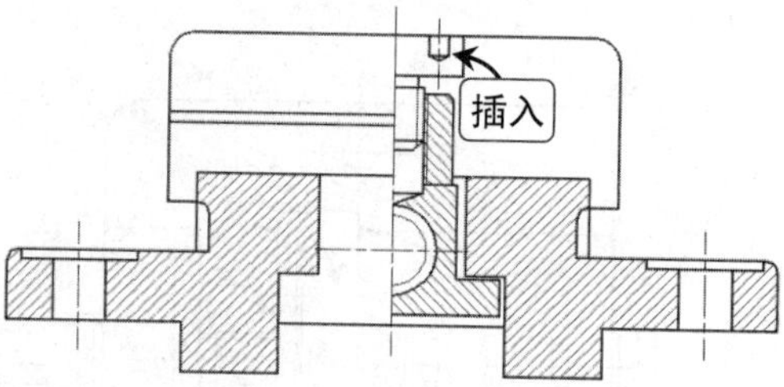

图7-22　插入螺钉图块并修剪图形

Step 05 执行图案填充命令，在“图案”下拉列表框中选择“ANSI31”选项，将填充比例设置为 0.8，对活动钳身的剖切面以图案进行填充，如图 7-23 所示。

Step 06 再次执行图案填充命令，将角度设置为 90，比例设置为 0.25，将螺钉剖切面以 0.25 的比例进行填充，如图 7-24 所示。

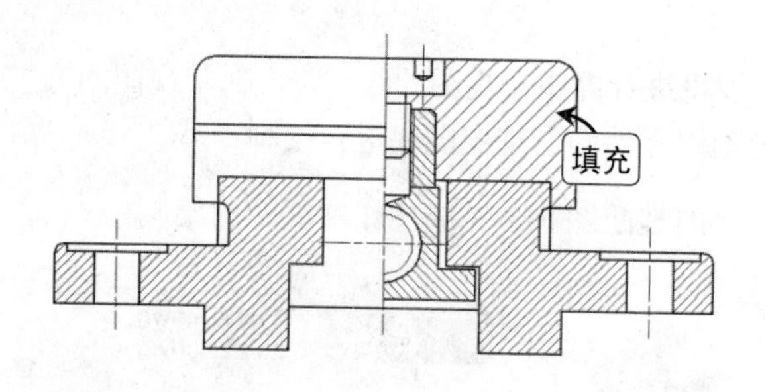

图7-23　填充图案

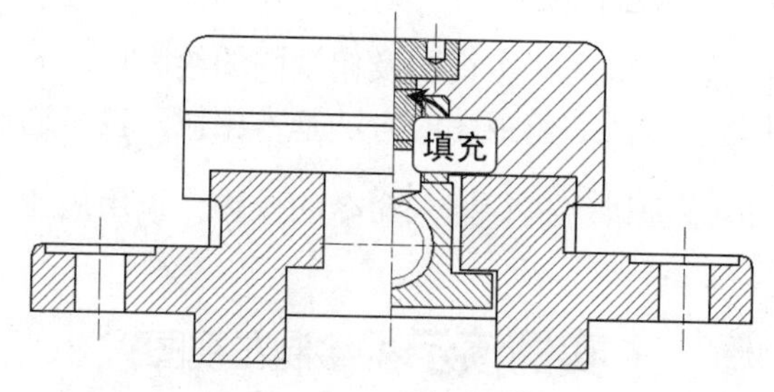

图7-24　填充图案

Step 07 再次执行图案填充命令，将螺杆的剖切面进行填充，其填充比例为 0.3，如图 7-25 所示。

Step 08 执行分解命令，将固定钳身的填充图形进行分解，并修剪及删除多余的线条，如图 7-26 所示。

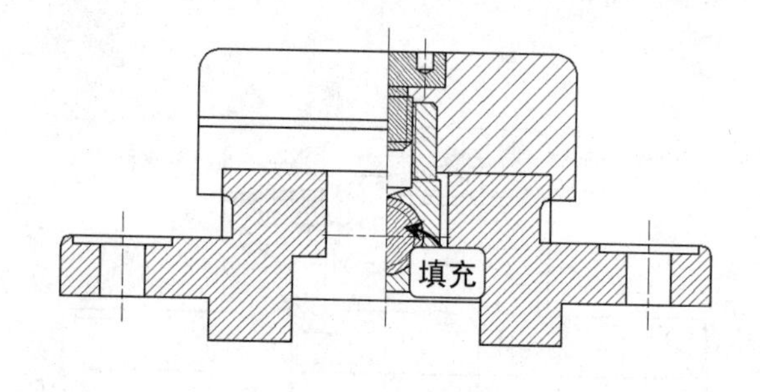

图7-25　填充图形

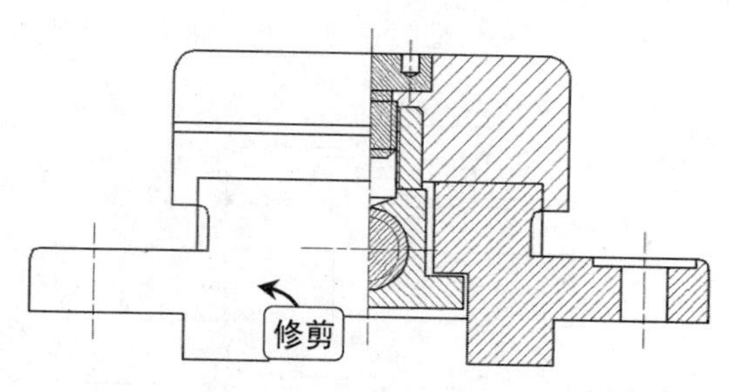

图7-26　修剪图形

Step 09 执行直线命令，补充绘制不全的连接线条，如图 7-27 所示。

Step 10 执行圆命令，捕捉水平线与垂直线的交点，指定圆心，绘制半径为 12.5 的圆形，如图 7-28 所示。

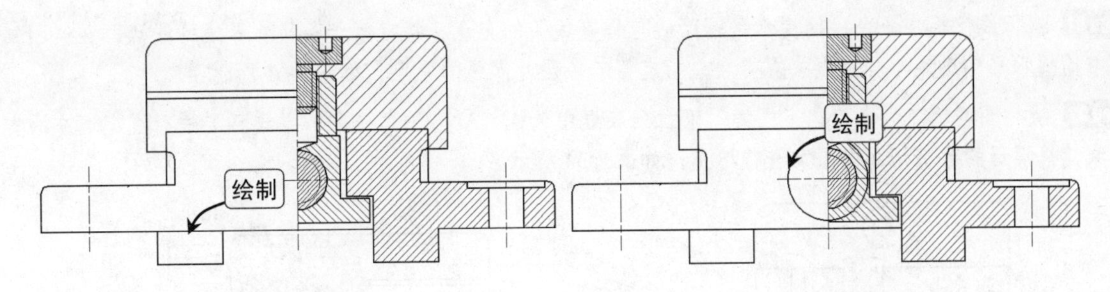

图7-27 绘制直线　　图7-28 绘制圆形

Step 11 执行偏移命令，将圆向内进行偏移，其偏移的距离为 1.5，再将偏移后的圆形向内偏移 4.5，如图 7-29 所示。

Step 12 执行偏移命令，将最后一次偏移的圆形向内进行偏移，其偏移距离为 1，如图 7-30 所示。

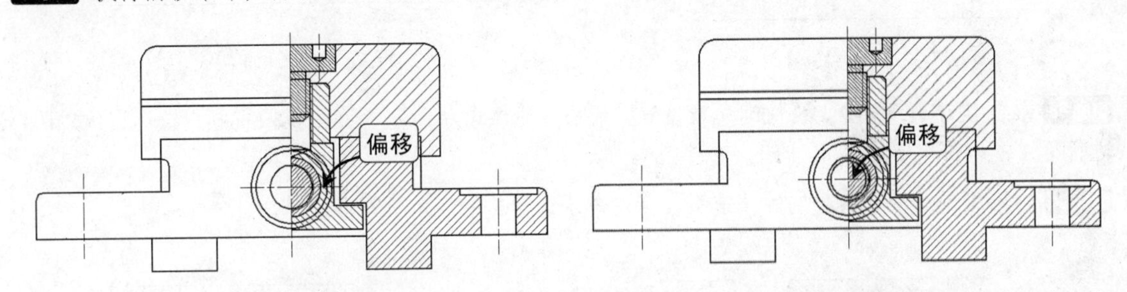

图7-29 偏移圆形　　图7-30 偏移图形

Step 13 执行修剪命令，将绘制的圆进行修剪，如图 7-31 所示。

Step 14 执行插入命令，选择“锥销”文件，在绘图区中捕捉圆弧的端点，指定图块的插入点并插入图块，并对其进行分解和修剪，如图 7-32 所示。

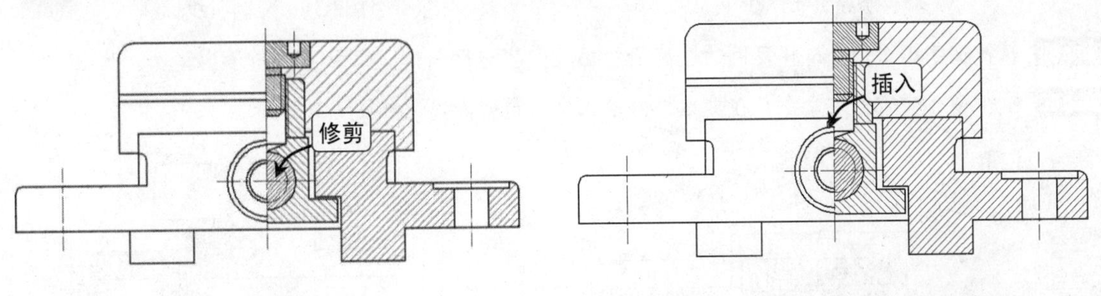

图7-31 修剪图形　　图7-32 插入锥销图块并修剪图形

4. 标注图形

完成虎钳图形的绘制之后，便对其进行尺寸标注、文字标注以及表格等命令对图形加以说明等。下面讲解执行尺寸标注、文字标注以及表格等命令的操作，对图形进行说明。

实例演示：标注图形

\素材\第 7 章\虎钳 3.dwg
\效果\第 7 章\虎钳 3.dwg

Step 01 执行线性标注命令，捕捉水平辅助线与垂直线条的交点，指定第一条尺寸界线的原点，在绘图区中捕捉水平辅助线与垂直线条的交点，指定第二条尺寸界线的原点，如图 7-33 所示。

Step 02 执行图案填充命令，在“图案”下拉列表框中选择“ANSI31”选项，并选择要进行图案填充的区域，将螺母的半剖切面以图案进行填充，如图 7-34 所示。

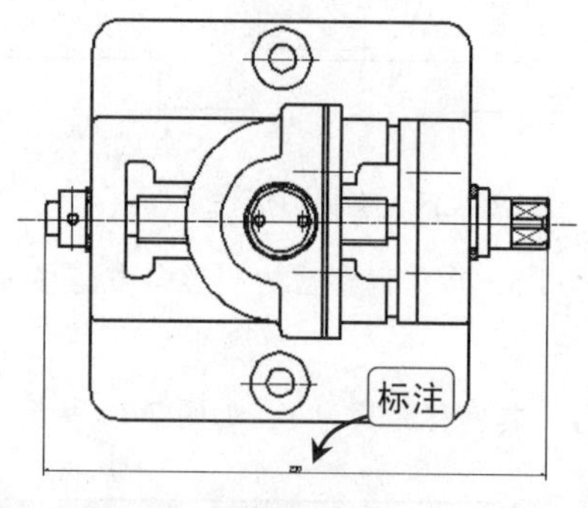

图7-33　标注图形

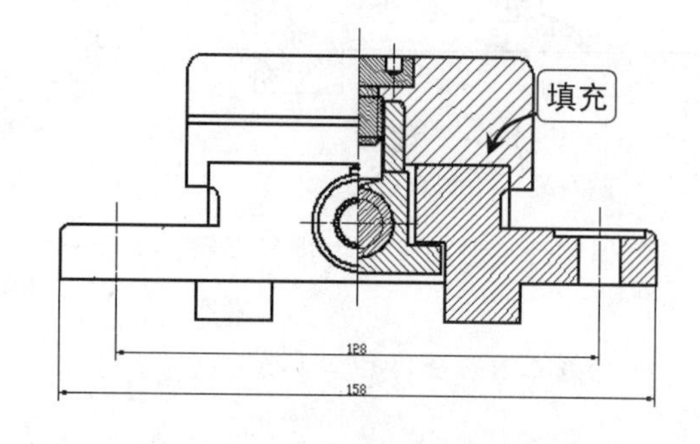

图7-34　填充图形

Step 03 执行快速引线命令，将快速引线设置“箭头”的样式为“点”，在主视图中利用快速引线对图形进行标注，如图 7-35 所示。

Step 04 执行复制命令，将绘制的快速引线标注命令进行复制，如图 7-36 所示。

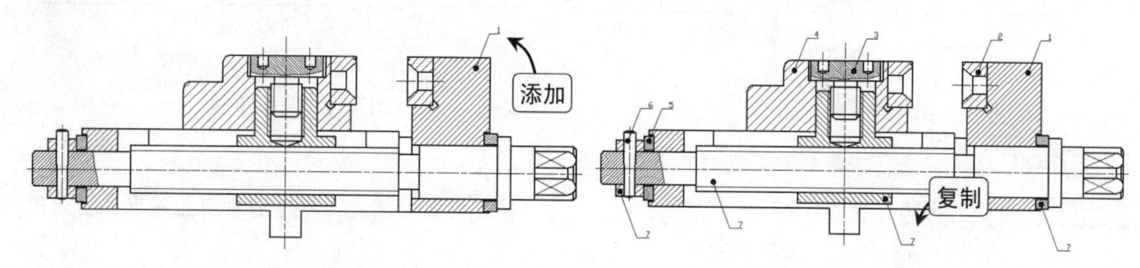

图7-35　添加引线标注

图7-36　复制引线标注

Step 05 执行文字编辑命令，将复制的快速引线标注文字进行编辑，如图 7-37 所示。

Step 06 执行多行文字标注命令，在文本框内输入文字说明内容，如图 7-38 所示。

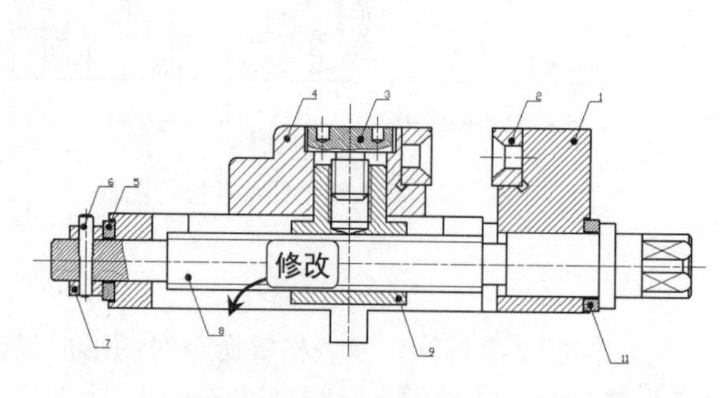

图7-37　修改引线文字

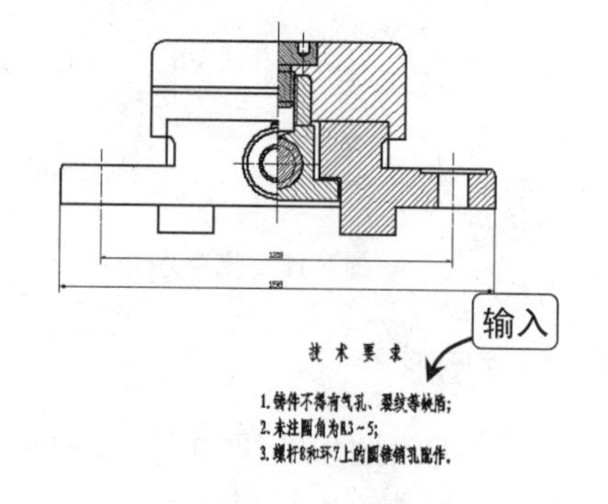

图7-38　输入文字

Step 07 执行插入表格命令，在绘图区中捕捉标题栏上绘制一个 12 行 6 列的表格，如图 7-39 所示。

Step 08 在创建的表格中输入文字内容，如图 7-40 所示。

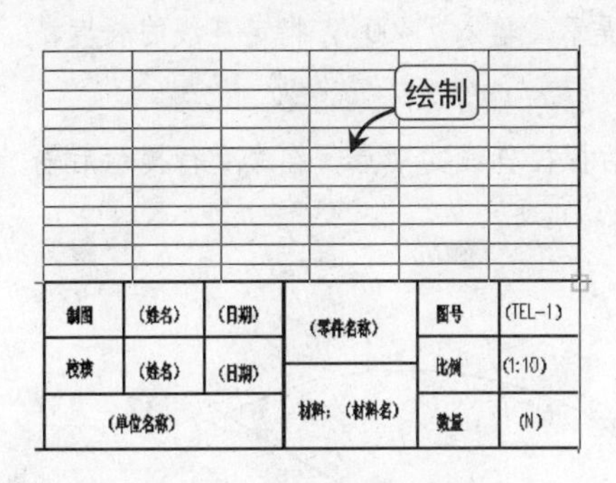

图7-39　绘制表格

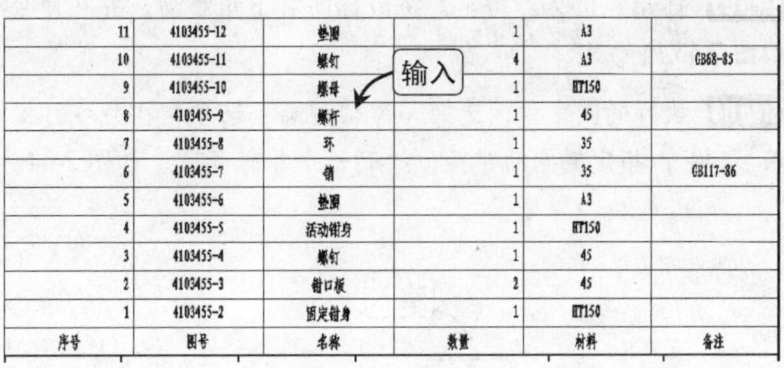

11	4103455-12	垫圈	1	A3	
10	4103455-11	螺钉	4	A3	GB68-85
9	4103455-10	螺母	1	HT150	
8	4103455-9	螺杆	1	45	
7	4103455-8	环	1	35	
6	4103455-7	销	1	35	GB117-86
5	4103455-6	垫圈	1	A3	
4	4103455-5	活动钳身	1	HT150	
3	4103455-4	螺钉	1	45	
2	4103455-3	钳口板	2	45	
1	4103455-2	固定钳身	1	HT150	
序号	图号	名称	数量	材料	备注

输入

图7-40　输入文字

7.2　绘制轴测图

轴测图是一种单面投影图，在一个投影面上能同时反映出物体三个坐标面的形状，接近于人们的视觉习惯。在工程上常把轴测图作为辅助图样来说明机械的结构、安装、使用等情况；在设计中用轴测图帮助构思、想象物体的形状，以弥补正投影图的不足。

7.2.1　绘制轴测图

AutoCAD 2014 专门提供了二维交互绘制正等轴测图的绘图辅助模式，在 AutoCAD 2014 中绘制正等轴测图，必须开启等轴测图捕捉模式。

下面讲解执行椭圆、复制、直线以及修剪等命令的操作，完成阀盖轴测图形的绘制。

实例演示：绘制轴测图

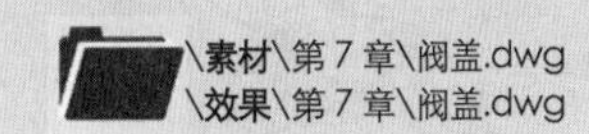

Step 01 打开“阀盖”素材文件，在状态栏上的辅助工具按钮上单击鼠标右键，在弹出的快捷菜单中选择“设置”命令，打开“草图设置”对话框，在“草图设置”对话框中单击“捕捉和栅格”选项卡，选中“等轴测捕捉”单选按钮，单击“确定”按钮，如图 7-41 所示。

Step 02 按【Ctrl+E】键切换光标，执行直线命令，在绘图区中拾取一点作为直线起点，如图 7-42 所示。

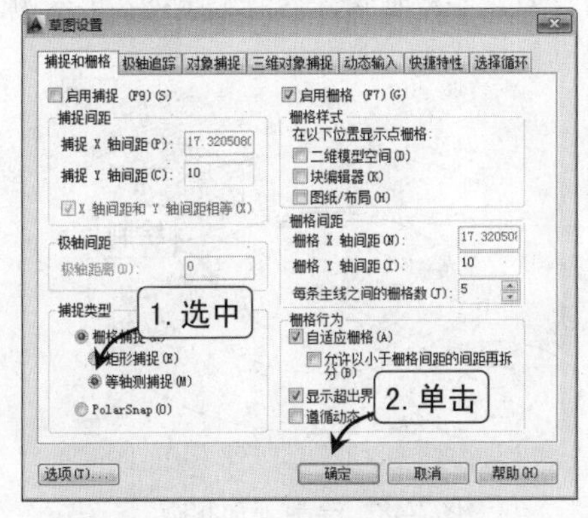

图7-41　设置捕捉类型

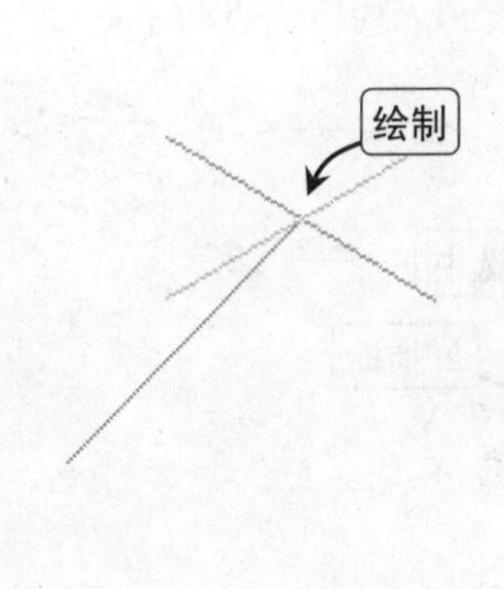

图7-42　绘制直线

Step 03 打开“正交”功能，将鼠标向右上角移动，并在命令行提示后输入“400”，指定直线的长度，如图 7-43 所示。

Step 04 执行椭圆命令，选择“等轴测圆”选项，在命令行提示后捕捉直线的中点，在命令行提示后输入“140”，指定椭圆的半径，绘制一个等轴测圆，如图 7-44 所示。

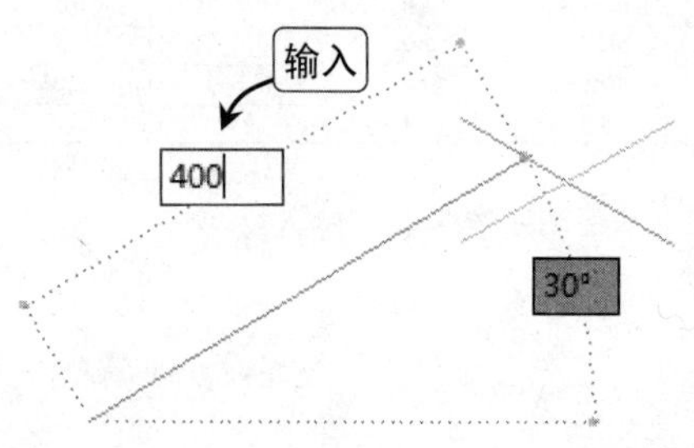

图7-43　输入直线长度

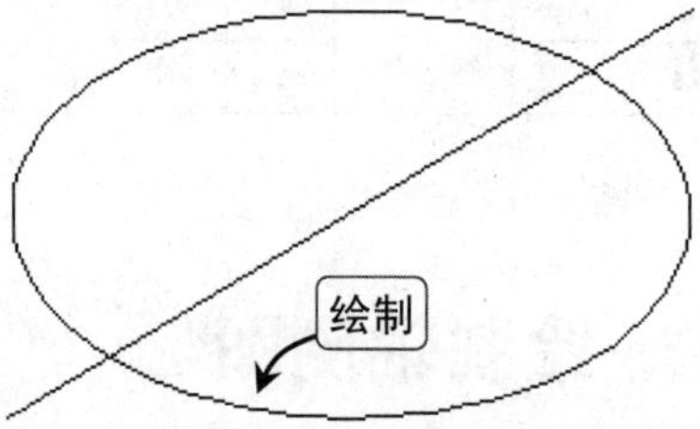

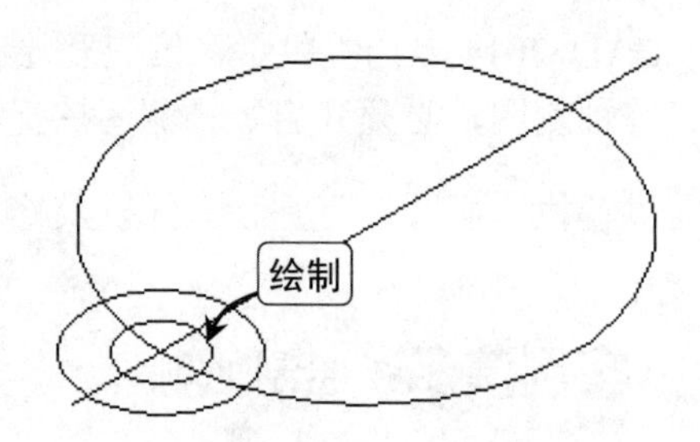

图7-44　绘制等轴测圆

Step 05 执行椭圆命令，选择“等轴测图”选项，捕捉圆与直线的交点，在命令行提示后输入“50”，指定等轴测图下椭圆的半径，绘制绘制一个等轴测圆，如图 7-45 所示。

Step 06 执行椭圆命令，以相同的方法绘制半径为 25 的等轴测圆，如图 7-46 所示。

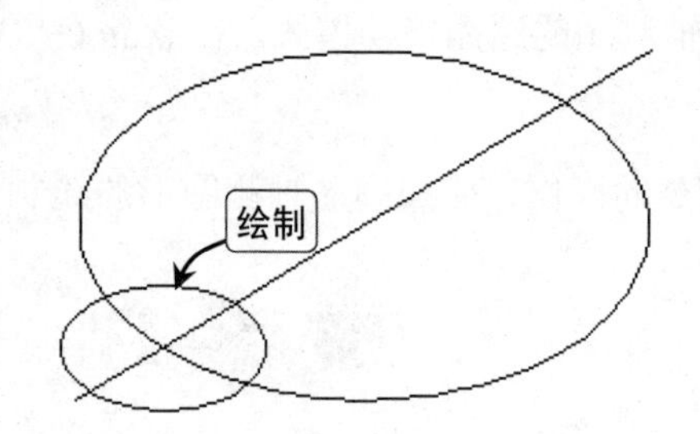

图7-45　绘制圆形

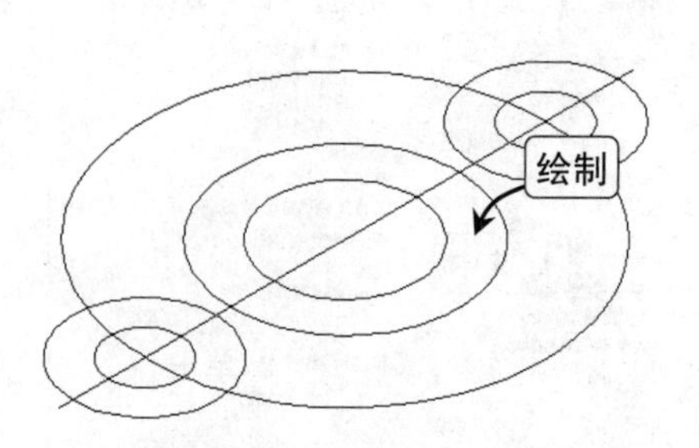

图7-46　绘制圆形

Step 07 执行复制命令，选择绘制的两个圆，在命令行提示下捕捉圆的圆心，指定复制的起点，捕捉圆与直线的交点，指定复制的第二点，将两个椭圆进行复制，如图 7-47 所示。

Step 08 执行椭圆命令，选择“等轴测圆”选项，并在命令行提示后捕捉直线的中点，分别绘制半径为 50 和 80 的等轴测圆，如图 7-48 所示。

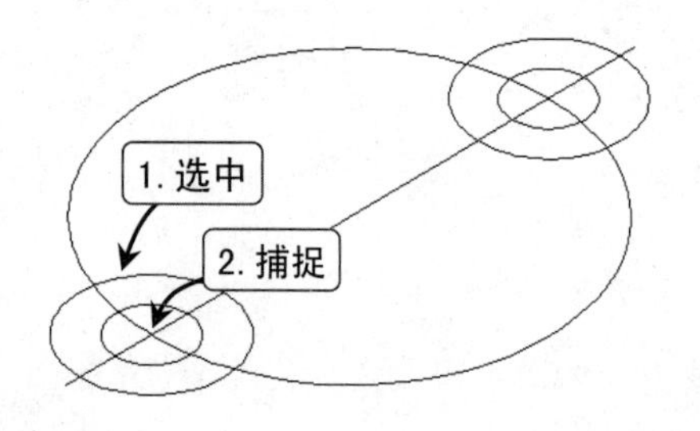

图7-47　复制圆形

图7-48　绘制等轴测圆

Step 09 执行删除命令，将作为辅助线的直线及半径为 140 的等轴测圆进行删除，执行复制命令，选择除去半径为 50 的所有图形，并进行复制，其位置距离原位置向上移动 35，如图 7-49 所示。

Step 10 再次执行复制命令，将半径为 50 和 80 的圆进行复制，其向上移动的距离为 160，效果如图 7-50 所示。

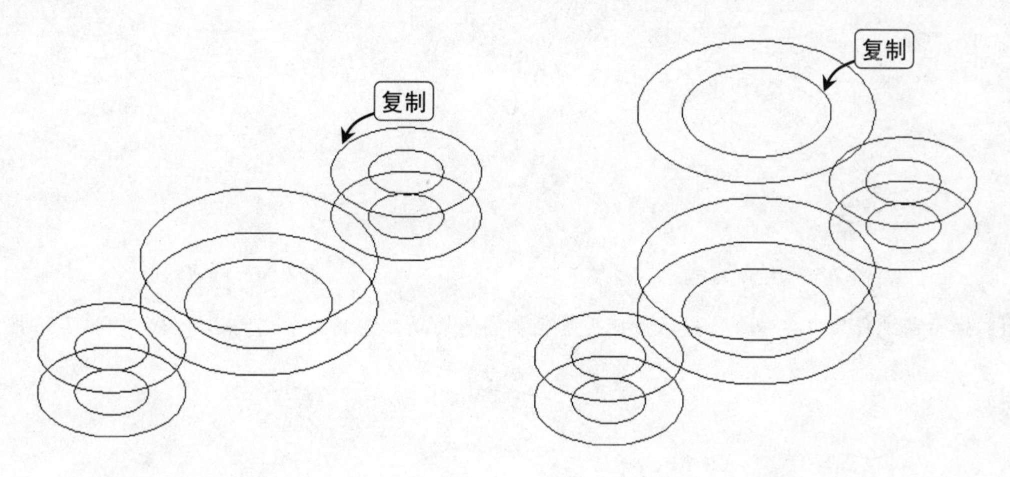

图7-49 复制图形　　图7-50 复制图形

Step 11 执行椭圆命令，选择“等轴测图”选项，捕捉顶端圆的圆心，在命令行提示后输入“115”，指定等轴测圆的半径，如图 7-51 所示。

Step 12 执行复制命令，在命令行提示后选择半径 115 的圆，打开“正交”功能，将鼠标向下移动，在命令行提示后输入“30”，指定复制圆离原图形的距离，如图 7-52 所示。

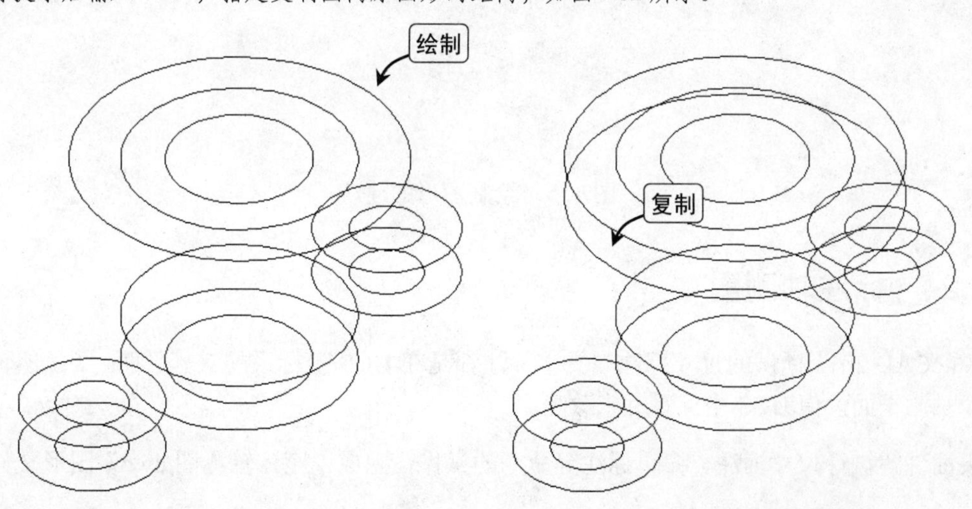

图7-51 绘制等轴测圆　　图7-52 复制圆形

Step 13 执行直线命令，在命令行提示后捕捉圆的象限点，指定直线的起点，在命令行提示后捕捉另一个圆的象限点，指定直线的第二点，绘制一条直线；使用相同的方法完成另一条直线的绘制，如图 7-53 所示。

Step 14 执行修剪以及删除命令，将绘制的圆及直线进行修剪，并删除多余的线条，如图 7-54 所示。

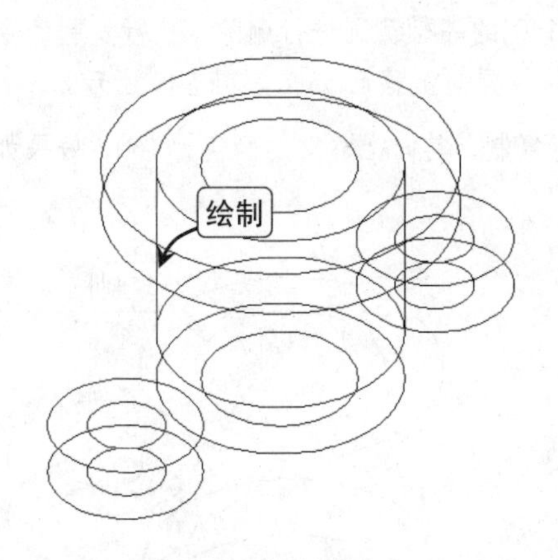

图7-53　绘制直线

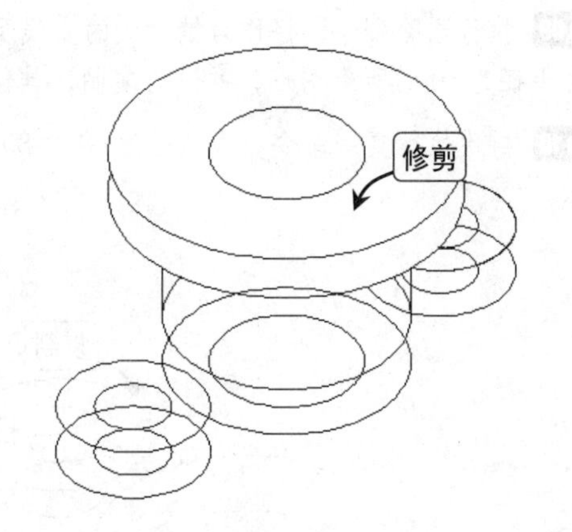

图7-54　修剪图形

Step 15 执行直线命令，在命令行提示后捕捉等轴测圆的切点，绘制圆形之间的连线，如图 7-55 所示。

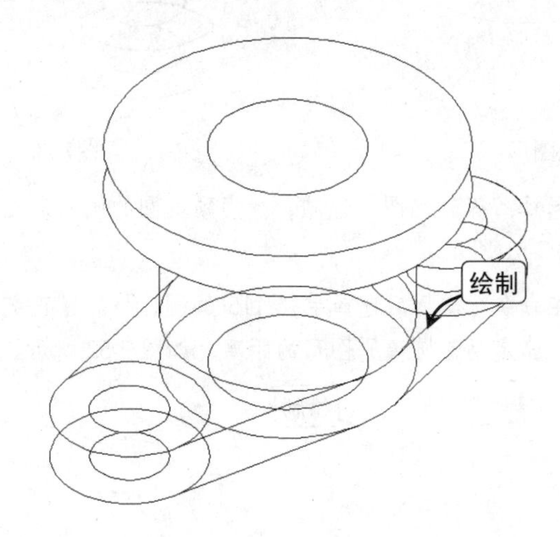

图7-55　绘制图形的连线

7.2.2　标注轴测图

AutoCAD 2014 提供的尺寸标注与文字标注都是在 UCS 坐标系的 XY 平面上，虽然轴测图有 3 个轴测平面，但 UCS 坐标系并未改变。

下面讲解执行尺寸标注、编辑标注等命令的操作，完成“座体轴测图.dwg”图形文件尺寸的标注。

实例演示：标注轴测图

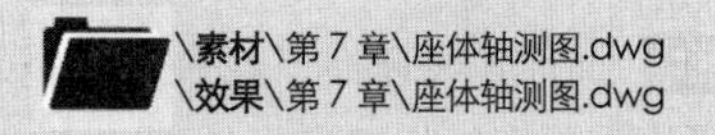

Step 01 打开“座体轴测图”素材文件，执行标注样式命令，打开“标注样式管理器”对话框，单击“修改”按钮，如图 7-56 所示。

Step 02 打开“修改标注样式：ISO-25”对话框，单击“文字”选项卡，在“文字样式”选项后单击“...”按钮，如图 7-57 所示。

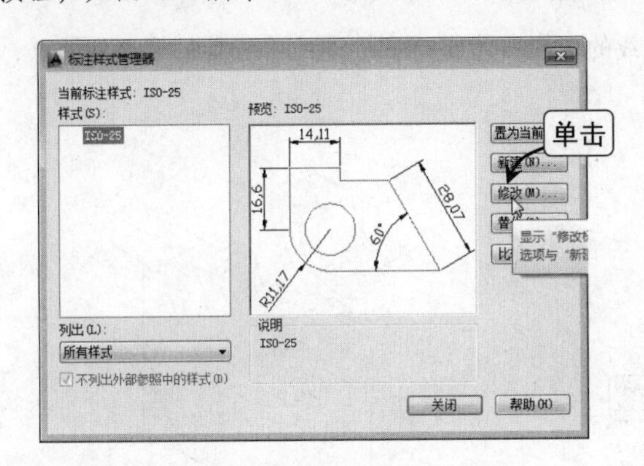

图7-56 修改标注样式

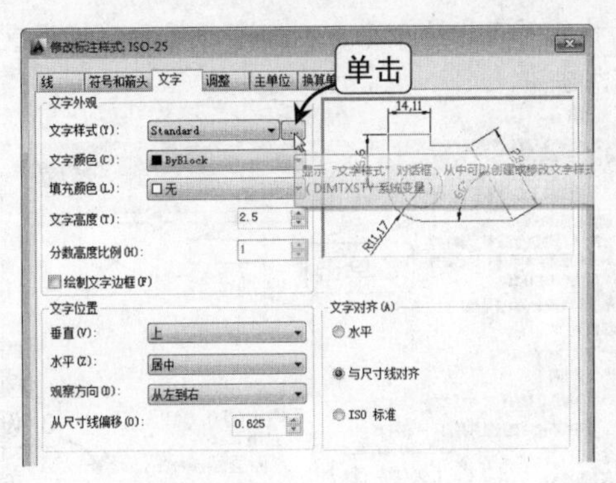

图7-57 单击“文字”选项卡

Step 03 打开“文字样式”对话框，在“文字样式”对话框中单击“新建”按钮，如图 7-58 所示。

Step 04 打开“新建文字样式”对话框，“新建文字样式”对话框的“样式名”后的文本框内输入文字样式的名称，单击“确定”按钮返回“文字样式”对话框，如图 7-59 所示。

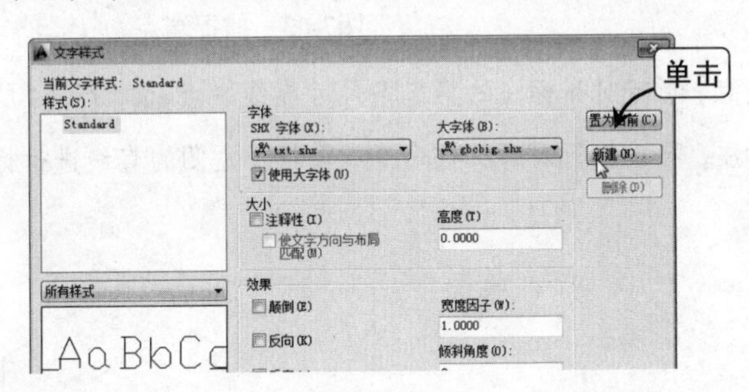

图7-58 新建文字样式

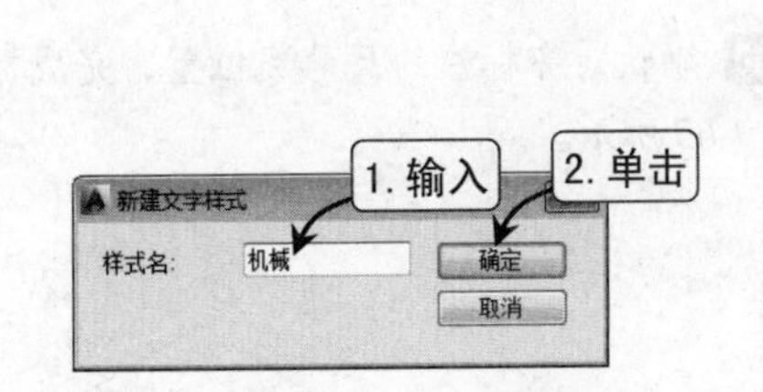

图7-59 输入文字样式名

Step 05 在“文字样式”对话框的“倾斜角度”文本框中输入-30，指定文字的角度，如图 7-60 所示。

Step 06 单击“应用”按钮，再单击“关闭”按钮，打开“AutoCAD”对话框，单击“是”按钮，返回“修改标注样式：ISO-25”对话框，在“文字样式”下拉列表框中选择“机械”选项，如图 7-61 所示。

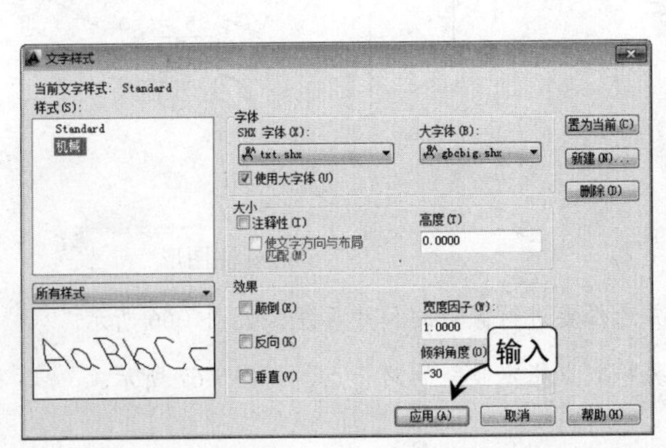

图7-60 设置倾斜角度

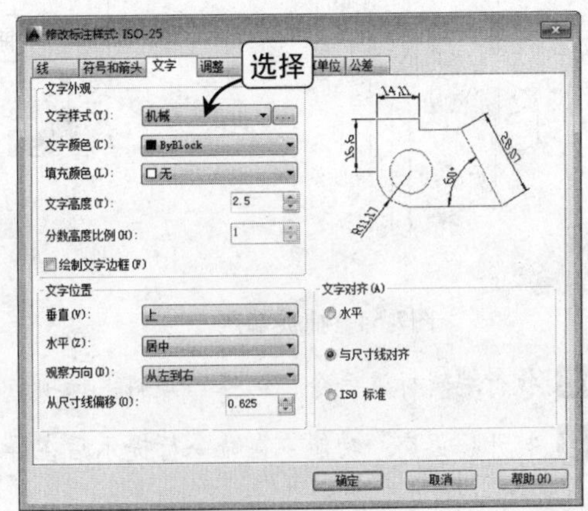

图7-61 选择文字样式

Step 07 单击“调整”选项卡，选中“使用全局比例”单选按钮，设置全局比例为 2，单击“确定”按钮，返回“标注样式管理器”对话框，单击“关闭”按钮，如图 7-62 所示。

Step 08 执行对齐标注命令，在命令行提示后捕捉直线的端点，指定对齐标注的第一条尺寸界线原点，如图 7-63 所示。

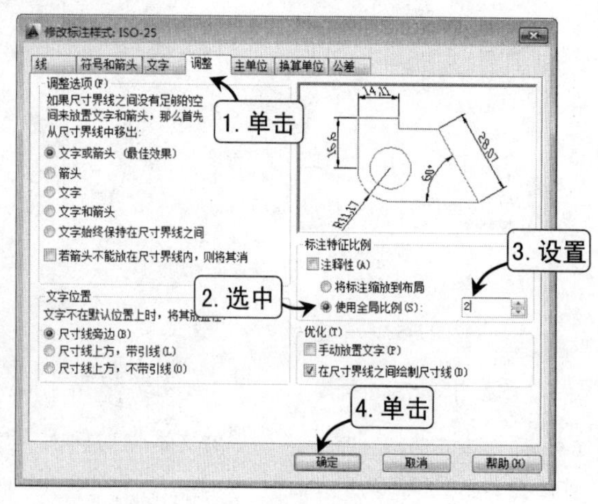

图7-62　设置全局比例

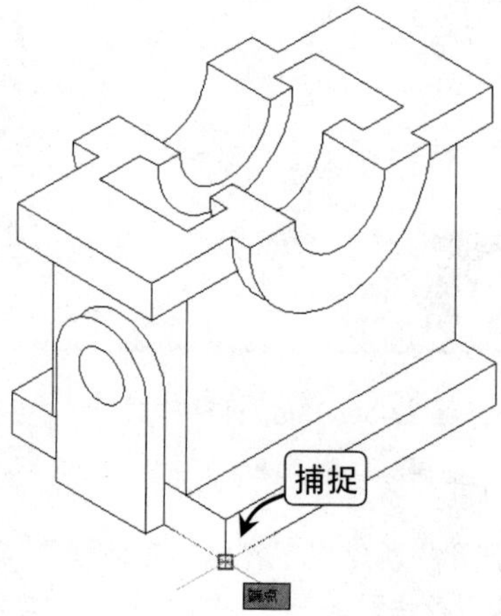

图7-63　捕捉端点

Step 09 在命令行提示后捕捉另一端直线的端点，指定对齐标注的第二条尺寸界线原点，如图 7-64 所示。

Step 10 确认对齐标注的尺寸线位置，完成标注，再次执行对齐标注命令，为标注左侧的直线进行标注，如图 7-65 所示。

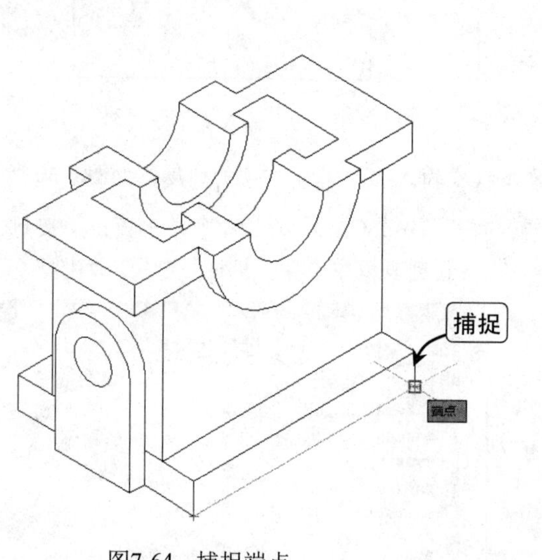

图7-64　捕捉端点

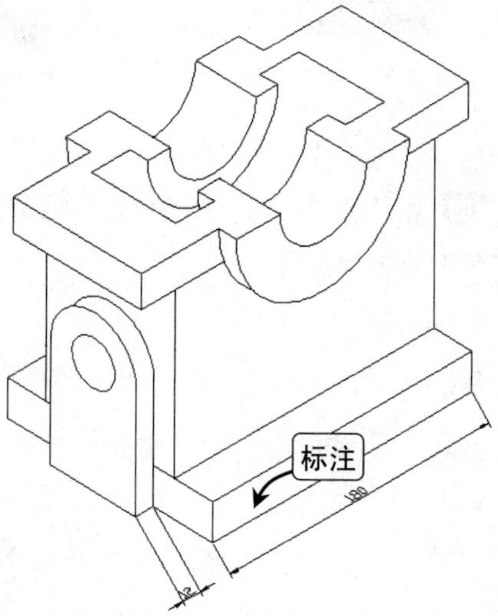

图7-65　标注图形

Step 11 执行编辑标注命令，选择“倾斜”选项，并选择要进行倾斜的尺寸标注，如图 7-66 所示。

Step 12 打开“正交”功能，在命令行提示后在屏幕拾取点指定倾斜的第一点，如图 7-67 所示。

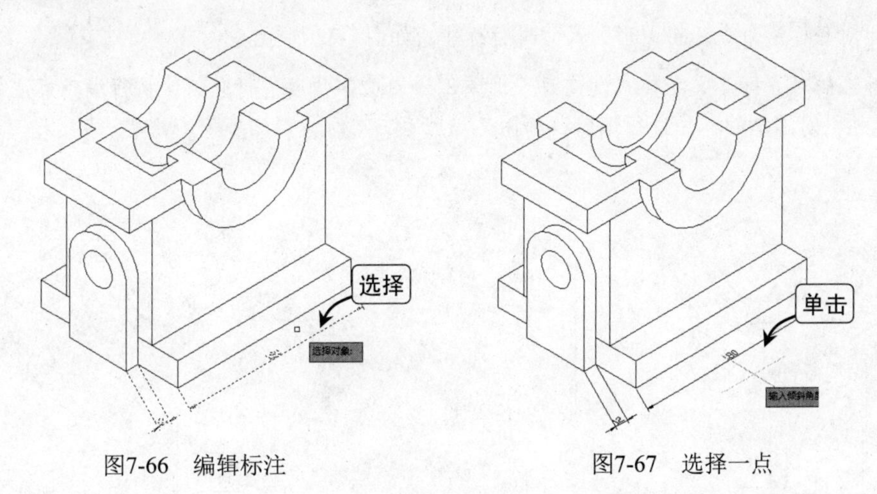

图7-66 编辑标注 图7-67 选择一点

Step 13 将鼠标向右下角移动，并指定对齐标注尺寸界线倾斜角度的第二点完成对标注的倾斜，如图 7-68 所示。

Step 14 用同样的方法执行对齐标注，对图形右下方垂直直线进行标注，如图 7-69 所示。

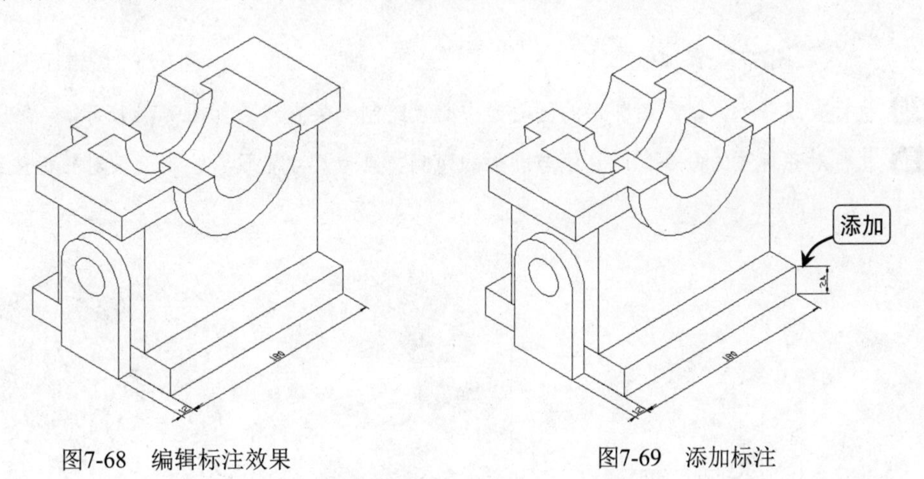

图7-68 编辑标注效果 图7-69 添加标注

Step 15 执行编辑标注命令，将标注的对齐标注进行倾斜操作，如图 7-70 所示。

Step 16 执行文字样式命令，创建“机械 2”文字样式，将“倾斜角度”设置为 30，单击“关闭”按钮，关闭“文字样式”对话框，如图 7-71 所示。

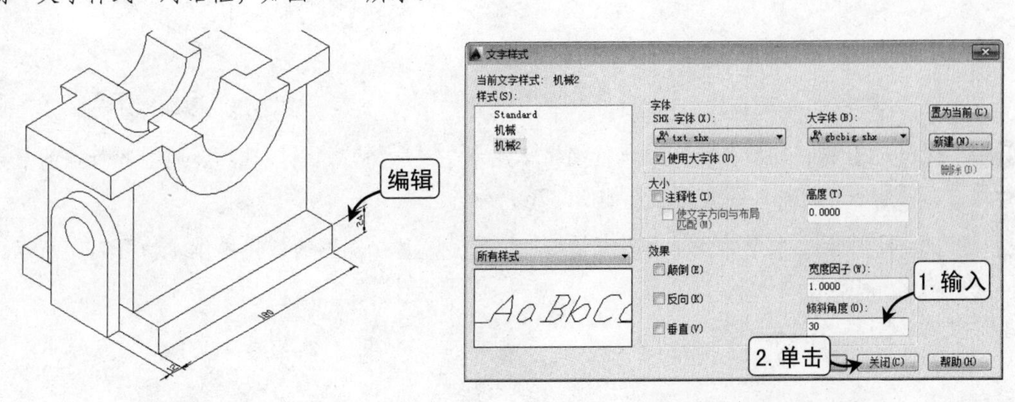

图7-70 编辑标注 图7-71 设置倾斜角度

Step 17 执行对齐标注命令，将图形的尺寸进行标注，如图 7-72 所示。

Step 18 将标注的对齐标注文字样式设置为“机械 2”，对文字角度进行倾斜，执行编辑标注命令，选择“倾斜”选项，对添加的标注进行编辑，如图 7-73 所示。

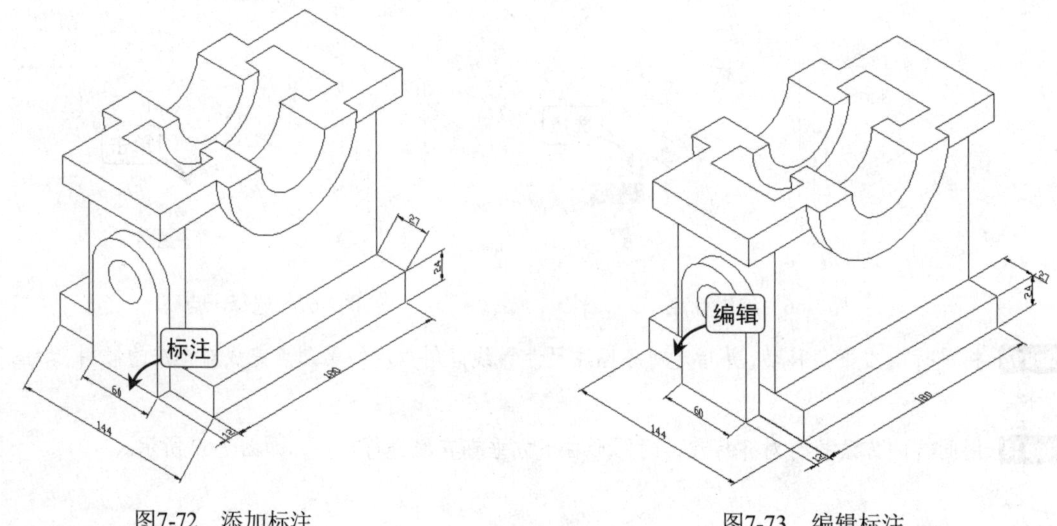

图7-72 添加标注　　图7-73 编辑标注

Step 19 执行直线命令，以左侧圆形的圆心为中心点绘制一条直线，如图 7-74 所示。

Step 20 执行对齐标注的命令，以直线与圆形的两侧交点为尺寸界限，绘制一条对齐标注线，如图 7-75 所示。

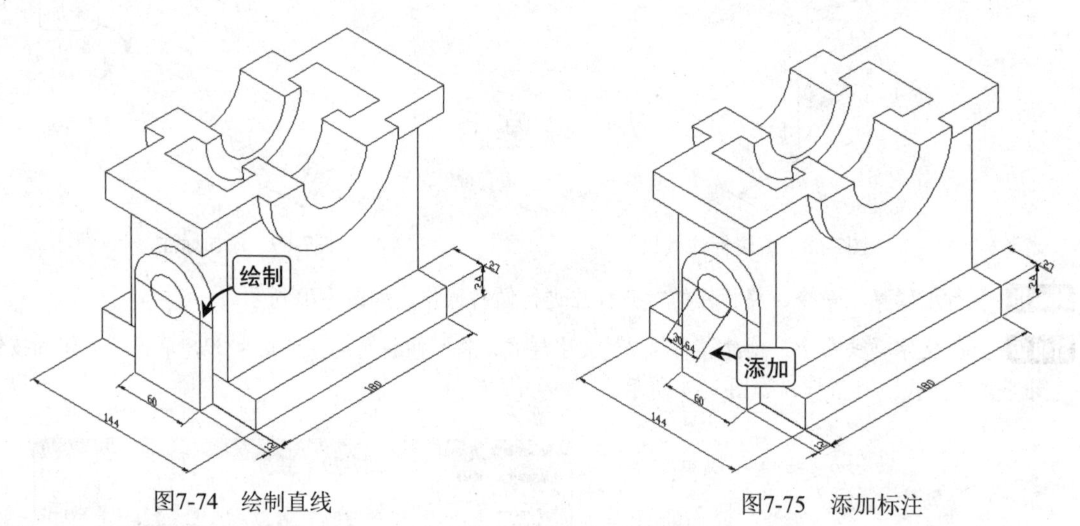

图7-74 绘制直线　　图7-75 添加标注

Step 21 按【Ctrl+E】键，切换光标，并执行编辑标注命令，选择“倾斜”选项，将对齐标注的尺寸界线进行更改，并删除作为辅助线的直线，如图 7-76 所示。

Step 22 使用相同的方法，将其余图形进行尺寸标注，完成座体轴测图的标注操作，如图 7-77 所示。

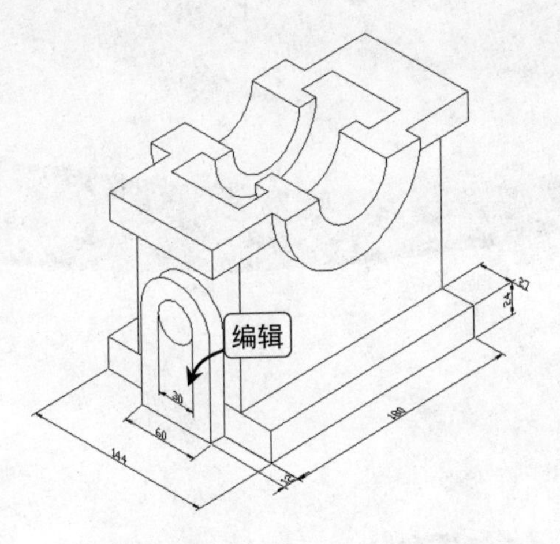

图7-76 编辑标注并删除辅助直线

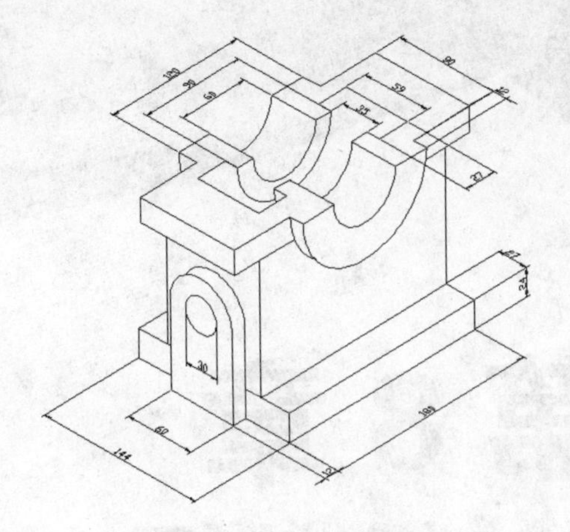

图7-77 添加其他标注

7.3 习题

（1）绘制如图 7-78 所示的装配图（课件：\效果\第 7 章\装配图 1.dwg）。

（2）绘制如图 7-79 所示的装配图（课件：\效果\第 7 章\装配图 2.dwg）。

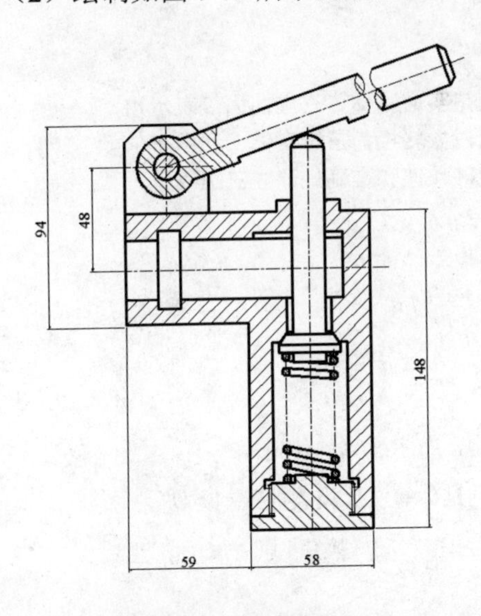

图7-78 装配图1效果

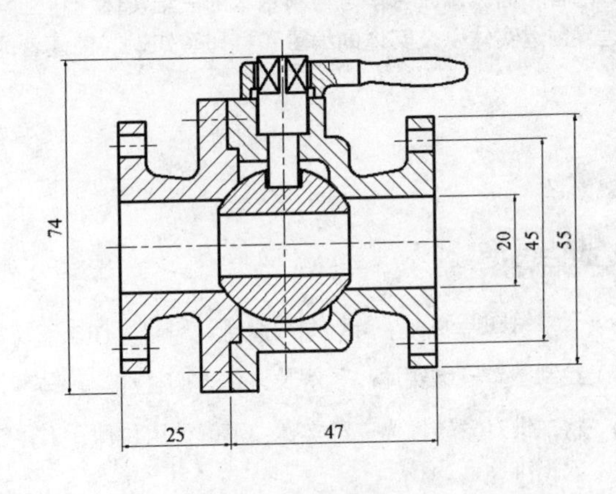

图7-79 装配图2效果

第 8 章 绘制和编辑三维模型

本章内容

在本质上，实体模型与三维曲面是不相同的，实体模型是实心物体，三维曲面仅表示物体的各个面。本章将学习绘制基本的三维实体、将二维对象转换为三维实体、利用布尔运算创建实体以及实体的编辑和打印等知识，使读者能够快速和准确地建立三维模型。

要点导读

- 三维绘图基础：了解视图的操作，用户坐标系的使用，布尔运算的使用等。
- 绘制基本三维实体：了解长方体、圆柱体、球体和圆锥体等实体模型的绘制方法。
- 将二维对象转换为三维实体：了解使用拉伸、旋转、扫掠和放样操作，将二维图形生成三维图形。
- 编辑三维实体：了解对实体的阵列、镜像、旋转、倒角和圆角等操作。
- 文件的打印：了解文件打印的具体操作。

8.1 三维绘图基础

绘制三维图形时，除了掌握三维绘图命令的相关知识，还应对的三维坐标系统、视图的调用绘图环境以及一些基本术语进行了解，下面来看看具体的内容。

8.1.1 视图操作

视图是指按一定比例、观察位置和角度显示的图，使用 VIEW 命令可对当前使用的视图进行方向观察，也可以对其名称进行设置，其方法为在“视图”的“视图”组中单击“视图管理器”按钮，打开“视图管理器”对话框，选择要进行设定的视图，单击“置为当前”按钮，将其设置为当前视图，单击“确定”按钮关闭“视图管理器”对话框。

下面讲解执行命名视图命令的操作，创建名为 CAD 的视图。

实例演示：新建视图

Step 01 在“视图”的“视图”组中单击“视图管理器”按钮，如图 8-1 所示。

Step 02 在打开的“视图管理器”对话框中单击“新建”按钮，如图 8-2 所示。

图8-1 单击“视图管理器”按钮

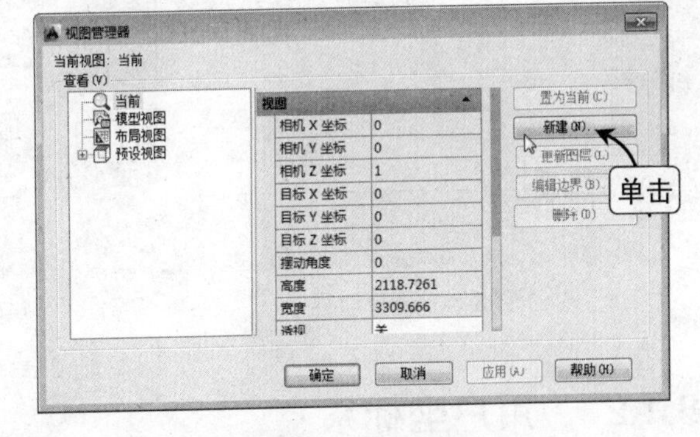

图8-2 新建视图

Step 03 打开“新建视图”对话框，在“视图名称”文本框中输入“三维视图”，在“视觉样式”下拉列表中选择“二维线框”，单击“确定”按钮，如图 8-3 所示。

Step 04 选择“三维视图”视图样式，单击“编辑边界”按钮，返回绘图区，如图 8-4 所示。

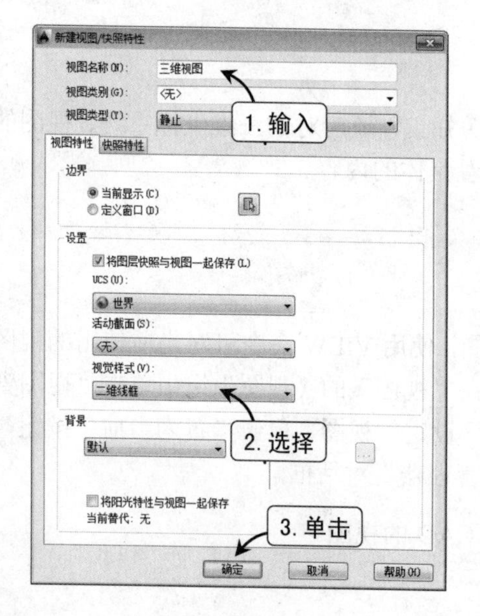

图8-3 设置视图名称

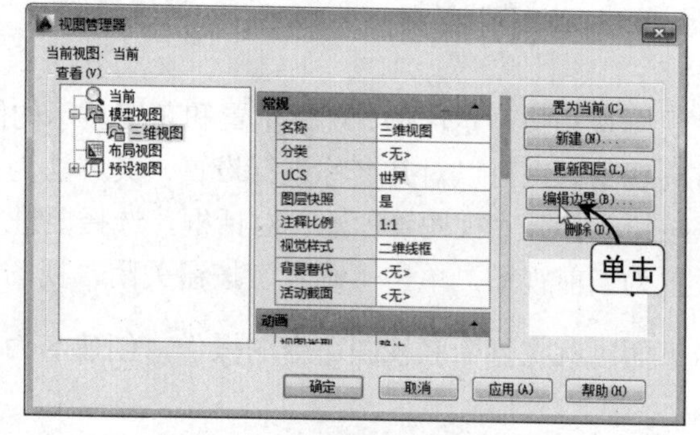

图8-4 单击“编辑边界”按钮

Step 05 在屏幕上通过鼠标拾取边界，按【Enter】键，如图8-5所示。

Step 06 返回“视图管理器”对话框，单击“置为当前”按钮，将当前的视图设置为当前视图，然后单击“确定”按钮完成设置，如图8-6所示。返回绘图区，将图形进行保存。

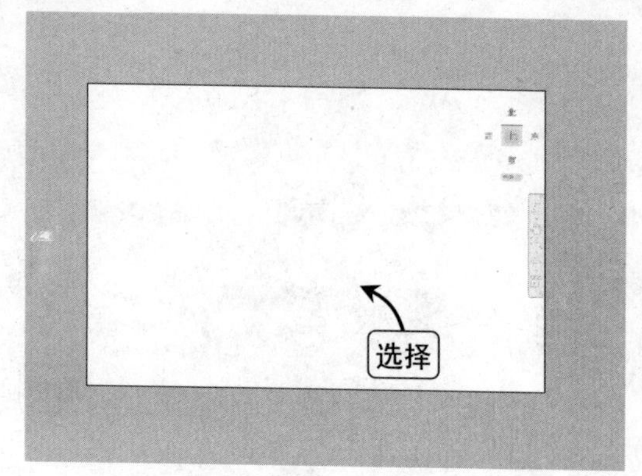

图8-5 选择边界

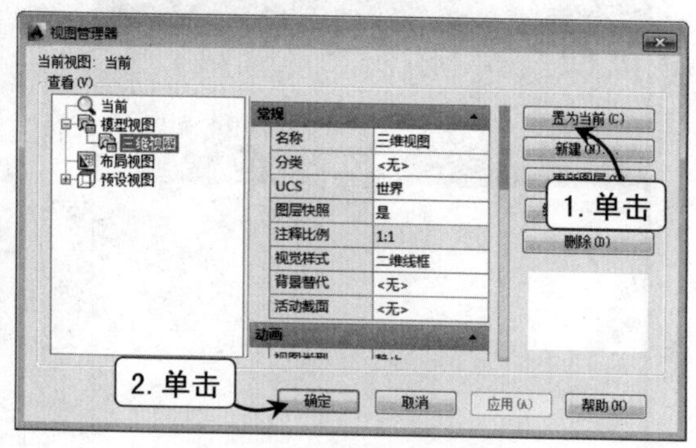

图8-6 单击按钮

8.1.2 用户坐标系

为了更好的辅助用户绘图，在AutoCAD 2014中提供了UCS命令，UCS命令用于设置用户X、Y、Z轴以及原点方向的坐标系。在绘制三维图形时，如果要在物体不同表面上作图，就必须将坐标系设置为当前作图面的方向和位置。

1. 新建用户坐标系

执行UCS命令后，选择命令行提示后的“新建”选项，其默认方式是通过指定新原点的方法来定义新的UCS。

下面讲解执行 UCS 命令的操作，新建一个用户坐标系。

实例演示：新建用户坐标系

Step 01 执行 UCS 命令，在命令行提示“指定 UCS 的原点”后，捕捉直线的端点作为新原点，如图 8-7 所示。

Step 02 在命令行提示“指定 X 轴上的点”后捕捉直线的中点，指定 X 轴范围上的点，如图 8-8 所示。

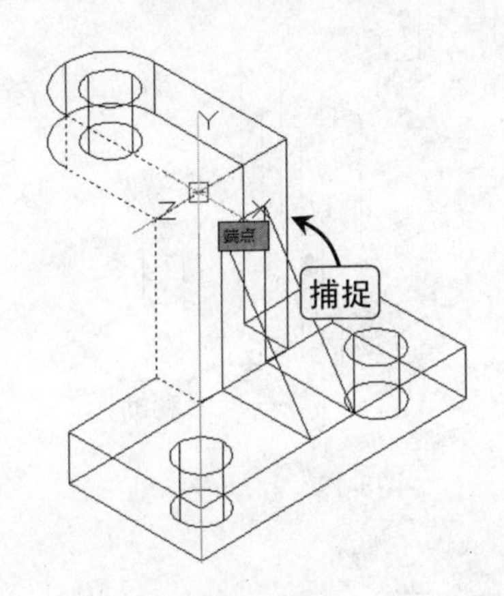

图8-7　捕捉新原点

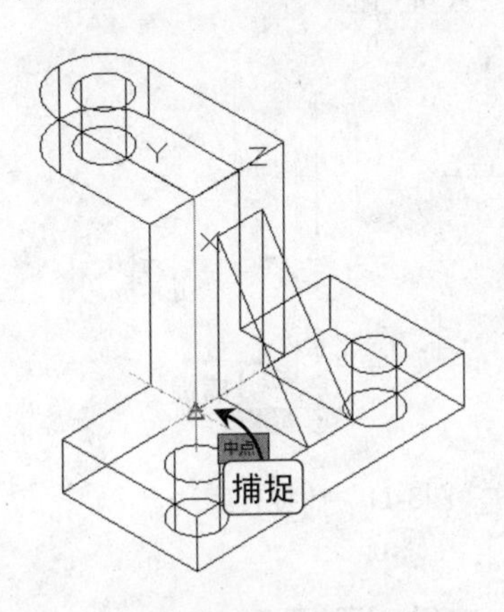

图8-8　捕捉端点

Step 03 在命令行提示“指定 XY 平面上的点”后指定 Y 轴上的点，如图 8-9 所示。

Step 04 该用户坐标系即为新建的用户坐标系，如图 8-10 所示。

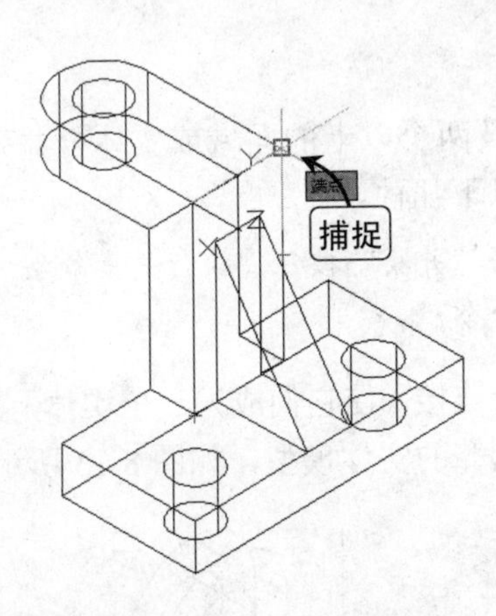

图8-9　捕捉一点

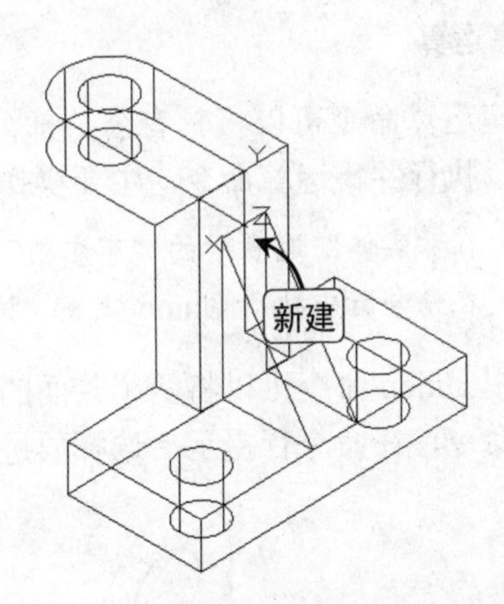

图8-10　新建坐标系

2．移动坐标系

执行 UCS 命令后，选择命令行提示后的“移动”选项，可以平移当前 UCS 的原点或修改 Z 轴深度来重新定义 UCS，这种方式将保持 XY 平面原来方向不变。

下面讲解执行 UCS 命令的操作，选择“移动”选项，将用户坐标系进行移动。

实例演示：移动坐标系

Step 01 执行 UCS 命令，在命令行提示后输入 M，选择“移动”选项，并在命令行提示“指定新原点”后捕捉直线的端点，如图 8-11 所示。

Step 02 确定移动坐标系的新原点后，即可移动用户坐标系，如图 8-12 所示。

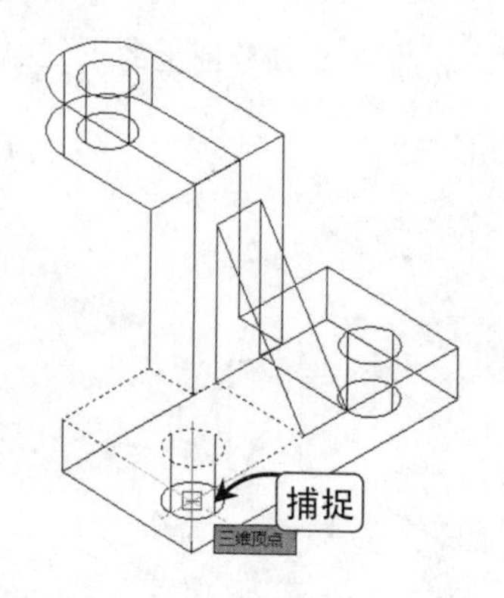

图8-11　捕捉直线端点

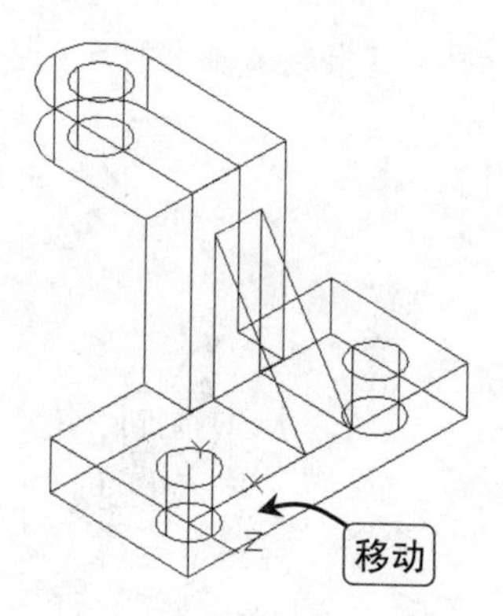

图8-12　移动坐标轴

8.1.3　布尔运算

在创建三维实体时，用得最多的命令就是布尔运算，它可以将多个简单的三维实体创建出形状复杂的实体，还可以对三维实体和二维面域进行求并、求差、求交等操作。

1. 并集运算

并集运算命令可以将具有公共部分的两个及两个以上的面域或实体合并为组合面域或复合实体，执行并集运算命令，主要操作方法有以下几种。

- 在“实体”选项卡的“布尔值”组中单击“并集”按钮，执行并集命令。
- 在命令行中执行 Union 命令，执行并集命令。

使用 Union 命令可以将两个共面的实体进行连接，使它们成为一个实体，其方法为执行并集运算命令，在命令行提示后选择要进行并集运算的实体模型，如图 8-13 所示。

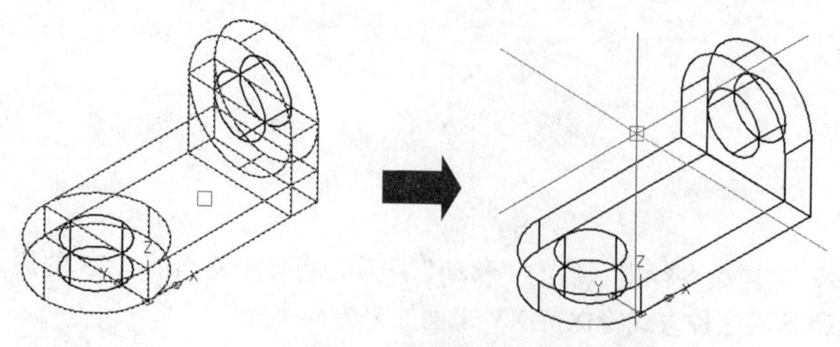

图8-13　对图形进行并集运算

2. 差集运算

差集运算命令主要用于从所选三维实体中减去一个或多个实体，从而得到一个新的实体。执行差集命令，主要操作方法有以下几种。

- ◆ 在“实体”选项卡的“布尔值”组中单击“差集”按钮，执行差集命令。
- ◆ 在命令行中执行 Subtract（SU）命令，执行差集命令。

使用 Subtract 命令对实体进行差集运算，其方法为执行差集命令，在命令行提示后，选择要从中减去的实体或面域，完成选择后再在命令行提示后选择要减去的实体或面域，如图 8-14 所示。

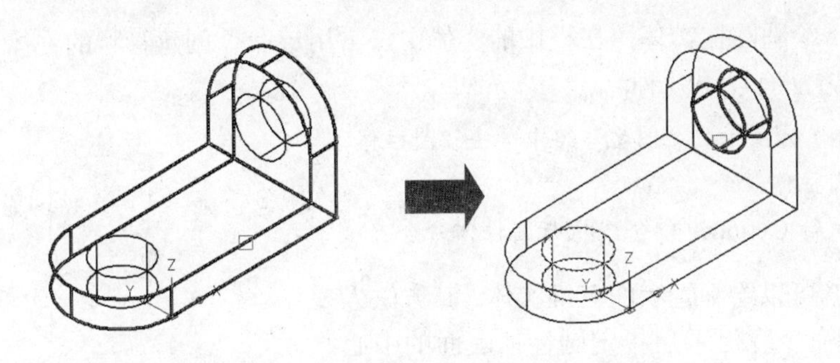

图8-14　对图形进行差集运算

3. 交集运算

交集运算命令用于确定多个面域或实体之间的公共部分，计算并生成相交部分实体图形，非公共部分将会被删除。执行交集运算命令，主要操作方法有以下几种。

- ◆ 在“实体”选项卡的“布尔值”组中单击“交集”按钮，执行交集命令。
- ◆ 在命令行中执行 Intersect（IN）命令，执行交集命令。

使用 Intersect 命令对实体进行交集运算，其方法为执行交集命令，在命令行提示后选择要参加交集运算的实体图形。

8.2　绘制常用三维模型

使用实体命令绘制三维图形时，绘制的图形为实心物体，而实体的信息最完整，更容易构造和解释，所以可以通过布尔运算命令对三维物体进行实体编辑，从而生成各种复杂结构的实体模型。

8.2.1　绘制长方体

Box 命令可用于绘制三维立方实体，用它绘制的三维图形为实心物体。执行长方体命令，主要操作方法有以下几种。

- ◆ 在“实体”选项卡的“图元”组中单击“长方体”按钮，执行长方体命令。

◆ 在命令行中执行 Box 命令，执行长方体命令。

执行长方体命令后，便可以在命令行提示后绘制三维实体图形，例如，使用长方体的三条边的长度绘制三维实体，其方法为执行长方体命令，在屏幕上指定长方体的第一个角点，在命令行提示后选择“长度”选项，在命令行提示后分别指定长方体的长度、宽度以及高度等，如图 8-15 所示。

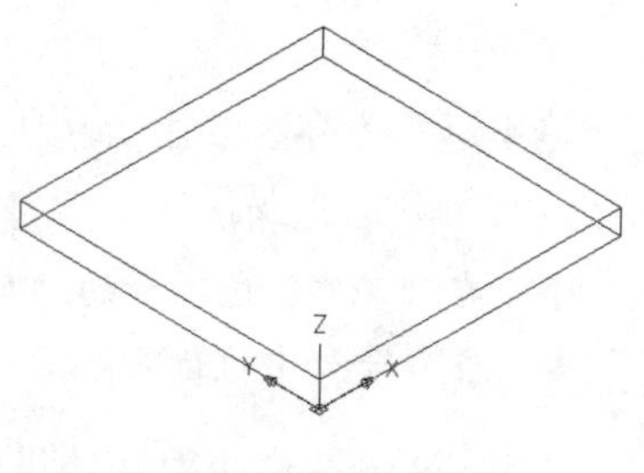

图8-15 长方体

8.2.2 绘制圆柱体

Cylinder 命令用于绘制圆柱实体，在机械的实体中，常用该命令创建管状的物体。执行圆柱体命令，主要操作方法有以下几种。

◆ 选择在“实体”选项卡的“图元”组中单击“圆柱体”按钮，执行圆柱体命令。

◆ 在命令行中执行 Cylinder 命令，执行圆柱体命令。

执行圆柱体命令，可以绘制管状的三维实体。其方法为执行圆柱体命令，在命令行提示后指定圆柱体底面的中心点，在命令行提示后指定圆柱体底面的直径或半径，指定圆柱体的高度，如图 8-16 所示。

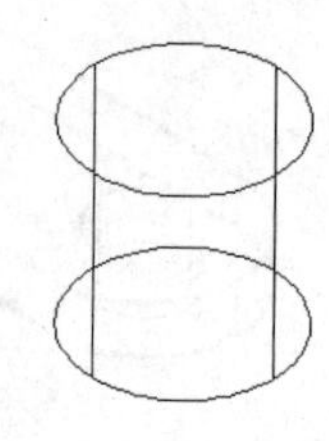

图8-16 圆柱体

8.2.3 绘制楔体

Wedge 命令用于绘制楔形实心体，该命令与 UCS 用户坐标系结合，可生成各种方向的楔形实体。执行楔体命令，主要操作方法有以下几种。

◆ 在“实体”选项卡的“图元”组中单击“多段体”按钮，在弹出的下拉菜单中选择“楔体”选项，执行楔体命令。

◆ 在命令行中执行 Wedge 命令，执行楔体命令。

使用 Wedge 命令可以绘制楔体，其绘制的方法与长方体的绘制方法非常相似，其方法为执行长方体命令，在绘图区中指定长方体的第一个角点，在命令行提示后选择“长度”选项，在命令行提示后分别指定长方体的长度、宽度以及高度，如图 8-17 所示。

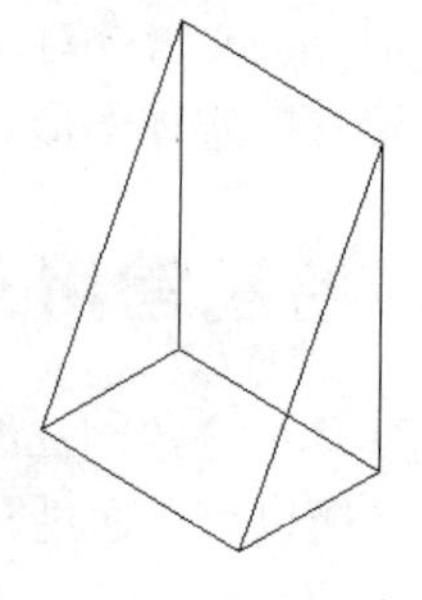

图8-17 楔形

8.2.4 绘制球体

球体命令主要用于绘制实心球体，如轴承的钢珠等球体，执行球体命令，主要操作方法有以下几种。

◆ 在“实体”选项卡的“图元”组中单击“球体”按钮，执行球体命令。

◆ 在命令行中执行 Sphere 命令，执行球体命令。

使用 Sphere 命令，可根据中心点以及半径或直径来创建球体，其方法为执行球体命令，在命令行提示后指定球体的中心点，指定球体的半径或直径，确定球体的大小，如图 8-18 所示。

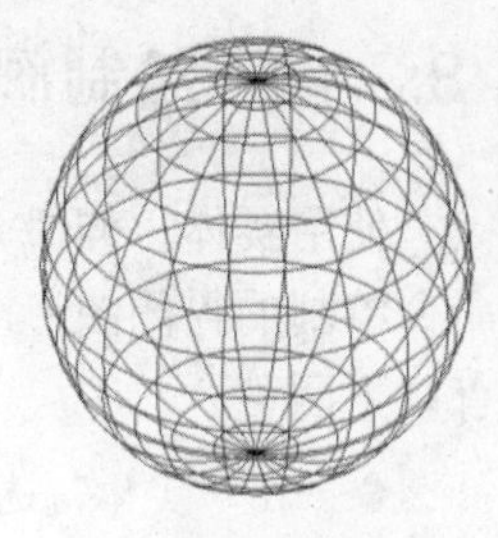

图8-18 球体

8.2.5 绘制圆锥体

圆锥体命令主要用于绘制圆锥形实体，使用此命令所绘制的圆锥体，由圆或椭圆底面以及顶点所确定。执行圆锥体命令，主要操作方法有以下几种。

◆ 在“实体”选项卡的“图元”组中单击“多段体”按钮，在弹出的下拉菜单中选择“圆锥体”选项，执行圆锥体命令。

◆ 在命令行中执行 Cone 命令，执行圆锥体命令。

使用 Cone 命令绘制圆锥体时，其底面位于当前 UCS 的 XY 平面，绘制圆锥体，其方法为执行圆锥体命令，在命令行提示后指定圆锥体底面中心点，及圆锥体底面圆的半径或直径，指定圆锥体的高度，如图 8-19 所示。

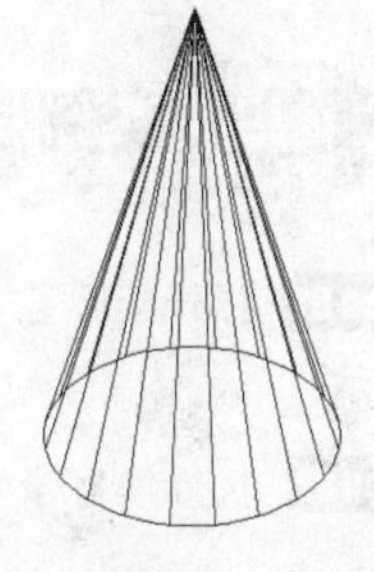

图8-19 圆锥体

8.2.6 绘制螺旋体

螺旋命令主要用于绘制螺旋形实体，如果指定一个值来同时作为底面半径和顶面半径，则将创建圆柱形螺旋。默认情况为顶面半径和底面半径设置的值相同，但是不能指定 0 作为底面半径和顶面半径。执行螺旋命令，主要操作方法有以下几种。

◆ 在“常用”选项卡的“绘图”组中单击“螺旋”按钮，执行螺旋命令。

◆ 在命令行中执行 Helix 命令，执行圆锥命令。

使用螺旋命令绘制螺旋，其方法为执行螺旋命令，在命令行提示后指定螺旋底面的中心点，以及底面的半径或直径，指定螺旋顶面的半径或直径，并指定螺旋的高度，如图 8-20 所示。

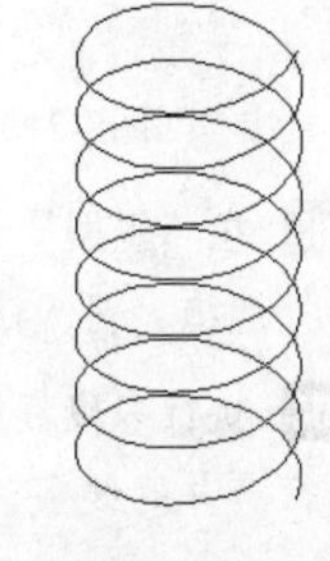

图8-20 螺旋体

8.3 将二维对象生成三维实体

利用三维实体命令绘制三维图形，可使用标准实体图形的绘制，也可以使用三维编辑命令对二维实体进行编辑，从而完成各种复杂的三维实体模型的绘制。

8.3.1 绘制阀盖

使用实体拉伸命令，可以将矩形、圆、椭圆、正多边形以及使用多段线命令和多段线编辑命令绘制的封闭图形沿指定的高度或路径拉伸为三维实体。执行拉伸实体命令，主要操作方法有以下两种。

◆ 在"实体"选项卡的"实体"组中单击"拉伸"按钮，执行拉伸命令。

◆ 在命令行中执行 Extrude（EXT）命令，执行拉伸命令。

使用拉伸命令可以对封闭的图形对象进行拉伸，其方法为执行拉伸命令，在命令行提示后选择要进行拉伸的封闭图形指定拉伸实体的高度或选择拉伸路径，对封闭图形进行拉伸。

下面讲解执行拉伸命令的操作步骤，完成阀盖实体模型的绘制。

实例演示：绘制阀盖

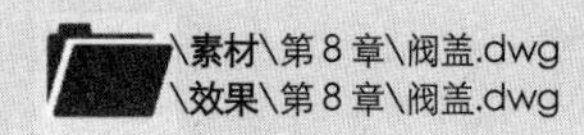

Step 01 打开"阀盖"素材文件，将零件图中的主视图和俯视图中的尺寸标注及辅助线删除，如图 8-21 所示。

Step 02 执行修剪命令，将图形的线条进行修剪处理，如图 8-22 所示。

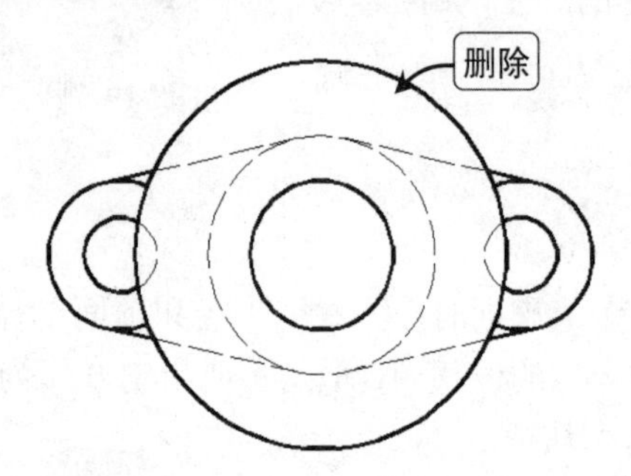

图8-21 删除标注和辅助线

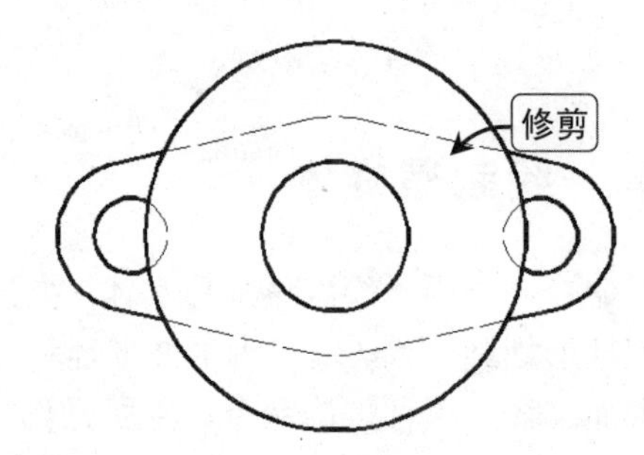

图8-22 修剪图形

Step 03 在"视图"选项卡的"视图"组中单击"视图"按钮，在弹出的下拉菜单中选择"西南等轴测视图"选项，将视图切换至西南等轴测视图，如图 8-23 所示。

Step 04 执行多段线编辑命令，选择经过修剪的一条线段，再选择"合并"选项，在命令行提示后选择要进行合并的线条，如图 8-24 所示。

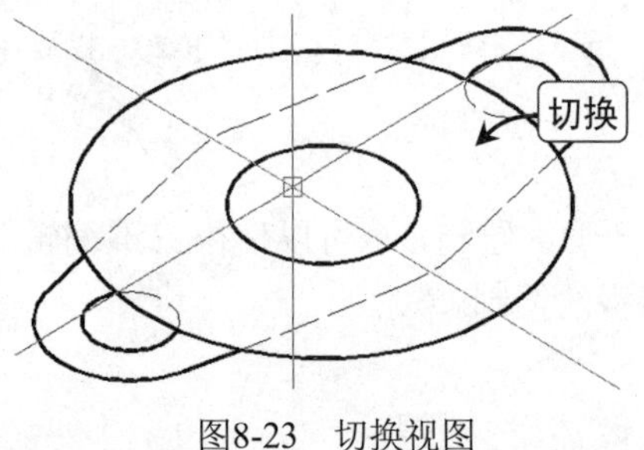

图8-23 切换视图

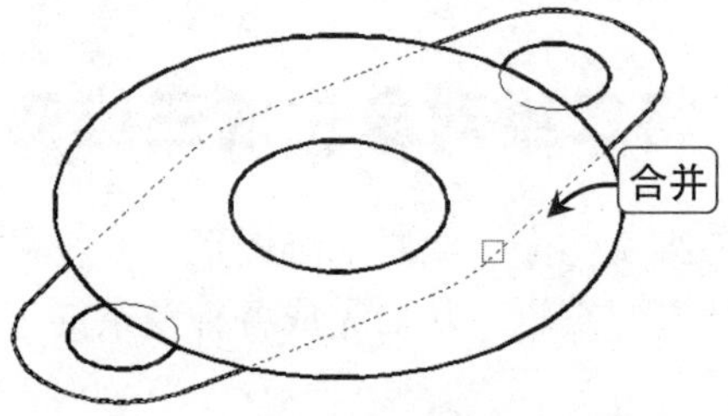

图8-24 合并图形

Step 05 使用相同的方法，将两个螺孔圆使用多段线编辑命令将其合并，如图 8-25 所示。

Step 06 执行拉伸命令，在命令行提示后选择多段线编辑命令合并的线条，指定拉伸的对象，如图 8-26 所示。

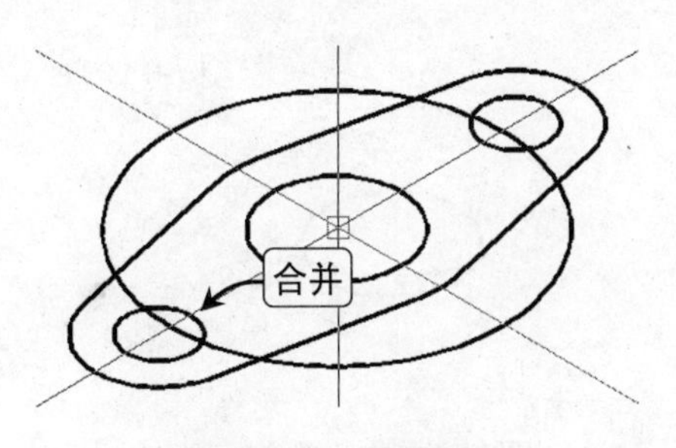

图8-25 合并其他图形

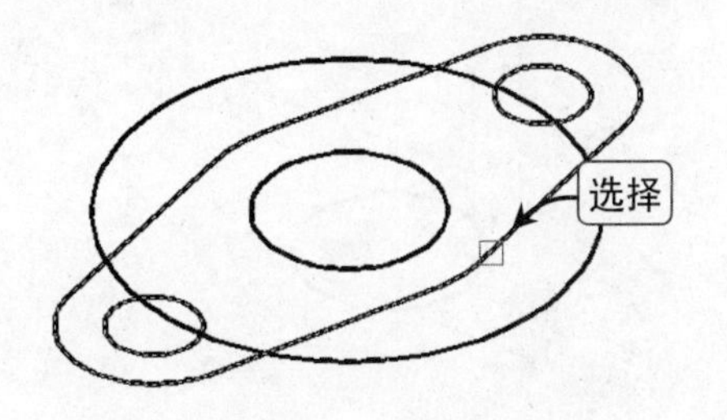

图8-26 选择拉伸对象

Step 07 选择拉伸的对象后，在命令行提示后输入“35”，指定拉伸的高度，如图 8-27 所示。

Step 08 打开动态用户坐标系，执行圆柱体命令，将鼠标移至拉伸实体的顶面，并捕捉圆心，如图 8-28 所示。

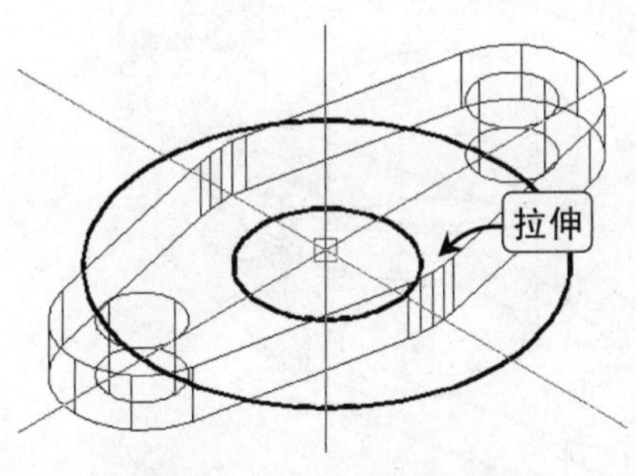

图8-27 拉伸图形

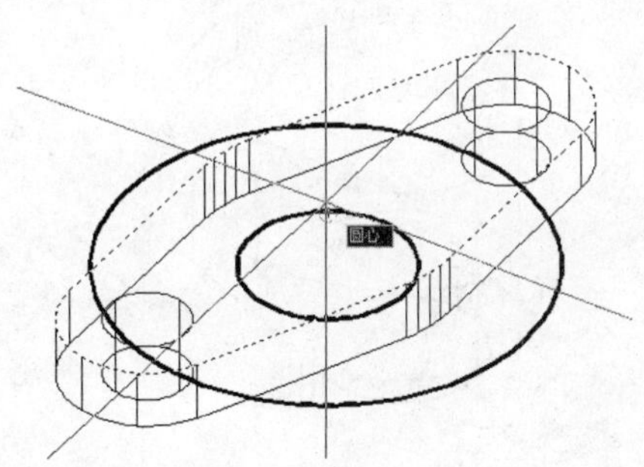

图8-28 捕捉圆心

Step 09 在命令行提示后输入“80”，指定圆柱体的底面半径，在命令行提示后输入“125”，指定圆柱体的高度，绘制圆柱体，如图 8-29 所示。

Step 10 执行拉伸命令，在命令行提示后选择大圆，选择拉伸对象，在命令行提示后输入“30”，指定拉伸的高度，如图 8-30 所示。

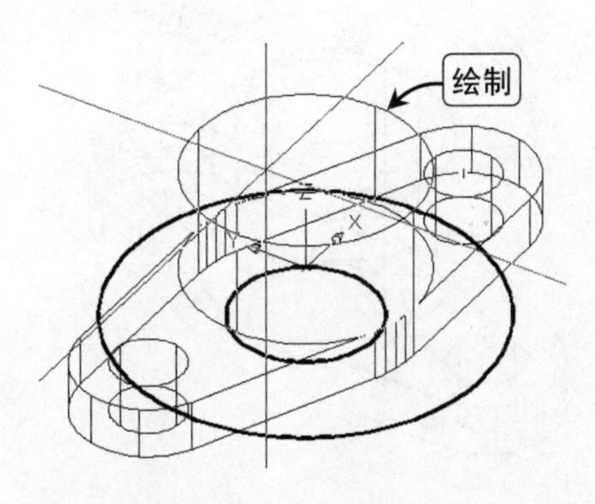

图8-29 绘制圆柱体

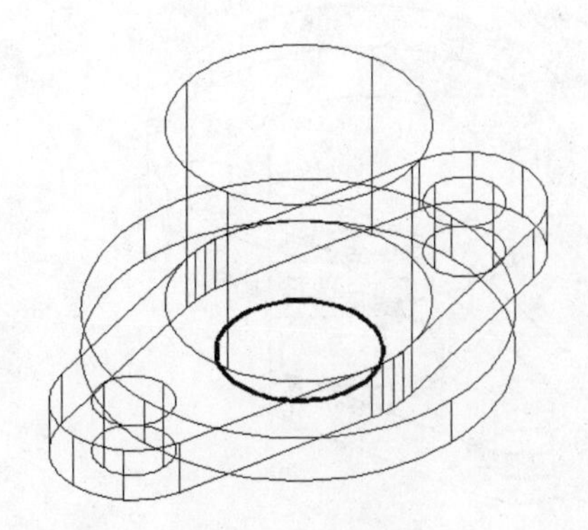

图8-30 拉伸图形

Step 11 执行移动命令，选择拉伸的圆柱体，在命令行提示后捕捉圆柱体顶面圆心，如图 8-31 所示。

Step 12 在命令行提示后捕捉半径为 80 的圆柱体顶面圆心，如图 8-32 所示。

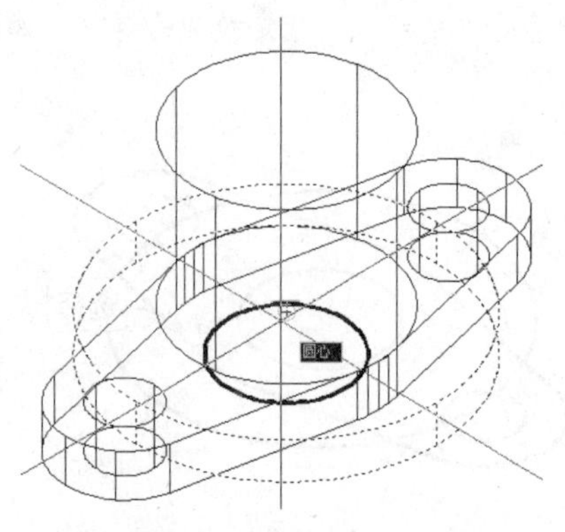

图8-31　捕捉圆心

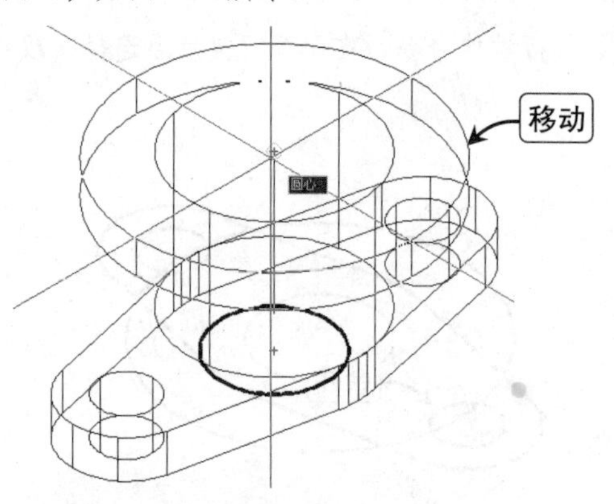

图8-32　移动图形

Step 13 执行并集运算命令，在命令行提示后选择除两个螺孔圆之外的所有实体对象，如图 8-33 所示。

Step 14 选择完并集运算的对象后，按【Enter】键完成实体并集的运算操作，如图 8-34 所示。

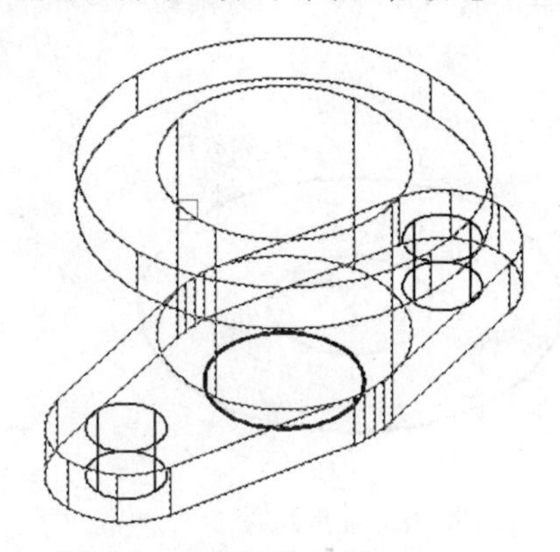

图8-33　选择运算对象

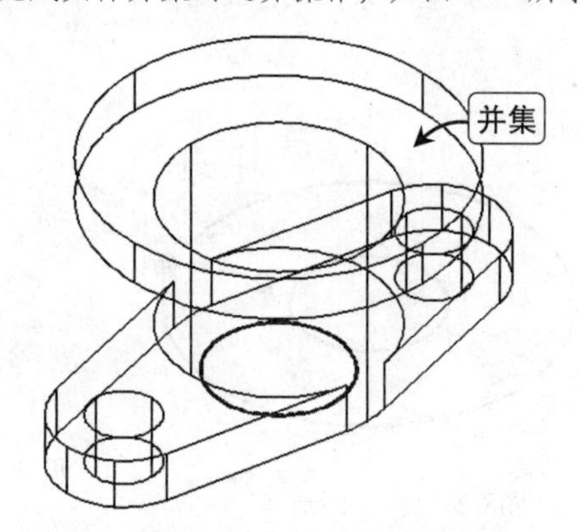

图8-34　并集运算图形

Step 15 执行拉伸命令，在命令行提示后选择圆，指定拉伸对象，如图 8-35 所示。

Step 16 在命令行提示后输入 160，指定拉伸高度，如图 8-36 所示。

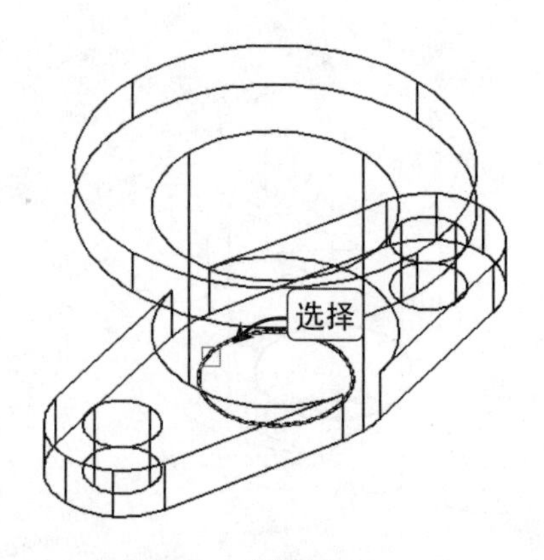

图8-35　选择图形

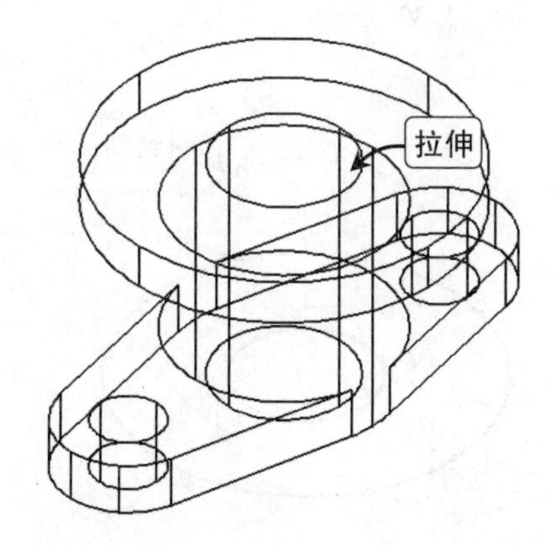

图8-36　拉伸图形

Step 17 执行差集运算命令，在命令行提示后选择经过并集运算的实体，如图 8-37 所示。

Step 18 在命令行提示后选择轴孔圆柱以及螺孔圆柱体，完成阀盖实体模型的绘制，如图 8-38 所示。

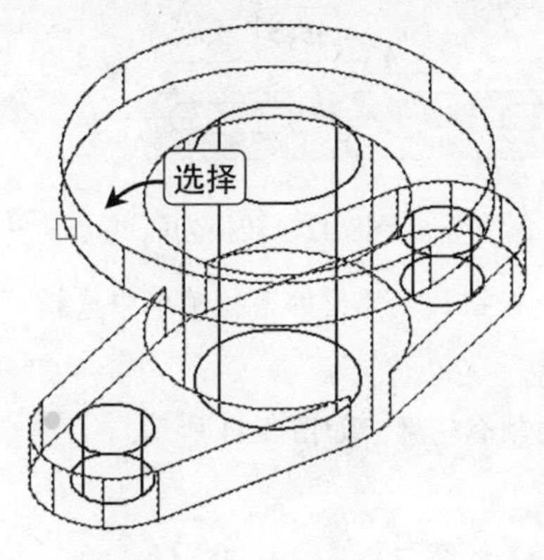

图8-37 选择运算对象

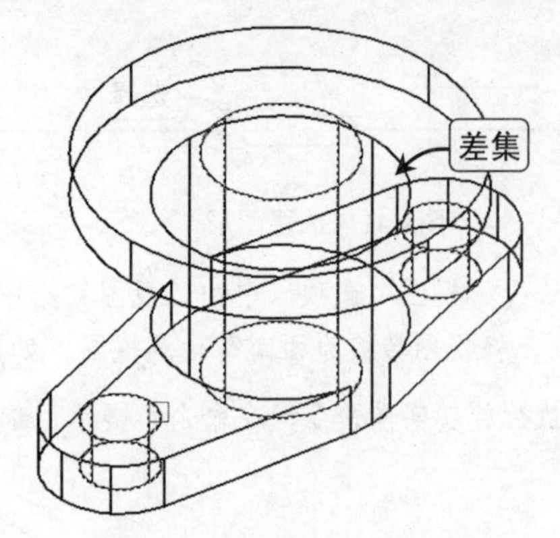

图8-38 差集运算图形

8.3.2 绘制轴套

使用旋转实体命令可以将二维图形按指定轴进行旋转，从而将其生成三维实体。执行旋转实体命令，主要操作方法有以下几种。

- 在“实体”选项卡的“实体”组中单击“旋转”按钮，执行旋转实体命令。
- 在命令行中执行 Revolve（REV）命令，执行旋转实体命令。

使用旋转实体命令，可以将二维图形进行旋转生成三维实体，其方法为执行旋转实体命令，在命令行提示后选择要进行旋转的二维图形对象，在命令行提示后指定旋转轴，在命令行提示后指定旋转实体的旋转角度。

下面讲解执行旋转实体命令的操作步骤，将轴套图形中的二维图形进行旋转，生成三维实体图形。

实例演示：旋转轴套

\素材\第 8 章\轴套.dwg
\效果\第 8 章\轴套.dwg

Step 01 打开“轴套”素材文件，执行删除命令，将轴套中所有尺寸标注、剖面图形以及垂直辅助线进行删除，如图 8-39 所示。

Step 02 执行修剪以及删除命令，将轴套图形进行修剪处理，并补充绘制轴套两端端点的连接线条，如图 8-40 所示。

图8-39 删除标注　　图8-40 修剪图形

Step 03 单击“常用”选项卡“绘图”组中的“面域”按钮，在命令行提示后选择轴套轮廓线，将其转换为面域，如图 8-41 所示。

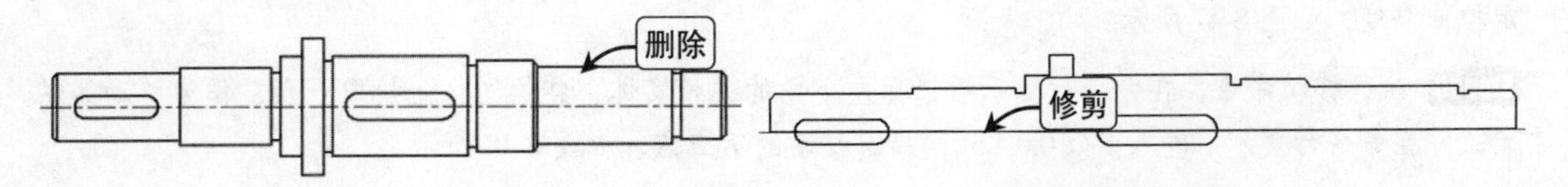

Step 04 再次执行面域命令，在命令行提示后选择键槽图形，将其转换为面域，如图 8-42 所示。

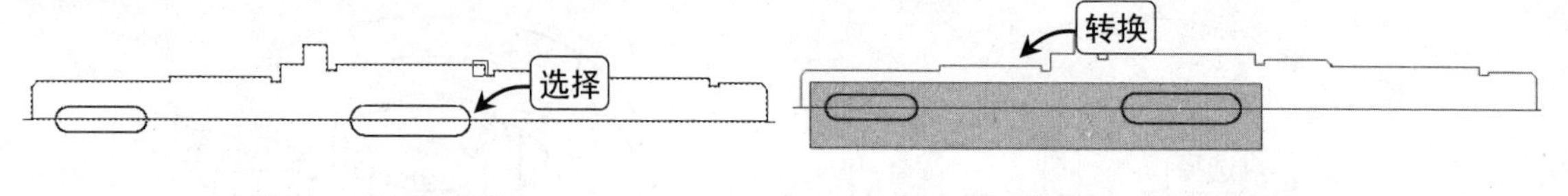

图8-41　选择图形　　　　图8-42　转换为面域

Step 05 单击“视图”选项卡中的“视图”组中的“视图”按钮，在弹出的下拉菜单中选择“西南等轴测”选项，将视图转换为西南等轴测视图，如图 8-43 所示。

Step 06 执行旋转实体命令，在命令行提示后选择要旋转的轴套轮廓，如图 8-44 所示。

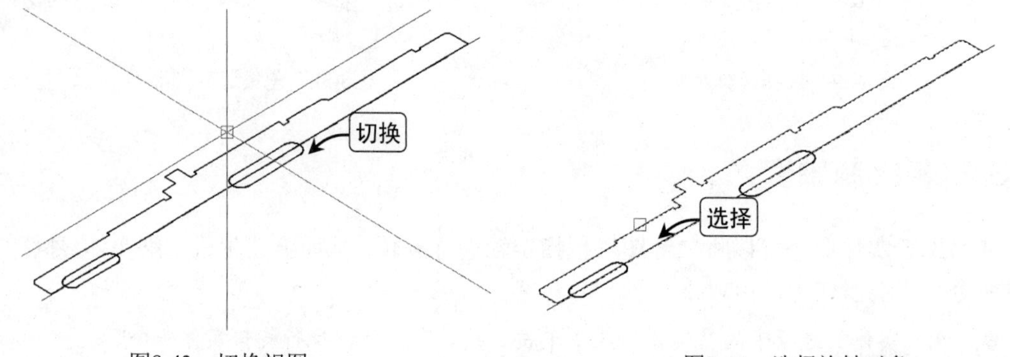

图8-43　切换视图　　　　图8-44　选择旋转对象

Step 07 确定旋转对象后，选择“对象”选项，选择水平辅助线作为旋转轴，如图 8-45 所示。

Step 08 在命令行提示后指定旋转实体的角度为默认的 360°，并执行删除命令删除水平辅助线，如图 8-46 所示。

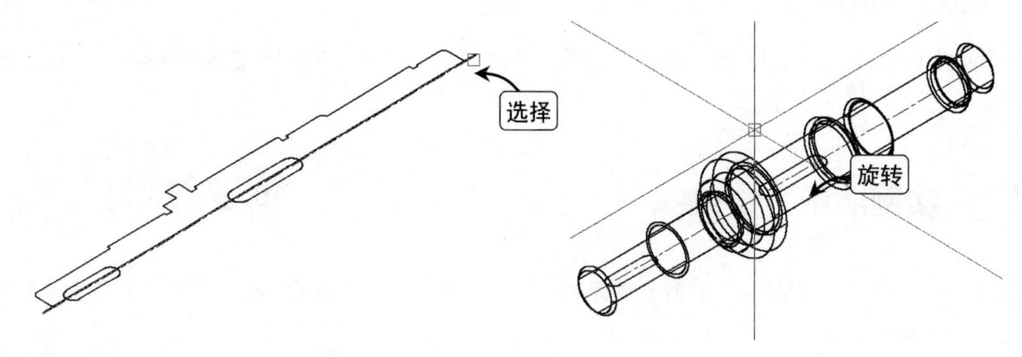

图8-45　选择旋转轴　　　　图8-46　旋转图形

Step 09 执行拉伸命令，在命令行提示后选择键槽轮廓线作为拉伸对象，在命令行提示后输入“5”，指定拉伸高度，如图 8-47 所示。

Step 10 执行移动命令，在命令行提示后选择左下角的键槽实体，在绘图区上拾取一点，作为移动的基点，并在命令行提示后输入“@0,0,4.5”，指定移动的第二点，如图 8-48 所示。

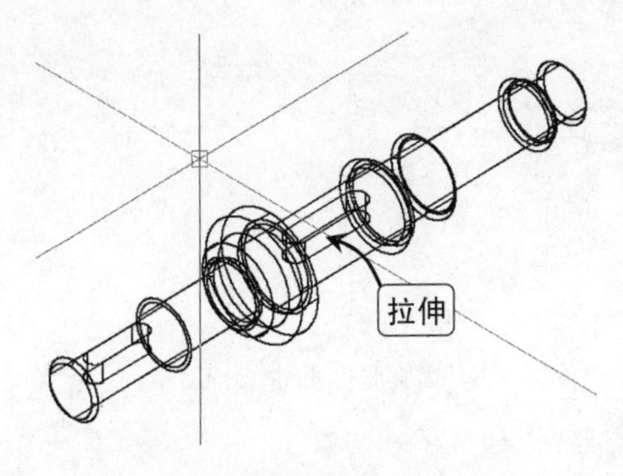

图8-47 拉伸图形

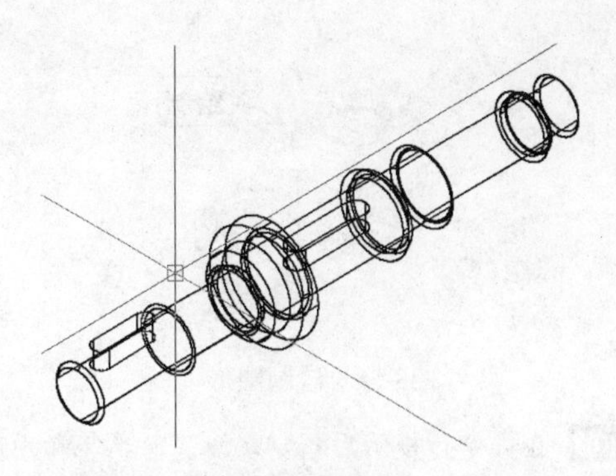

图8-48 移动图形

Step 11 再次执行移动命令，在命令行提示后选择另一个键槽实体对象，在绘图区上拾取一点，作为移动的基点，并在命令行提示后输入“@0,0,7.5”，指定移动的第二点，如图 8-49 所示。

Step 12 执行差集运算命令，在命令行提示后选择要减去的旋转体，在命令行提示后选择两个经过拉伸和移动的键槽实体图形，将图形进行差集运算后，得到轴套实体模型图形，如图 8-50 所示。

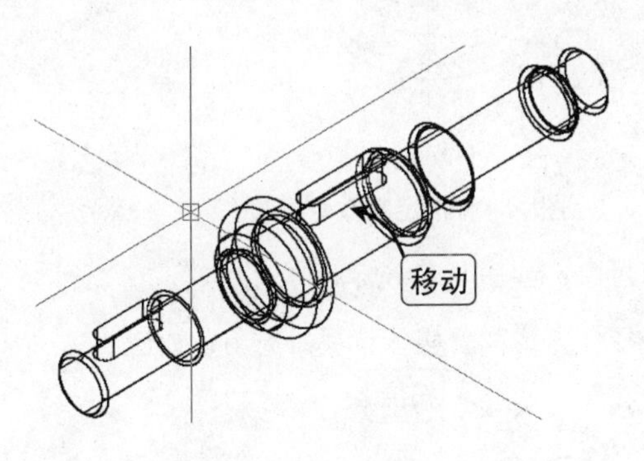

图8-49 移动图形

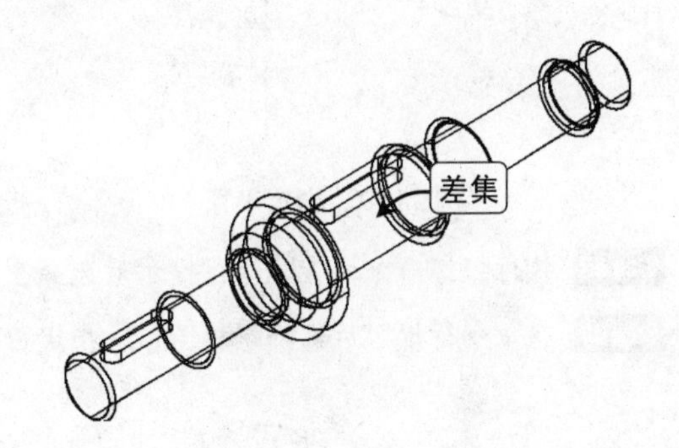

图8-50 差集运算图形

8.3.3 绘制弹簧

使用扫掠命令，可以沿开放或闭合的二维或三维路径扫掠开放或闭合的平面曲线创建新实体或曲面。执行扫掠命令，主要操作方法有以下几种。

- 在“实体”选项卡的“实体”组中单击“扫掠”按钮，执行扫掠命令。
- 在命令行中执行 Sweep 命令，执行扫掠命令。

扫掠命令用于沿指定路径，以指定轮廓的形状（扫掠对象）绘制实体或曲面，其方法为执行扫掠命令，在命令行提示后选择要进行扫掠的对象和路径。下面讲解执行扫掠命令的操作，将图形中的圆沿螺旋路径进行扫掠，生成弹簧实体图形。

实例演示：绘制弹簧

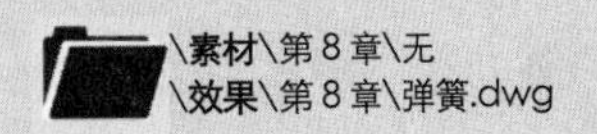

Step 01 执行圆命令，在“西南等轴测视图”中绘制半径为 0.5 的圆，如图 8-51 所示。

Step 02 执行螺旋命令，在屏幕上拾取一点，指定螺旋的底面中心点，如图 8-52 所示。

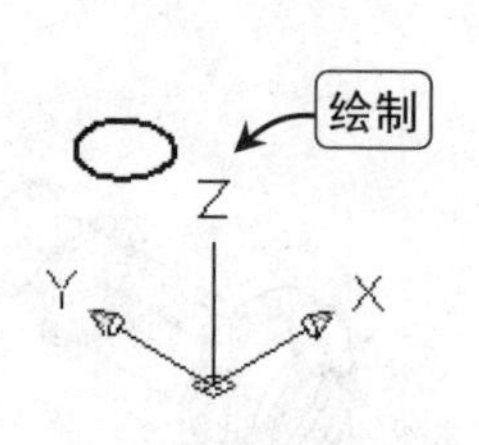

图8-51　绘制圆形

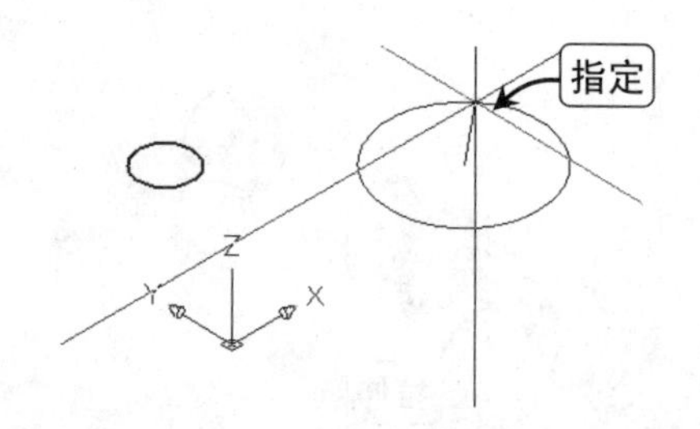

图8-52　指定螺旋底面的中心点

Step 03 在命令行提示后指定螺旋底面半径和顶面半径都为 3，如图 8-53 所示。

Step 04 选择“圈数”选项，在命令行提示后指定螺旋的圈数为 10，高度为 20，如图 8-54 所示。

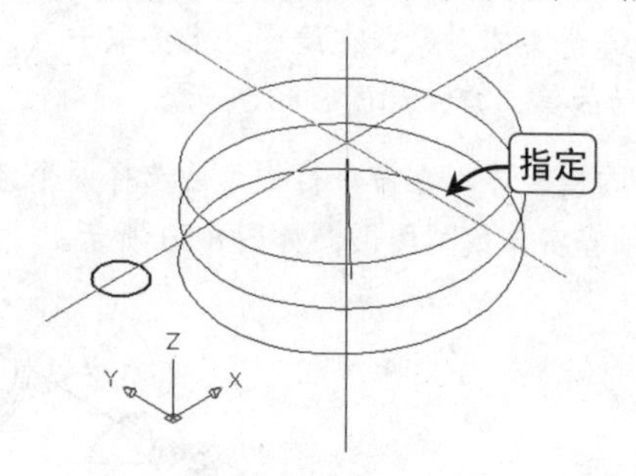

图8-53　指定半径

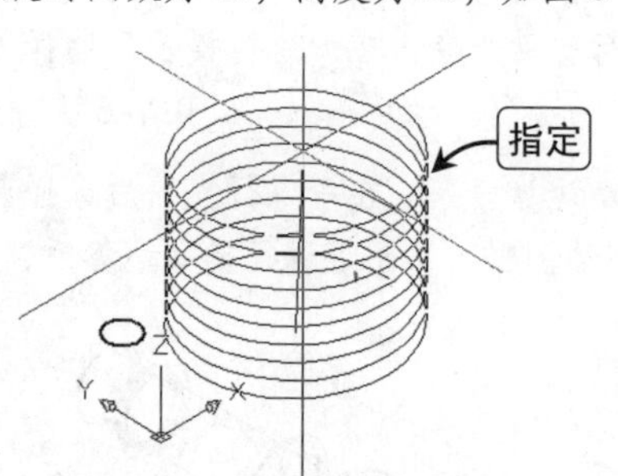

图8-54　指定圈数和高度

Step 05 执行扫掠命令，在命令行提示后选择圆为扫掠对象，如图 8-55 所示。

Step 06 在命令行提示后选择螺旋图形，指定扫掠的路径，完成弹簧实体模型的绘制，如图 8-56 所示。

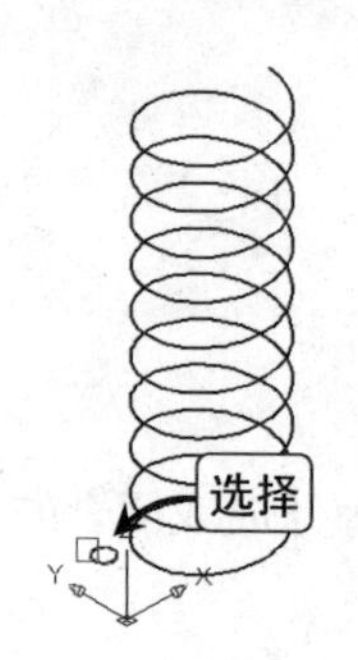

图8-55　选择扫掠对象

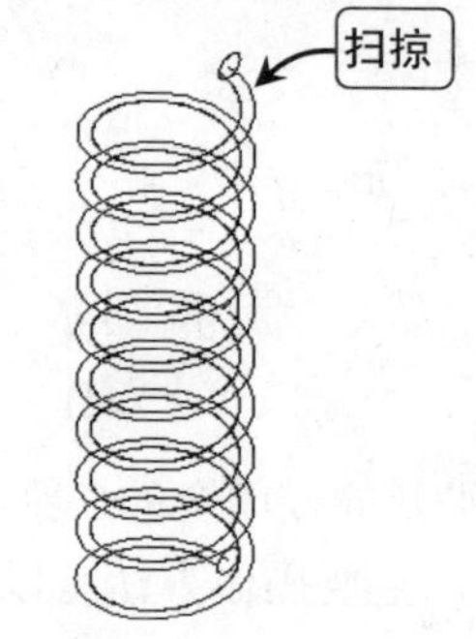

图8-56　扫掠效果

8.3.4　放样

使用放样命令，可以对包含两条或两条以上横截面的曲线进行放样创建三维实体或曲面。执行放样命令，主要操作方法有以下几种。

- 在“实体”选项卡的“实体”组中单击“扫掠”按钮，在弹出的下拉菜单中选择“放样”选项，执行放样命令。
- 在命令行中执行 Loft 命令，执行放样命令。

使用放样命令，可以将多个横截面以线条方式进行连接，如图 8-57 所示为在同一直线上的矩形图形进行放样后的效果。

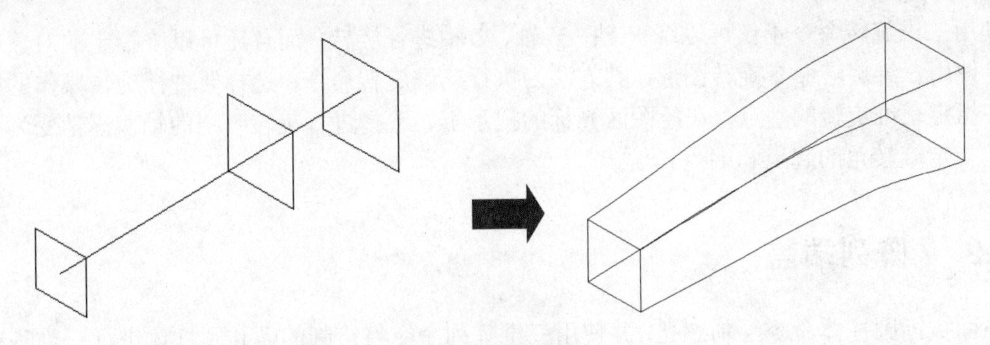

图8-57 放样图形

8.4 实体编辑命令

在进行复杂的机械模型绘制时，同绘制二维图形一样，可以通过阵列、镜像等命令快速完成实体模型的绘制，其中主要包括三维阵列、三维镜像、三维旋转等。

8.4.1 三维阵列、镜像、旋转

三维阵列命令用于在三维空间中，复制三维矩形或环形阵列等实体对象，该命令常用于大量通用构件模型的等距阵列复制。执行三维阵列命令，主要操作方法有以下几种。

- 在“常用”选项卡的“修改”组中单击“三维阵列”按钮，执行三维阵列命令。
- 在命令行中执行 3Darray（3A）命令，执行三维阵列命令。

在使用三维阵列的“矩形阵列”时，还添加了“层”选项，除了进行“行”和“列”阵列外，还可对“层”进行操作，其方法为执行三维阵列命令，在命令行提示后选择要进行三维阵列的实体模型，选择“矩形”选项，在命令行提示后分别设置要进行三维阵列的“行数”、“列数”，以及“层数”，分别设置三维阵列时的行间距、列间距以及层间距等。

使用三维镜像命令，可以将三维模型以指定的平面进行镜像复制。执行三维镜像命令，主要操作方法有以下几种。

- 在“常用”选项卡的“修改”组中单击“三维镜像”命令，执行三维镜像命令。
- 在命令行中执行 Mirror3d 命令，执行三维镜像命令。

使用三维镜像命令对图形对象进行镜像操作，其方法为执行三维镜像命令，在命令行提示后选择要进行镜像操作的图形对象，在命令行提示后可以选择镜像的方式，如 XY 平面、YZ 平面等，在命令行提示后确定以某点进行镜像操作，选择在进行镜像的操作过程中，是否删除源图形对象。

使用三维旋转命令，可以将三维模型绕指定的轴旋转一定的角度。执行三维旋转命令，主要操作方法有以下几种。

- 在“常用”选项卡的“修改”组中单击“三维旋转”命令，执行三维旋转命令。

◆ 在命令行中执行 3drotate 命令，执行三维旋转命令。

使用三维旋转命令不仅可以绕 X 轴、Y 轴、Z 轴进行旋转，而且还可以绕指定的对象进行旋转。使用三维旋转命令旋转图形，其方法为执行三维旋转命令，选择要进行旋转操作的图形对象，指定三维旋转的基点，在绘图区光标的提示下，选择进行旋转时绕的轴，该轴变为黄色状态，指定旋转角的起点和端点。

8.4.2 阵列端盖

下面执行圆柱体命令绘制螺孔，并使用三维阵列命令将绘制的螺孔圆柱体进行三维阵列复制，并使用差集运算命令对其进行布尔运算。

实例演示：阵列端盖

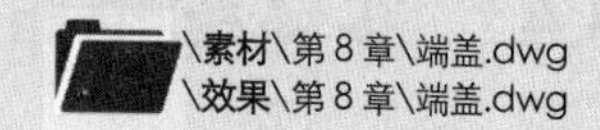

Step 01 打开“端盖”素材文件，执行圆柱体命令，在提示后输入“15,15,0”，指定底面中心点，如图 8-58 所示。

Step 02 在命令行提示后输入“8”，指定圆柱体底面圆的半径，并在命令行提示后输入“20”，指定圆柱体高度，如图 8-59 所示。

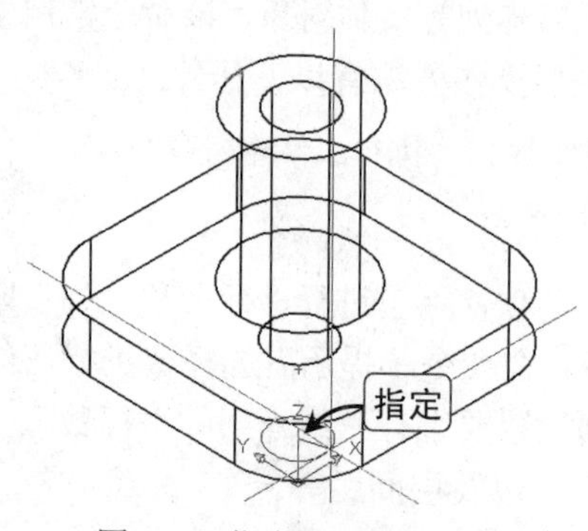

图8-58 指定圆形底面中心点

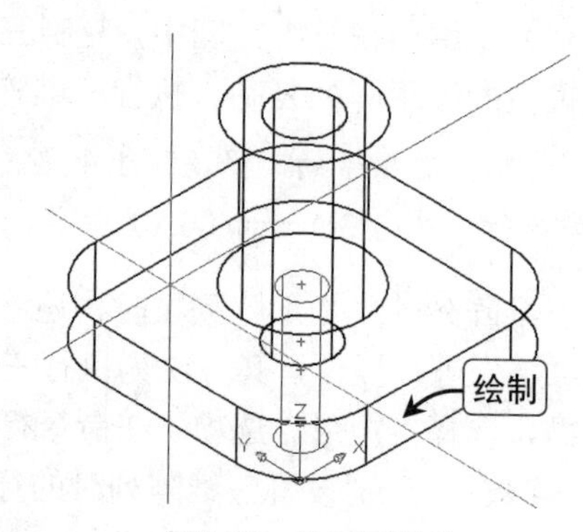

图8-59 绘制圆柱体

Step 03 再次执行圆柱体命令，在命令行提示后捕捉第一个圆柱体顶面圆心，如图 8-60 所示。

Step 04 在命令行提示后输入“12”，指定圆柱体底面圆的半径，如图 8-61 所示。

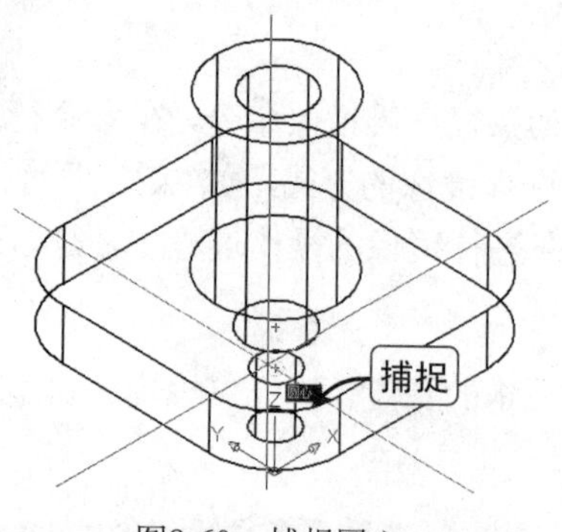

图8-60 捕捉圆心

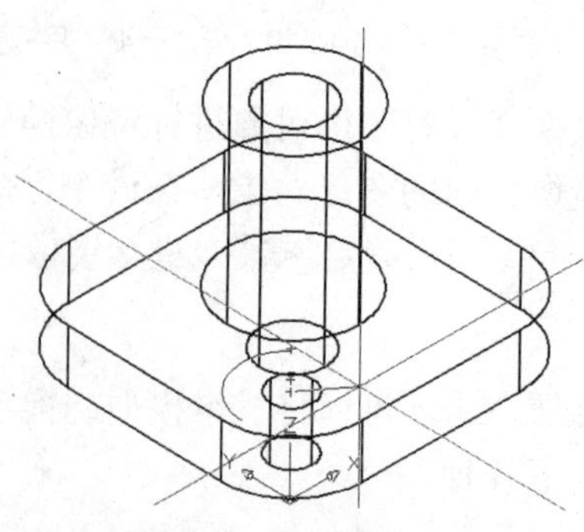

图8-61 输入半径

Step 05 在命令行提示后输入“-5”，指定圆柱体的高度，如图 8-62 所示。

Step 06 在命令行提示后输入“3Darray”，执行三维阵列命令，在命令行提示后选择绘制的圆柱体，如图 8-63 所示。

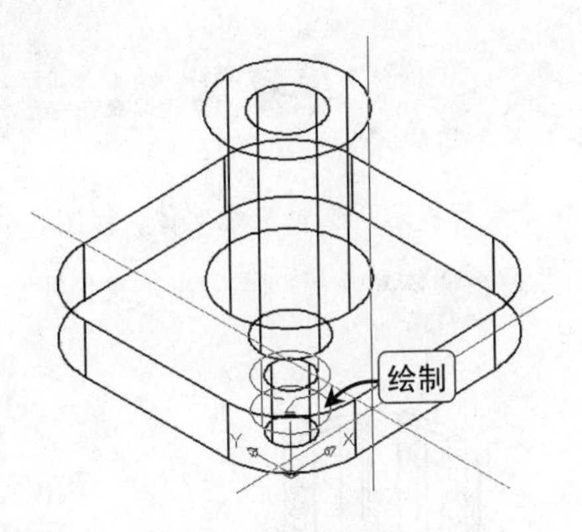

图8-62　绘制圆柱体

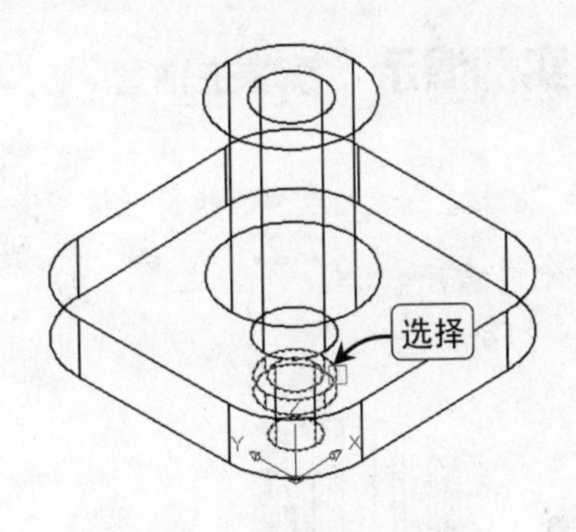

图8-63　选择阵列对象

Step 07 选择“环形”选项，并指定阵列的数目为 4，捕捉合并实体底面圆心，指定阵列的中心点，如图 8-64 所示。

Step 08 在命令行提示后捕捉合并实体顶面的圆心，指定旋转轴上的第二点，如图 8-65 所示。

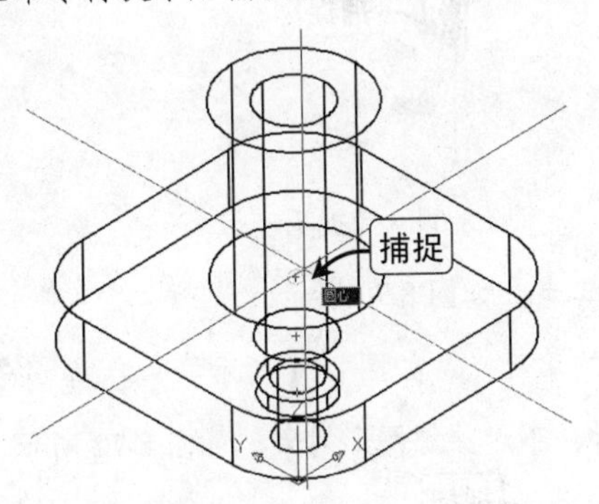

图8-64　捕捉阵列中心

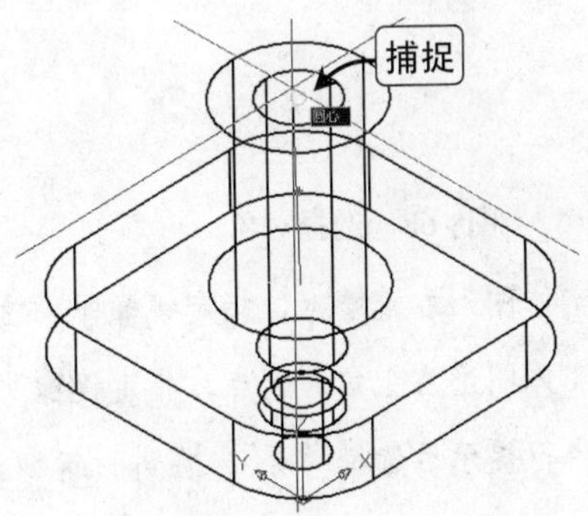

图8-65　捕捉第二点

Step 09 完成阵列，执行差集运算命令，在命令行提示后选择实体，如图 8-66 所示。

Step 10 在命令行提示后选择阵列的圆柱体，对实体进行差集运算，如图 8-67 所示。

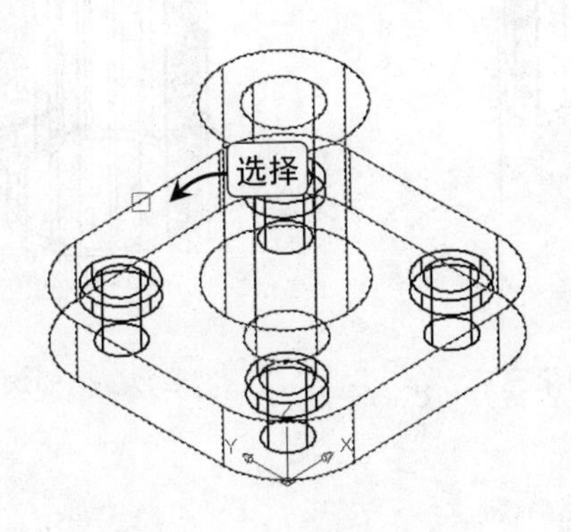

图8-66　选择运算对象

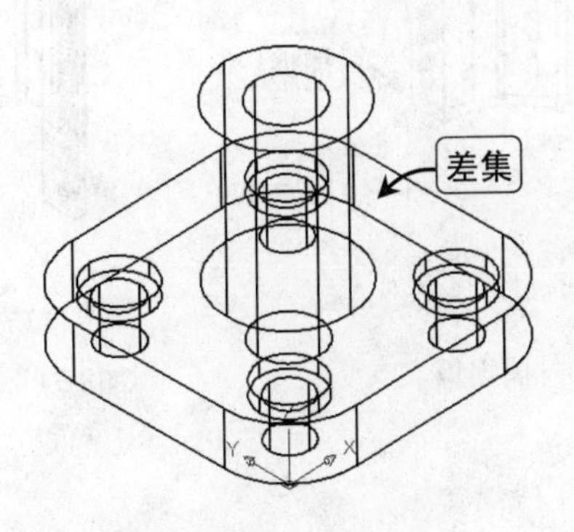

图8-67　差集运算

8.4.3 镜像主轴套

下面讲解执行三维镜像命令的操作步骤，将主轴套中的实体图形进行镜像复制。

实例演示：镜像主轴套

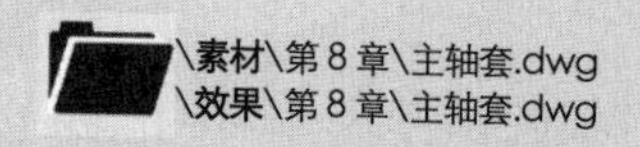

Step 01 打开“主轴套”素材文件，执行三维镜像命令，在命令行提示后选择三维实体，如图 8-68 所示。

Step 02 在命令行提示后输入“3”，选择“三点”选项，并捕捉实体对象的端点，指定镜像平面的第一点，如图 8-69 所示。

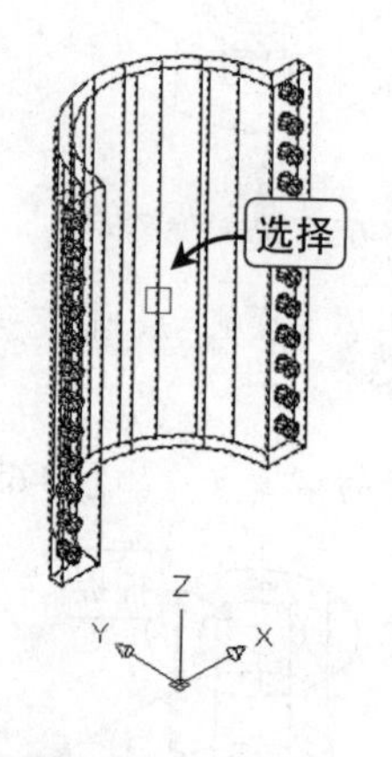

图8-68 选择对象

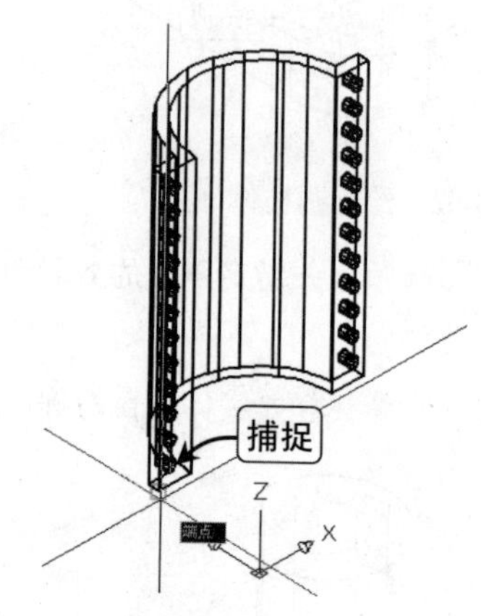

图8-69 捕捉第一点

Step 03 捕捉实体图形右端端点，指定镜像平面上的第二点，如图 8-70 所示。

Step 04 捕捉实体图形右上角的端点，指定镜像平面上的第三点，如图 8-71 所示。

Step 05 在命令行提示后选择“否”，在进行镜像操作时，不删除源图形对象，如图 8-72 所示。

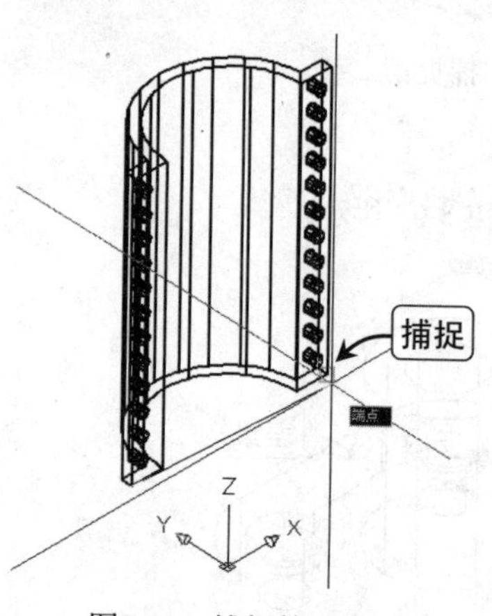

图8-70 捕捉第二点

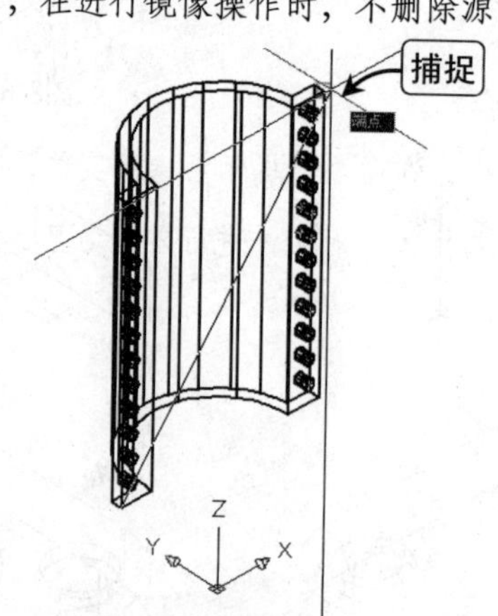

图8-71 捕捉第三点

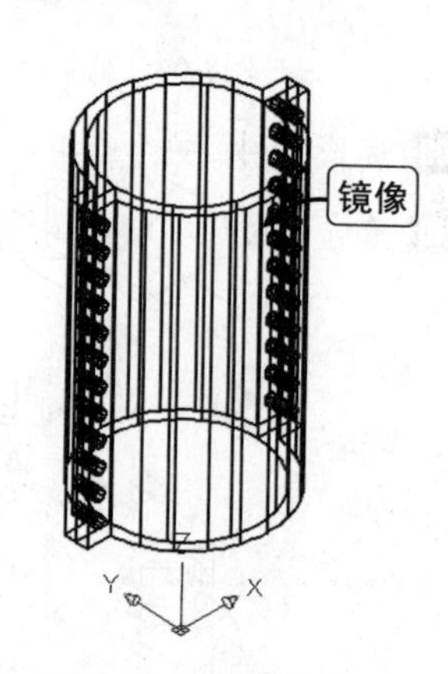

图8-72 镜像图形

8.4.4 绘制组合体

下面讲解执行圆柱体、三维旋转，以及差集运算等命令的操作步骤，完成“组合体.dwg”实体模型的绘制。

实例演示：绘制组合体

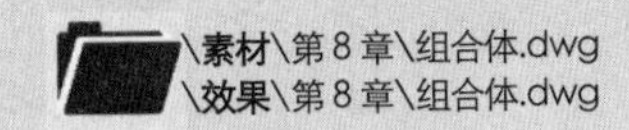

Step 01 打开“组合体”素材文件，执行圆柱体命令，捕捉组合体顶面圆心，指定圆柱体底面中心点，如图 8-73 所示。

Step 02 在命令行提示后输入“6”，指定圆柱体底面圆的半径，如图 8-74 所示。

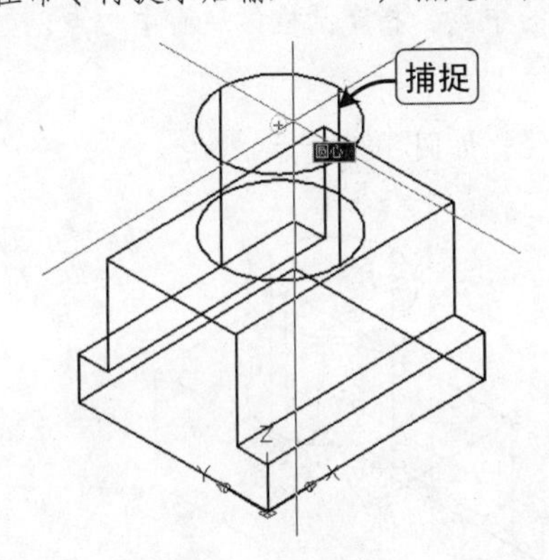

图8-73 捕捉中心点

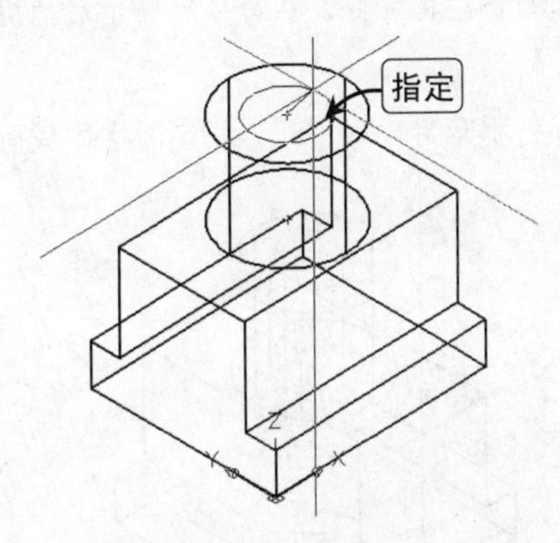

图8-74 指定底面半径

Step 03 在命令行提示后输入“-20”，指定圆柱体高度，如图 8-75 所示。

Step 04 执行圆锥体命令，捕捉刚绘制圆柱体底面圆心，指定圆锥体底面中心点，如图 8-76 所示。

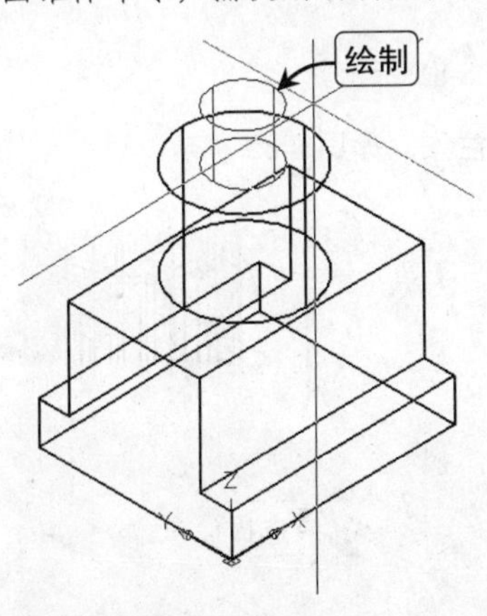

图8-75 绘制圆柱体

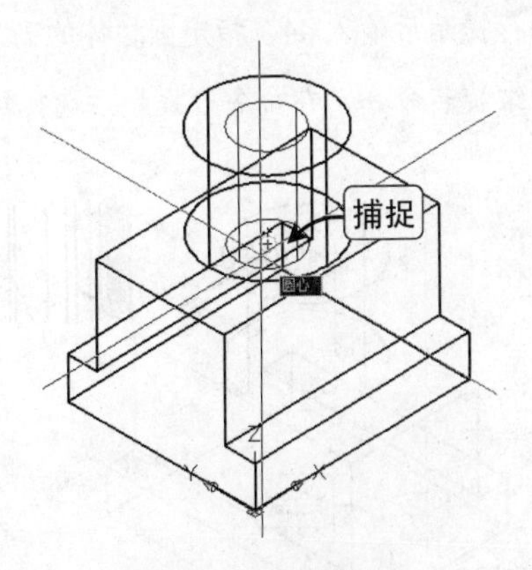

图8-76 捕捉圆锥中心点

Step 05 在命令行提示后输入“6”，指定圆锥体底面圆的半径，如图 8-77 所示。

Step 06 在命令行提示后输入“-3”，指定圆锥体的高度，如图 8-78 所示。

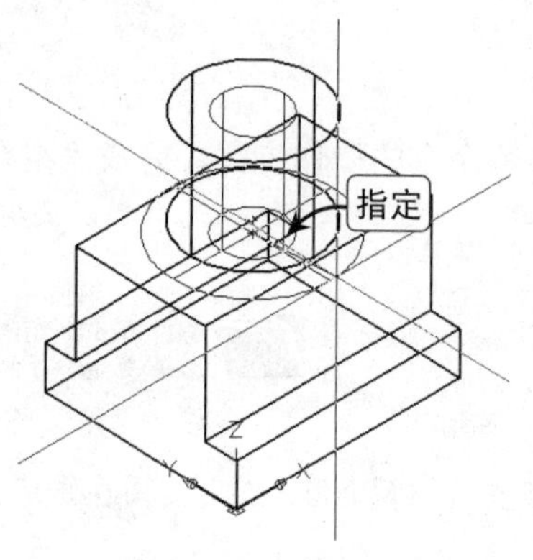

图8-77　指定半径

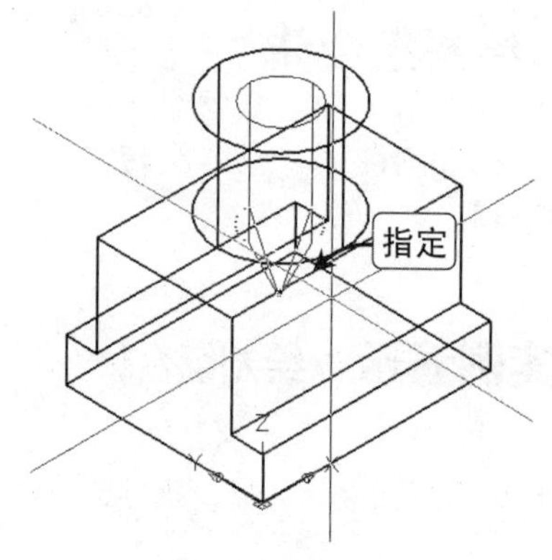

图8-78　指定高度

Step 07 再次执行圆柱体命令，在命令行提示后捕捉组合体的中点，指定圆柱体底面中心点，如图 8-79 所示。

Step 08 在命令行提示后输入“5”，指定圆柱体底面圆的半径，如图 8-80 所示。

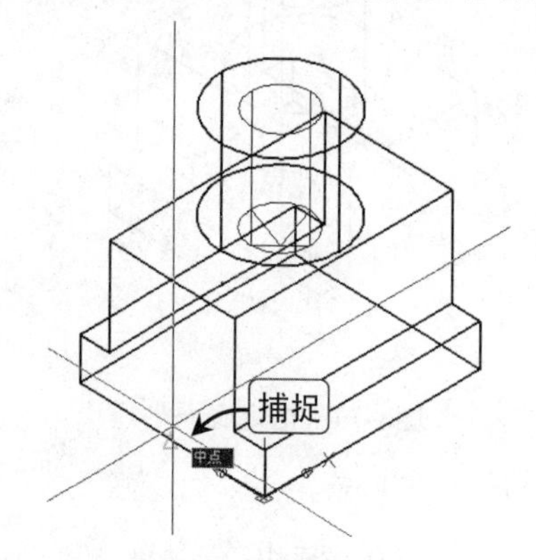

图8-79　捕捉中心点

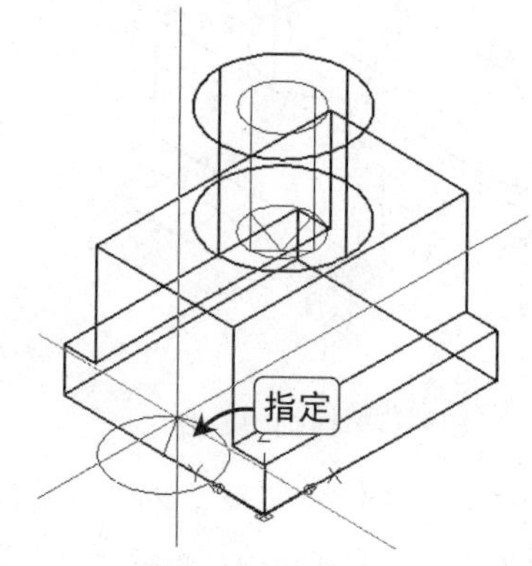

图8-80　指定半径

Step 09 在命令行提示后输入 44，指定圆柱体的高度，如图 8-81 所示。

Step 10 执行三维旋转命令，在命令行提示后选择绘制的圆柱体，如图 8-82 所示。

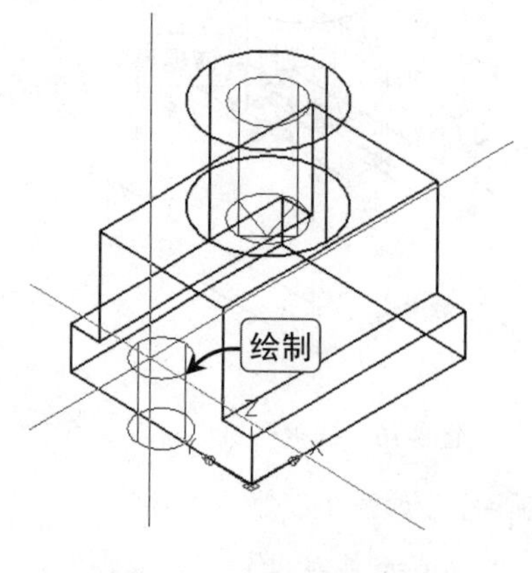

图8-81　指定高度

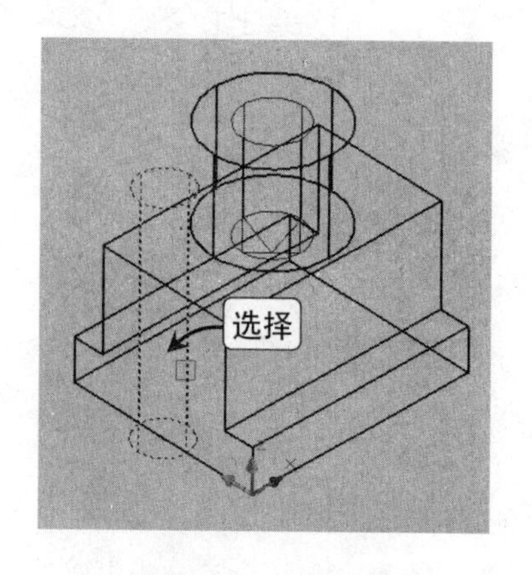

图8-82　选择对象

Step 11 在命令行提示后捕捉圆柱体底面圆的圆心，指定旋转的基点，如图 8-83 所示。

Step 12 在命令行提示后选择 Y 轴，指定旋转轴，如图 8-84 所示。

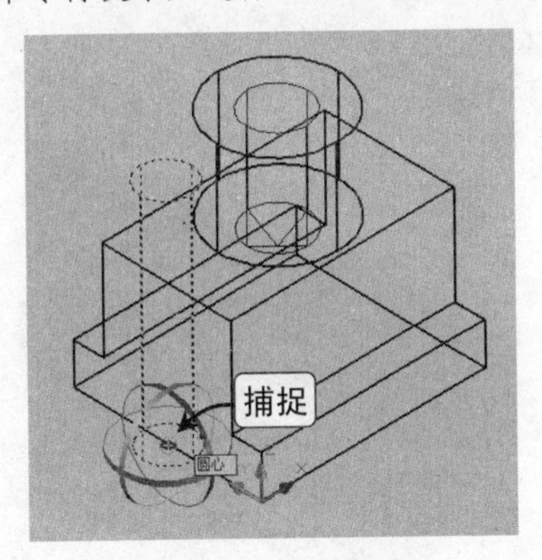

图8-83 捕捉圆心

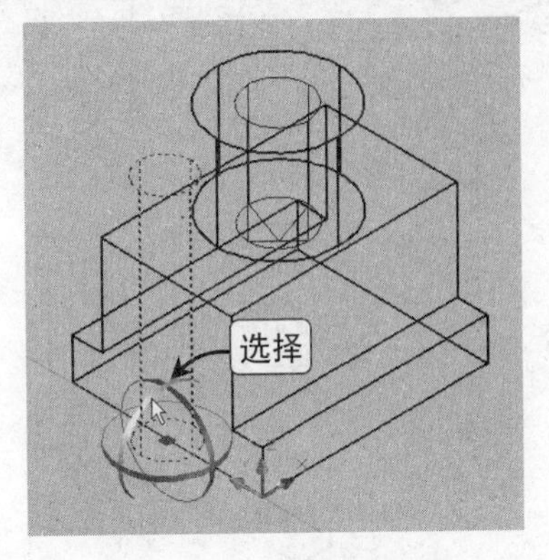

图8-84 选择旋转轴

Step 13 打开“正交”功能，在命令行提示后在左下方拾取一点，指定旋转角的起点，如图 8-85 所示。

Step 14 在命令行提示后将鼠标向上移动，在竖直方向上拾取一点，指定旋转角的端点，如图 8-86 所示。

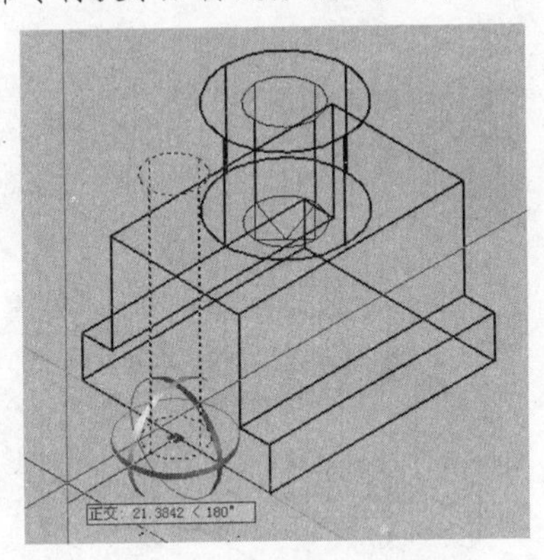

图8-85 指定起点

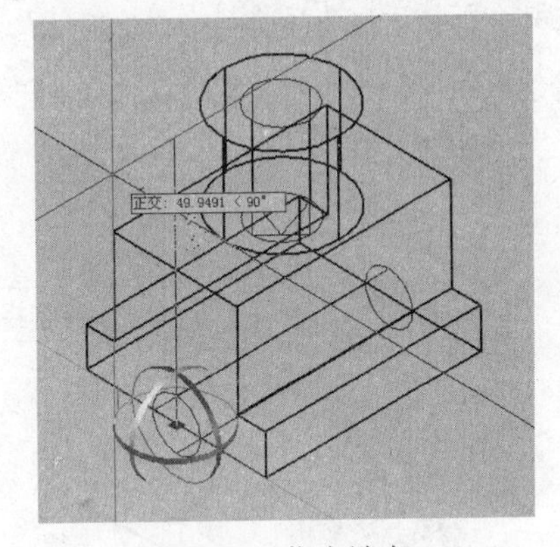

图8-86 指定端点

Step 15 执行移动命令，在命令行提示后选择三维旋转后的圆柱体，如图 8-87 所示。

Step 16 捕捉圆柱体的圆心，指定移动的基点，如图 8-88 所示。

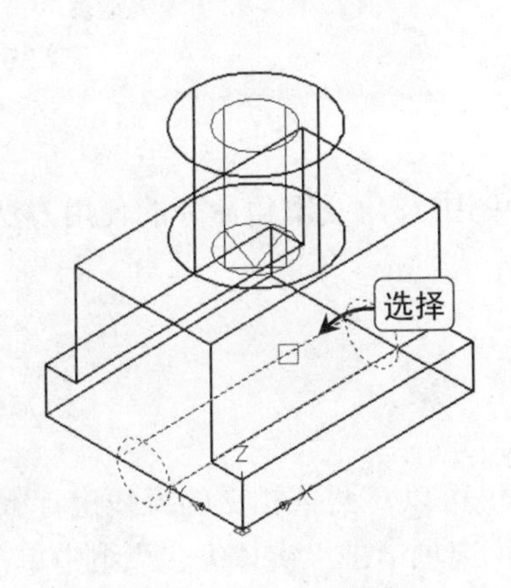

图8-87 选择移动对象

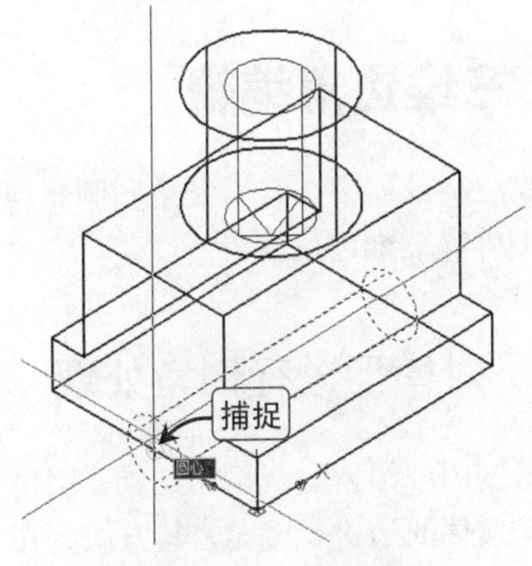

图8-88 选择基点

Step 17 打开“正交”功能，将鼠标向上进行移动，在命令行提示后输入 13，指定移动的距离，如图 8-89 所示。

Step 18 执行差集运算命令，在命令行提示后选择差集实体，如图 8-90 所示。

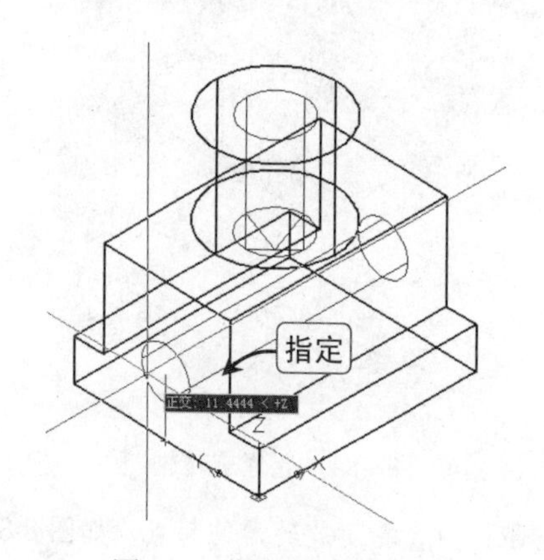

图8-89　指定移动距离

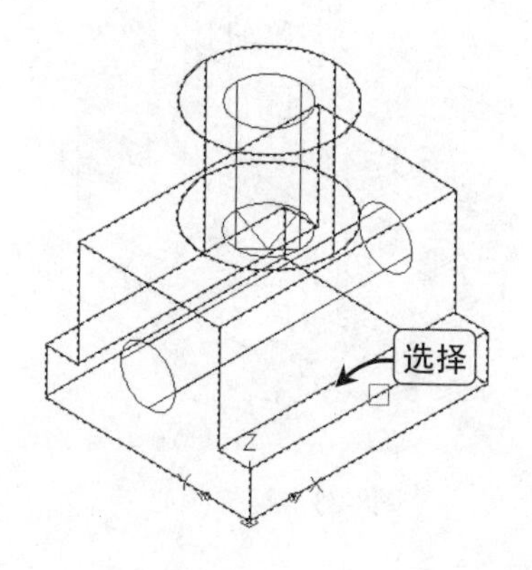

图8-90　选择差集对象

Step 19 在命令行提示后选择绘制的圆柱体以及圆锥体，如图 8-91 所示。

Step 20 将绘制的圆柱体进行差集运算，完成组合体实体模型的绘制，如图 8-92 所示。

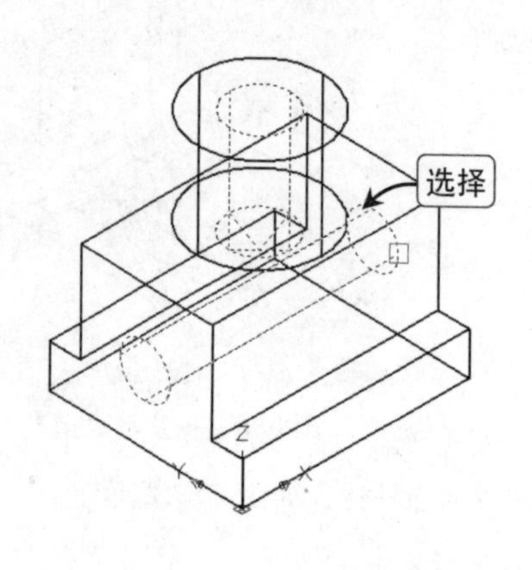

图8-91　选择对象

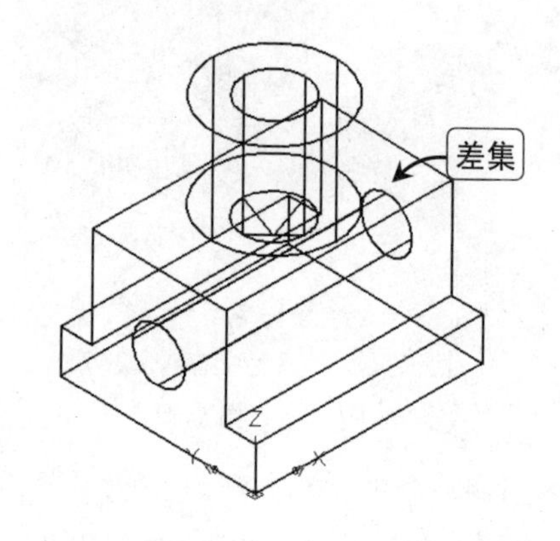

图8-92　差集运算

8.5　三维边角编辑

在三维绘制过程中，编辑倒角和圆角与二维绘图中圆角及倒角命令的使用方法大致相同。下面就详细讲解三维边角编辑。

8.5.1　对模型进行倒角处理

在机械制图中经常出现倒角结构，倒角命令不仅可以对两条相交的直线进行倒角处理，还可以对三维实体的边进行倒角，其方法为在“实体”选项卡的“实体编辑”组中单击“圆角边”按钮，在弹出的下拉菜单中选择“倒角边”选项，执行倒角命令，在命令行提示后选择要进行倒角的面；也可以通过“下一个”选项在三维面中进行切换，在确定面的选择之后，指定基面的倒角距离和其他面的倒角距离，在命令行提示后选择要进行倒角的边。

下面讲解执行倒角命令的操作步骤，将组合体图形进行倒角处理。

实例演示：组合体倒角处理

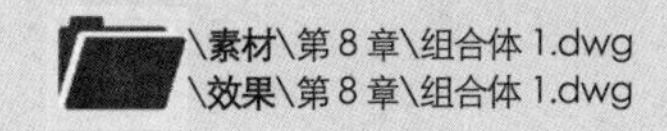

Step 01 打开“组合体 1”素材文件，执行倒角命令，在命令行提示后选择圆柱的圆，如图 8-93 所示。

Step 02 选择要进行倒角的实体对象后，要进行倒角的面将以虚线显示，如图 8-94 所示。

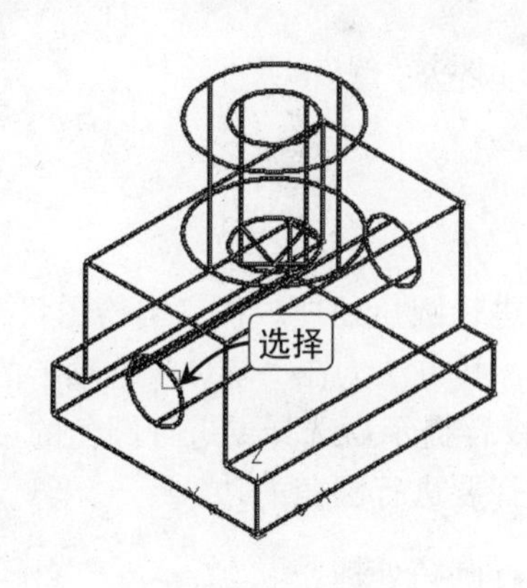

图8-93　选择对象

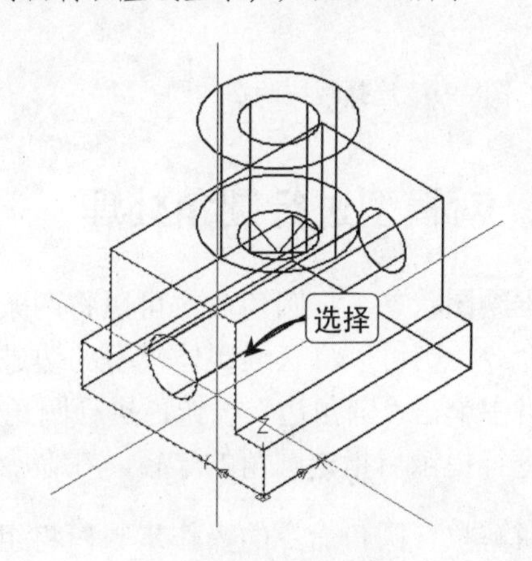

图8-94　选择倒角面

Step 03 在命令行提示后选择“下一个”选项，将要进行倒角的基面切换到圆柱上，如图 8-95 所示。

Step 04 确定倒角基面的选择，然后设置“倒角基面”和“其他倒角面”的距离为 2，如图 8-96 所示。

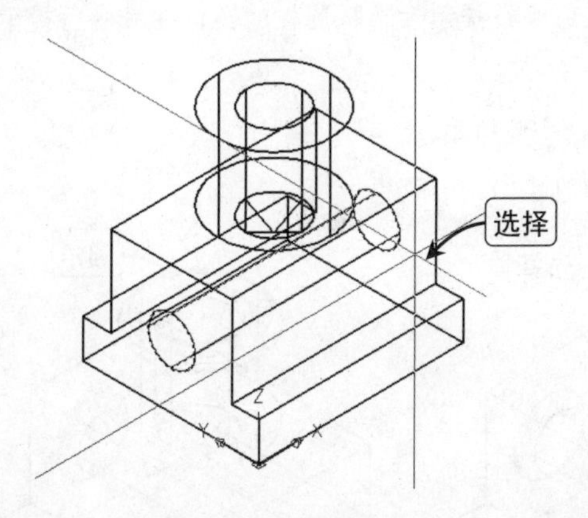

图8-95　选择基面

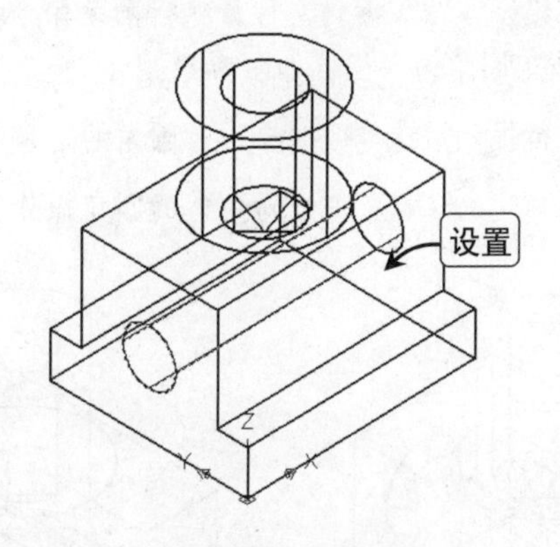

图8-96　设置倒角基面的距离

Step 05 在命令行提示后分别选择圆柱两端的圆，如图 8-97 所示。

Step 06 确定边的选择，完成对三维图形的倒角操作，如图 8-98 所示。

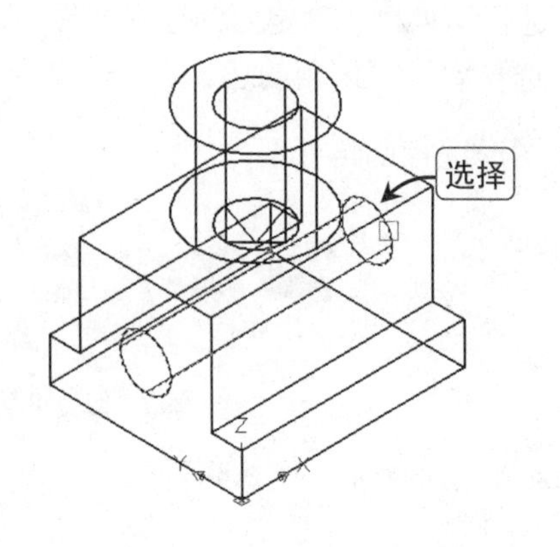

图8-97 选择圆柱两端的圆

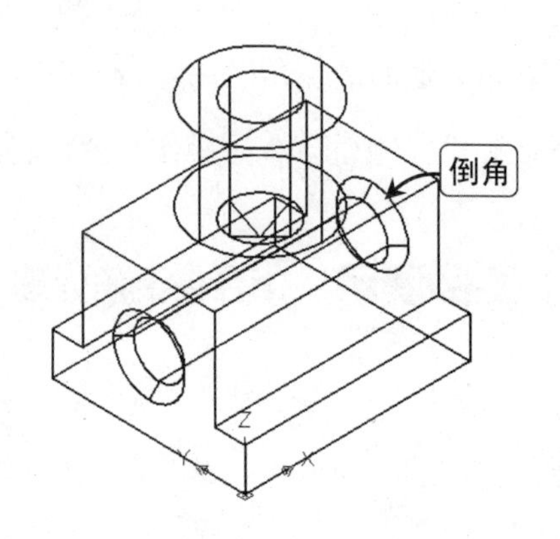

图8-98 倒角效果

8.5.2 对模型进行圆角处理

在二维绘图状态下，圆角命令可以将两条相交的线条进行圆角处理。在三维绘图状态下，使用圆角命令，则可以将三维实体模型的边进行圆角处理，其方法为在“实体”选项卡的“实体编辑”组中单击“圆角边”按钮，执行圆角命令，在命令行提示后选择要进行圆角的三维对象，在命令行提示后指定圆角的半径，在命令行提示后选择要进行圆角的边。

下面讲解执行圆角命令的操作步骤，将组合体图形进行圆角处理。

实例演示：组合体圆角处理

\素材\第 8 章\组合体 2.dwg
\效果\第 8 章\组合体 2.dwg

Step 01 打开“组合体 2”素材文件，执行圆角命令，在命令行提示后选择圆柱的圆，在命令行提示后输入“1.5”，指定圆角的半径，如图 8-99 所示。

Step 02 在命令行提示后选择两条要进行圆角的边，如图 8-100 所示。

Step 03 确定圆角边的选择，完成对实体的圆角操作，如图 8-101 所示。

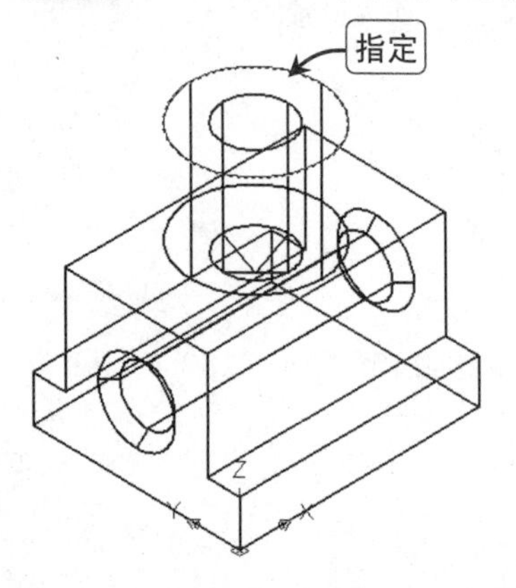

图8-99 指定圆角半径

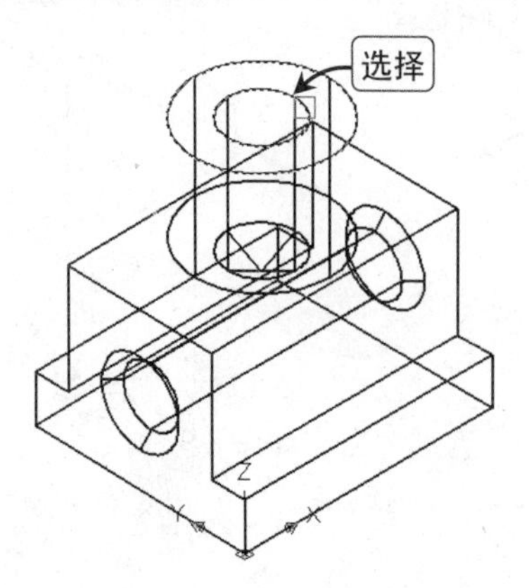

图8-100 选择圆角边

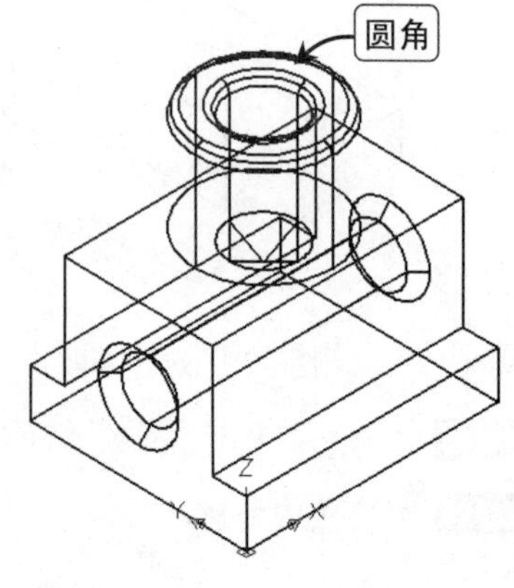

图8-101 圆角效果

8.6 打印图形

AutoCAD 2014 图形的打印输出是绘制机械图形的重要环节之一。一般情况下，都是要通过模型空间对图形进行二维及三维图形的绘制，再在模型空间中对图形进行打印输出。但是，模型空间中只能打印一个视图的图形，而在布局空间中，可以打印不同视图下产生的图形，也可以将两个及两个以上不同比例的视图安排在一张图纸上。

8.6.1 选择打印设备

在设置打印参数中，首先是要确定打印设备，利用打印设备输出文件，单击“应用程序”按钮，在弹出的下拉菜单中选择“打印”选项，在子菜单中选择“打印”选项，如图 8-102 所示。在打开的“打印-模型”对话框中，单击“打印机/绘图仪”下的“名称”下拉按钮，在下拉列表中即可选择打印设备，如图 8-103 所示。

图8-102 选择“打印”选项

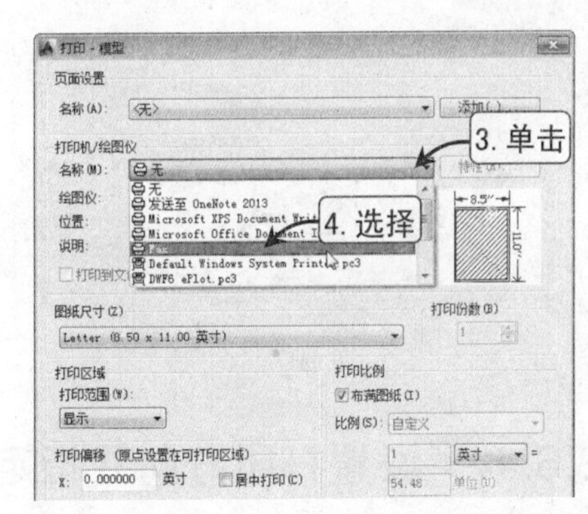

图8-103 选择打印设备

8.6.2 选择图纸纸型并设置打印区域

打印图纸类型很多，用户需要选择合适的图纸类型。打开“打印-模型”对话框，单击“图纸尺寸”按钮，在下拉列表中选择需要的图纸选项即可，如图 8-104 所示。打印时用户可根据打印需要选择整体打印或局部打印。打开“打印-模型”对话框，单击“打印范围”下拉按钮，在下拉列表中即可选择打印的范围，如图 8-105 所示。

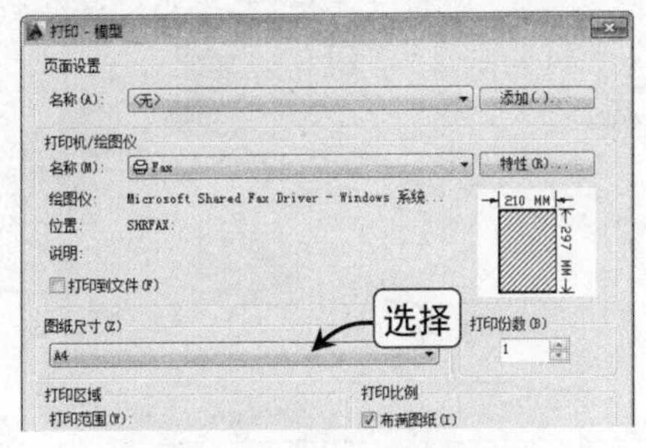

图8-104 选择打印纸型

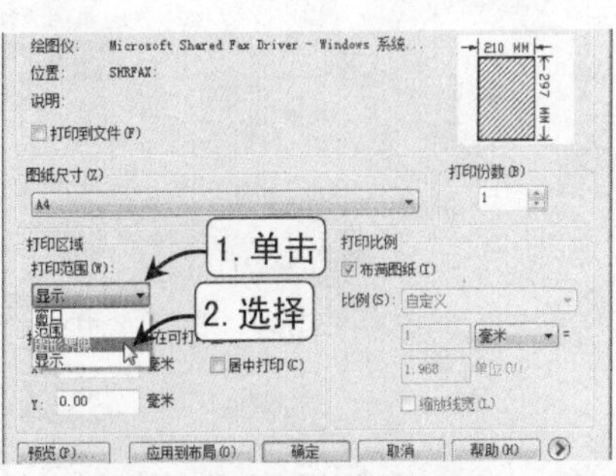

图8-105 选择打印区域

8.6.3 设置打印比例

设置打印比例，即确定打印图形在图纸中所占比例的大小。打开“打印-模型”对话框，如果需要自定义打印比例，取消选中“布满图纸”复选框，单击“自定义”按钮，选择各种打印比例选项，如图 8-106 所示。

根据不同的打印要求，可设置不同的打印样式，打开“打印-模型”对话框，单击“打印样式表”下拉按钮，在“打印样式表”下拉列表框中即可选择需要的打印样式选项，如图 8-107 所示。

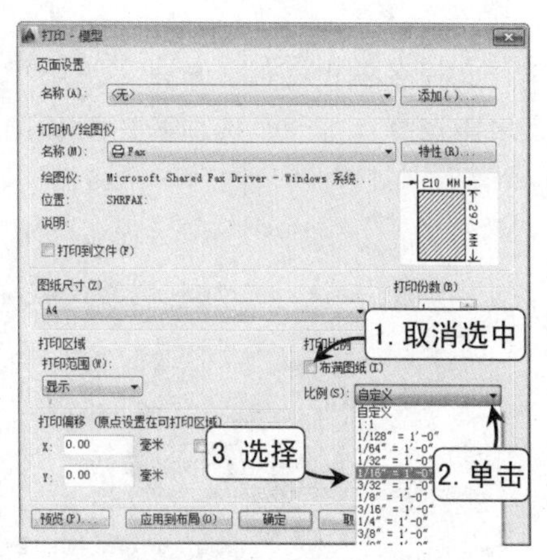

图8-106 选择打印比例

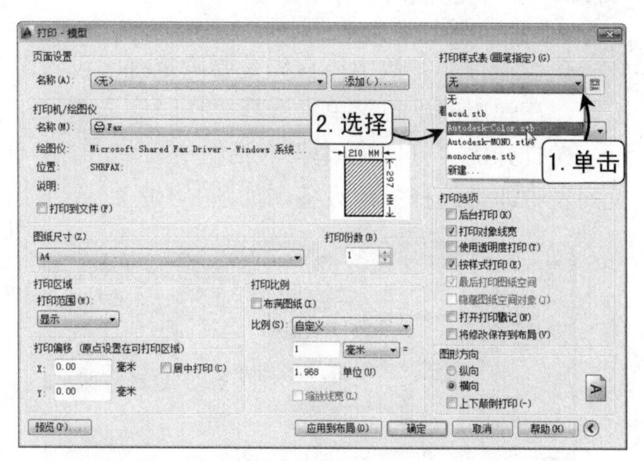

图8-107 选择打印样式

8.6.4 设置打印方向并指定打印的位置

在打印时，还需要确定的是打印出图时的方向，打开“打印-模型”对话框，在“图形方向”栏下即可选择打印的方向，如图 8-108 所示。

若需要指定打印出的图形在图纸上的某个区域，可设置其打印的位置，打开“打印-模型”对话框，在“打印偏移”栏中选中“居中打印”复选框，可以让图形处于打印纸的正中，如图 8-109 所示。

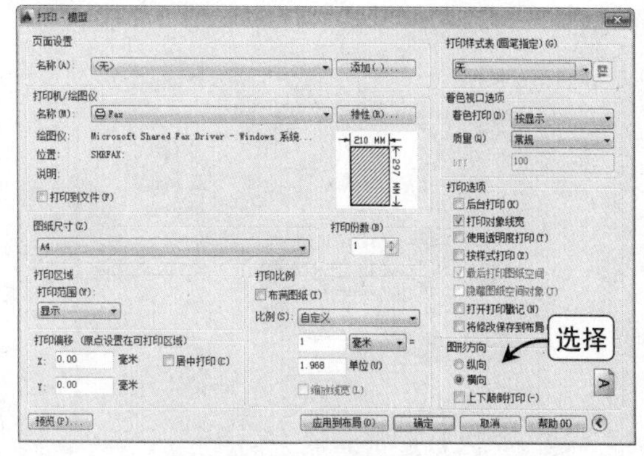

图8-108 设置打印方向

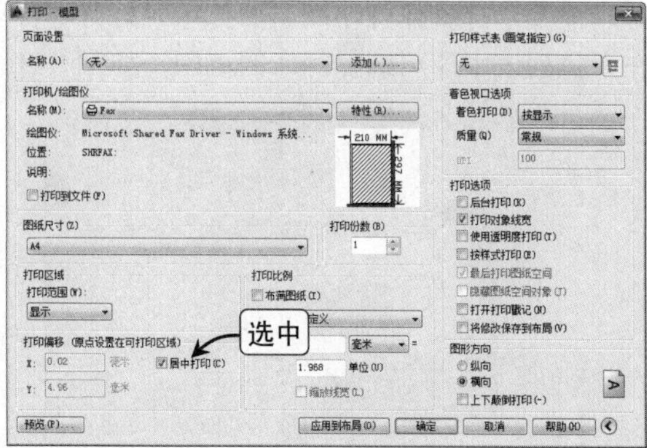

图8-109 设置打印位置

8.7 习题

（1）绘制如图 8-110 所示的机座实体（课件：\效果\第 8 章\机座.dwg）。

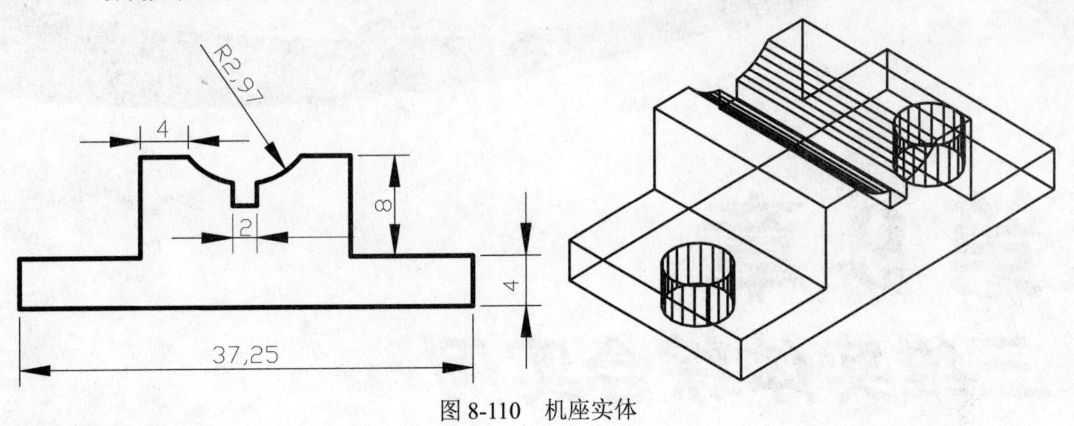

图 8-110 机座实体

（2）绘制如图 8-111 所示的锥齿轮零件图的实体模型（课件：\效果\第 8 章\锥齿轮.dwg）。

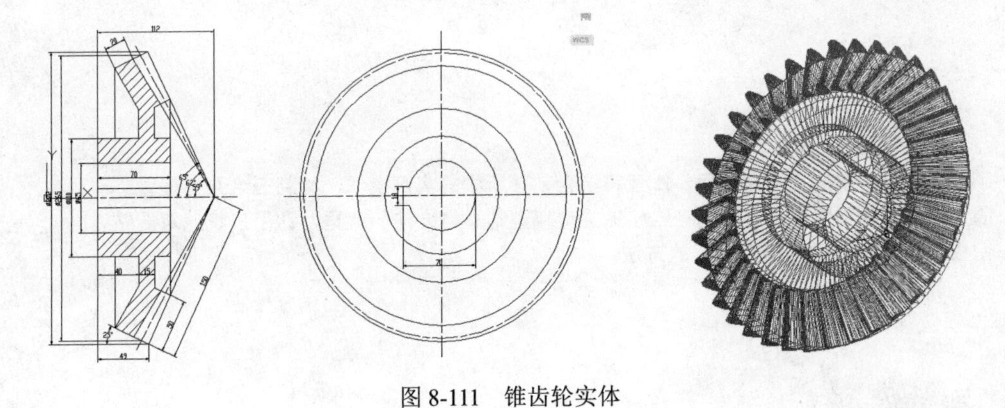

图 8-111 锥齿轮实体

第 9 章 三维实体综合实例

本章内容

了解了机械绘图的基础知识后，本章将综合前面所学的实例操作，绘制三维泵体模型。通过该模型的制作，了解绘制三维机械实体模型的具体方法和流程，让用户快速掌握并使用 AutoCAD 2014 绘制图形的方法。

要点导读

- ❖ 绘制泵体左视图：了解泵体左视图的绘制方法。
- ❖ 绘制泵体主视图：了解泵体主视图的绘制方法。
- ❖ 绘制泵体剖视图：了解泵体剖视图的绘制方法。
- ❖ 绘制泵体模型：了解泵体三维实体模型的绘制方法。

9.1 案例目标

本章将运用前面章节所讲的各种二维绘图及三维绘图命令，完成泵体零件图以及泵体模型实体的绘制，最终效果如图 9-1 所示。通过案例的绘制巩固如何二维绘图命令以及三维绘图命令的使用方法，提高绘制零件图和实体模型的综合能力。

实例演示：绘制泵体零件图和泵体模型

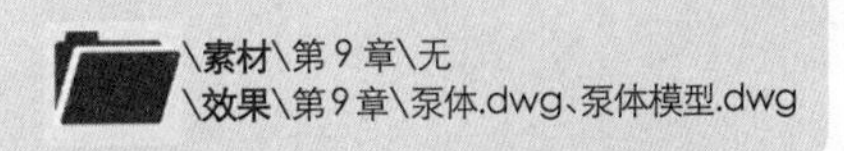

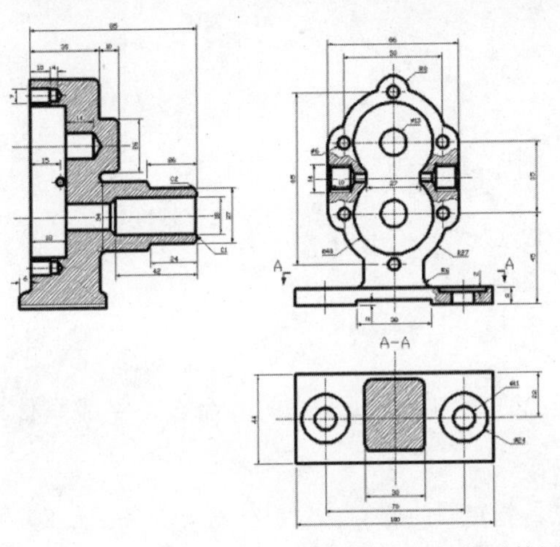

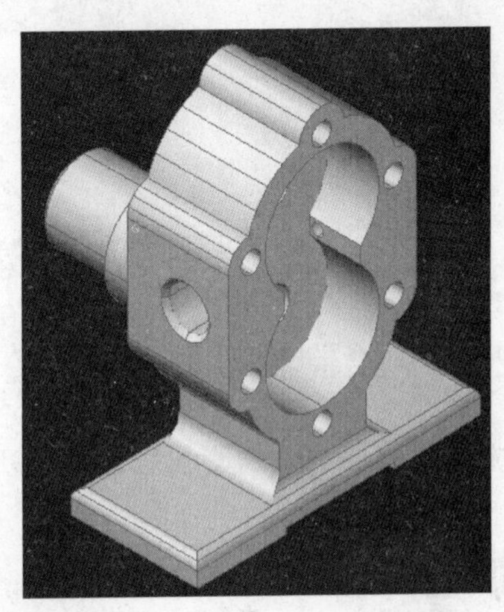

图9-1　泵体零件图以及泵体模型实体

9.2 绘制泵体左视图

在绘制复杂的零件图时，首先应该对图形的绘制环境，如图层、绘图单位等进行设置，以便更好地对零件图进行控制。

9.2.1 绘制作图基准线

绘制泵体零件图形时，首先应绘制图形的基准线，再在基准线的基础上绘制已知定位及定形尺寸的线条，然后绘制中间线条和连接线条等。

Step 01 执行构造线命令，利用“正交”功能，绘制水平与垂直线构造线，如图 9-2 所示。

Step 02 执行偏移命令，在命令行提示后输入“25”，选择垂直辅助线，向右偏移两次，如图 9-3 所示。

图9-2　绘制辅助线　　图9-3　偏移辅助线

Step 03 执行偏移命令，将水平辅助线向上和向下进行偏移，其偏移距离为 42.5，如图 9-4 所示。

Step 04 再次执行偏移命令，将水平辅助线再次向上和向下进行偏移，其偏移距离为 17.5，如图 9-5 所示。

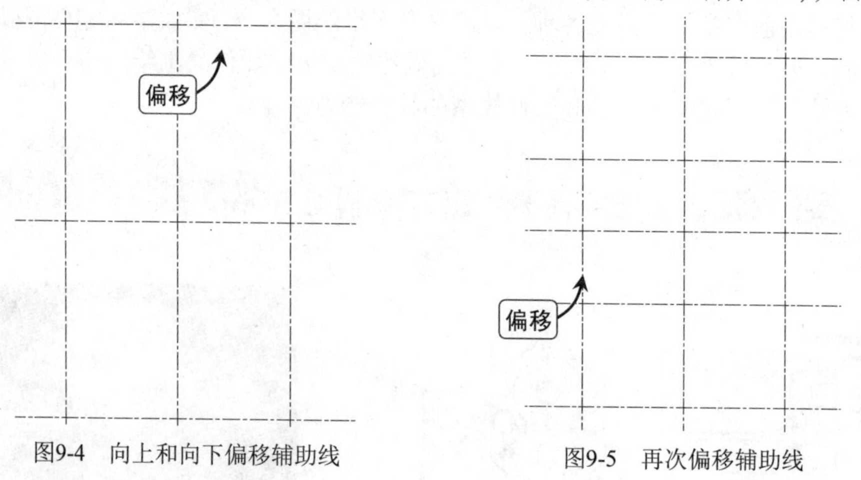

图9-4　向上和向下偏移辅助线　　图9-5　再次偏移辅助线

9.2.2　绘制左视图轮廓

完成泵体基准线的绘制后，便可以执行圆、直线、偏移以及修剪等命令，完成泵体左视图轮廓的绘制。

Step 01 执行圆命令，捕捉水平与垂直辅助线的交点，指定圆的圆心，分别绘制一个半径为 20 和 27 的同心圆，如图 9-6 所示。

Step 02 执行镜像命令，在命令行提示后选择两个绘制的圆，指定镜像对象进行镜像操作，效果如图 9-7 所示。

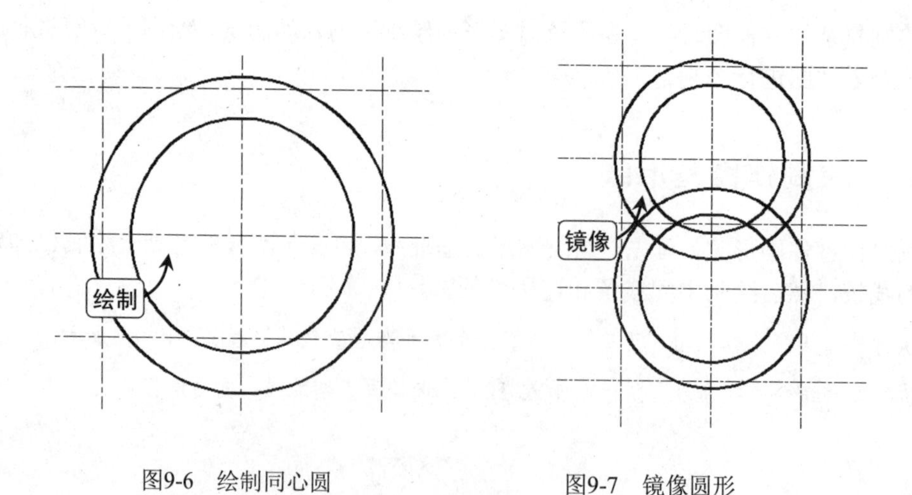

图9-6　绘制同心圆　　图9-7　镜像圆形

Step 03 执行修剪命令，将偏移的线条以及圆进行修剪操作，如图 9-8 所示。

Step 04 执行圆命令，捕捉第二条水平辅助线与左端垂直辅助线的交点，指定圆的圆心，绘制一个半径为 8 的圆形，如图 9-9 所示。

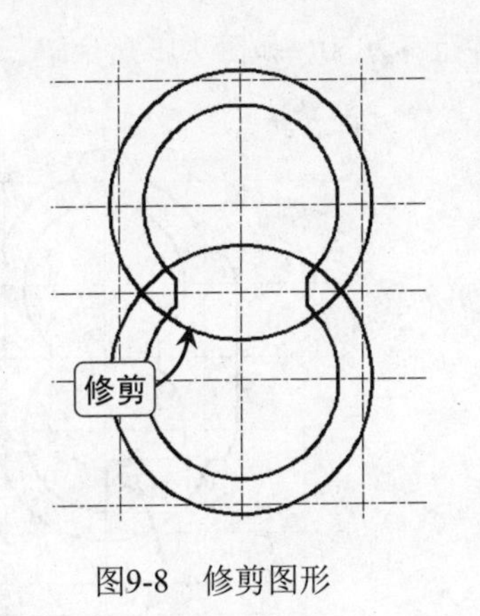

图9-8　修剪图形

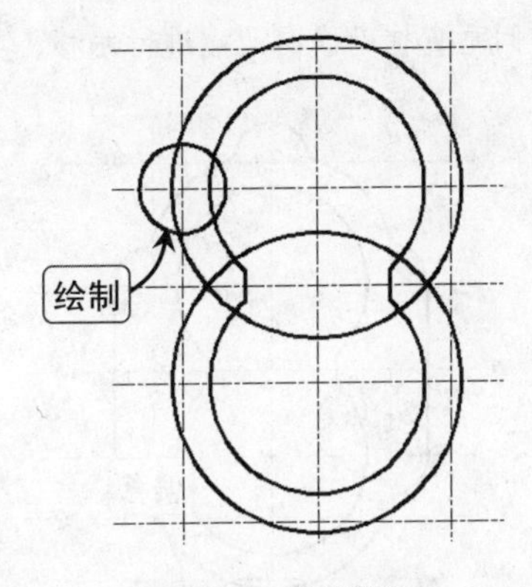

图9-9　绘制圆形

Step 05 执行复制命令，选择绘制的圆，并捕捉圆的圆心，指定复制的基点，对圆形进行复制操作，如图 9-10 所示。

Step 06 执行直线命令，绘制两个圆与辅助线交点的连接线条，如图 9-11 所示。

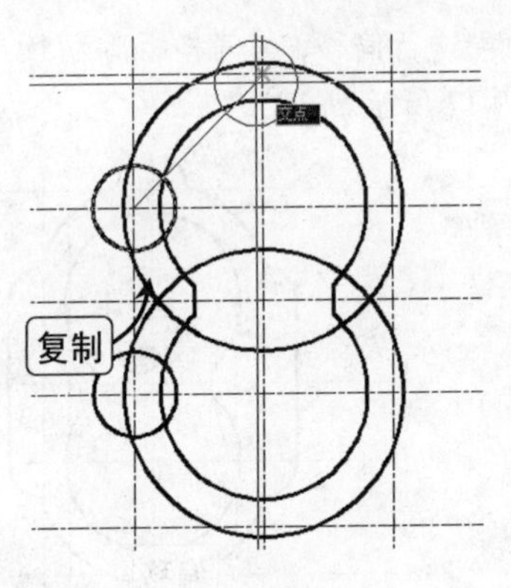

图9-10　复制圆形

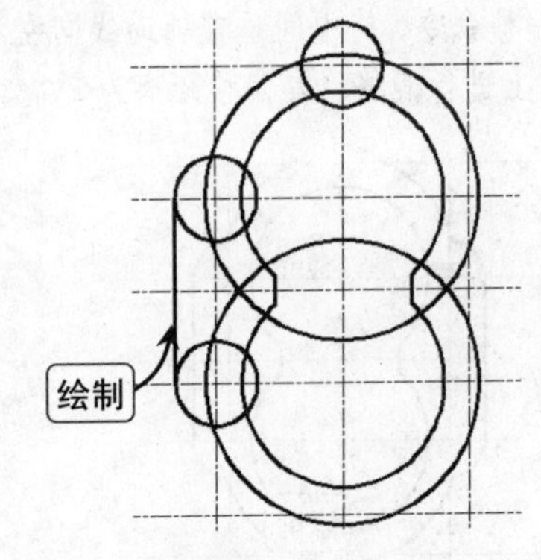

图9-11　绘制直线

Step 07 执行镜像命令，选择绘制的两个圆和直线，对其进行镜像操作，如图 9-12 所示。

Step 08 执行修剪命令，将进行镜像复制的图形及圆进行修剪处理，如图 9-13 所示。

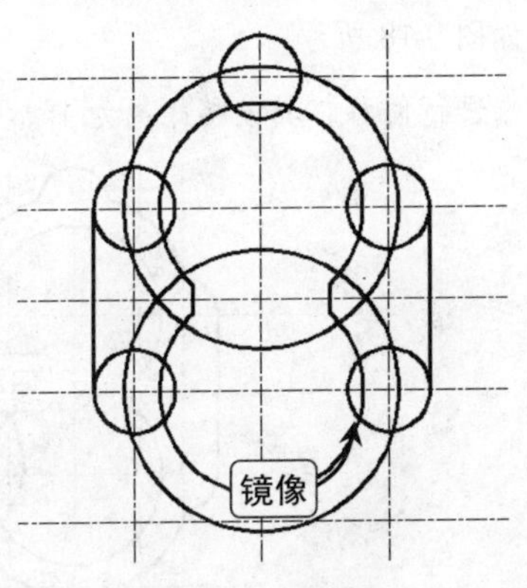

图9-12　镜像图形

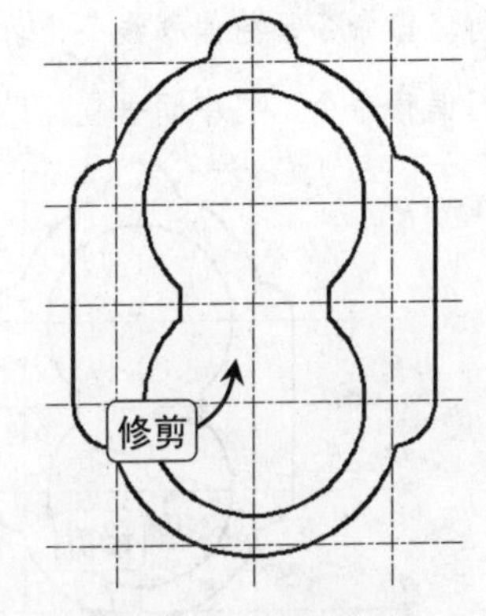

图9-13　修剪图形

Step 09 执行偏移命令，将底端水平辅助线向下进行偏移，其偏移距离为 12，如图 9-14 所示。

Step 10 执行偏移命令，将向下进行偏移的水平辅助线再次向下进行偏移，其偏移距离为 8。再次执行偏移命令，将中间垂直辅助线向两端进行偏移，其偏移距离为 50，如图 9-15 所示。

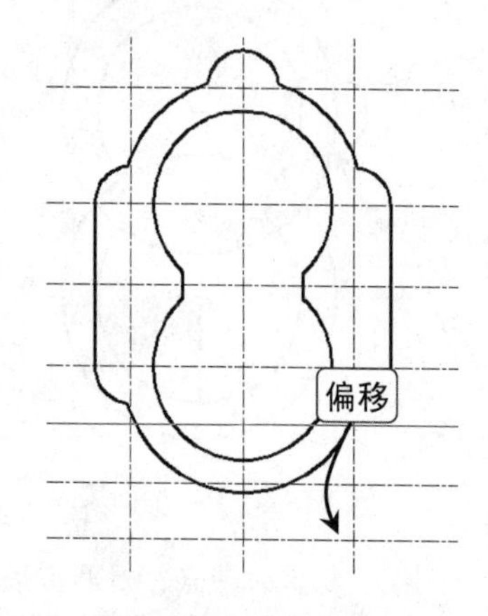

图9-14　偏移辅助线

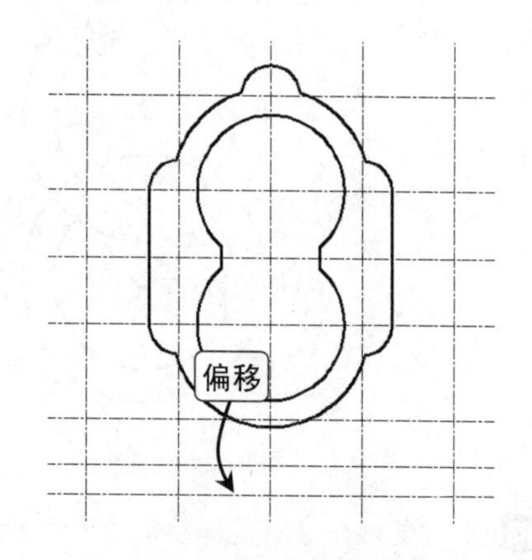

图9-15　再次偏移辅助线

Step 11 执行修剪命令，将偏移的水平及垂直辅助线进行修剪处理，并设置其线型，如图 9-16 所示。

Step 12 再次执行偏移命令，将中间垂直辅助线向左右两端进行偏移，其偏移距离为 19。执行偏移命令，将底端水平直线向上进行偏移，其偏移距离为 2，如图 9-17 所示。

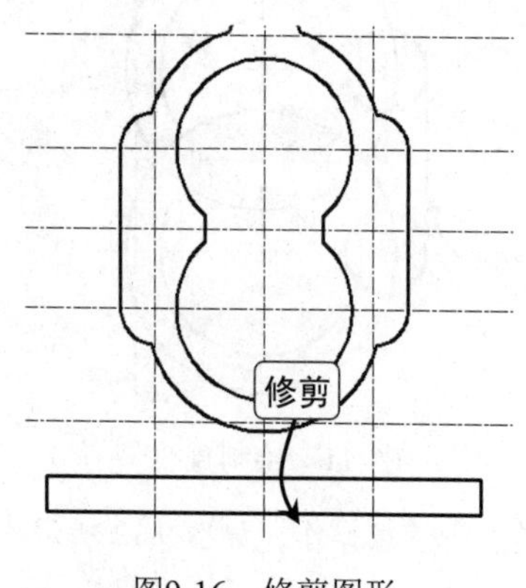

图9-16　修剪图形

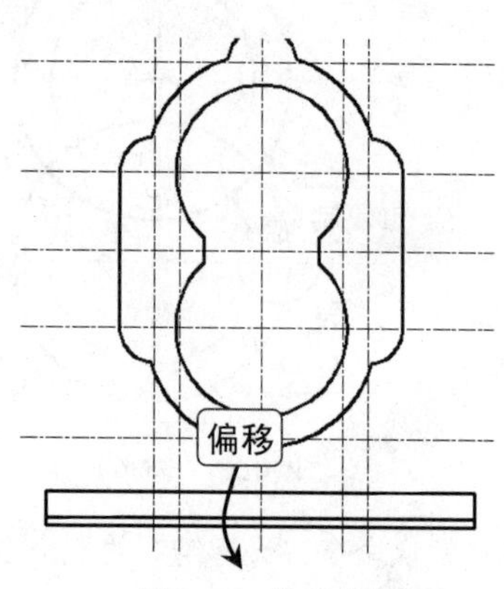

图9-17　偏移直线

Step 13 执行修剪命令，将偏移线条进行修剪处理，如图 9-18 所示

Step 14 执行偏移命令，将中间垂直辅助线向左右两端进行偏移，其偏移距离为 15，如图 9-19 所示。

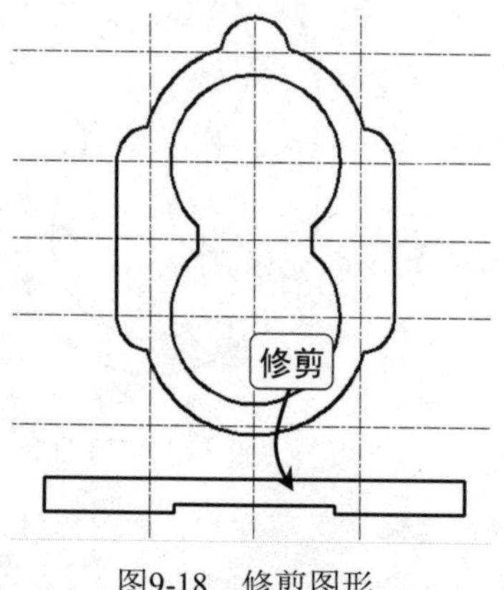

图9-18　修剪图形

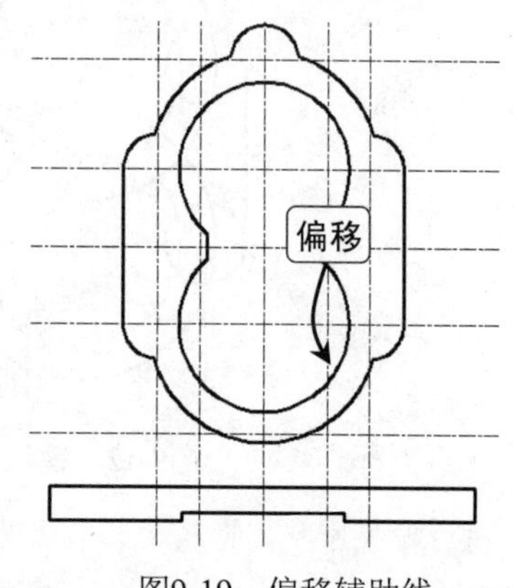

图9-19　偏移辅助线

Step 15 执行修剪命令，将偏移的线条进行修剪处理，并为修剪后的线条设置线型，如图 9-20 所示。

Step 16 执行圆角命令，将直线与圆进行圆角处理，其圆角半径设置为 3，如图 9-21 所示。

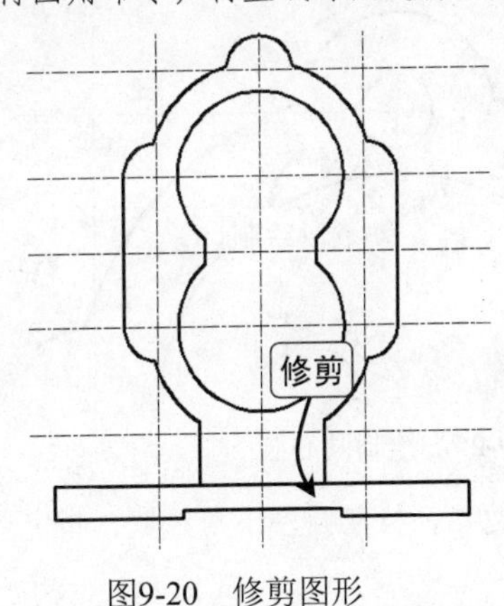

图9-20 修剪图形

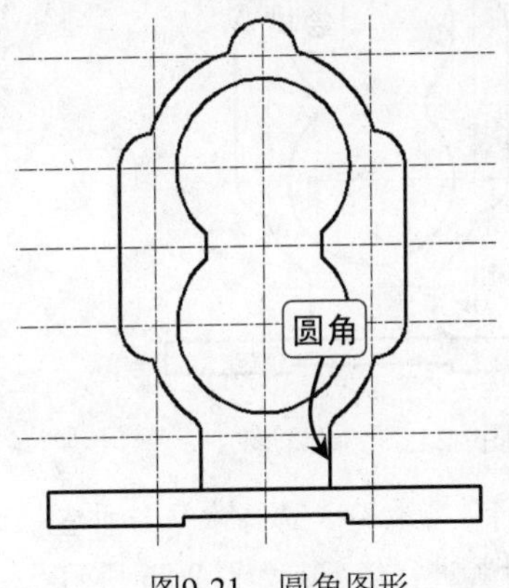

图9-21 圆角图形

Step 17 执行圆角命令，将圆角半径设置为 6，选择“修剪”选项，对其进行修剪处理，再进行圆角，如图 9-22 所示。

Step 18 用相同的方法对两条直线进行圆角，并执行修剪命令，将直线进行修剪处理，如图 9-23 所示。

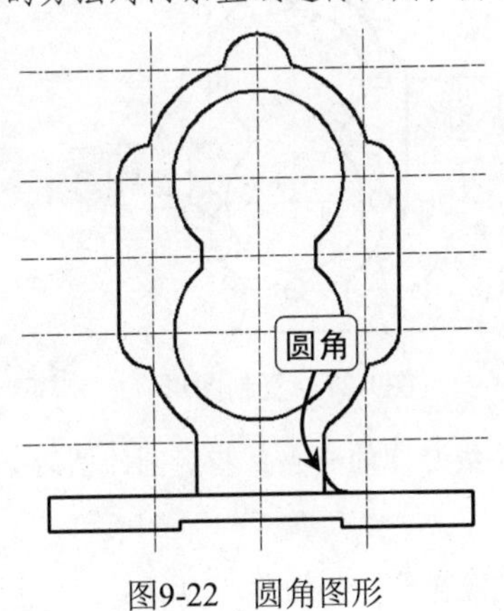

图9-22 圆角图形

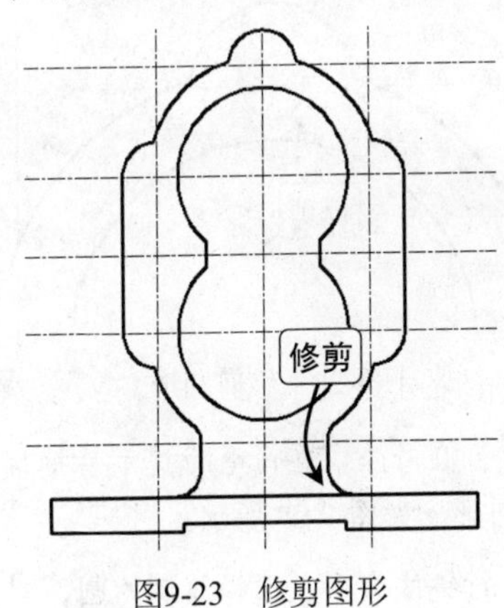

图9-23 修剪图形

9.2.3 绘制轴孔及螺孔

在完成泵体左视图基本轮廓的绘制之后，便可以使用绘图命令对泵体的细节进行绘制，如轴孔、螺孔的绘制等。

Step 01 执行圆命令，在命令行提示后捕捉圆弧的圆心，指定圆的圆心，绘制一个半径为 3 的圆形，如图 9-24 所示。

Step 02 再次执行圆命令，在命令行提示后捕捉圆的圆心，绘制一个半径为 3.5 的同心圆，并更改线条的线宽，如图 9-25 所示。

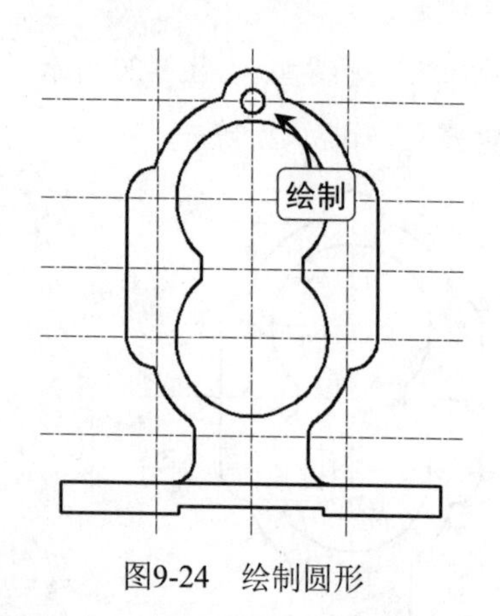

图9-24　绘制圆形

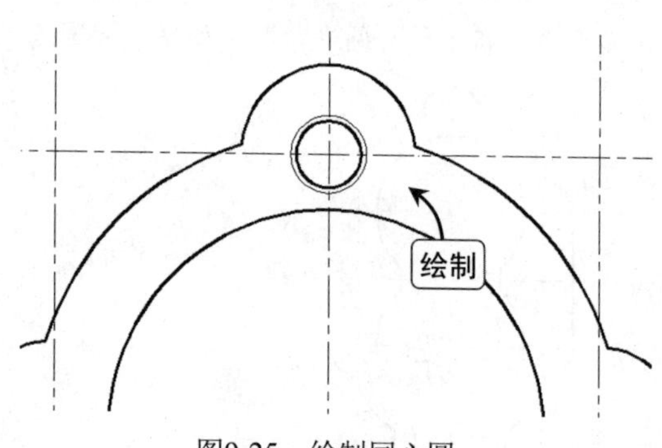

图9-25　绘制同心圆

Step 03 执行修剪命令，选择水平与垂直辅助线，指定修剪边界，拾取圆左下角区域，指定要进行修剪的线条，对其进行修剪，如图 9-26 所示。

Step 04 执行复制命令，在命令行提示后选择绘制的圆与修剪的圆，捕捉圆的圆心，指定复制的基点，对其进行复制操作，如图 9-27 所示。

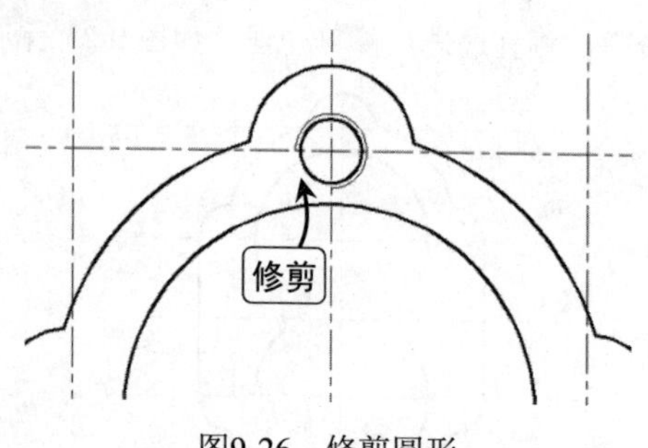

图9-26　修剪圆形

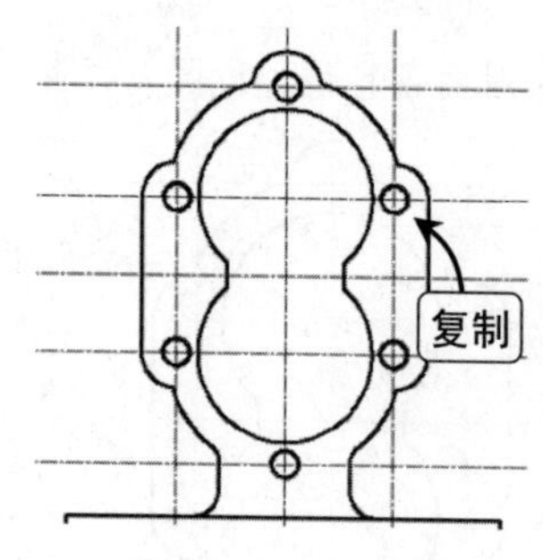

图9-27　复制图形

Step 05 执行圆命令，在命令行提示后捕捉中间垂直辅助线与圆的交点，指定圆的圆心。绘制一个半径为 6.5 的圆形，如图 9-28 所示。

Step 06 执行镜像命令，选择绘制的圆，对其进行向下镜像操作，如图 9-29 所示。

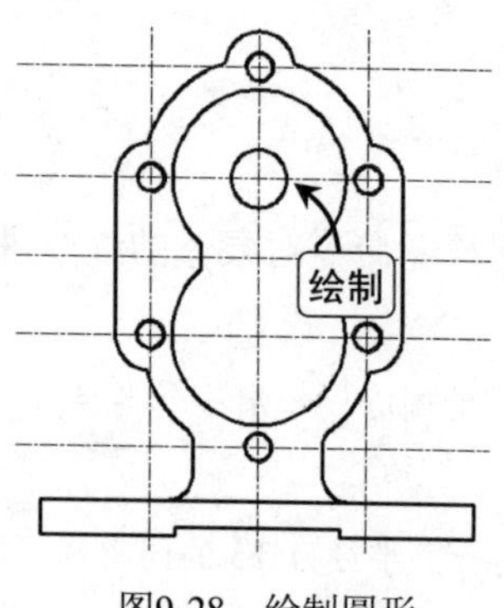

图9-28　绘制圆形

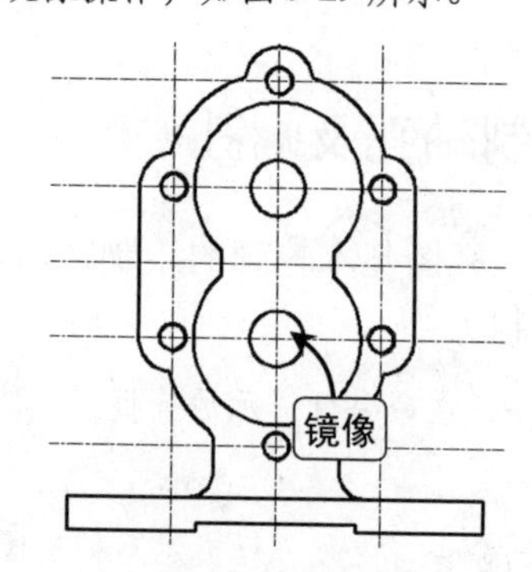

图9-29　镜像圆形

Step 07 执行偏移命令，将水平辅助线向上进行偏移，其偏移距离为 7。继续执行偏移命令，将偏移后的水平辅助线向下进行偏移，右端垂直线向左偏移，其偏移距离为 1.5。再执行偏移命令，将向左进行偏移的垂直线条再向左进行偏移，其偏移距离为 10，如图 9-30 所示。

Step 08 执行修剪命令，将进行偏移的线条进行修剪处理。并设置线条的线型和线宽，如图 9-31 所示。

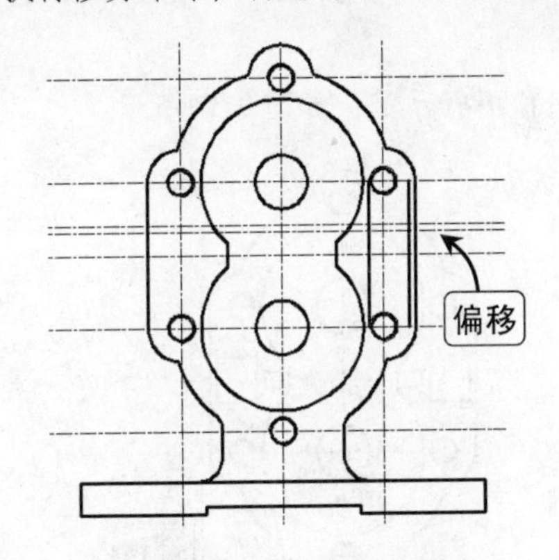

图9-30 偏移水平辅助线

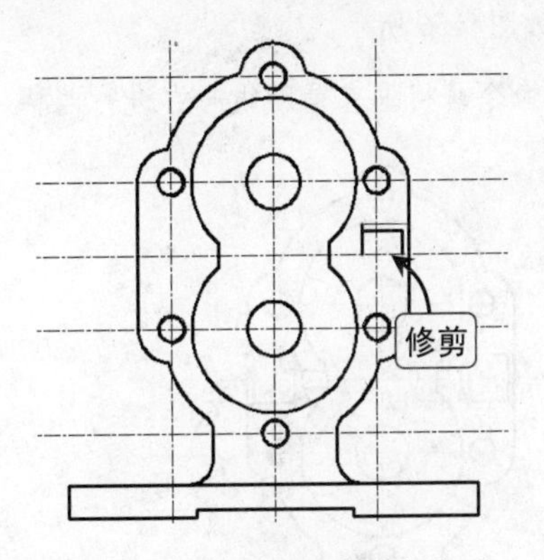

图9-31 对偏移线条进行修改

Step 09 执行直线命令，在修剪的图形右上角绘制一条直线，连接两个直角，再次执行直线命令，利用极轴功能，设置极轴角度为 30，在左上角绘制一条连接水平辅助线的直线。执行偏移命令，将水平辅助线向上进行偏移，其偏移距离为 2，如图 9-32 所示。

Step 10 执行修剪命令，将绘制的直线及偏移线条进行修剪，并设置线条的线型，如图 9-33 所示。

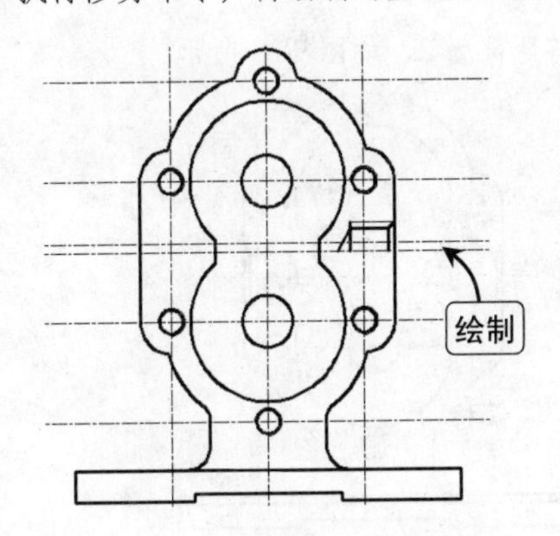

图9-32 绘制直线并偏移辅助线

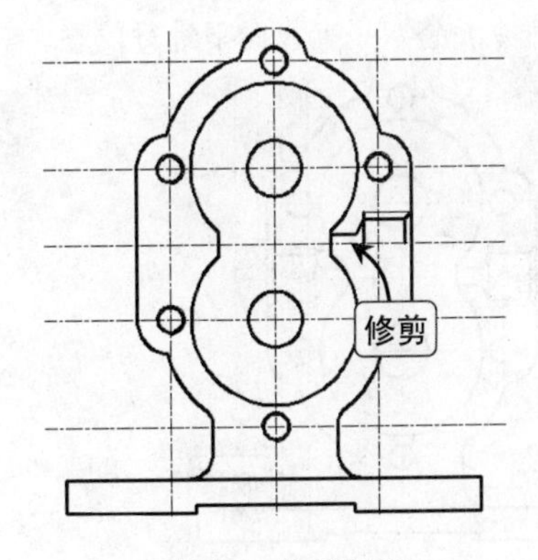

图9-33 修剪图形

Step 11 执行镜像命令，将经过修剪的图形线条进行镜像复制，如图 9-34 所示。

Step 12 再次执行镜像命令，将进行镜像复制的图形进行左右镜像复制操作，如图 9-35 所示。

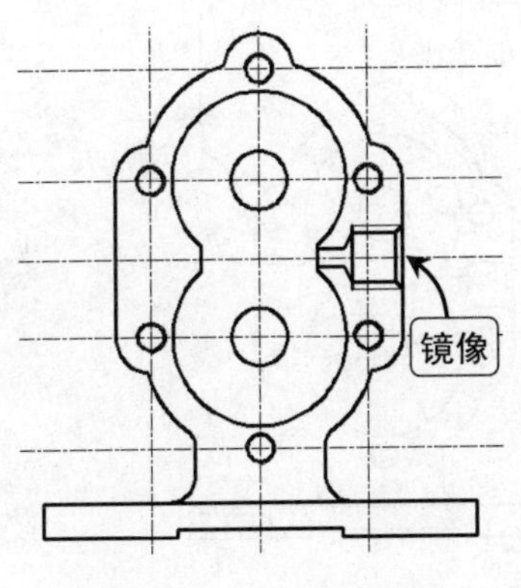

图9-34 上下镜像图形

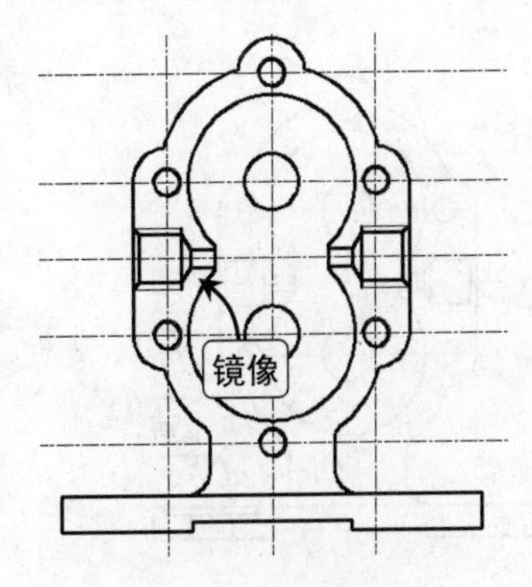

图9-35 左右镜像图形

Step 13 执行修剪命令，将水平以及垂直辅助线进行修剪处理。将水平辅助线以及垂直辅助线利用缩放命令进行放大，如图 9-36 所示。

Step 14 执行偏移命令，将垂直辅助线向右进行偏移，其偏移距离为 35，如图 9-37 所示。

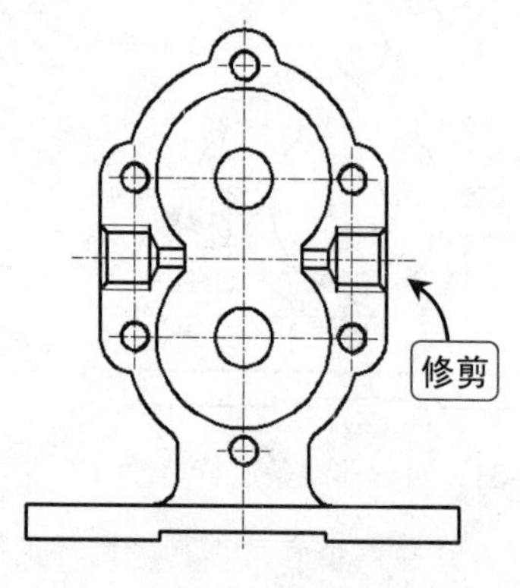

图9-36 修剪辅助线

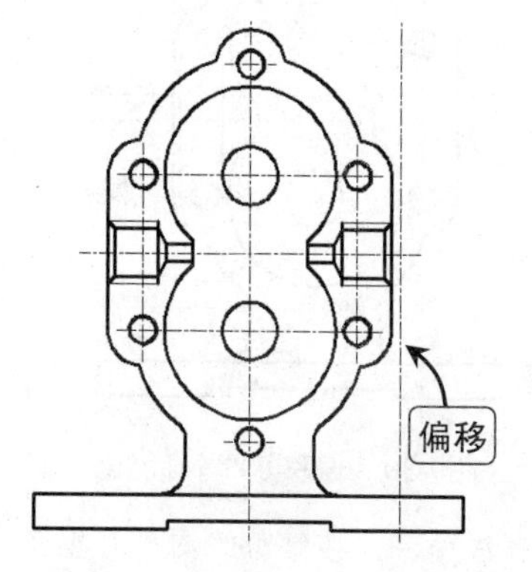

图9-37 偏移辅助线

Step 15 执行偏移命令，将偏移后的垂直辅助线向左右两端进行偏移，其偏移距离为 12。再次执行偏移命令，将垂直辅助线再次向两端进行偏移，其偏移距离为 5.5，如图 9-38 所示。

Step 16 执行偏移命令，将水平直线向下进行偏移，其偏移距离为 2，如图 9-39 所示。

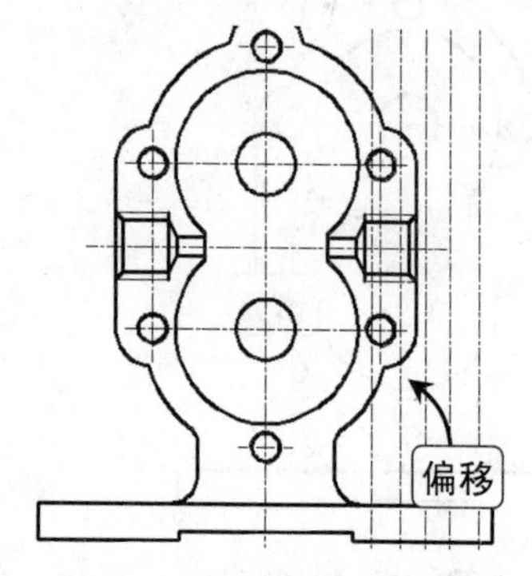

图9-38 偏移垂直辅助线

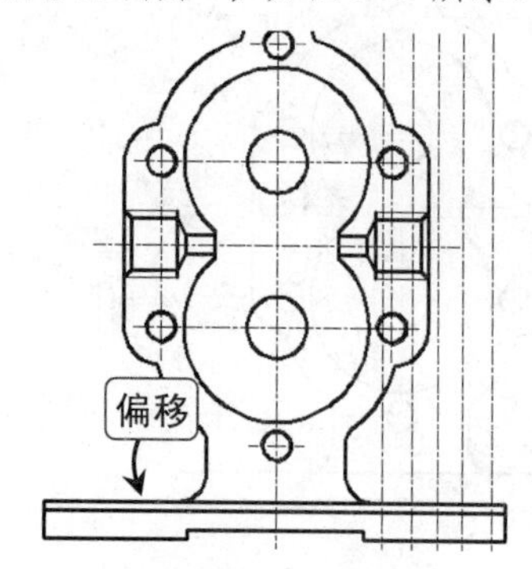

图9-39 偏移水平直线

Step 17 执行修剪命令将偏移线条进行修剪处理，并对线条的线型进行设置，如图 9-40 所示。

Step 18 执行样条曲线命令，在泵体左视图上绘制剖断线条，如图 9-41 所示。

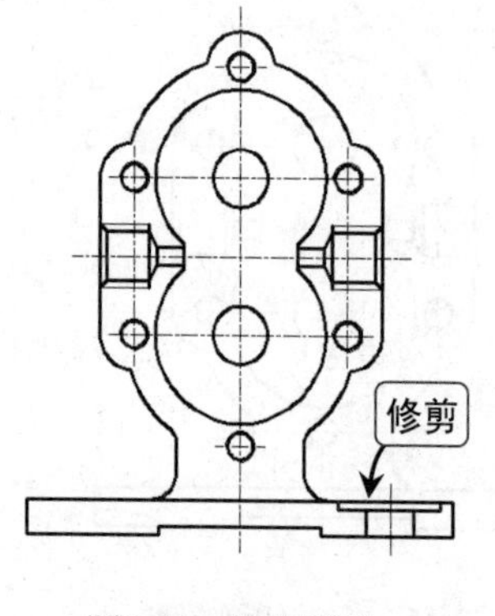

图9-40 修剪线条

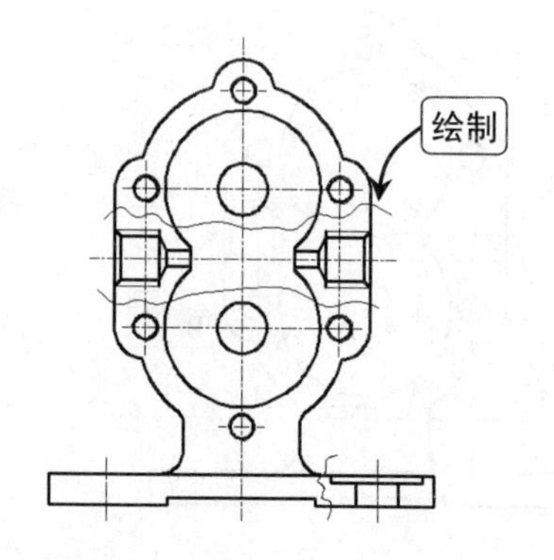

图9-41 绘制样条曲线

Step 19 执行修剪命令，将样条曲线进行修剪操作，如图 9-42 所示。

Step 20 执行图案填充命令，设置填充图案为 ANSI31，比例为 10，对泵体左视图的剖面用图案进行填充，如图 9-43 所示。

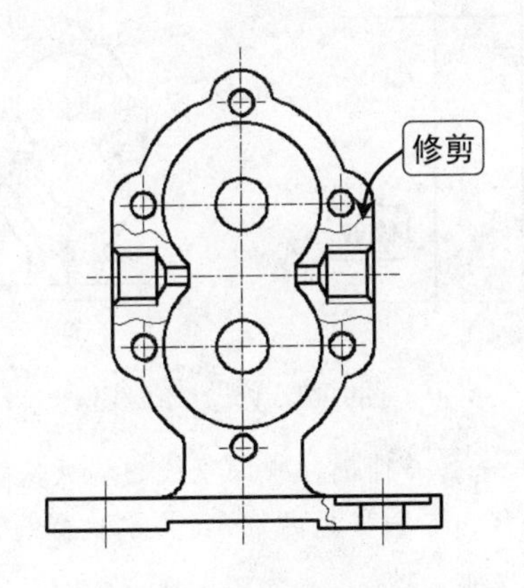

图9-42　修剪样条曲线

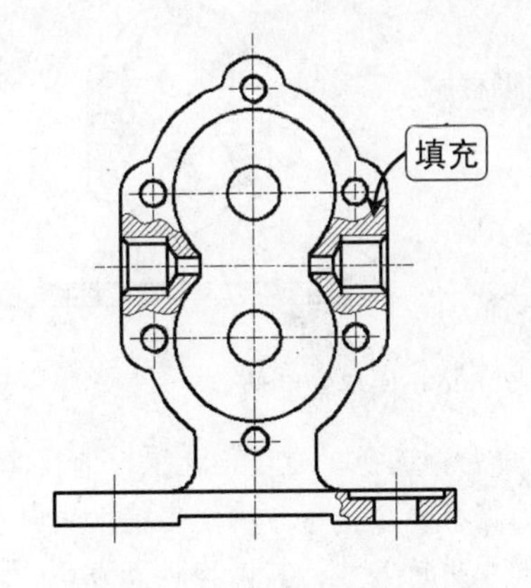

图9-43　填充剖面图形

9.3　绘制泵体主视图

在完成泵体左视图的绘制之后，下面来进行泵体主视图轮廓线条的绘制，并使用图案填充命令，对剖切面进行图案填充处理，从而完成泵体主视图的绘制。

9.3.1　绘制主视图轮廓

完成泵体左视图的绘制后，利用复制命令，将左视图的水平及垂直辅助线进行复制，从而得到泵体主视图的作图辅助线，使用偏移命令，并结合左视图的图形对线条进行偏移、修剪等，完成泵体主视图轮廓的绘制。

Step 01 执行复制命令，选择左视图中的两条水平辅助线与垂直辅助线，利用“正交”功能向左复制图形，复制距离为 150，如图 9-44 所示。

Step 02 执行偏移命令，将复制后的垂直辅助线向左进行偏移，其偏移距离为 35，如图 9-45 所示。

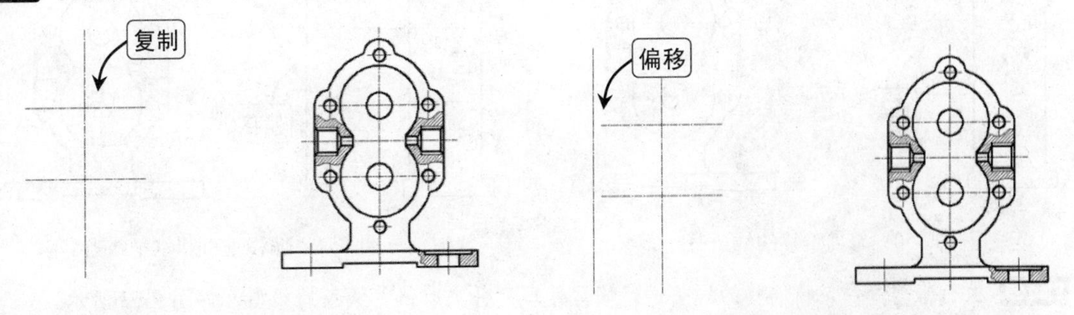

图9-44　复制辅助线　　图9-45　偏移辅助线

Step 03 执行偏移命令，选择“通过”选项，再选择水平辅助线。捕捉左视图中，圆弧与垂直辅助线的交点，指定偏移线条通过的点。再次选择水平辅助线，并捕捉左视图中左下角直线的端点，偏移直线，如图 9-46 所示。

Step 04 对垂直线条与两条进行偏移过的线条更改线型，如图 9-47 所示。

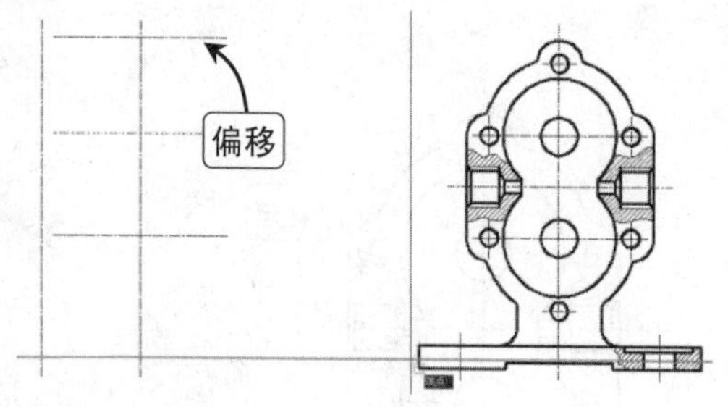

图9-46　偏移辅助线

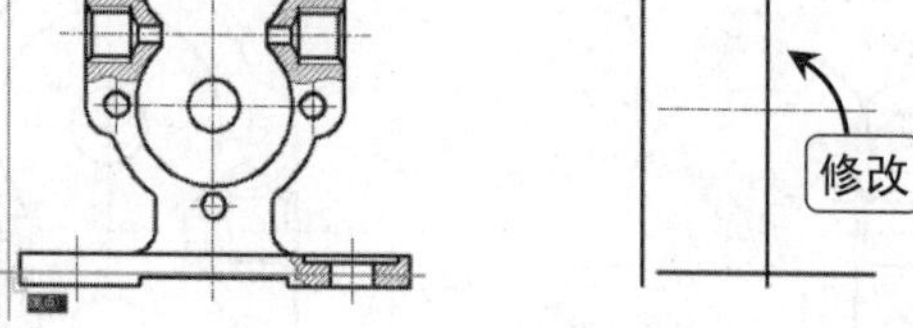

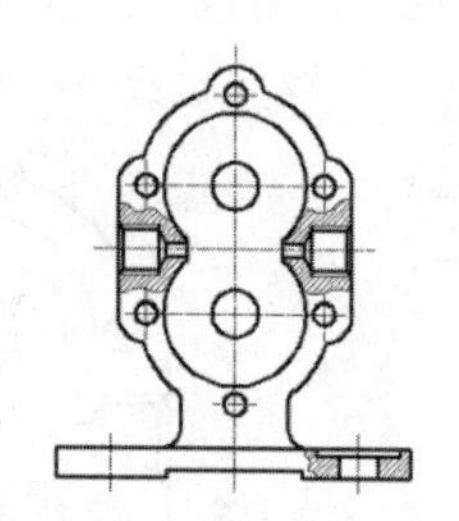

图9-47　修改线条线型

Step 05 执行偏移命令，选择“通过”选项，选择底端偏移线条，并捕捉左视图直线的端点，确定线条的偏移位置。执行偏移命令，将右端垂直辅助线向右进行偏移，其偏移距离为 3。再次执行偏移命令，将左端垂直线条向左进行偏移，其偏移距离为 6，如图 9-48 所示。

Step 06 执行延伸命令，将水平直线向左进行延伸，如图 9-49 所示。

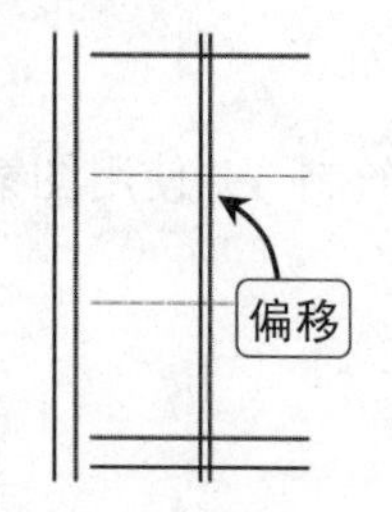

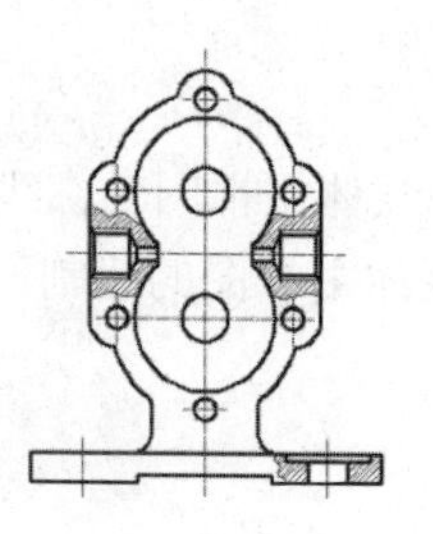

图9-48　偏移底端和垂直线条

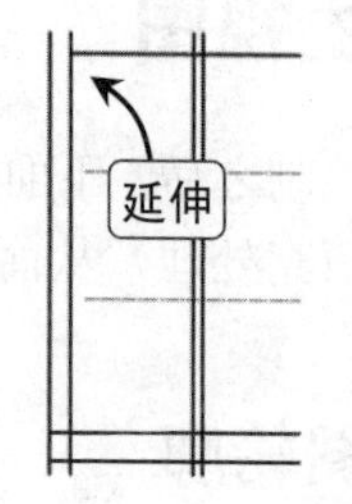

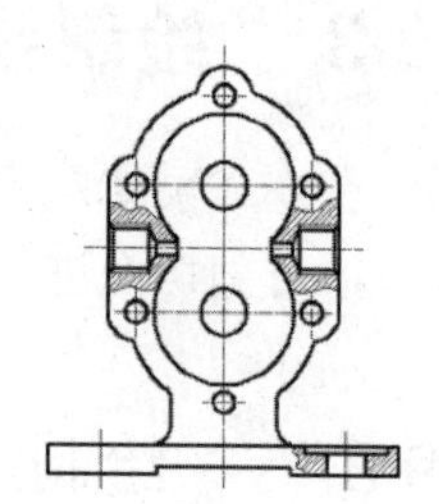

图9-49　延伸水平线条

Step 07 执行修剪命令，将偏移的直线进行修剪处理，如图 9-50 所示。

Step 08 执行偏移命令，将右端垂直线条向右进行偏移，其偏移距离为 50。再次执行偏移命令，将水平辅助线向上和向下进行偏移，其偏移距离为 13.5，如图 9-51 所示。

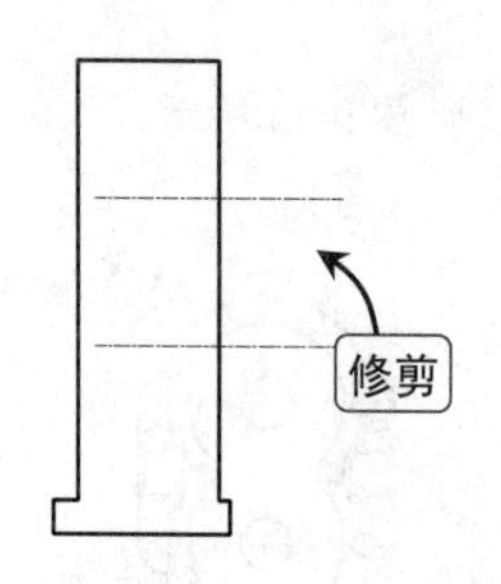

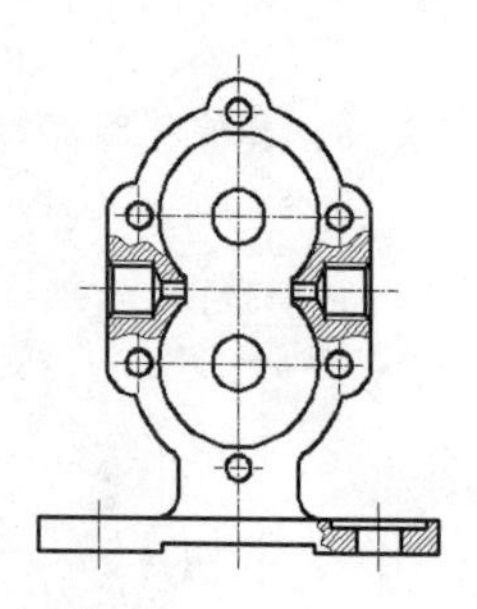

图9-50　修剪偏移的线条

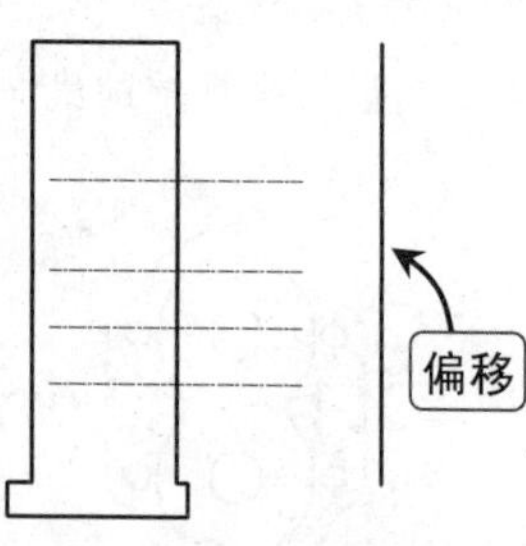

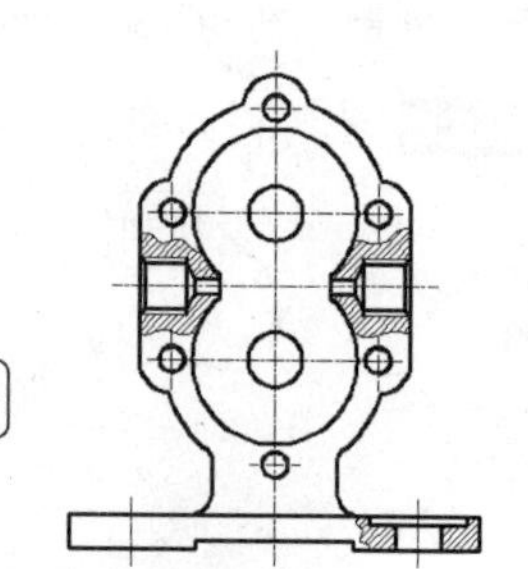

图9-51　偏移垂直和水平线条

Step 09 执行修剪命令，将偏移的线条进行修剪处理，并更改修剪线条的线型，如图 9-52 所示。

Step 10 执行偏移命令，将水平辅助线向上、向下进行偏移，其偏移距离为 17，如图 9-53 所示。

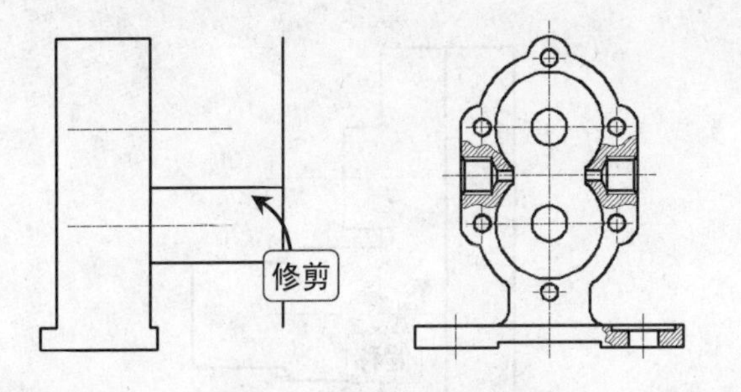

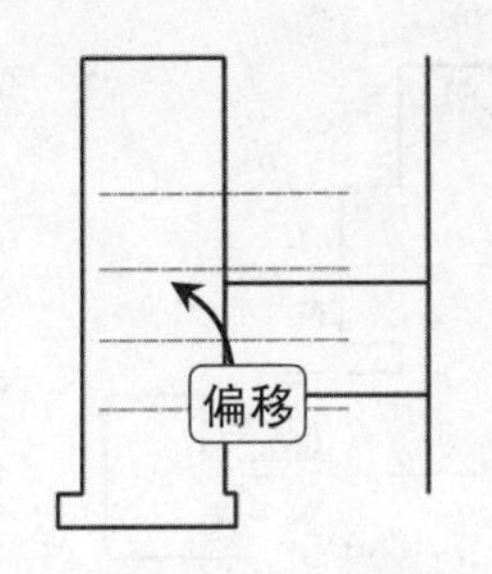

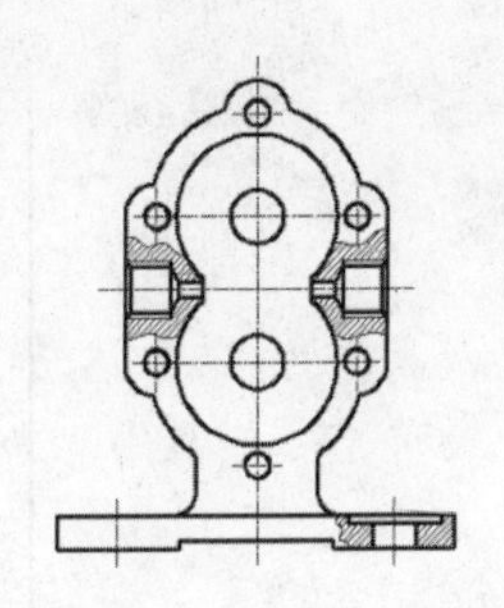

图9-52 修剪偏移的线条　　图9-53 偏移水平辅助线

Step 11 再次执行偏移命令，将右端直线条向左进行偏移，其偏移距离分别为 24 和 26，如图 9-54 所示。

Step 12 执行修剪以及删除命令，将图形进行修剪处理，并使用直线将其进行连接，更改线条的线型，如图 9-55 所示。

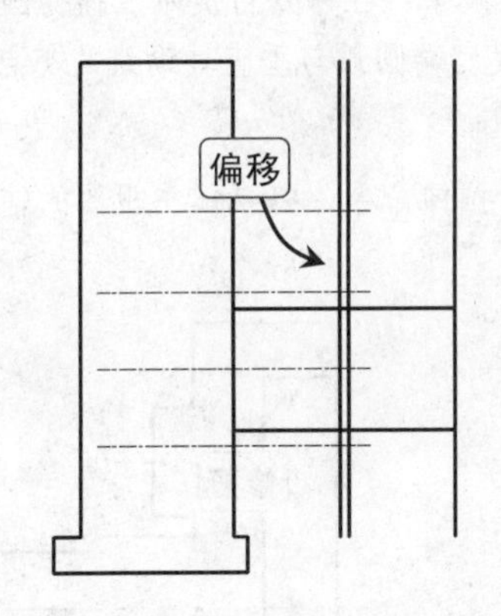

图9-54 偏移右端线条

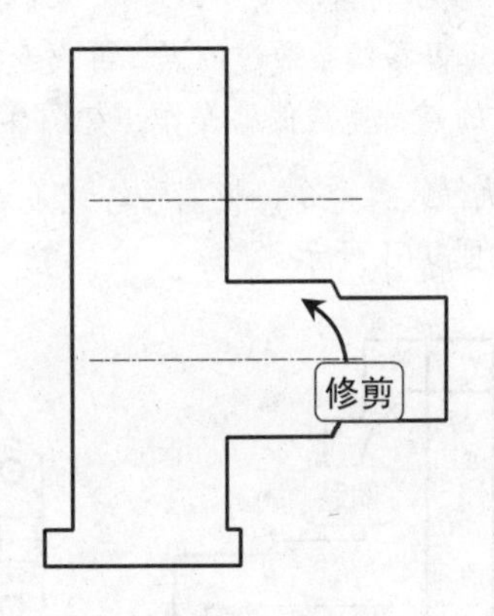

图9-55 修剪线条

Step 13 执行偏移命令，将垂直线条向右进行偏移，其偏移距离为 10，如图 9-56 所示。

Step 14 执行偏移命令，将水平辅助线向上和向下进行偏移，其偏移距离为 13，如图 9-57 所示。

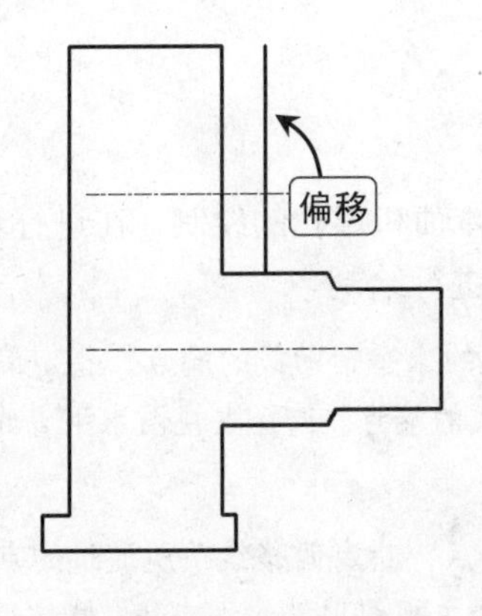

图9-56 偏移垂直线条

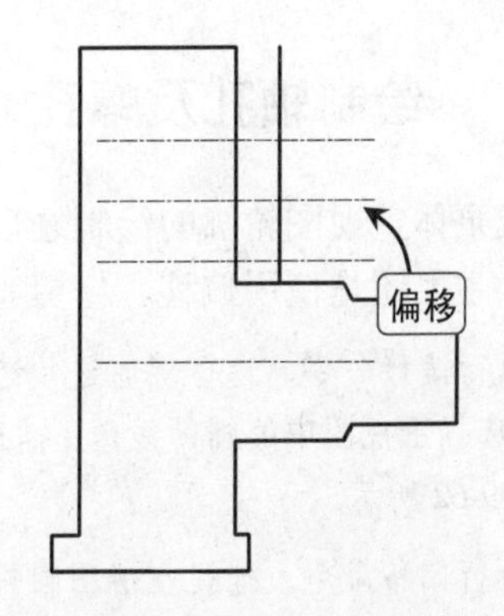

图9-57 偏移水平辅助线

Step 15 执行修剪命令，将偏移线条进行修剪，并更改线条的线型，如图 9-58 所示。

Step 16 执行偏移命令，将左端垂直线条向右进行偏移，其偏移距离为 18，如图 9-59 所示。

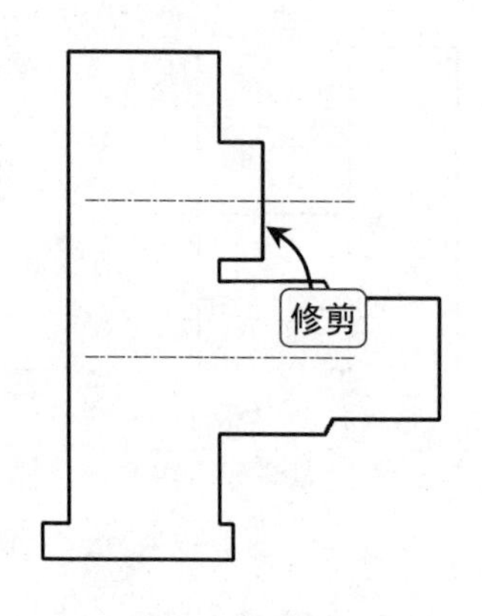

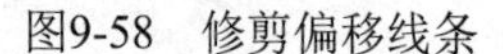
图9-58 修剪偏移线条

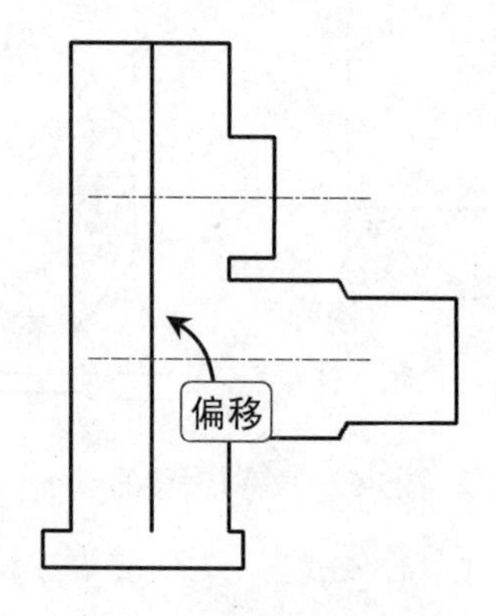

图9-59 偏移左端垂直线条

Step 17 再次执行偏移命令，选择“通过”选项，选择水平线条。在命令行提示后捕捉圆弧与垂直线的交点，指定偏移线条通过的点。再次选择水平线条，并捕捉底端圆弧与垂直辅助线的交点。指定偏移线条所通过的点，完成偏移操作，如图 9-60 所示。

Step 18 执行修剪命令，将偏移的线条进行修剪处理。执行拉伸命令，将泵体主视图的辅助线进行拉伸处理，如图 9-61 所示。

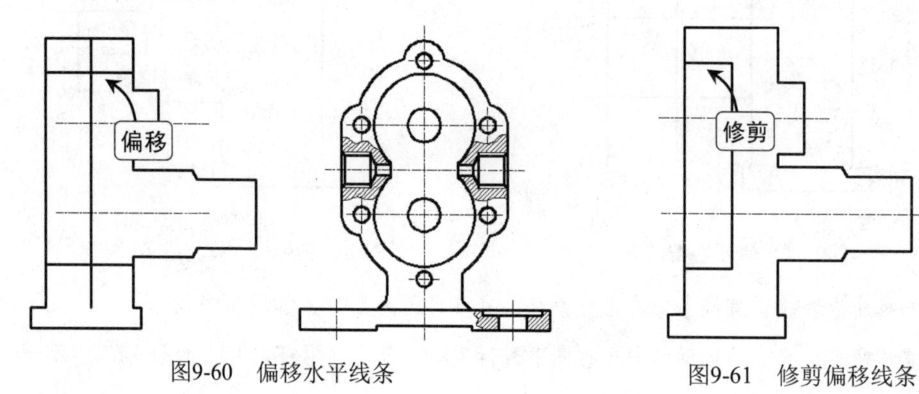

图9-60 偏移水平线条

图9-61 修剪偏移线条

9.3.2 绘制轴孔及螺孔

完成泵体主视图轮廓的绘制之后，下一步进行泵体轴和螺孔的绘制。在进行轴孔及螺孔的绘制时，主要还是使用偏移、修剪等编辑命令对图形进行绘制。

Step 01 执行偏移命令，选择“通过”选项，捕捉左视图中的水平辅助线的端点，指定偏移线条通过的点。再次选择主视图中的辅助线，并捕捉左视图水平辅助线的端点。选择主视图水平直线，指定偏移对象，如图 9-62 所示。

Step 02 执行偏移命令，捕捉左视图圆弧与垂直辅助线的交点，指定偏移线条所通过的点。再次选择水平直线，并捕捉左视图圆弧顶端与垂直辅助线的交点。选择主视图顶端水平直线，指定偏移的对象，如图 9-63 所示。

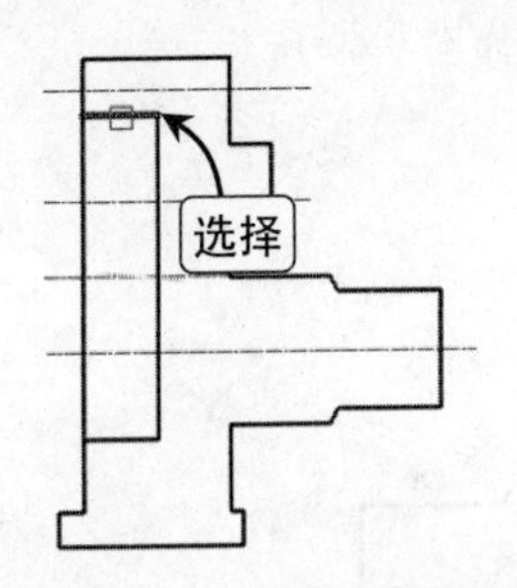

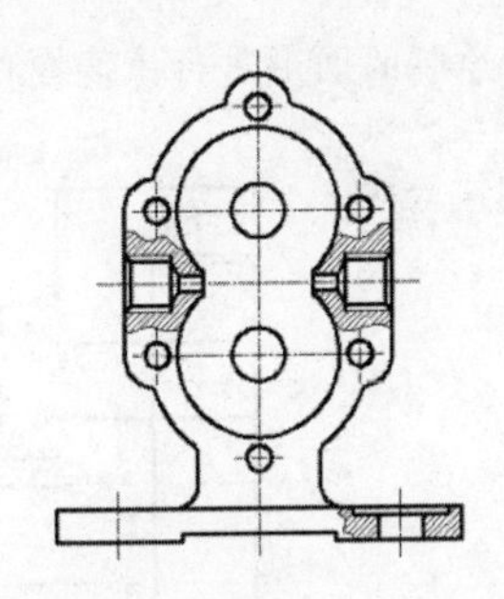

图9-62 选择水平线条

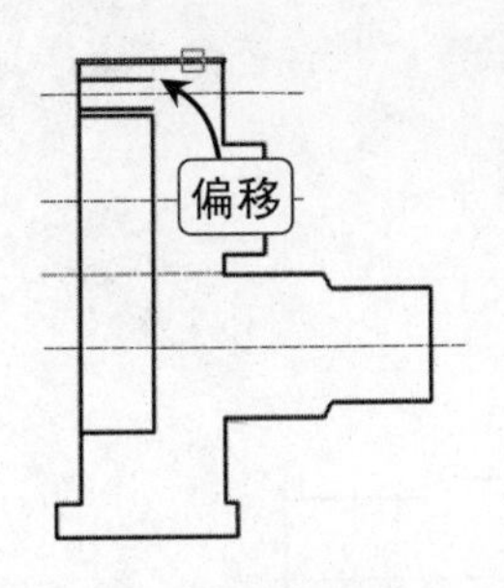

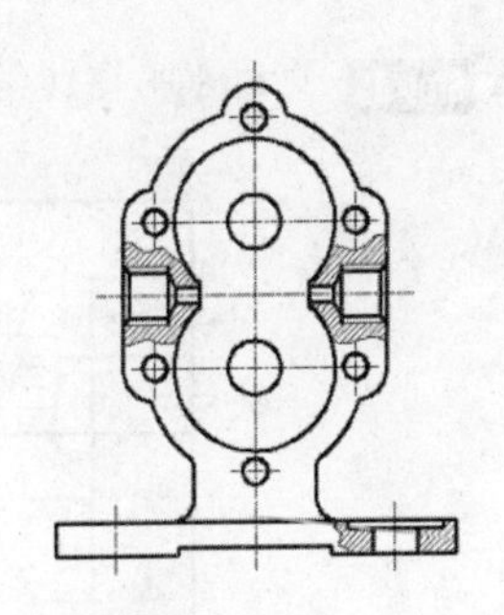

图9-63 偏移水平线条

Step 03 执行偏移命令，捕捉左视图垂直辅助线与圆顶端的交点，指定偏移线条通过的点。选择偏移的水平线条，在命令行提示后捕捉左视图中圆与垂直辅助线的交点。完成偏移操作，将主视图中的线条进行偏移操作，如图 9-64 所示。

Step 04 执行偏移命令，将左端垂直线向右进行偏移，其偏移距离为 10。再次执行偏移命令，将偏移后的垂直线向右进行偏移，其偏移距离为 4，如图 9-65 所示。

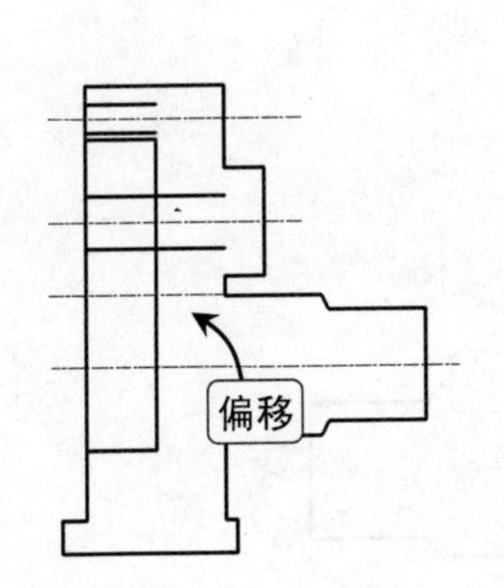

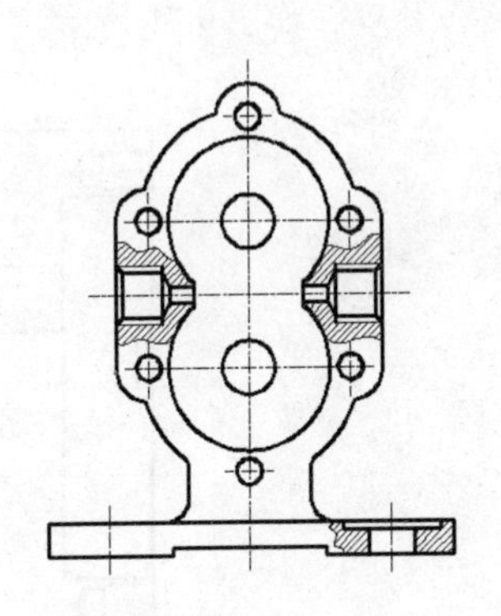

图9-64 偏移水平线条

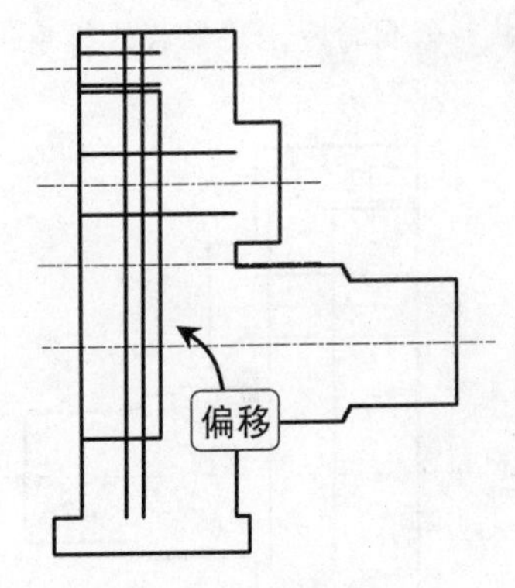

图9-65 偏移垂直线条

Step 05 执行偏移命令，将两条水平直线向内进行偏移，其偏移距离为 0.5，如图 9-66 所示。

Step 06 执行修剪命令，将偏移后的线条进行修剪处理，如图 9-67 所示。

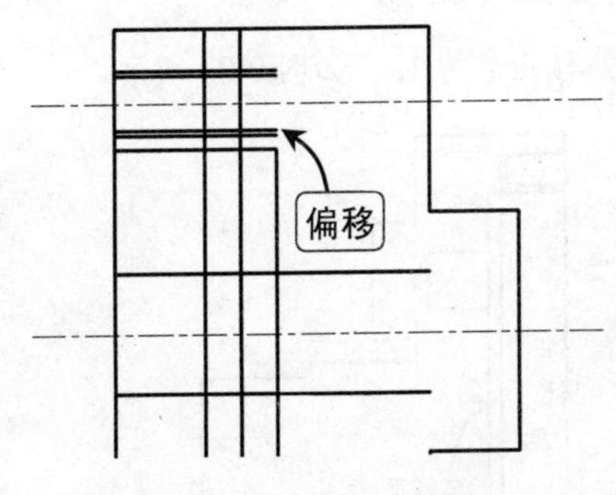

图9-66 偏移水平线条

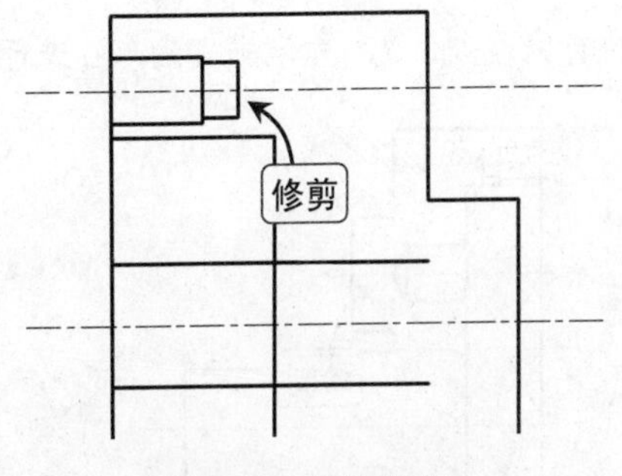

图9-67 修剪线条

Step 07 执行直线命令，捕捉修剪线条右下端的端点，指定直线的起点。将极轴角度设置为 30°，打开“极轴”功能，捕捉极轴追踪线与水平辅助线的交点。捕捉直线的端点，指定直线的第三点，绘制直线，如图 9-68 所示。

Step 08 更改水平辅助线的长度，执行镜像命令，对绘制的图形进行镜像操作，如图 9-69 所示。

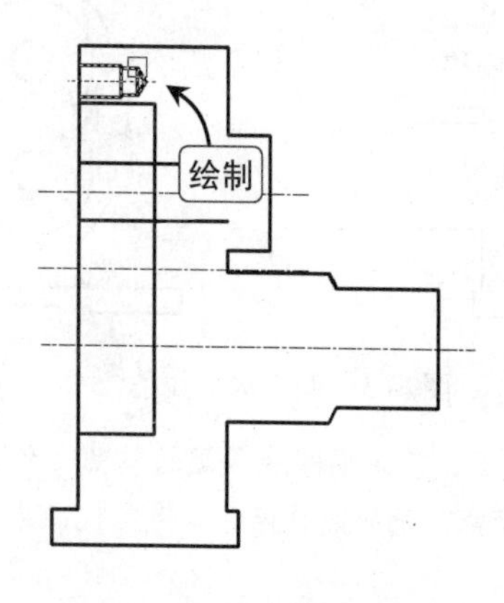

图9-68　绘制直线

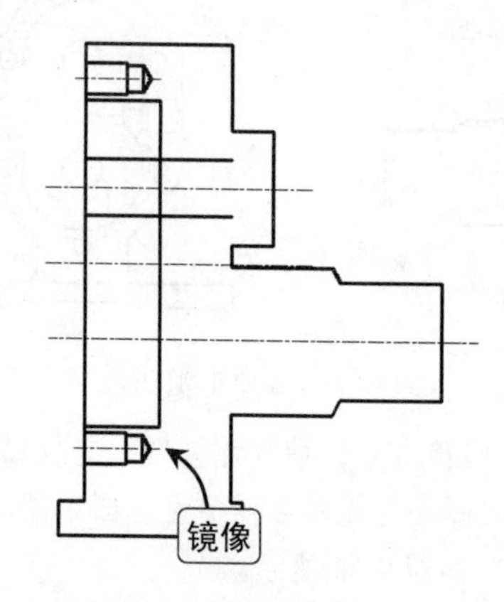

图9-69　镜像图形

Step 09 执行偏移命令，将垂直线条向右进行偏移，其偏移距离为 14，如图 9-70 所示。

Step 10 执行修剪命令，将偏移的线条进行修剪处理，如图 9-71 所示。

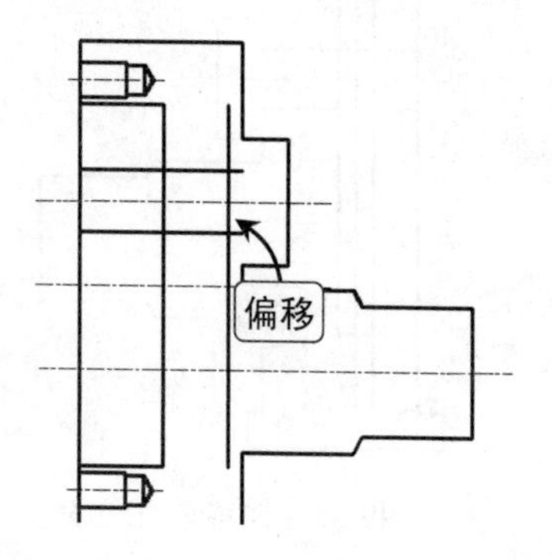

图9-70　偏移垂直线条

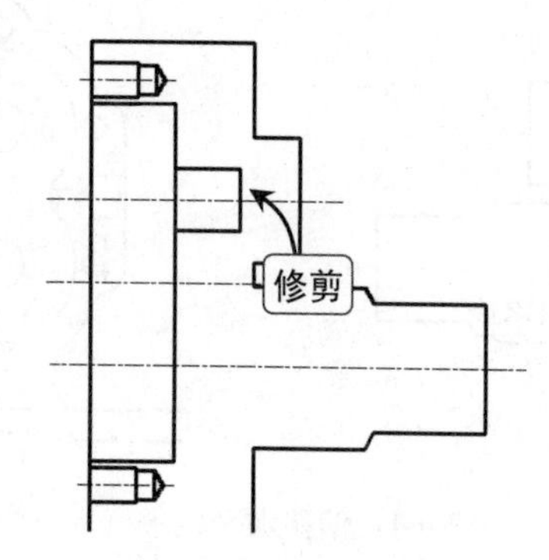

图9-71　修剪偏移的线条

Step 11 执行直线命令，捕捉修剪线条右下角端点，并利用“极轴”功能，捕捉极轴与水平线的交点。捕捉直线右上角的端点，指定直线的第三点，绘制直线，如图 9-72 所示。

Step 12 执行偏移命令，将左端垂直线向右进行偏移，其偏移距离为 15，如图 9-73 所示。

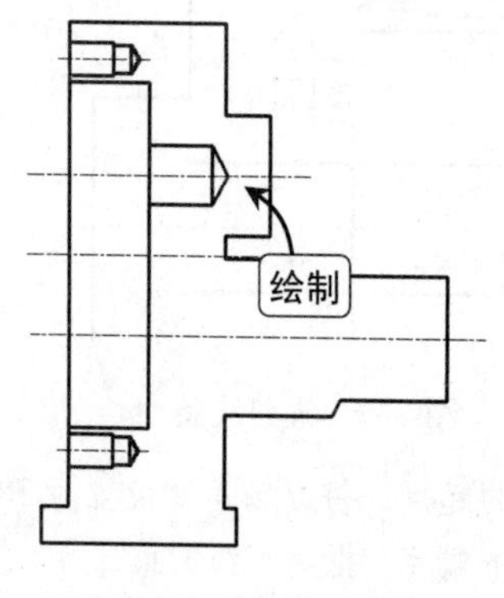

图9-72　绘制直线

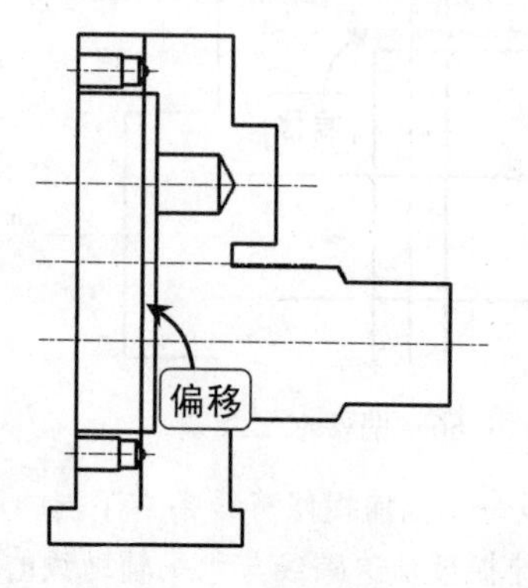

图9-73　偏移垂直线条

Step 13 执行圆命令，捕捉水平线与偏移线条的交点确定圆的圆心，绘制半径为 2 的圆，如图 9-74 所示。

Step 14 执行修剪以及缩放命令，将圆的辅助线进行修剪以及缩放处理，并更改线型，如图 9-75 所示。

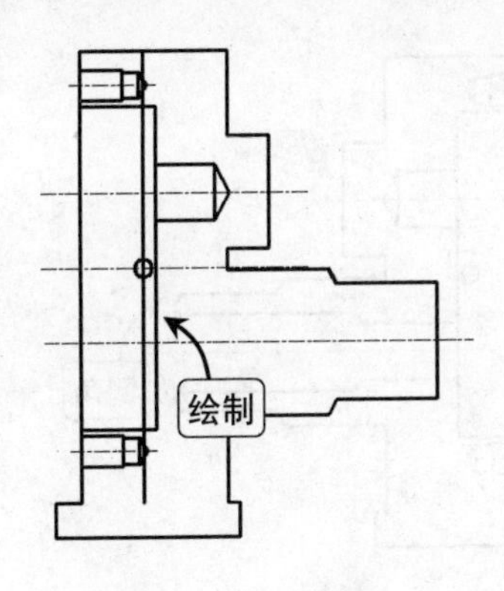

图9-74 绘制圆形

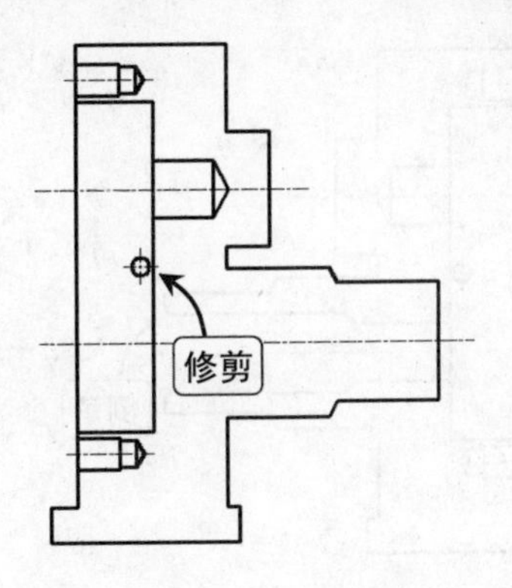

图9-75 修剪圆的辅助线

Step 15 执行偏移命令，将水平线辅助线向上、向下进行偏移，其偏移距离为 9。执行偏移命令，将右端垂直线向左进行偏移，其偏移距离为 42，如图 9-76 所示。

Step 16 执行复制命令，选择螺孔两条水平直线，在命令行提示后捕捉水平辅助线与垂直线的交点，指定复制的基点。在命令行提示后捕捉水平辅助线与垂直线条的交点指定复制的第二点，如图 9-77 所示。

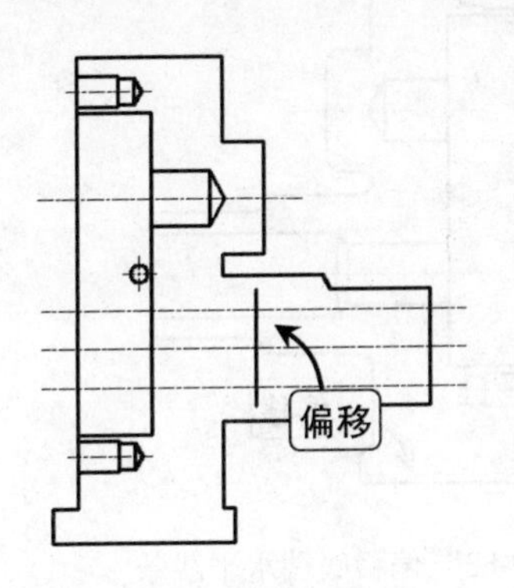

图9-76 偏移水平和线条

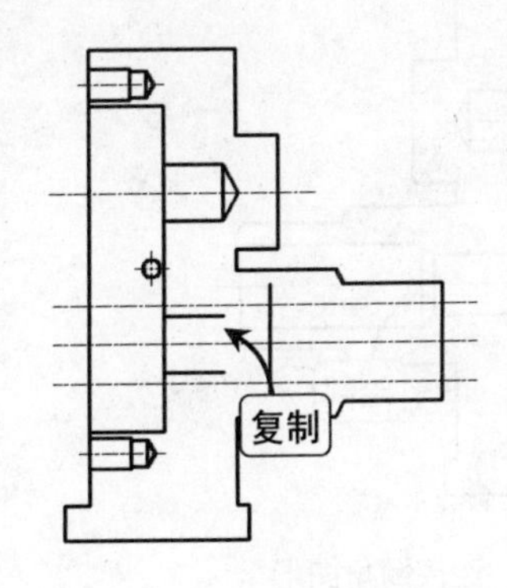

图9-77 复制螺孔水平线条

Step 17 执行延伸以及修剪命令，将偏移的线条进行编辑处理，并更改线条的线型，如图 9-78 所示。

Step 18 执行倒角命令，将倒角的距离设置为 2.5，将修剪后的线条进行倒角处理，如图 9-79 所示。

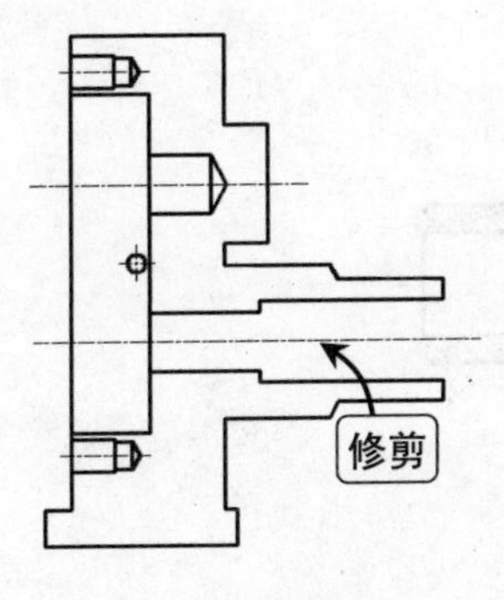

图9-78 修剪线条

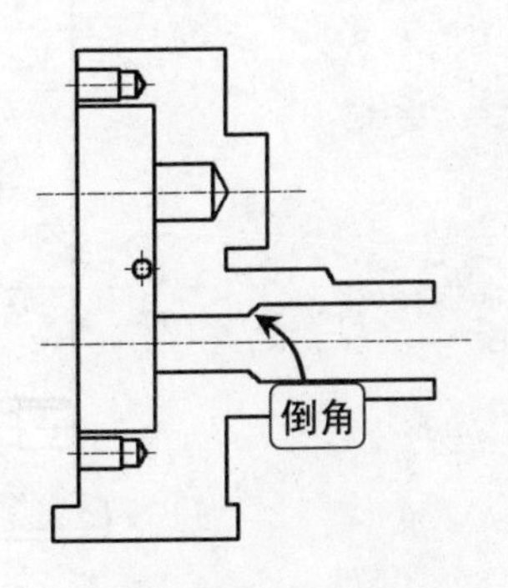

图9-79 倒角图形

Step 19 执行倒角命令，将倒角距离设置为 1，将右端垂直线与水平线进行倒角处理，如图 9-80 所示。

Step 20 执行倒角命令，将倒角距离为 2，将右端垂直线与水平线进行倒角处理，如图 9-81 所示。

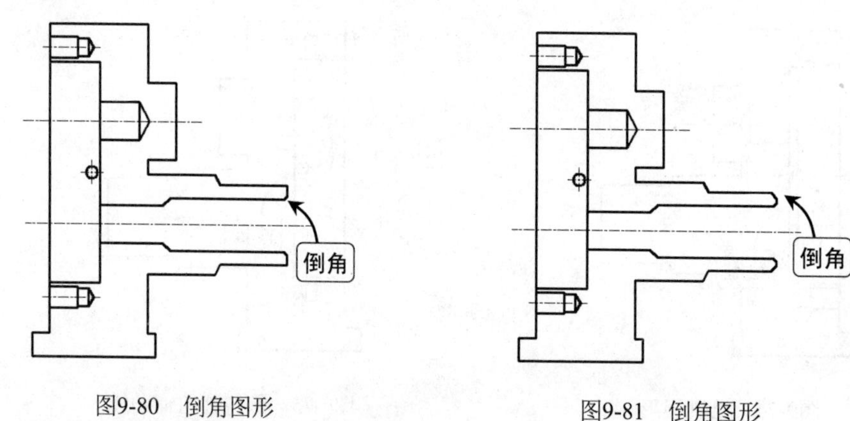

图9-80 倒角图形　　图9-81 倒角图形

Step 21 执行直线命令，将经过倒角后的线条以直线进行连接，如图 9-82 所示。

Step 22 执行偏移命令，将底端水平线向上进行偏移，其通过点为左视图孔的端点，并改变其密度，如图 9-83 所示。

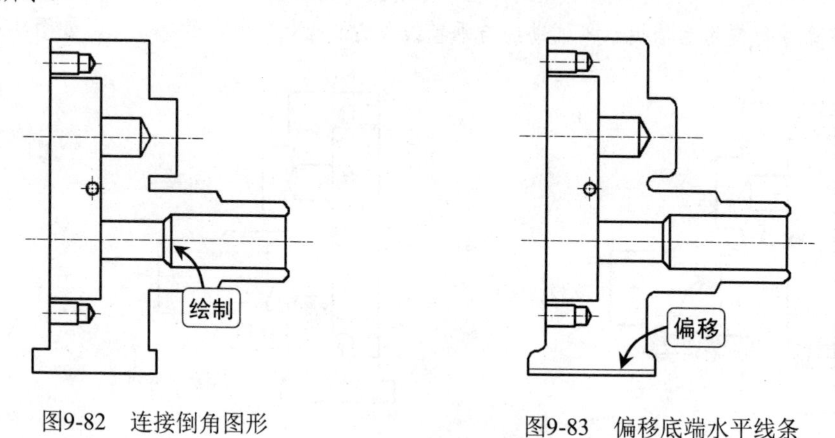

图9-82 连接倒角图形　　图9-83 偏移底端水平线条

Step 23 执行图案填充命令，将主视图剖切面以图案进行填充处理，如图 9-84 所示。

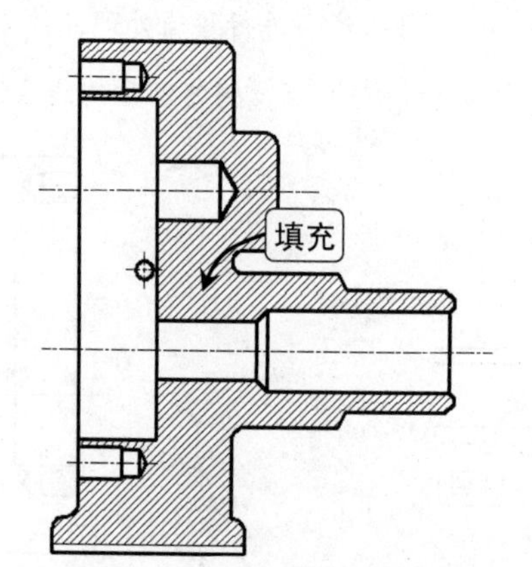

图9-84 填充主视图剖切面图形

9.4 绘制泵体剖视图

为了更清楚、直观地表达机械图形的形状及尺寸，需要绘制泵体剖视图，在绘制剖视图的过程中，可利用左视图或主视图等现有的图形进行复制修改，从而加快图形的绘制。

Step 01 执行复制命令，选择水平直线与垂直辅助线，在屏幕上拾取一点，作为复制的基点。打开“正交”功能，将鼠标向下移动，在命令行提示后输入“100”，如图 9-85 所示。

Step 02 执行偏移命令，将复制的水平直线向上进行偏移，其偏移距离为 44。执行修剪命令，将垂直辅助线进行修剪，如图 9-86 所示。

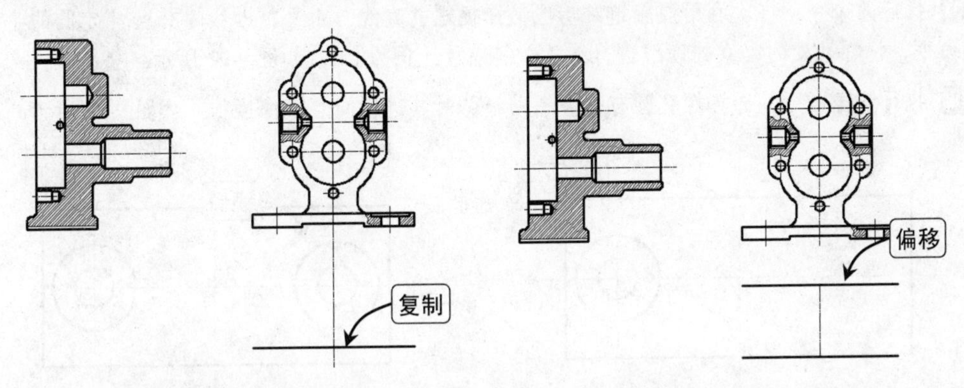

图9-85 复制线条　　图9-86 偏移水平线条

Step 03 执行缩放命令，选择垂直辅助线，并捕捉垂直辅助线的中点作为缩放的基点。在命令行提示后输入“1.3”，指定线条的缩放比例，如图 9-87 所示。

Step 04 执行直线命令，将两条平行线以直线进行连接。执行偏移命令，选择“通过”选项，将顶端水平直线进行偏移，通过点为垂直辅助线的中点，如图 9-88 所示。

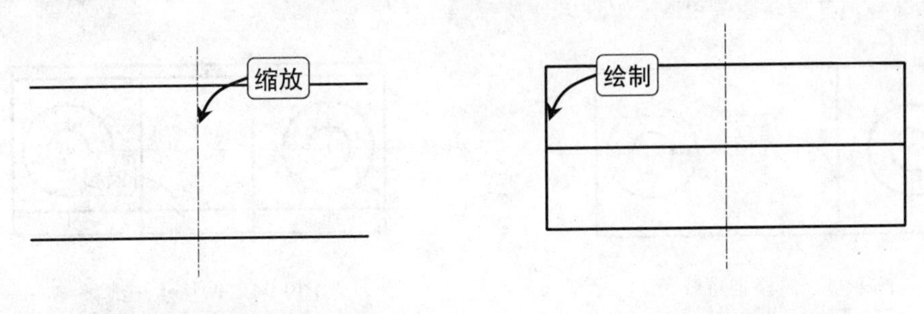

图9-87 缩放辅助线　　图9-88 绘制两条平行线

Step 05 执行缩放命令，将偏移的水平线进行缩放，其比例为 1.2，并设置线条的线型，如图 9-89 所示。

Step 06 执行偏移命令，选择“通过”选项，选择垂直辅助线，并捕捉螺孔辅助线的端点，偏移直线。执行圆命令，捕捉水平与垂直辅助线的交点，指定圆的圆心。利用极轴追踪功能，捕捉螺孔直线与水平辅助线的交点，指定圆的半径，如图 9-90 所示。

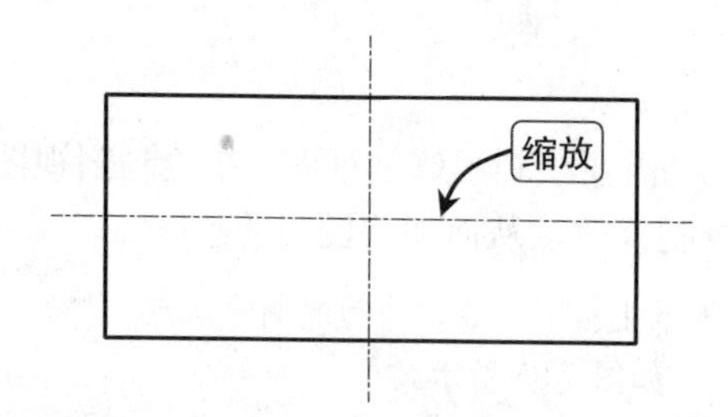

图9-89　缩放辅助线

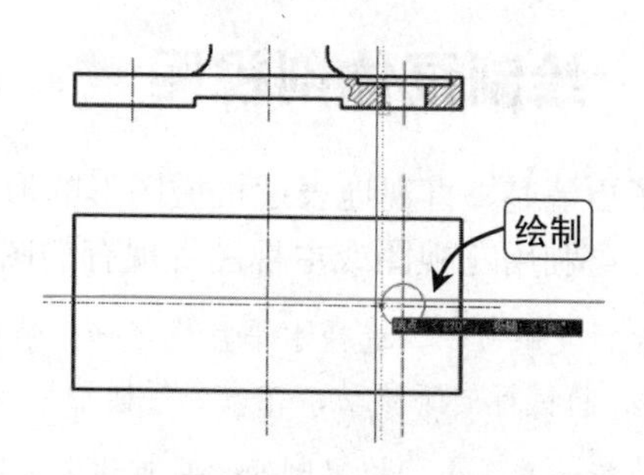

图9-90　偏移线条和绘制圆

Step 07 执行圆命令，再次利用极轴追踪功能，捕捉螺孔直线与水平辅助线的交点,指定圆的半径。执行缩放命令，将螺孔处的垂直辅助线进行缩放，其缩放比例为 0.6，如图 9-91 所示。

Step 08 执行镜像命令，选择螺孔圆与垂直辅助线，对其进行向左镜像操作，如图 9-92 所示。

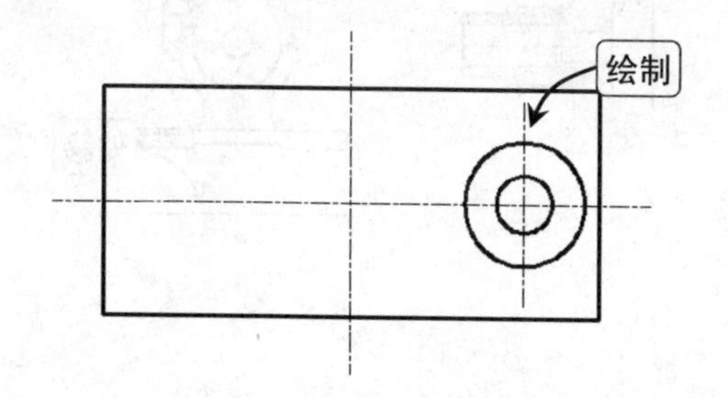

图9-91　绘制圆形

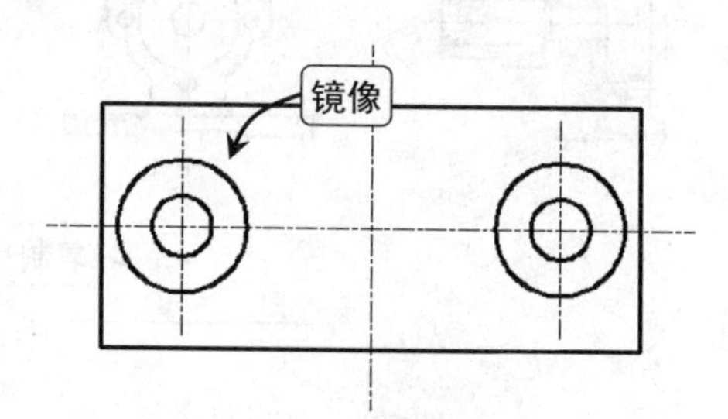

图9-92　左镜像圆形

Step 09 执行偏移命令，选择"通过"选项，选择左端垂直线条，并捕捉左视图垂直线的端点。选择经过偏移后的垂直线，捕捉左视图垂直线的端点。指定偏移线条通过点，完成偏移命令，如图 9-93 所示。

Step 10 执行偏移命令，将顶端水平直线向下进行偏移，其偏移距离为 3。执行偏移命令，将底端水平直线向上进行偏移，其偏移距离为 6，如图 9-94 所示。

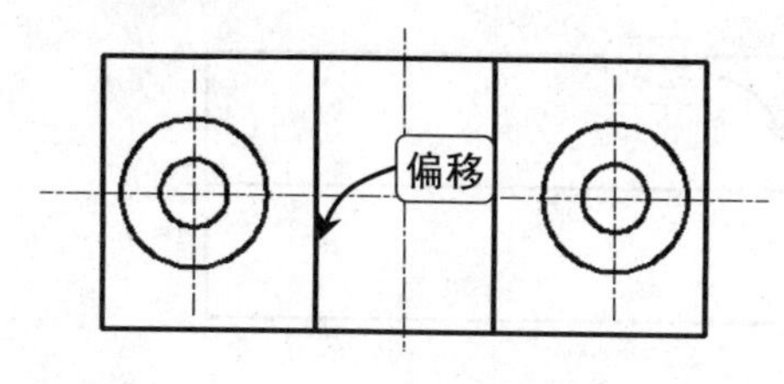

图9-93　偏移垂直线条

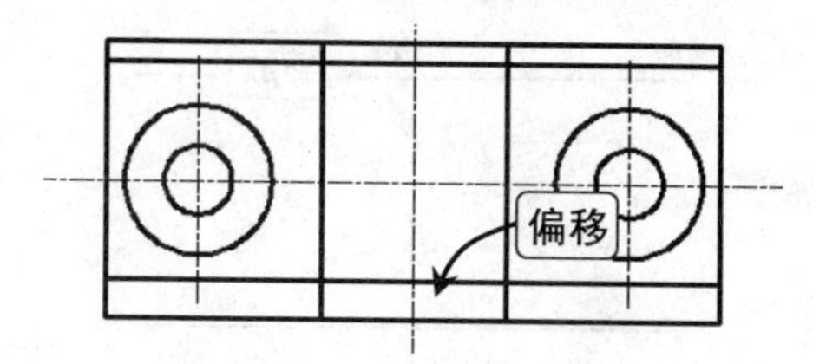

图9-94　偏移水平线条

Step 11 执行修剪命令，将偏移的线条进行修剪处理，如图 9-95 所示。

Step 12 将修剪后的线条进行圆角，其圆角半径为 3，并对剖切面以图案进行填充，如图 9-96 所示。

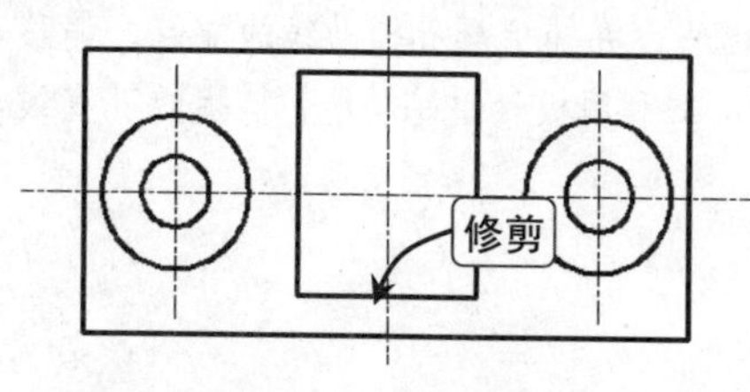

图9-95　修剪偏移的线条

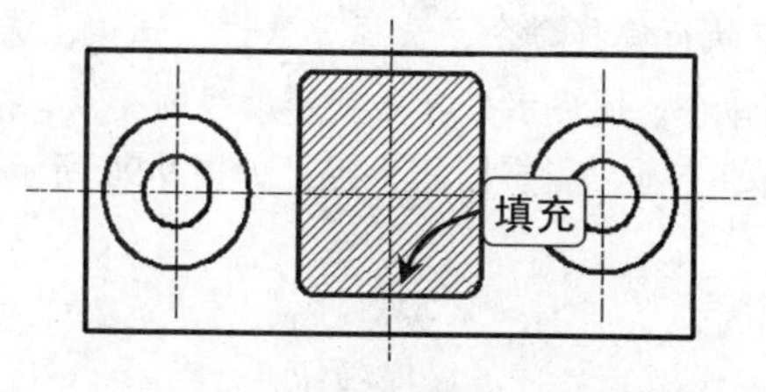

图9-96　圆角并填充图形

9.5 绘制泵体模型

完成泵体零件图形的绘制之后，就可以利用零件图的基本形状，对图形进行编辑操作，创建复杂图形的面域，从而完成实体模型的绘制。

9.5.1 绘制模型轮廓

绘制泵体模型时，可在零件图的基础上对图形的线条进行编辑操作，然后使用三维绘图及编辑命令，完成模型轮廓的绘制。

Step 01 将前面绘制的图形进行复制，并将其修改为如图 9-97 所示的效果。

Step 02 执行打断命令，选择水平直线，并选择“第一点”选项，捕捉圆弧的端点，在命令提示行后输入“@”，指定打断点，如图 9-98 所示。

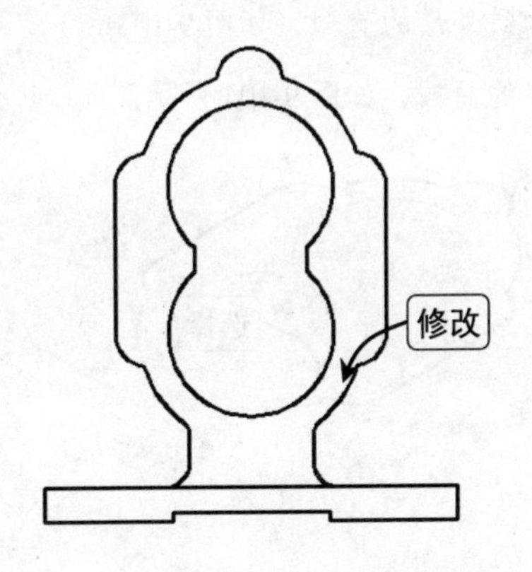

图9-97 修改图形

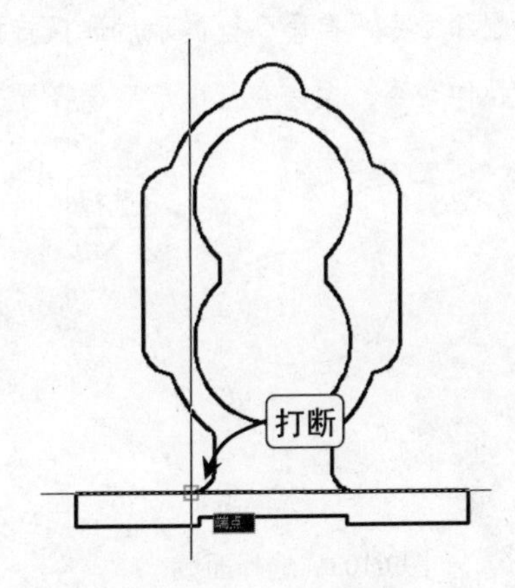

图9-98 打断图形

Step 03 再次执行打断命令，选择被打断的线条，选择“第一点”选项，如图 9-99 所示。

Step 04 捕捉圆弧与直线的交点，并在命令行提示后输入“@”，指定打断的第二点，如图 9-100 所示。

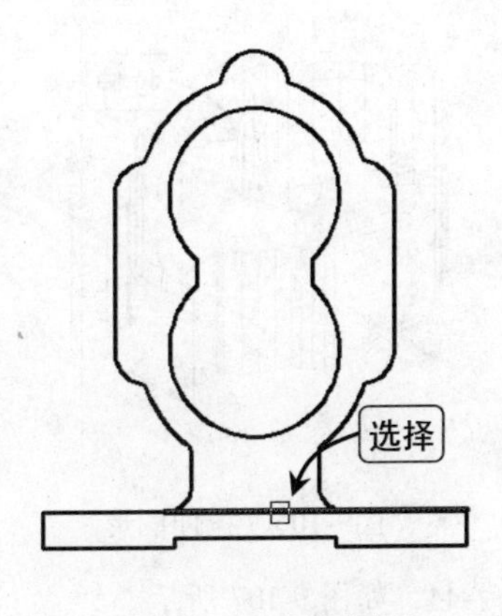

图9-99 打断图形

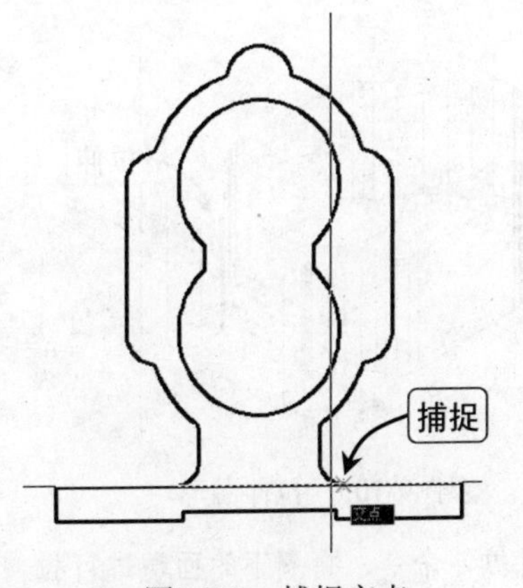

图9-100 捕捉交点

Step 05 执行面域命令，选择所有的线条，将其转换为面域，如图 9-101 所示。

Step 06 在“视图”选项卡的“视图”组中单击“视图”按钮，在弹出的下拉列表中选择“西南等轴测”选项，将视图切换至西南等轴测视图，如图 9-102 所示。

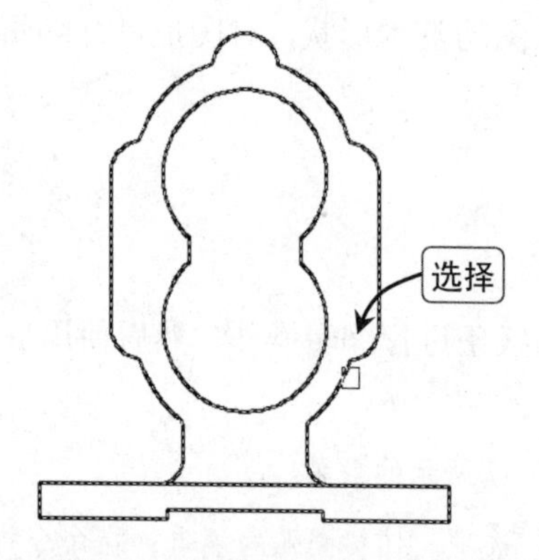

图9-101　选择并转换面域

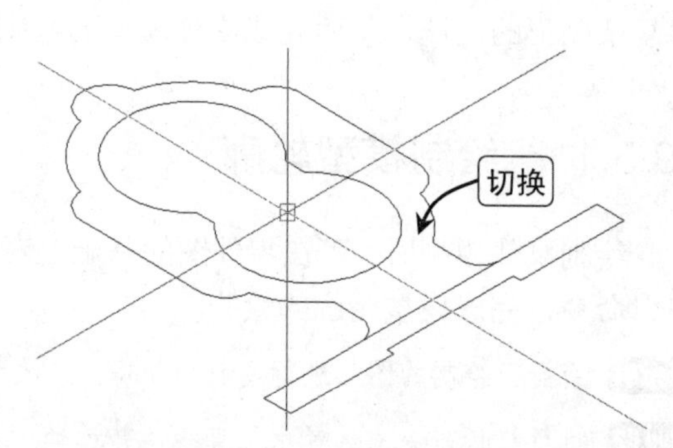

图9-102　切换为西南等轴测视图

Step 07 执行删除命令，在命令行提示后选择转换为面域的最外层的面域，如图 9-103 所示。

Step 08 执行拉伸命令，在命令行提示后选择要转换为实体的面域，如图 9-104 所示。

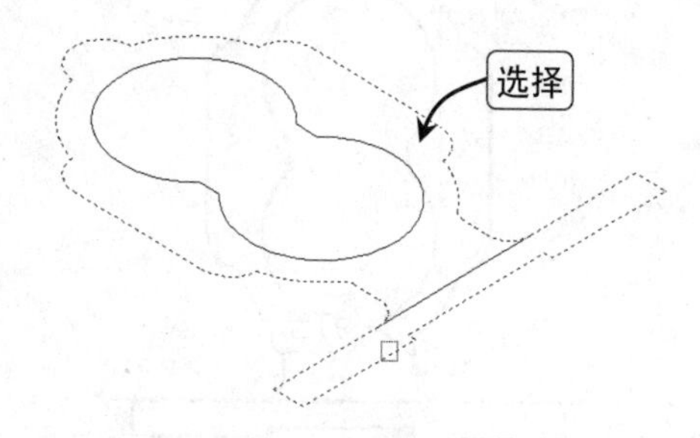

图9-103　选择面域

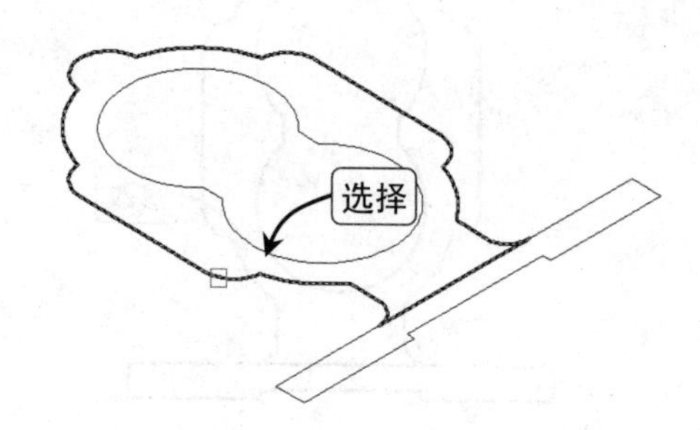

图9-104　选择拉伸面

Step 09 在命令行提示后输入“-35”，指定拉伸实体的拉伸高度，如图 9-105 所示。

Step 10 执行拉伸命令，在命令行提示后选择要进行拉伸的面域。在命令行提示后输入“-18”，指定拉伸实体的拉伸高度，如图 9-106 所示。

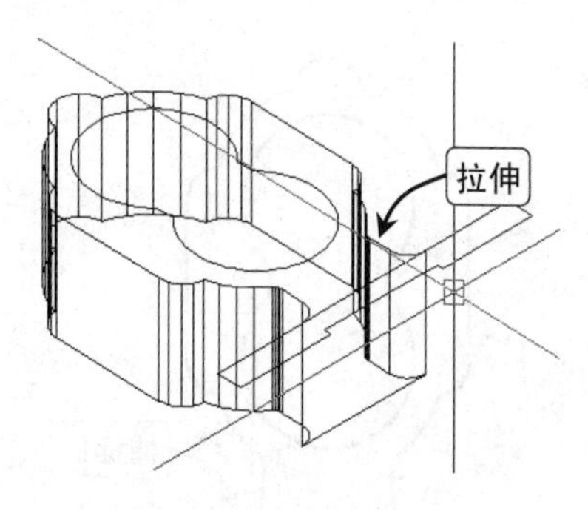

图9-105　拉伸图形

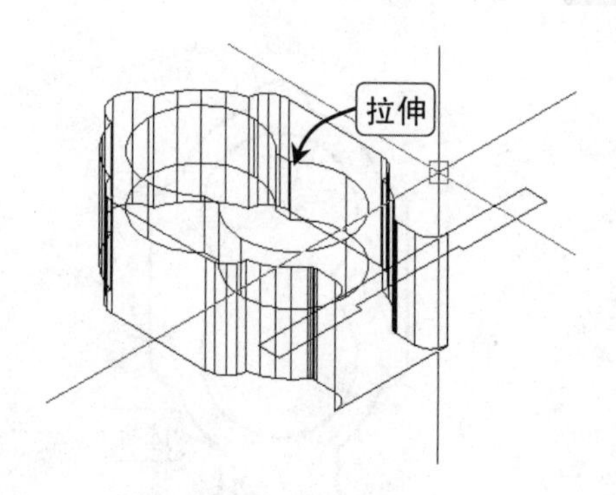

图9-106　拉伸图形

Step 11 执行拉伸命令，将剩下的面域进行拉伸，其拉伸高度为-44，如图 9-107 所示。

Step 12 执行移动命令，选择最后拉伸的实体，在屏幕上拾取一点，作为移动的基点。打开“正交”功能，将鼠标光标向上移，在命令行提示后输入“6”，指定位移距离，如图 9-108 所示。

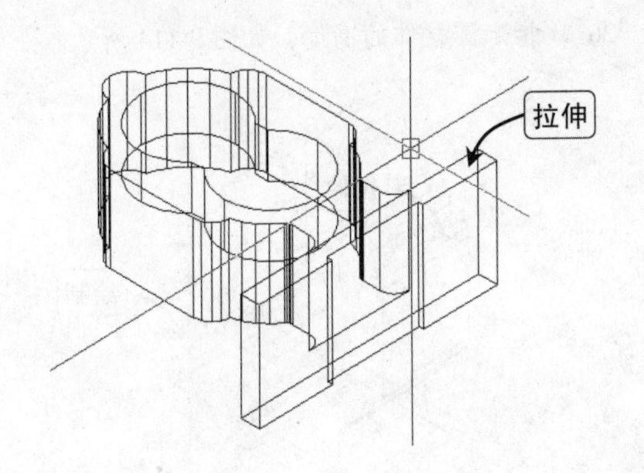

图9-107 拉伸图形

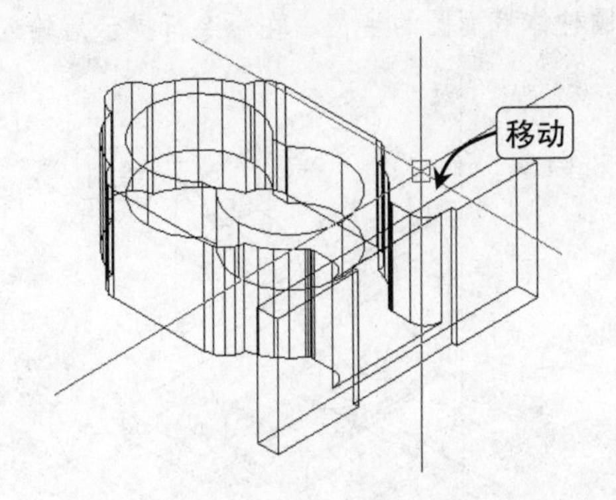

图9-108 移动图形

Step 13 执行并集命令，将第一个拉伸实体和进行移动的拉伸实体进行并集运算，如图 9-109 所示。

Step 14 执行差集运算命令，将第二个拉伸实体进行差集运算，如图 9-110 所示。

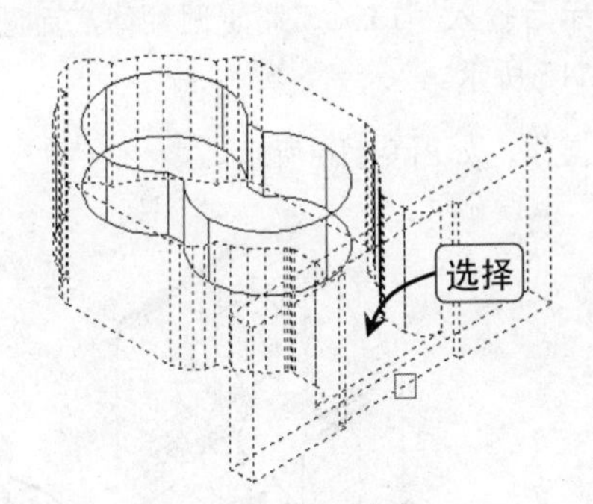

图9-109 执行并集命令

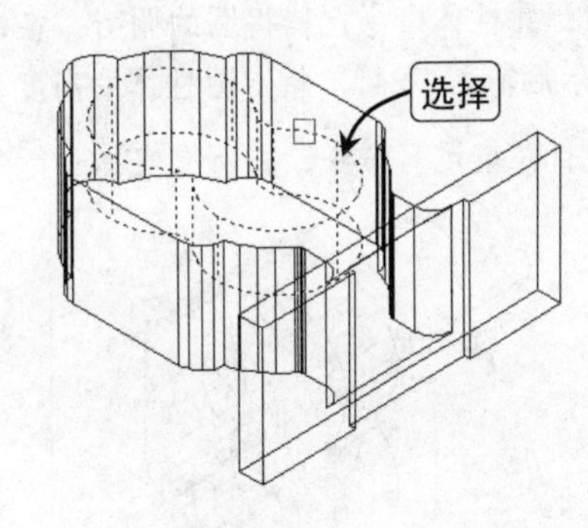

图9-110 执行差集运算

Step 15 在命令行输入“Rotate3d”命令，选择 X 轴选项，捕捉拉伸实体的端点，如图 9-111 所示。

Step 16 执行旋转命令，在命令行提示后输入“90”，指定旋转的角度，如图 9-112 所示。

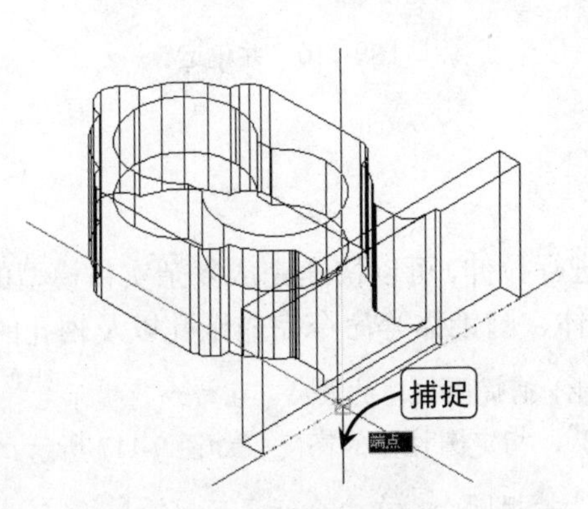

图9-111 捕捉端点

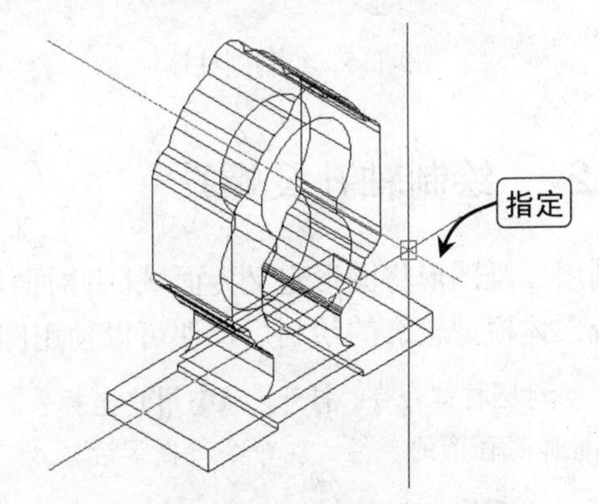

图9-112 指定旋转角度

Step 17 切换视图为“东北等轴测”，执行圆柱体命令，打开“动态用户坐标系”。捕捉圆的圆心，指定圆柱体底面中心点，在命令行提示后输入“13”，指定底面圆的半径。在命令行提示后输入“10”，指定圆柱体的高度，如图 9-113 所示。

Step 18 再次执行圆柱体命令，打开“动态用户坐标系”，并捕捉圆的圆心。在命令行提示后输入“17”，指定圆柱体底面圆的半径。在命令行提示后输入“26”，指定圆柱体的高度，如图 9-114 所示。

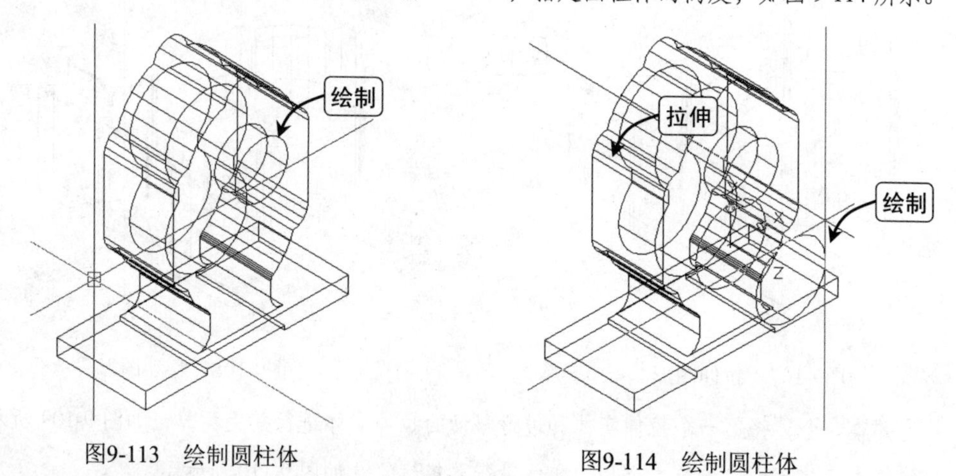

图9-113　绘制圆柱体

图9-114　绘制圆柱体

Step 19 执行圆柱体命令，捕捉圆的圆心。在命令行提示后输入“13.5”，指定圆柱体底面圆的半径。在命令行提示后输入“24”，指定圆柱体的高度，如图 9-115 所示。

Step 20 执行并集运算命令，将所有实体进行并集运算操作，如图 9-116 所示。

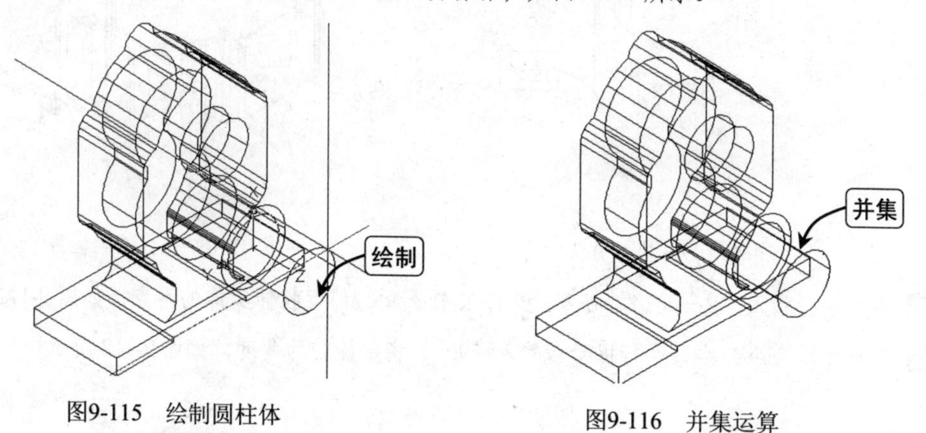

图9-115　绘制圆柱体

图9-116　并集运算

9.5.2　绘制轴孔及螺孔

利用二维图形将图形定义为面域，并对面域进行拉伸，可以快速完成复杂实体模型的创建，在完成泵体模型轮廓的绘制后，便可以使用圆柱体、圆锥体等命令完成螺孔以及轴孔的绘制。

Step 01 执行圆柱体命令，打开“动态用户坐标系”功能，捕捉圆柱体的圆心。在命令行提示后输入“9”，指定圆柱体底面圆的半径。在命令行提示后输入“-42”，指定圆柱体的高度，如图 9-117 所示。

Step 02 切换视图为“西南等轴测”，执行圆柱体命令，捕捉圆心。在命令行提示后输入“6.5”，指定圆柱体底面圆的半径，在命令行提示后输入“-24”，指定圆柱体的高度，如图 9-118 所示。

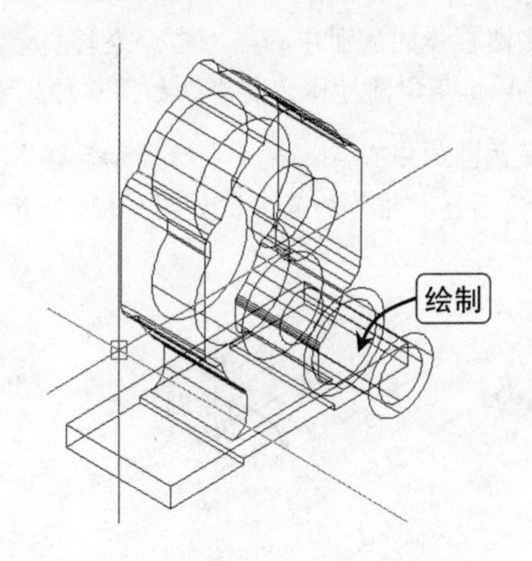

图9-117 绘制圆柱体

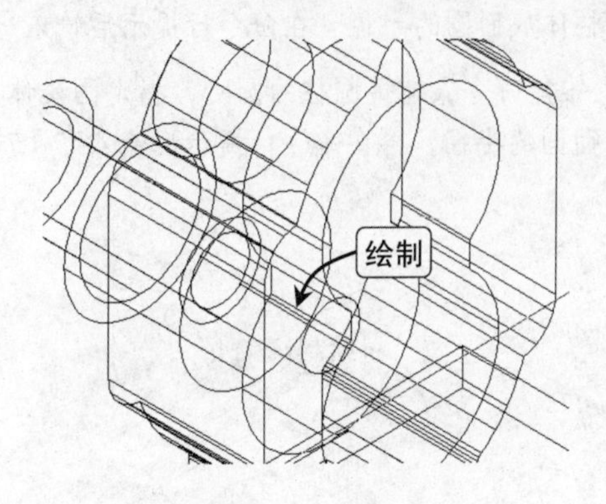

图9-118 绘制圆柱体

Step 03 执行圆柱体命令，捕捉圆心，指定圆柱体底面中心点。输入“6.5”，指定圆柱体底面圆的半径，并输入“-14”，指定圆柱体的高度，如图 9-119 所示。

Step 04 执行圆锥体命令，打开“动态用户坐标系”功能，捕捉圆的圆心。输入“6.5”，指定圆锥体底面半径，并输入“-3.7”，指定圆锥体的高度。执行移动命令，选择圆锥体，捕捉圆锥体底面圆的圆心，指定移动的基点。捕捉圆柱体的圆心，指定移动的第二点，对选择的图形进行移动，如图 9-120 所示。

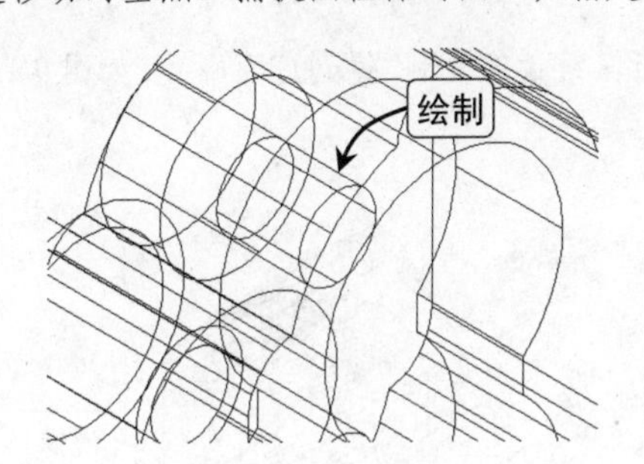

图9-119 绘制圆柱体

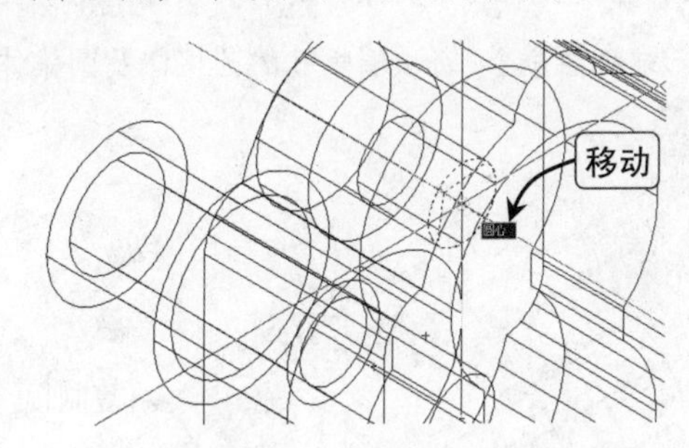

图9-120 绘制并移动圆锥

Step 05 执行差集运算命令，将绘制的圆柱体以及圆锥体从合并的实体中减去，如图 9-121 所示。

Step 06 执行 UCS 命令，输入 M，选择“移动”选项，捕捉圆的圆心，并将坐标沿 X 轴旋转 90°。执行圆柱体命令，捕捉圆弧的圆心，指定圆柱体底面圆的中心点。在命令行提示后输入“3.5”，指定圆柱体底面圆的半径。在命令行提示后输入“-10”，指定圆柱体的高度，如图 9-122 所示。

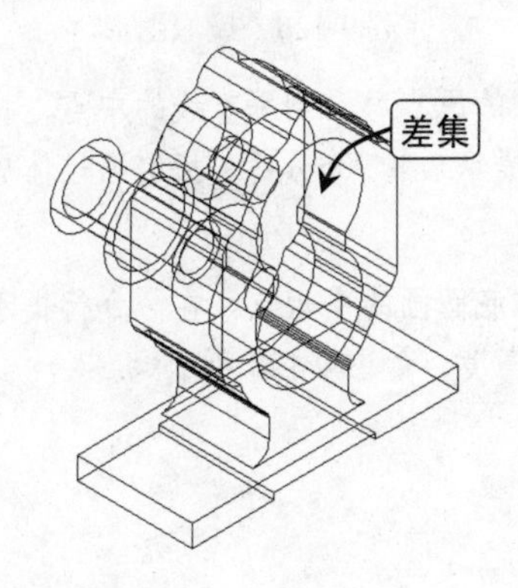

图9-121 差集运算

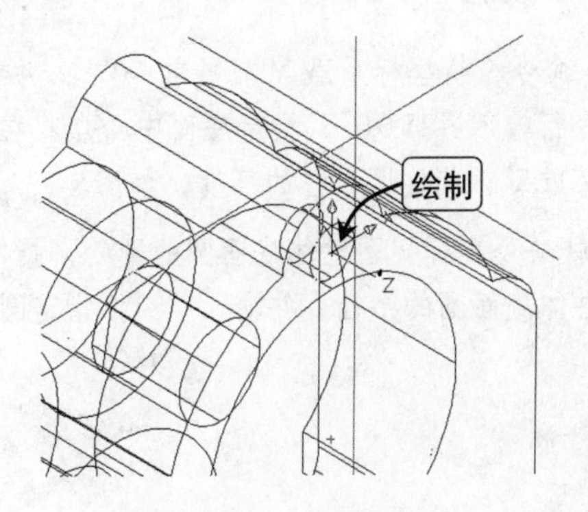

图9-122 绘制圆柱体

Step 07 执行圆柱体命令，捕捉圆柱体底面圆的圆心，指定圆柱体的底面中心点。在命令行提示后输入“3”，指定圆柱体底面圆的半径。在命令行提示后输入“-4”，指定圆柱体的高度，如图 9-123 所示。

Step 08 执行圆锥体命令，捕捉圆柱的圆心，指定圆锥体底面圆的中心点。在命令行提示后输入“3”，指定圆锥体底面圆的半径，再在命令行提示后输入“-1.7”，指定圆锥体的高度，如图 9-124 所示。

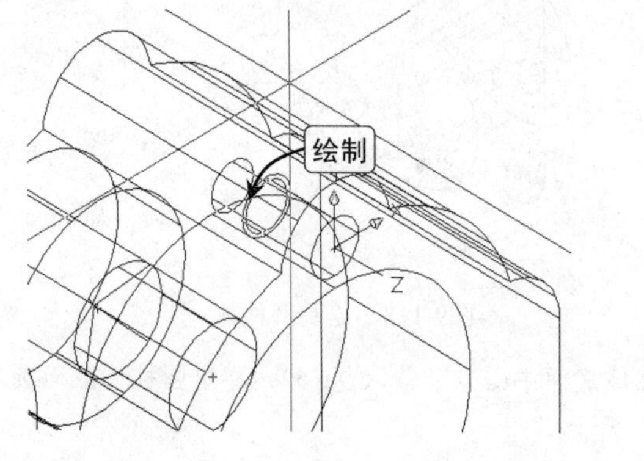

图9-123　绘制圆柱体

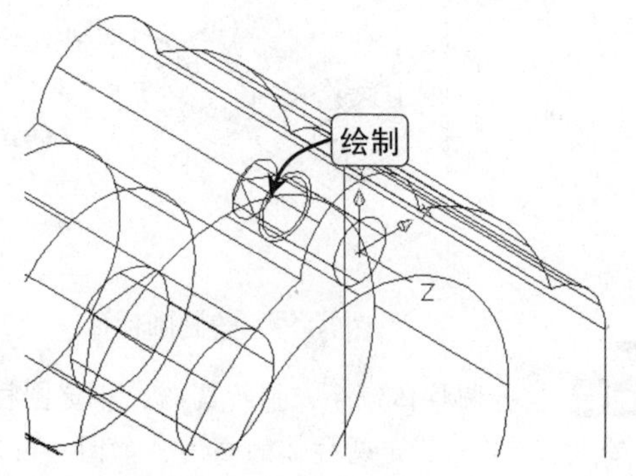

图9-124　绘制圆锥体

Step 09 执行复制命令，选择绘制的圆柱体以及圆锥体，并捕捉圆柱体的圆心，作为复制的第一点。捕捉圆弧的圆心，指定复制的第二点，复制其余几个螺孔圆柱体与圆锥体，如图 9-125 所示。

Step 10 执行三维镜像命令，将顶端螺孔的圆柱体及圆锥体进行三维镜像复制，得到底面螺孔，如图 9-126 所示。

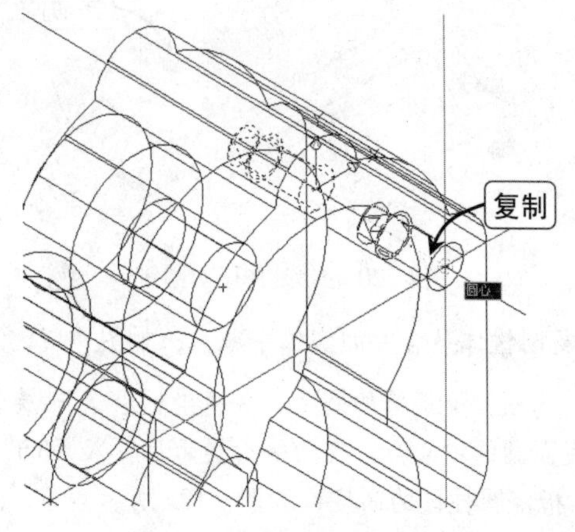

图9-125　复制图形

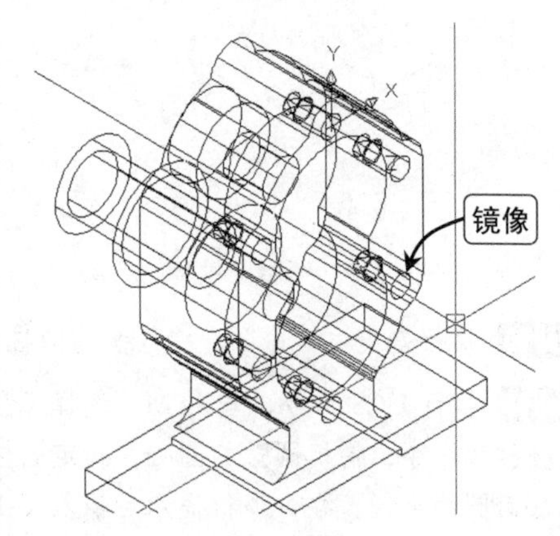

图9-126　镜像图形

Step 11 执行 UCS 命令，将坐标系沿 Y 轴旋转 90°，并将坐标系的原点移动到垂直线的中点，执行圆柱体命令，在命令行输入“15,0,0”，指定底面中心点。在命令行提示后输入“14”，指定圆柱体底面圆的半径，并输入“11.5”，指定圆柱体的高度，如图 9-127 所示。

Step 12 执行圆柱体命令，捕捉圆柱体底面圆的圆心，指定圆柱体底面圆的中心点。在命令行提示后输入“2”，指定圆柱体底面圆的半径，并输入“8”，指定圆柱体的高度，如图 9-128 所示。

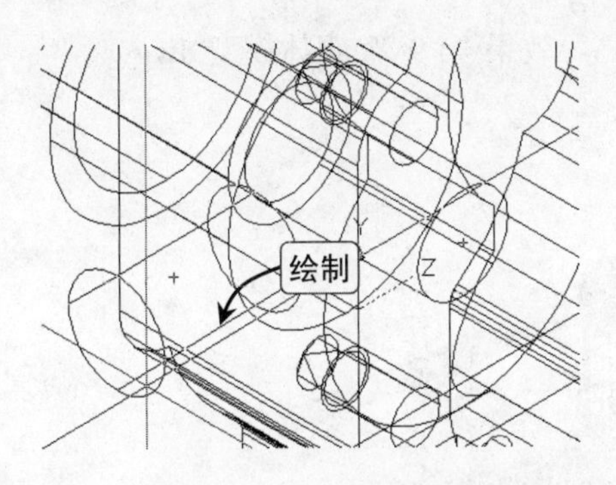

图9-127 绘制圆柱体

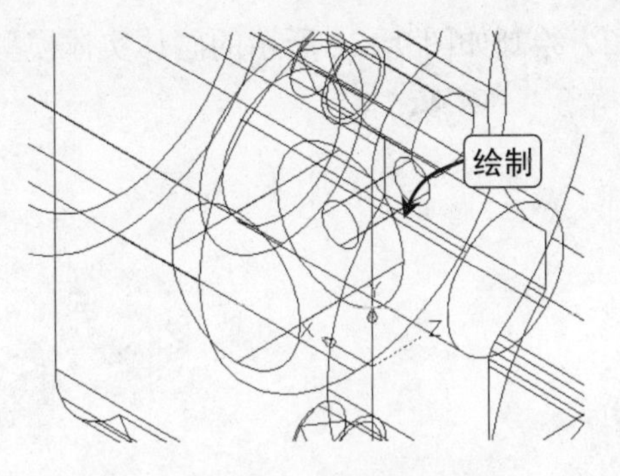

图9-128 绘制圆柱体

Step 13 执行三维镜像命令，将绘制的圆柱体进行三维镜像复制，如图 9-129 所示。

Step 14 在“视图”选项卡的“视觉样式”组中的下拉列表框中选择“真实”选项，为模型设置视觉样式，完成模型的绘制，如图 9-130 所示。

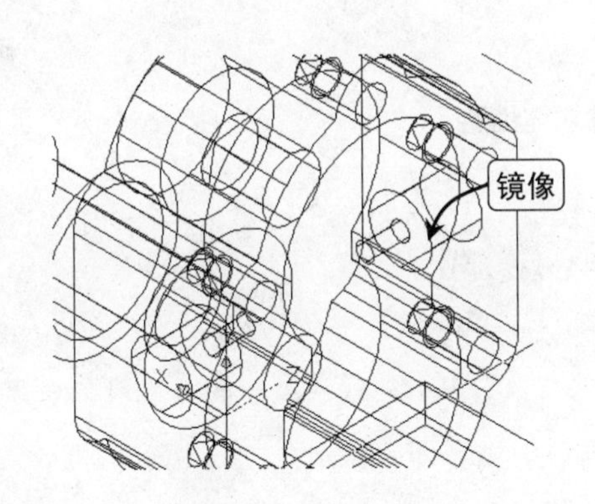

图9-129 镜像图形

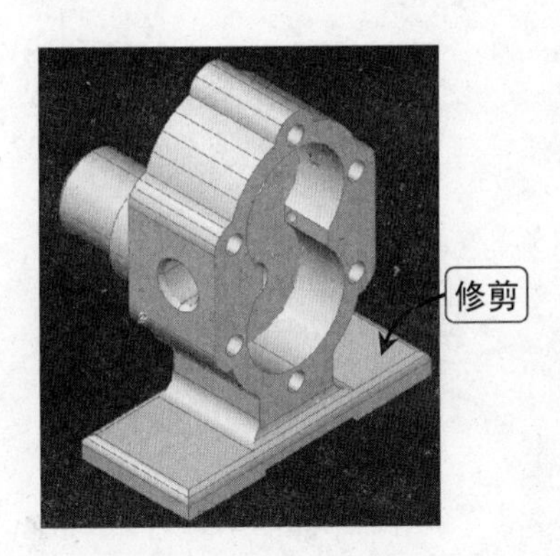

图9-130 设置视觉样式

9.6 习题

（1）绘制如图 9-131 所示的三通实体模型（课件：\效果\第 9 章\三通模型.dwg）。

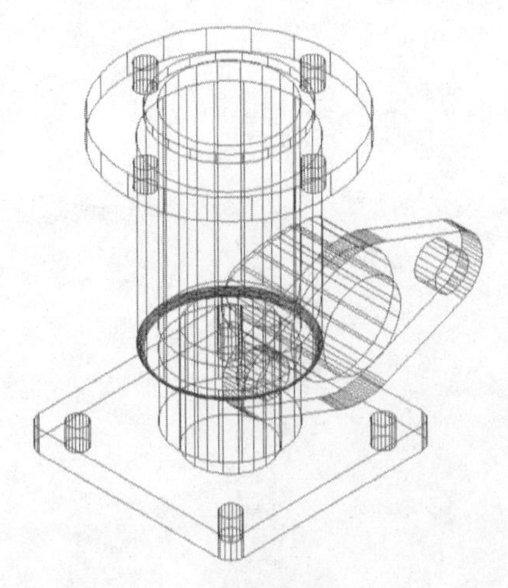

图9-131 三通实体模型

（2）绘制如图 9-132 所示的阀体实体模型（课件：\效果\第 9 章\阀体模型.dwg）。

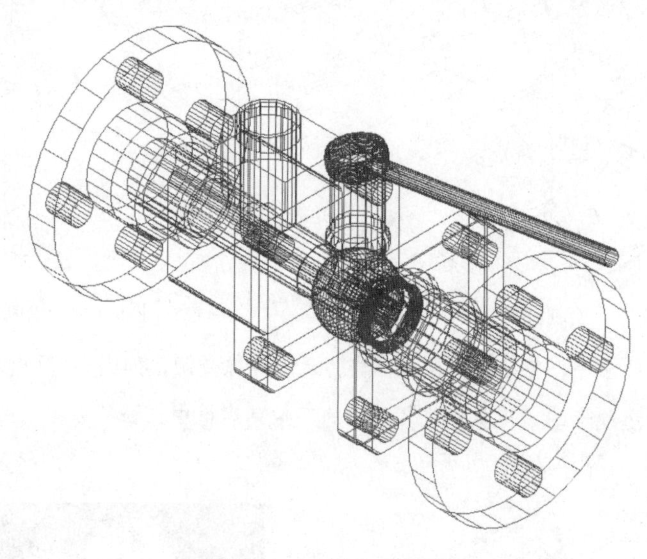

图9-132　阀体实体模型